Wilfried Stichmann
Erich Kretzschmar

Der Kosmos
Tierführer

KOSMOS

Umschlaggestaltung von Friedhelm Steinen-Broo, eStudio Calamar, unter Verwendung von 3 Aufnahmen: 1 von H. Reinhard (Rotfuchs) und 2 von F. Hecker (Uhu, Distelfalter).

Bibliografische Information Der Deutschen Bibliothek Die Deutsche Bibliothek verzeichnet diese Publikation in der Deutschen Nationalbibliografie; detaillierte bibliografische Daten sind im Internet über http://dnb.ddb.de abrufbar.

Mit 1389 Farbfotos von Adam (7), Aitken/Silvestris (1), Angermayer (4), Behrens (1), Bellmann (114), Brandl (11), Braunstein (2), Bühl (2), Csordas (2), Czimmeck (2), Dalton/Silvestris (1), Danegger (19), Diedrich (16), Ewald (5), Fey (2), Finn (12), Fürst (27), Fürst/Stahl (4), Gomille (3), Göthel (1), Graner (20), Groß (26), Haupt (5), Hecker (36), Hinz (10), Hopf (9), Hortig (12), Hüttenmoser (1), Jacobi (14), Janke (68), Kage (1), Kerber (4), Klees (23), König (52), Köster/Angermayer (1), Kretschmer (33), Kretzschmar (2), Labhardt (25), Lang (4), Layer (15), Lenz (6), Limbrunner (114), Marktanner (28), Mittermaier (1), Moosrainer (18), Nill (38), Pfletschinger/Angermayer (59), Pforr (97), Pott (4), Reinhard-Tierfoto (21), Reinhard/Angermayer (3), Reinichs (1), Rodenkirchen (26), Rohner (4), Sauer (16), Schmidt (20), Schmidt/Angermayer (2), Schneider (2), Schrempp (7), Schwammberger (3), Synatzschke (32), Vogt (16), Wachmann (4), Wagner (3), Weber (9), Wendl/Angermayer (4), Werle, B. (1), Werle, L. (6), Wernicke (30), Willner, O. (5), Willner, W. (56), Wothe (3), Zeininger (125), Zepf (27), Ziesler/Angermayer (1)

44 Schwarzweißzeichnungen und 56 Farbzeichnungen von Wolfgang Lang und 1 farbige Karte von Michaela Jäkle

Texte zu den Wirbeltieren: Prof. Dr. Wilfried Stichmann Texte zu den Wirbellosen: Dr. Erich Kretzschmar

Gedruckt auf chlorfrei gebleichtem Papier

3. Auflage © 1996, 2003, 2005, Franckh-Kosmos Verlags-GmbH & Co. KG, Stuttgart Alle Rechte vorbehalten ISBN-13: 978-3-440-10222-0 ISBN-10: 3-440-10222-X Lektorat: Rainer Gerstle, Anne-Kathrin Janetzky Produktion: Heiderose Stetter Printed in Slovak Republic / Imprimé en Slovaquie

Hilfsmittel bei der Tierbeobachtung

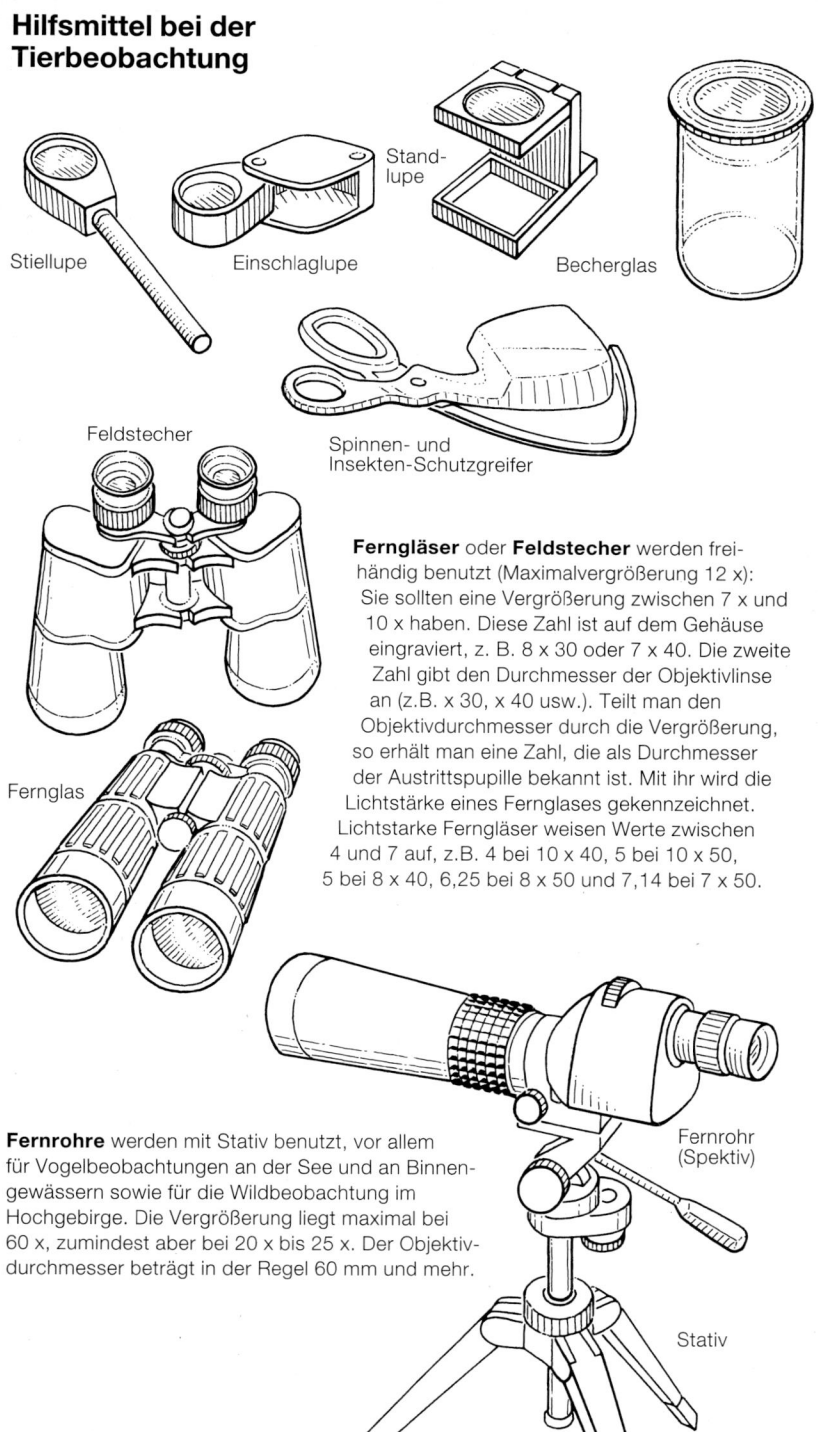

Stiellupe

Einschlaglupe

Stand-lupe

Becherglas

Feldstecher

Spinnen- und
Insekten-Schutzgreifer

Fernglas

Ferngläser oder **Feldstecher** werden freihändig benutzt (Maximalvergrößerung 12 x): Sie sollten eine Vergrößerung zwischen 7 x und 10 x haben. Diese Zahl ist auf dem Gehäuse eingraviert, z. B. 8 x 30 oder 7 x 40. Die zweite Zahl gibt den Durchmesser der Objektivlinse an (z.B. x 30, x 40 usw.). Teilt man den Objektivdurchmesser durch die Vergrößerung, so erhält man eine Zahl, die als Durchmesser der Austrittspupille bekannt ist. Mit ihr wird die Lichtstärke eines Fernglases gekennzeichnet. Lichtstarke Ferngläser weisen Werte zwischen 4 und 7 auf, z.B. 4 bei 10 x 40, 5 bei 10 x 50, 5 bei 8 x 40, 6,25 bei 8 x 50 und 7,14 bei 7 x 50.

Fernrohre werden mit Stativ benutzt, vor allem für Vogelbeobachtungen an der See und an Binnengewässern sowie für die Wildbeobachtung im Hochgebirge. Die Vergrößerung liegt maximal bei 60 x, zumindest aber bei 20 x bis 25 x. Der Objektivdurchmesser beträgt in der Regel 60 mm und mehr.

Fernrohr
(Spektiv)

Stativ

Inhalt

Angesichts der vielen Bücher, die jährlich auf den Markt kommen, bedarf es schon einer Rechtfertigung: Wozu ein neuer Tierführer?

Das Konzept zu diesem Buch entstand bei ungezählten Exkursionen sowohl mit naturkundlich interessierten „Amateuren" als auch mit Studenten, die die Schule ohne nennenswerte Formenkenntnisse entließ.

Es zeigte sich immer wieder, daß es den meisten Exkursionsteilnehmern nicht darauf ankam, eine Fülle morphologischer Details über die beobachteten Arten zu erfahren, d.h. die in den Schulen früher einmal praktizierte Kopf-Schwanz-Biolgie wieder neu zu beleben. Ihnen ging es vielmehr ganz schlicht und einfach darum, zu erfahren, worum es sich bei diesem oder jenem Tier handelt, und darum, künftig in der Lage zu sein, die betreffende Art draußen wiederzuerkennen.

Wenn dieser Tierführer sich nicht darum bemüht, zu den abgebildeten und kurz behandelten Tierarten komprimierte Artmonographien durch Aufzählung möglichst vieler biologischer Daten zu liefern, sondern es vorzieht anders vorzugehen, dann entspricht das ebenfalls dem Wunsch vieler Exkursionsteilnehmer.

Wir haben großen Wert darauf gelegt, die Arten möglichst typisch zu dokumentieren, d.h. Naturfotografien auszuwählen, die die Arten in ihrer spezifischen Haltung und ihrem Habitus zeigen, so daß das Wiedererkennen erleichtert wird. Einige wenige Stichworte zu den **Kennzeichen**, vor allem zu differenzierenden Merkmalen, sollen als Gedächtnisstütze dienen. Unter dem Stichwort **Verbreitung** wird kurz umrissen, wo man der Art möglicherweise begegnen kann, manchmal auch, wie wahrscheinlich oder zufällig eine solche Begegnung angesichts der Häufigkeit oder Seltenheit der Art ist.

In der Rubrik **Wissenswertes** werden einige wenige Informationen über die jeweilige Art angeboten, die im Sinne des sogenannten Stützwissens ausgewählt wurden. Dabei handelt es sich um Fakten, die möglicherweise den Zugang zu der betreffenden Art und das Behalten erleichtern.

Stützwissen nennt man in diesem Zusammenhang Kenntnisse, die nicht vorrangig auf die Artbeschreibung abzielen und auch nicht unbedingt auf die bedeutsamsten fachwissenschaftlichen Details ausgerichtet sind, aber dafür etwas erhellen, was die betreffende Tierart auch für den Nicht-Biologen bemerkenswert, merkwürdig oder kurzum interessant macht.

Stützwissen zu einzelnen Tierarten soll den Naturfreund motivieren und ihm helfen, die bestimmten Arten leichter im Gedächtnis zu bewahren. Es soll etwas Besonderes über die jeweilige Art enthalten, was man mit der Art verbindet und woran man sich erinnert, wenn sie einem irgendwo und irgendwann einmal wieder begegnet.

Derartiges Stützwissen zu möglichst vielen heimischen Tierarten in Verbindung mit Naturfotografien führender Naturfotografen anzubieten, betrachten wir als die Besonderheit, den Zweck und die Rechtfertigung dieses neuen Kosmos-Naturführers. Dabei kann es sich um Sachverhalte sehr unterschiedlicher Art und Herkunft handeln. Soweit möglich wurden die besondere Bedeutung der Tierarten für den Menschen herausgestellt und die enge Mensch-Natur-Beziehung unterstrichen. Dabei kann z.B. der Name bereits Hinweise auf Merkmale des Erscheinungsbildes, der Lebensweise oder oft auch des Lebensraumes bieten, wenn er nur wieder recht bewußt geworden ist. In anderen Fällen faszinieren die besonderen biologischen Eigenarten oder aber historische Hintergründe des Verhältnisses des Menschen zu bestimmten Tierarten.

Die Hinweise auf weiterführende Literatur sollen dem Leser helfen, das durch die kurz gefaßten Anregungen für das Stützwissen geweckte Interesse gegebenenfalls als Motivation für vertiefte Studien zu nutzen.

Auswahl der Arten 7

Trotz der großen Zahl der in diesem Kosmos-Tierführer behandelten Arten kann es sich nur um eine Auswahl aus der Artenfülle handeln, die es trotz des Artenrückgangs auch heute noch in Mitteleuropa gibt. Aufgenommen wurden nur mit bloßem Auge sichtbare, vorzugsweise auffällige und gut unterscheidbare Arten. Das bedeutet, daß die Säugetiere, Vögel, Reptilien und Amphibien vollständiger abgehandelt wurden als die Fische und die Wirbellosen. Vor allem hinsichtlich dieser Tiergruppen will der neue Kosmos-Naturführer keines der speziellen Tierbestimmungsbücher ersetzen.

Vor allem bei den wirbellosen Tieren sind verwandte Arten einander oft so ähnlich, daß eine exakte Artbestimmung sehr aufwendig ist. Manche Arten weisen keinerlei hervorstechende Merkmale auf oder sind nur mit Hilfe der Lupe sicher zu unterscheiden. In solchen Fällen begnügen sich selbst Fachbiologen, erst recht aber Anfänger und Naturfreunde meistens mit der Benennung der Gattung oder einer anderen höheren systematischen Kategorie, gegebenenfalls sogar der Familie oder der Ordnung. Dieses ist übrigens einer der Gründe, weshalb Biologiedidaktiker als Aufgabe der Schule nicht die Vermittlung von Arten-, sondern von Formenkenntnis nennen. Und in der Tat: Wie zufrieden wäre mancher Hochschulbiologe, würden die Studienanfänger doch wenigstens eine Lederwanze als Wanze und eine Rhododendronzikade als Zikade erkennen.

Bei ähnlichen, schwer unterscheidbaren Arten wurden nach Möglichkeit jene ausgewählt, die in Mitteleuropa am häufigsten bzw. am weitesten verbreitet sind. Ständig im Wasser lebende Arten wie Fische, Muscheln oder Krebstiere sind in diesem Bande nur mit vergleichsweise wenigen typischen Repräsentanten einzelner systematischer Gruppen vertreten. Das gilt in besonderem Maße auch für Stachelhäuter, Ringelwürmer, Niedere Würmer, Hohltiere und Schwämme. Dagegen sind Wasser-, Wat- und Sumpfvögel in größerer Zahl erfaßt, weil sie zum Teil recht auffällig

sind und auch von Land her beobachtet und bestimmt werden können. Das gilt auch für die rein marinen Vogelarten, allerdings nur beschränkt für die Meeressäuger.

Die Anordnung der Arten folgt in diesem Buch dem Prinzip, mit jenen Tieren zu beginnen, die besonders auffällig und deshalb – zumindest dem Namen nach – den meisten Menschen in Mitteleuropa bekannt sind. So weicht dieser Tierführer von der Regel ab, die Tierstämme und -klassen in evolutiver, d.h. in aufsteigender Folge von den Einzellern bis zu den jüngsten der höchstentwickelten Säugetierordnungen zu behandeln. Hier wird der umgekehrte Weg gewählt, so daß große, auffällige und – wenn schon nicht aus freier Wildbahn, dann doch aus Zoos, Wildgehegen und von Abbildungen – bekannte Arten den Reigen eröffnen und Vertreter der Wirbellosen ihn beenden.

Besonders stark sind in diesem Tierführer die Vögel vertreten. Das ist vor allem auf den Artenreichtum der heimischen Brutvogelwelt und die gute Unterscheidbarkeit der im Erscheinungsbild und in ihrer Körpergröße zwischen Wintergoldhähnchen und Steinadler so mannigfaltigen Vogelarten zurückzuführen. Neben den heimischen Brutvögeln werden aber auch Durchzügler und Wintergäste aus Nord- und Nordosteuropa berücksichtigt. Viele dieser Gastvögel sind in Mitteleuropa alljährlich zu beobachten und gehören außerhalb der Brutzeit zu den regelmäßig auftretenden Arten. Einige von ihnen haben in Mitteleuropa – oft nur sporadisch und in Randbereichen – Brutvorkommen. In diesen Fällen gibt der Hinweis auf den Zeitraum, innerhalb dessen die Art in Mitteleuropa beobachtet werden kann, nicht das typische Bild des Wintergastes oder des Durchzüglers wieder. Andererseits verdecken in südlichen und westlichen Randbereichen überwinternde Individuen die Tatsache, daß es sich eigentlich um Sommervögel handelt, die zum allergrößten Teil Mitteleuropa verlassen. Das ist bei der Interpretation des genannten Beobachtungszeitraums jeweils unbedingt zu bedenken!

In diesem Buch werden die Tierarten Mitteleuropas behandelt. Es greift somit über Deutschland hinaus und bezieht den Süden Dänemarks, die Niederlande, Belgien und Luxemburg, Österreich sowie Teile Frankreichs und der Schweiz, Tschechiens und Polens mit ein (Bild 1).

Es handelt sich um Landschaften des kühlgemäßigten Klimaraums und der ursprünglich flächendeckenden sommergrünen Laubmischwälder, in denen mit Ausnahme des östlichen Flächendrittels ursprünglich die Rotbuche dominierte.

Zur Beschreibung des Raumes, auf den sich die Auswahl der Tierarten bezieht, gehört aber mehr noch als der Hinweis auf die räumlichen Gegebenheiten des Klimas und der ursprünglichen Vegetation die Feststellung, daß es sich um einen Raum handelt, in dem es außer Teilen der Alpen und der Nord- und Ostsee wohl kaum einen Quadratkilometer Fläche gibt, der in den letzten 5000 Jahren nicht mehr oder weniger grundlegend vom Menschen verändert wurde.

Gegenstand dieses Buches ist demnach nicht die Tierwelt von Natur-, sondern von Kulturlandschaften. Dabei handelt es sich noch weit überwiegend um agrar und forstlich geprägte Landschaften, die in ihrer Struktur, ihren Böden und ihrer Pflanzen- und Tierwelt mehr oder weniger stark vom Urzustand abweichen. Extensive Landnutzungsformen früherer Jahrhunderte haben zwar reine Waldbewohner aus der Tierwelt zurückgedrängt, dafür aber anderen Tierarten die Besiedlung der nun lichteren, krautreicheren Lebensräume ermöglicht. Heute sind infolge der intensiven Nutzung der landwirtschaftlichen Nutzflächen die Lebensbedingungen der Tiere – zumindest in weiten Teilen – so einseitig und extrem, daß viele dort zuvor eingewanderten Arten wieder verschwinden oder schon abgewandert oder bereits ausgestorben sind.

Immer stärker und schneller vollzieht sich inzwischen ein zweiter grundlegender Landschaftswandel: von der agrar und forstlich zur urban-industriell geprägten Kulturlandschaft. Siedlungs- und Industriegebiete fressen sich immer stärker in die Feldfluren und Wälder hinein, entziehen Pflanzen- und Tierarten die bestehenden Lebensbedingungen und bieten andere, oft noch weiter eingeschränkte. Allerdings können dabei auch zuvor in der jeweiligen Region nicht vertretene Biotoptypen entstehen, die im Laufe der Zeit artenreicher werden, zumindest reicher an Arten, die wandern können oder leichter verschleppt werden. Man denke nur an die Besiedlung von Baggerseen und Talsperren, von Steinbrüchen, Halden oder Sandgruben. Selbst „anrüchige" Orte wie die Schlammabsetzbecken von Kläranlagen, wo sich auf dem Zuge die Limikolen tummeln, und die Mülldeponien als fast unerschöpfliche Nahrungsreservoire u.a. für verschiedene Möwenarten geben als Biotope der urban-industriellen Kulturlandschaft manchem Landstrich sein spezifisches Gepräge.

Ein weiterer Wandel der Tierwelt vollzieht sich, wenn zuvor agrar und forstlich oder urbanindustriell genutzte Flächen nicht mehr genutzt werden und sich selbst überlassen bleiben, d.h. wenn Wiesen und Felder brach fallen, Kahlschläge und Windwurfflächen der natürlichen Sukzession überlassen, Sand- und Kiesgruben aufgelassen, Steinbrüche stillgelegt werden, wenn sich Halden spontan begrünen und Industriegelände zu Ödland wird. Immer gibt es Pflanzen- und Tierarten, die aus dem Wandel für sich Profit ziehen. Die Nutzungsaufgabe führt häufig, aber keineswegs immer zu einer artenreicheren Pflanzen- und Tierwelt.

Alle drei genannten Stufen der Entwicklung von Kulturlandschaften sind in Mitteleuropa anzutreffen:
• die agrar-forstlich geprägte Kulturlandschaft in vielen regional unterschiedlichen, jeweils durch Bodenwert, Klima und agrarpolitische Rahmenbedingungen in ihrer Nutzungsintensität und Flächenausdehnung bestimmten Formen;
• die urban-industriell geprägte Kulturlandschaft von der extrem naturfernen Großstadtcity bis zum naturschutzwürdigen Feuchtgebiet;
• jene Teile der Kulturlandschaft, aus denen sich der Mensch mit seinen Aktivitäten zurückzieht und der Natur ganz oder zumindest teilweise wieder freien Lauf läßt.

Auf alles menschliche Wirken hat die Natur eine Antwort: Sie reagiert immer konstruktiv! Doch wie artenreich oder artenarm die Bio-

Bild 1: Karte von Mitteleuropa

zönosen werden, hängt maßgeblich von der Art, der Flächenausdehnung und der Dauer der Eingriffe ab. Artenarmen Lebensgemeinschaften der Kultursteppen in den Börden, der standortfremden Fichtenreinbestände in den Mittelgebirgen und der von Asphalt, Beton und Einheitsrasen beherrschten Siedlungen stehen artenreiche Lebensgemeinschaften sowohl in mosaikartig gegliederten agrar geprägten Kulturlandschaften und plenterartig bewirtschafteten Laubmischwäldern als auch in vielen Teilen der urban-industriellen Kulturlandschaft gegenüber.

So wird über die Ausgestaltung der Lebensräume durch die Menschen ganz maßgeblich das Bild der Tierwelt Mitteleuropas mitbestimmt. Ganz entscheidend aber ist die Fähigkeit vieler Tierarten, sich veränderten Lebensbedingungen anzupassen bzw. in anthropogenen Strukturen Elemente des ursprünglichen Lebensraumes wiederzuerkennen, wie es z.B. der Flußregenpfeifer vermag, der vielerorts kaum noch auf dem Schotter der Flüsse und Bäche, dafür aber auf Abraumhalden und in Sand- und Kiesgruben brütet.

Ein weiterer Weg, über den der Mensch in Mitteleuropa besonders stark auf die Zusammensetzung der Tierwelt Einfluß genommen hat, führt über die unbewußte Einschleppung und die bewußte Einbürgerung von Pflanzen- und Tierarten.

Alles in allem ist die Tierwelt Mitteleuropas ein Produkt der Natur und des menschlichen Wirkens, wobei es oft schwer zu entscheiden ist, welchem der beiden Faktoren die größere Bedeutung beizumessen ist.

Wirbeltiere

Säugetiere

Die Säugetierfauna Mitteleuropas ist vergleichsweise artenarm. Von den 6000 Säugetierarten, die heute auf der Erde leben, sind nur ca. 90 Arten in Mitteleuropa heimisch oder so eingebürgert, daß sie zu festen Bestandteilen einzelner Lebensgemeinschaften geworden sind. Nur 7 der 18 Säugetier-Ordnungen sind hier mit freilebenden Arten vertreten. Aus diesen 7 Ordnungen werden in diesem Buch jeweils mehrere Vertreter vorgestellt:
• aus der Ordnung der Paarhufer 10 Arten vom Wisent bis zum Reh;
• aus der Ordnung der Raubtiere 15 Arten vom Braunbär und der Kegelrobbe bis zum Mauswiesel;
• aus der Ordnung der Wale die 3 Arten Schweinswal, Tümmler und Delphin;
• aus der Ordnung der Hasentiere die 3 Arten Feldhase, Schneehase und Wildkaninchen;
• aus der Ordnung der Nagetiere 23 Arten vom Biber bis zur Zwergmaus;
• aus der Ordnung der Fledermäuse 5 Arten;
• aus der Ordnung der Insektenfresser 9 Arten vom Igel bis zur Zwergspitzmaus.
Die Säugetiere als die nächsten Verwandten des Menschen sind uns in ihrem Bauplan so ähnlich und so vertraut, daß es keiner besonderen Beschreibung ihrer Gestalt bedarf. Zur Benennung ihrer Körperteile bedienen wir uns in aller Regel der für den Menschen gebräuchlichen Begriffe und ergänzen sie durch jene, die wir auch bei den Haustieren benutzen. Die besonderen Bezeichnungen der Jägersprache werden in diesem Buche nur dann verwandt, wenn sie umgangssprachlich üblich und eindeutig sind.
Bei allen Maßen und Gewichten ist zu bedenken, daß diese nicht nur zwischen Jung- und Alttieren, sondern auch bei erwachsenen Tieren individuell erheblich variieren können. Das gilt sowohl bei der Kopf-Rumpf-Länge (**KR**) und der Schwanzlänge (**S**) als auch ganz besonders beim Gewicht (**G**). Bei Arten, bei denen der Unterschied zwischen männlichen und weiblichen Tieren sehr groß ist, sind meistens 2 Zahlen genannt. Dabei bewegen sich die Weibchen im Bereich der niedrigeren, die Männchen im Bereich der höheren Werte. Wo nur eine Zahl erscheint, handelt es sich um einen Mittelwert.
In mehreren Besonderheiten unterscheiden sich die Säugetiere von den übrigen Wirbeltieren. Dazu gehört vor allem, wie auch im Namen schon angesprochen, die Ernährung der Jungtiere mit dem Sekret von Milchdrüsen des Weibchens. Aber auch die gleichmäßige Körpertemperatur ist ein Ausdruck hoher Entwicklung und Spezialisierung auf zunehmende Unabhängigkeit von den wechselnden Umweltbedingungen. Diese sogenannte „Homoiothermie" haben die Säugetiere mit den Vögeln gemeinsam. Bei den Winterschläfern wird sie allerdings zeitweilig durch einen anderen hochkomplizierten Thermostat-Mechanismus außer Kraft gesetzt.
Zur Wahrung konstanter Körpertemperaturen trägt auch das für die Säugetiere typische Haarkleid bei, das bei den Walen allerdings zurückgebildet ist. Ebenfalls nur die Wale scheren aus, wenn man die Säugetiere mit einem Hinweis auf die zwei Gliedmaßenpaare charakterisieren will. Allerdings dienen die Vordergliedmaßen der Fledermäuse ähnlich wie die der Vögel dem Fliegen. Nicht mit den Vögeln, sondern mit den Reptilien gemeinsam haben die Säugetiere ein Gebiß, das sich allerdings u.a. durch seine Differenziertheit

Übersicht über das System der Wirbeltiere. Auswahl unter Berücksichtigung der in diesem Buch behandelten mitteleuropäischen Arten.

Klasse	Ordnungen unc Familien
Rundmäuler	**Neunaugen**
Knorpelfische	**Haie** **Rochen**
Knochenfische	**Aalartige** **Lachsartige** **Karpfenartige** **Welse** **Dorschartige** **Barschartige** u. a. m.
Amphibien	**Schwanzlurche** – Salamander und Molche **Froschlurche** – Scheibenzüngler, Krötenfrösche, Kröten, Laubfrösche, Frösche
Reptilien	**Schildkröten** **Echsen** – Schleichen, Eidechsen **Schlangen** – Nattern, Vipern
Vögel	**Seetaucher** (z. B. Prachttaucher) **Lappentaucher** (z. B. Haubentaucher) **Ruderfüßer** – Tölpel, Kormorane **Schreitvögel** – Reiher, Störche, Löffler **Flamingos** **Entenvögel** – Enten, Säger, Gänse, Schwäne **Greifvögel** (z. B. Mäusebussard) **Hühnervögel** (z. B. Rebhuhn) **Kranichvögel** – Kraniche, Trappen, Rallen **Möwen- und Watvögel** (z. B. Brachvogel) **Taubenvögel** (z. B. Ringeltaube) **Kuckucke** **Eulen** (z. B. Waldkauz) **Nachtschwalben** (z. B. Ziegenmelker) **Segler** (z. B. Mauersegler) **Rackenvögel** – Eisvögel, Bienenfresser, Racken, Wiedehopfe **Spechte** (z. B. Buntspecht) **Singvögel/Sperlingsvögel** – Lerchen, Schwalben, Pirole, Krähenvögel, Meisen, Baumläufer, Kleiber, Wasseramseln, Zaunkönige, Drosseln, Grasmücken, Fliegenschnäpper, Braunellen, Stelzen, Seidenschwänze, Würger, Stare, Finken, Sperlinge, Ammern
Säugetiere	**Insektenfresser** – Igel, Maulwürfe, Spitzmäuse **Fledermäuse** – Hufeisennasen, Glattnasen **Hasenartige** (z. B. Feldhase) **Nagetiere** – Biber, Schläfer, Hörnchen, Echte Mäuse, Hamster, Wühlmäuse **Raubtiere** – Hunde, Katzen, Bären, Kleinbären, Marder, Robben **Paarhufer** – Schweine, Rinder, Hirsche **Unpaarhufer** – Pferde **Wale** (z. B. Tümmler)

deutlich unterscheidet. Ein weiteres spezifisches Säugetier-Merkmal ist die im Vergleich zu Vögeln und Reptilien drüsenreiche Haut.

Im anatomischen Bau weist der Organismus der Säugetiere vom differenzierten Gehirn und vom Schädelskelett bis zum Urogenitalsystem noch viele weitere Besonderheiten auf, die hier, wo es um das äußere Erscheinungsbild geht, aber unberücksichtigt bleiben können. Zu den Säugetieren gehören die größten heimischen Tierarten, darunter der noch weit verbreitete Rothirsch (♂ bis 300 kg), in Ostmitteleuropa der Elch (♂ bis 500 kg) und in Gehegen als ehemaliger Bewohner unserer Wälder der Wisent (♂ bis 1000 kg). Dagegen sind die kleinsten Säugetiere ausgesprochene Winzlinge: Die Zwergmaus wiegt nur 5–8, die Zwergfledermaus 4–6 und die Zwergspitzmaus gar nur 3–5 Gramm.

Unter den Säugetieren ist die Zahl der Arten, die der Mensch bewußt in Mitteleuropa eingebürgert oder stärker verbreitet hat, ganz besonders groß. Bei den jüngsten Neubürgern wie Waschbär, Nutria und Bisamratte ist uns das auch durchaus vertraut, vielleicht auch bei den jagdlich interessanten Arten wie Mufflon und Damhirsch. Aber wer denkt schon daran, daß auch das Wildkaninchen ursprünglich kein Mitteleuropäer war?

Etliche Säugetierarten haben sich auf das Leben in der Nachbarschaft des Menschen und auf die Nutzung der durch den Menschen veränderten und zum Teil angereicherten Lebensräume und ihrer Ressourcen eingestellt. Dazu gehören keineswegs nur Hausmäuse und Wanderratten, Eichhörnchen und Wildkaninchen, sondern auch Steinmarder mit besonderer Vorliebe für Automotoren, Füchse als Nutznießer von Abfalleimern und Siebenschläfer als Bewohner von Vogelnistkästen. Andere Arten finden sich dagegen nur schwer mit der Beunruhigung der Landschaft durch den Menschen und mit den veränderten Lebensbedingungen, zum Beispiel an verbauten Fluß- und Bachufern, ab und sind deshalb so selten geworden, daß sie wie der Fischotter längst auf der „Roten Liste" stehen. Säugetiere – von einigen wenigen wie Eichhörnchen und Wildkaninchen einmal abgesehen – begegnen dem Wanderer und Naturfreund in aller Regel seltener als Vögel und

Vertreter etlicher anderer Tiergruppen. Ein Grund dafür ist bei den größeren, d. h. bei den bejagten Arten, die größere Fluchtdistanz und die heimliche Lebensweise. Die meisten heimischen Unpaarzeher und Raubtiere sind erst infolge der Beunruhigung und Verfolgung durch den Menschen zur nächtlichen Lebensweise übergegangen. Dagegen sind viele kleinere Säugetierarten, die stets Jagdwild der Beutegreifer waren, schon immer, also von Natur aus, dämmerungs- und nachtaktiv.

Weil die Verfolgung und der Fang von Säugetieren zum Zweck der Bestimmung oder des Nachweises bestimmter Arten nicht in Betracht kommen, bleibt es meistens bei Zufallsbeobachtungen. Wer allerdings häufiger möglichst früh morgens oder in der Abenddämmerung unterwegs ist, bevorzugte Lebensräume der Tiere kennt und sich richtig in Wald, Feld und Flur bewegt, wird auch Säugetierarten begegnen, die viele Menschen nur aus Büchern und Filmen kennen.

Etliche Säugetier-Experten stellen zwar selbst keine Fallen auf, lassen aber andere – nämlich Eulen und Käuze – für sich jagen. Sie sammeln an ihnen bekannten Brut- und Ruheplätzen der gefiederten nächtlichen Jäger regelmäßig die Speiballen, die Gewölle, auf und sind in der Lage, nach den darin enthaltenen Skelettresten, vor allem nach Schädel und Gebiß, die Art des jeweiligen Kleinsäugers genau zu bestimmen. So erhalten sie nicht nur einen guten Überblick über die Kleinsäugerfauna des betreffenden Gebietes, sondern auch Kenntnisse über Häufigkeit und Bestandsschwankungen.

Ein anderer – an sich recht trauriger – Weg zur Kenntnis der heimischen Tierwelt führt über das Studium der Opfer des Straßenverkehrs. Neben den Igeln, die man die klassischen Leidtragenden unseres extrem verdichteten Straßennetzes nennen kann und die jeder Autofahrer kennt, sind bedauerlicherweise hin und wieder auch alle anderen Säugetiere als Verkehrstote plattgewalzt auf der Fahrbahn oder angefahren und am Straßenrand verendet anzutreffen.

Säugetierkenner beherrschen natürlich auch etliche Methoden, um bestimmte Arten mit Futter oder akustisch anzulocken oder – wie z. B. die Fledermäuse – dadurch nachzuweisen, daß ihre Ultraschallrufe für den Menschen hörbar gemacht werden.

Vögel

Häufiger als alle anderen Wirbeltiere begegnen dem Naturfreund Vogelarten. Für viele Menschen, die Gärten besitzen oder gar „im Grünen" wohnen, gehören sie zu den ständigen Begleitern. Aber auch mitten in den Städten sind einige Vogelarten stets gegenwärtig.

Da ist es nicht verwunderlich, daß sich die Vögel unter allen Tiergruppen der stärksten Zuneigung des Menschen erfreuen. Ihr zum Teil recht konstrasreiches Gefieder und ihre vielfältigen Rufe und Gesänge wecken Auf-

nen. Im Herbst und im Frühjahr bietet der Vogelzug oft besonders eindrucksvolle Bilder, etwa der Massenzug der Saatkrähen oder die große Keil-Formation ziehender Kraniche. Im Winterhalbjahr faszinieren vor allem die Ansammlungen nordischer Wasservögel auf Flüssen, Seen und an der Meeresküste den Beobachter.

Daß wir Vögel geradezu als allgegenwärtig erleben, verdanken wir vor allem der enormen Anpassungs- und Gewöhnungsfähigkeit zahlreicher Arten. Nur weil ursprüngliche Felsen- und Gebirgsbewohner wie Hausrotschwanz, Mehlschwalbe und Turmfalke auch mit den „Kunstfelsen" unserer Städte und Dörfer Vorlieb nehmen, weil ehemals scheue Waldbe-

Bild 2:
Bezeichnungen des
Vogelkörpers

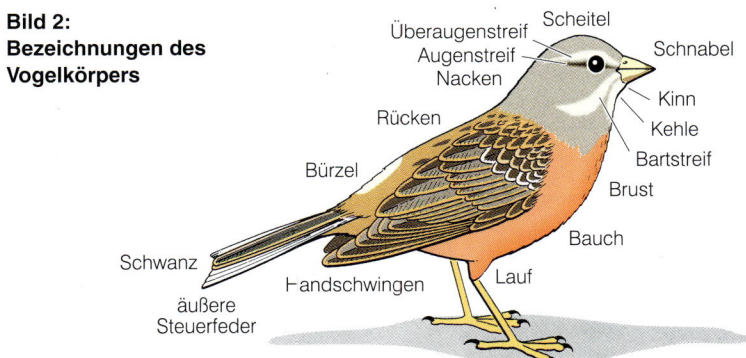

merksamkeit und erleichtern die Bestimmung. Ihre Flug- und Zugleistungen einerseits und ihr erblich fixiertes, hochkompliziertes Fortpflanzungsverhalten von der Balz über den Nestbau, die Revierverteidigung bis zur Aufzucht der Jungen andererseits sichern ihnen Bewunderung und einen hohen Bekanntheitsgrad. Dazu tragen ganz maßgeblich auch Film und Fernsehen bei, die der Vogelwelt in aller Regel mehr Raum geben als allen anderen Tierklassen zusammen.

Von den weltweit bekannten 8700 Vogelarten kommen rund 300 (knapp 3,5 %) auch in Mitteleuropa vor, zumindest wenn man neben den Brutvögeln auch die Durchzügler, Wintergäste und Invasionsvögel mit einrechnet. Vögeln kann man zu allen Jahreszeiten begeg-

wohner wie Schwarz- und Singdrossel zu Gartenvögeln wurden und noch vor wenigen Jahrzehnten scheue Vogelarten mit großer Fluchtdistanz wie die Ringeltaube verstädterten und ihre Furcht vor dem Menschen nahezu völlig ablegten, leben wir heute vielfach mit freilebenden Vögeln in enger Gemeinschaft. Natürlich bringt der Mensch auch seinen Teil zu deren Zustandekommen bei. Keiner Tiergruppe hat er schon so früh besondere Sympathie bekundet und gesetzlichen Schutz angedeihen lassen wie den Vögeln, die – zumindest in Mitteleuropa – mit wenigen Ausnahmen vor jeder Verfolgung sicher sind. Praktische Vogelschutzmaßnahmen am Haus und im Garten werden von Vogel- und Naturschützern propagiert und von vielen Menschen ausgeführt. Das beginnt bei der leider vielfach übertriebenen Winterfütterung und führt über das Angebot von Nisthilfen und von für Vögel interessanten fruchttragenden Sträuchern und Bäumen bis zum Schutz der Schwalbennester und dem Anbringen von Niststeinen an Gebäuden. Die Zutraulichkeit etlicher Vogelarten gestattet deren Beobachtung und Bestimmung bereits mit bloßem Auge. Ansonsten aber gehört das Fernglas zur Standardausrüstung jedes Vogelfreundes. Fernrohre oder Spektive können im freien Gelände, vor allem an der Meeresküste, an Seeufern, aber auch in Feuchtwiesengebieten sehr hilfreich sein (vgl. S. 1).

Bei manchen Vogelarten setzt die sichere Bestimmung das Erkennen recht unauffälliger differenzierender Merkmale voraus, die in den verschiedenen „Kleidern" sehr unterschiedlich ausgeprägt sein oder fehlen können. Männchen und Weibchen, erwachsene und junge Tiere sind bei vielen Vogelarten an der Färbung bzw. an der Zeichnung des Gefieders zu unterscheiden. Außerdem kann eine zweimalige Mauser im Jahr bei ein und demselben Individuum zu unterschiedlichen Brut- und Ruhekleidern bzw. Pracht- und Schlichtkleidern bzw. Sommer- und Winterkleidern führen. Weil das Erscheinungsbild einer Vogelart in vielen Fällen erst durch mehrere Abbildungen vollständig dargestellt werden kann, dieses aber hier nicht möglich ist, empfiehlt es sich, zusätzlich einen speziellen Vogelführer (z.B. den Kosmos-Naturführer „Die Vögel Europas") zu benutzen.

Bei der Beschreibung von Vogelarten werden zumeist Begriffe verwandt, die auch bei Mensch und Säugetieren üblich sind; einige weitere kommen hinzu. Worauf sie sich beziehen, zeigt Bild 2.

Die Kopfleiste der Texte zu den einzelnen Arten enthält zunächst die Länge (**L**) des betreffenden Vogels von der Schnabel- bis zur Schwanzspitze. Bei einigen besonders langschwänzigen Arten stehen hinter dem **L** zwei Zahlen: die erste für die Kopf-Rumpf-Länge, die zweite – durch ein +-Zeichen verbunden – für die Schwanzlänge. – Um eine kurze, leicht umsetzbare Information hinsichtlich der Größe des behandelten Vogels zu geben, sind in der Mitte der Kopfleiste Arten genannt, die bekannt und in der Körpergröße ähnlich sind. Die verschiedenen Zusätze bedeuten:

~ etwa so groß wie,
> größer als,
>> viel größer als,
< kleiner als,
<< viel kleiner als.

Die Daten der zum Größenvergleich genannten Vogelarten, bei denen es sich natürlich nur um grobe Richt- oder um gemittelte Werte handeln kann, sind der hinteren Umschlagklappe dieses Buches zu entnehmen.

Innerhalb der angegebenen Zeiten kann mit den betreffenden Arten in Mitteleuropa gerechnet werden. Dabei unterscheidet man grob zwischen Jahresvögeln (Jan.–Dez.), die ganzjährig hier vorkommen, Sommervögeln (z.B. Apr.–Sept.), die hier brüten oder übersommern, den Winter aber anderswo verbringen, und Wintervögeln (z.B. Nov.–Febr.), die anderswo den Sommer verbringen und brüten, und bei uns danach als Wintergäste erscheinen.

Obwohl z.B. auch bei Amphibien und bei Heuschrecken akustische Merkmale bei der Bestimmung der Arten hilfreich sind, haben bei den Vögeln Rufe und Gesänge für die Beschäftigung mit den verschiedenen Arten die mit Abstand größte Bedeutung. Gerade im äußeren Erscheinungsbild oft sehr ähnliche Arten verfügen über unterschiedliche Gesangsrepertoires, so daß sie akustisch leichter zu unterscheiden sind als optisch.

In diesem Tierführer sind Vogelstimmen nur dann erwähnt, wenn sie sehr markant und mit Worten hinsichtlich der Klangfarbe, des Strophenumfangs oder des Rhythmus gut zu beschreiben sind. Zum Glück ist man heute nicht mehr auf die unzulänglichen Beschreibungen der Rufe und Gesänge mit Worten und Noten angewiesen. Heute lernt man die Vogelstimmen nach Tonaufzeichnungen vergleichsweise leicht kennen, wobei CDs zur Zeit die Tonkassetten ablösen, denen ganze Serien von Vogelstimmen-Schallplatten vorausgingen. Die Möglichkeiten, Vogelgesänge auf Band aufzunehmen und anschließend zu vergleichen, werden obendrein ebenfalls immer vielfältiger und perfekter, so daß die Welt der Vogelkonzerte eigentlich immer mehr Menschen vertraut werden könnte.

Doch eines bleibt dem am Vogelgesang interessierten Naturfreund nicht erspart: Wer das Vogelkonzert in voller Schönheit erleben will, muß früh aufstehen. Von einem Punkt aus das Erwachen der Vögel im Sinne einer „Vogeluhr" zu registrieren und zu hören, wie zuerst der Hausrotschwanz, dann das Rotkehlchen, etwas später Singdrossel und Amsel und weitere Arten in den Chor einstimmen, gehört nicht nur zu den schönsten Naturerlebnissen, sondern ist auch ein sicherer und leicht begehbarer Weg zum Kennenlernen der Vogelstimmen und deshalb gerade Anfängern zu empfehlen.

Reptilien und Amphibien

Ein entscheidendes Merkmal, das diese beiden Wirbeltierklassen, die die Herpetofauna bilden, scharf von den Klassen der Säugetiere und Vögel absetzt, ist die Poikilothermie, die wechselnde Körpertemperatur in Abhängigkeit von der Wärme ihrer Umgebung. Die Umgebungstemperatur schränkt die Aktivitätsphasen der Reptilien und Amphibien in unseren Breiten stark ein. Bei kühlen Temperaturen fallen sie in eine Kältestarre, die im Winterhalbjahr monatelang dauert und die probate Überwinterungsform fast aller Wechselwarmen (poikilothermen) Tiere darstellt. Vor allem auf die stark eingeschränkten Möglichkeiten zur aktiven Entfaltung bei nach Norden kürzer werdenden frostfreien Zeiträumen ist es zurückzuführen, daß die mitteleuropäische Herpetofauna im Vergleich zu der südlicherer Regionen bereits ausgesprochen artenarm, diejenige Nordeuropas allerdings noch artenärmer ist.

Während Amphibien (Lurche) und Reptilien (Kriechtiere) darin übereinstimmen, daß sie keine wärmeisolierende Körperhülle aufweisen, unterscheiden sie sich in anderer Hinsicht sehr grundlegend. Amphibien sind mit wenigen Ausnahmen noch insofern voll vom Wasser abhängig, als sich Laich und Larven im Wasser entwickeln (Bild 3). Aber auch die erwachsenen Tiere leben im oder am Wasser bzw. im feuchten Boden und werden an Land zumeist nur in Zeiten hoher Luftfeuchtigkeit, d.h. in der Nacht oder nach Regenfällen aktiv. Bei normal trockener Luft verlieren sie über die zarte Haut soviel Feuchtigkeit, daß sie

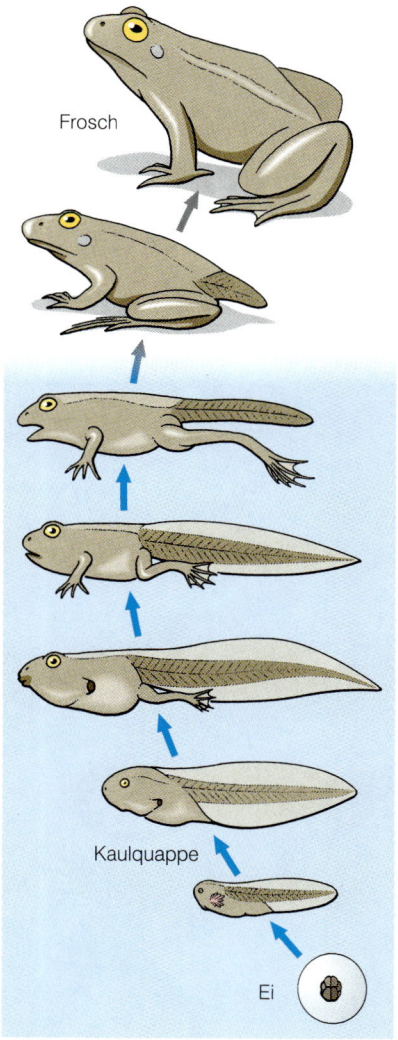

Bild 3: Vollständige Verwandlung (Metamorphose) bei Amphibien: Vom Ei über die Larvenstadien (Kaulquappen) zum fertigen Frosch.

ohne die Möglichkeit zum „Auftanken" bald zugrundegehen. Gerade die Durchlässigkeit der Haut aber ist für die Amphibien lebenswichtig. Sie ermöglicht die Hautatmung, die bei den Amphibien angesichts der noch wenig funktionstüchtigen, sackartigen Lungen unerläßlich ist.

Bei den Reptilien sind Differenzierung und Oberflächenvergrößerung der Lungen soweit fortgeschritten, daß die Hautatmung entfallen kann und eine Körperhülle aus Schuppen zugleich auch die Wasserverluste minimiert. An die Stelle der drüsenreichen Amphibienhaut tritt die drüsenfreie Haut der Eidechsen und Schlangen. Die Reptilien sind auch deshalb die ersten echten Landbewohner, weil die

Ei

Jungtier

Erwachsenes Tier

Bild 4: Direkte Entwicklung bei Reptilien: Vom Ei über kleinere Jungtiere zur erwachsenen Eidechse.

meisten Arten ihre beschalten Eier an ausgesprochen trockenen Orten in den Sand oder in den Boden legen und von der Sonne ausbrüten lassen (Bild 4). Im Gegensatz zu den Amphibien findet man auch die erwachsenen Reptilien vorzugsweise an den wärmsten und trockensten Orten, z.b. an von der Sonne aufgeheizten Felsen, Felswänden und Gemäuer. Mit wenigen Ausnahmen sind Eidechsen und Schlangen im Mitteleuropa daher auf die wärmeren Regionen beschränkt. Bereits südlich der Alpen nimmt die Zahl der Reptilienarten deutlich zu; in manchen heißen Trockengebieten stellen sie die artenreichste Wirbeltierklasse dar.

Neben der Giftbelastung und der damit verbundenen Verarmung der Insektenwelt stellen Schwund und Verschmutzung von Kleingewässern die wichtigste Ursache für den Rückgang der Amphibien, die zunehmende Beschattung und Verdunkelung durch heranwachsende Sträucher und Bäume einen maßgeblichen Grund für das Seltenerwerden von Reptilien dar. Inzwischen aber hat die Bedrohung der Herpetofauna mancherlei Naturschutzaktivitäten ausgelöst. Tausende neuer Kleingewässer haben die Lebensräume der Amphibien wieder etwas ausgeweitet. Auch die Anlage von Gartenteichen kann ein wertvoller Beitrag zum Artenschutz sein, wenn man deren natürliche, spontane Besiedlung abwartet und sich nicht dazu verleiten läßt, Laich, Larven oder erwachsene Tiere verbotswidrig von draußen zu holen und einzusetzen. Für Reptilien werden extensiv genutzte Trockenrasen, Blockhalden, Felswände und ähnliche sonnig-warme Lebensstätten geschützt und schattenfrei gehalten.

Fische

Die Artenkenntnis der allermeisten Naturfreunde schließt interessanterweise die Fische nicht mit ein. Sie scheinen den Freizeitanglern vorbehalten zu sein. Grund dafür ist gewiß die Tatsache, daß sich die Fische im Wasser meistens dem Blick des Beobachters entziehen und daß sie nicht ohne weiteres gefangen und wieder eingesetzt werden dürfen. Obendrein sind viele Arten einander sehr ähnlich.

Deshalb bringt dieser Tierführer im Gegensatz

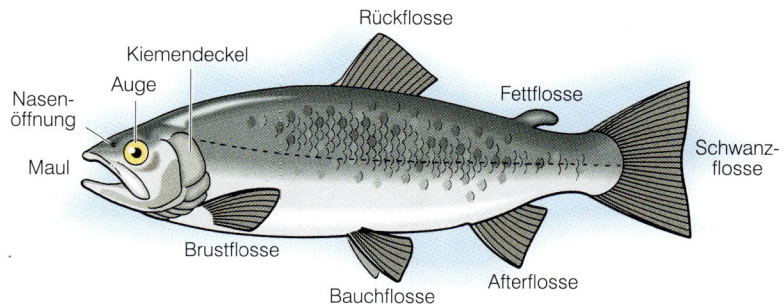

Rückflosse

Kiemendeckel

Nasen-
öffnung

Auge

Fettflosse

Maul

Schwanz-
flosse

Brustflosse

Bauchflosse

Afterflosse

Bild 5: Körperteile eines Fisches

zu den anderen 4 Wirbeltierklassen die Fische nur in einer kleinen Auswahl, die dem Angler nicht genügen kann.

Dabei handelt es sich bei unseren „Fischen" streng genommen im Sinne der modernen Systematik um 3 Wirbeltierklassen:
• die Rundmäuler, zu denen die Neunaugen gehören;
• die Knorpelfische mit den Haien und Rochen;
• die Knochenfische mit der weit überwiegenden Mehrzahl aller Fischarten.

Während man mit etwas Mühe und Geduld Süßwasserfische noch durchaus in ihrem natürlichen Lebensraum beobachten kann, besteht dazu bei Meeresfischen kaum Gelegenheit. Einige Arten werden jedoch häufiger an den Strand geschwemmt, andere regelmäßig von den Fischern angelandet, so daß es durchaus Möglichkeiten gibt, sich mit den Arten näher zu befassen. Dazu empfiehlt sich dann die Benutzung eines speziellen Naturführers.

Wer Fische in Bächen, Flüssen und Seen beobachten will, sollte ein Fernglas und viel Zeit mitbringen. Geeignete Beobachtungsorte sind z.B. Brücken über klaren Bächen oder Flüssen. Hier halten sich bestimmte Fischarten besonders gern auf. Andere Arten kann man von unbewachsenen Ufern aus oder zwischen den Blättern der Schwimmblattgewächse beobachten. Wer jedoch Gestalt und Bewegungsweise verschiedener Fischarten wirklich gründlich studieren will, der sollte eines der Aquarien besuchen, die es in vielen Zoos und

speziellen Einrichtungen gibt. Natürlich kann der Naturfreund, der zappelnde Fische an der Angel oder im Netz ertragen kann, sich auch einmal einem Freizeitangler oder Berufsfischer anschließen und sich mit dem Fang näher beschäftigen.

Da die Fische zum Teil sehr spezielle Anforderungen an die Wasserqualität, die Wassertemperatur, den Sauerstoffgehalt, die Wasserbewegung, den Salzgehalt oder andere ökologische Gegebenheiten stellen, kann man schon über den jeweiligen Lebensraum die Zahl der für die Bestimmung in Betracht kommenden Arten stärker eingrenzen.

In der Kopfleiste zu den einzelnen Arten sind Längenmaße angegeben, die sich jeweils im normalen Maximalbereich bewegen. Immer kann damit gerechnet werden, daß ab und zu noch größere Exemplare auftreten. Da Fische auch im Winter mehr oder weniger aktiv sind, erscheint die Angabe bestimmter Beobachtungszeiträume wenig sinnvoll. Stattdessen ist die Laichzeit (**LZ**) genannt, innerhalb derer manche Fischarten am ehesten nahe der Wasseroberfläche zu beobachten sind.

Das Grunderscheinungsbild eines Fisches mit den fast immer vorhandenen äußeren Organen, vor allem mit den verschiedenen Flossen, ist in Bild 5 dargestellt. Lage, Größe und Form der Flossen können von Art zu Art vielfältig variieren und stellen neben der Gesamtgestalt und der Maul- und Schwanzform die besten Arterkennungsmerkmale dar. Die Färbung der Fische dagegen ist individuell, örtlich und zeitlich oft sehr unterschiedlich und bei der

Bestimmung der Arten nicht immer hilfreich. Angaben zur Häufigkeit und Verbreitung von Fischarten sind oft nur eingeschränkt möglich, weil die Fischfauna der meisten Gewässer durch künstlichen Besatz – zum Teil mit im Gebiet nicht ursprünglich heimischen Arten – in vielfältiger und regional unterschiedlicher Weise verändert worden ist und auch heute noch immer wieder vom Menschen beeinflußt wird.

Wirbellose Tiere

Mit den Wirbellosen stellt sich eine auf den ersten Blick nahezu unüberblickbare Arten- und Formenfülle dar. Das Spektrum ist unglaublich weitreichend, vom Pantoffeltierchen bis zum Hummer und vom Strudelwurm bis zum Maikäfer. Insgesamt verbergen sich mindestens 1,5 Millionen, nach manchen Schätzungen sogar mehr als 10 Millionen Tierarten hinter dem Begriff „Wirbellose". Kein Mensch kann alle diese Tiere erkennen oder benennen. Ziel dieses Buches ist es, die leicht erkennbaren und interessanten Arten aus Mitteleuropa exemplarisch vorzustellen. Mit etwas Übung sollte es möglich sein, z.b. im Garten beobachtete wirbellose Tiere wenigstens einer der hier vorgestellten Gruppen zuzuordnen. Dabei hilft die Gesamtübersicht (Bild 6). Natürlich mußte die Auswahl eng begrenzt werden. Von einigen Gruppen der Wirbellosen werden nur exemplarisch einzelne Arten vorgestellt, wie z.b. von den Einzellern, den Schwämmen, den Rundwürmern, den Strudelwürmern und den Fadenwürmern. Diese Arten bleiben dem normalen Beobachter im allgemeinen verborgen und sind meist auch nur sehr schwer zu bestimmen. Ein größerer Schwerpunkt wird vor allem auf die Gliederfüßer (*Arthropoda*) und die Weichtiere (*Mollusca*) gelegt. Diese Tiere begegnen uns auf Schritt und Tritt, viele Arten sind auch allgemein bekannt. Dennoch ist auch bei diesen die Artenauswahl eng begrenzt.

Gliederfüßer

Der Tierstamm der Gliederfüßer (*Arthropoda*) weist als Gemeinsamkeit aller Arten ein Außenskelett aus Chitin und eine unterschiedli-cher Anzahl gegliederter Extremitäten auf (allerdings sind bei vielen Arten die Extremitäten reduziert oder stark abgewandelt). Die Gliederfüßer werden grob unterteilt in die Klassen Insekten, Spinnentiere, Krebstiere, Hundertfüßer und Doppelfüßer.

Insekten

Insekten stellen die artenreichste Klasse aller Tiere. Bisher wurde weit über eine Million verschiedener Arten beschrieben, fast täglich kommen neue hinzu. Gegenüber der unglaublichen Formenfülle in den tropischen Regenwäldern nehmen sich die „nur" ca. 30 000 Arten in Mitteleuropa geradezu bescheiden aus. Doch in keinem Bestimmungsbuch für diese Region könnten alle diese Arten auch nur annähernd vollständig abgehandelt werden. Neben der Artenzahl überraschen die Insekten auch mit ungeheuren Individuenzahlen. Ein einziges Bienenvolk kann aus mehr als 80 000 Tieren bestehen. Auf einem Quadratmeter Rasen können bis zu 60 000 Springschwänze leben. Es gibt Schätzungen, daß auf einem Hektar (10 000 Quadratmeter) Weideland bis zu 500 Millionen Insekten leben. Insekten sind unter Einbeziehung aller abweichenden Formen nicht ganz leicht zu charakterisieren. Der Grundbauplan der ausgewachsenen Tiere zeigt allerdings weitgehende Übereinstimmung. Der Körper (Bild 7) ist in 3 Hauptabschnitte gegliedert: Kopf (Caput), Brust (Thorax) und Hinterleib (Abdomen). Der Kopf trägt ein Paar Fühler (Antennen), die als Geruchs- und Tastsinnesorgane dienen, sowie ein Paar Komplexaugen, die wegen der wabenartigen Linsen der vielen Einzelaugen

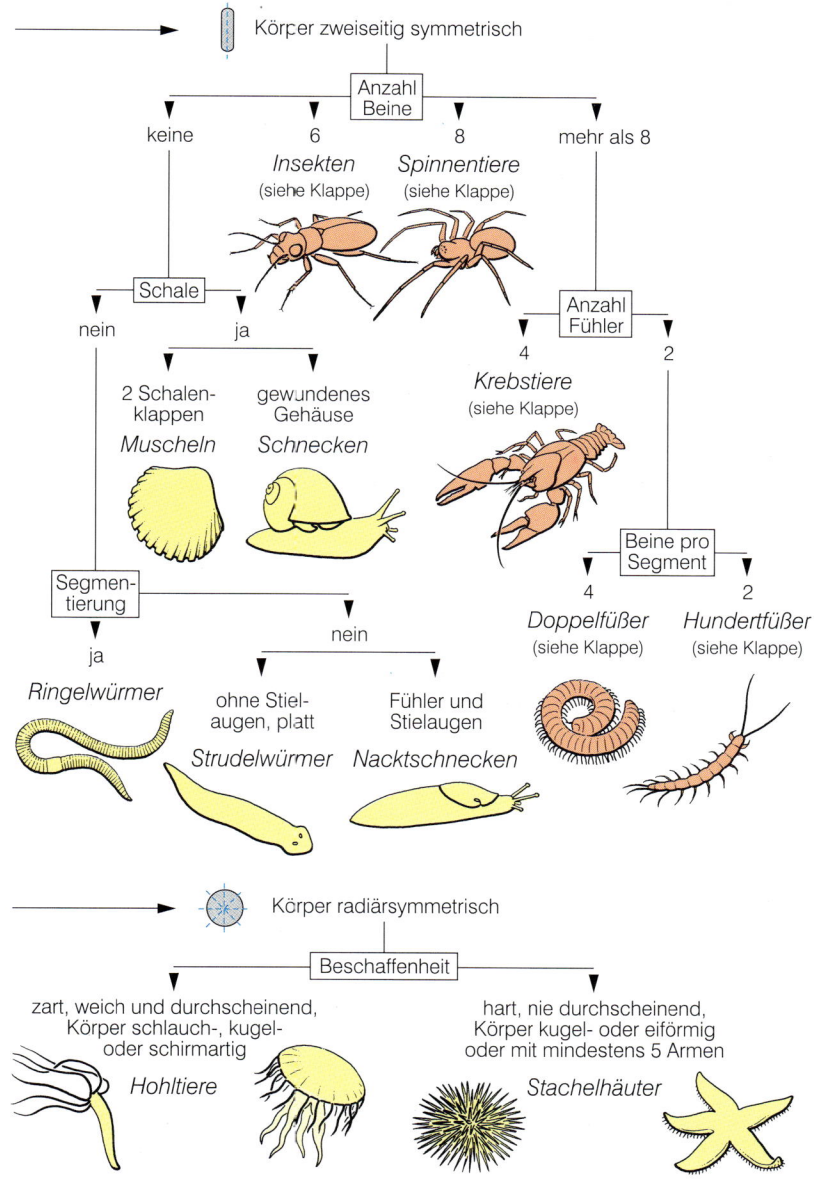

Körper zweiseitig symmetrisch

Anzahl Beine

- keine
- 6 *Insekten* (siehe Klappe)
- 8 *Spinnentiere* (siehe Klappe)
- mehr als 8

Schale

- nein
- ja

Anzahl Fühler

- 4 *Krebstiere* (siehe Klappe)
- 2

2 Schalen-klappen *Muscheln*

gewundenes Gehäuse *Schnecken*

Beine pro Segment

- 4 *Doppelfüßer* (siehe Klappe)
- 2 *Hundertfüßer* (siehe Klappe)

Segmen-tierung

- ja *Ringelwürmer*
- nein

ohne Stiel-augen, platt *Strudelwürmer*

Fühler und Stielaugen *Nacktschnecken*

Körper radiärsymmetrisch

Beschaffenheit

zart, weich und durchscheinend, Körper schlauch-, kugel-oder schirmartig *Hohltiere*

hart, nie durchscheinend, Körper kugel- oder eiförmig oder mit mindestens 5 Armen *Stachelhäuter*

Bild 6: Vereinfachter Zugang zu den wichtigsten Gruppen der Wirbellosen (nur ausgewachsene Tiere)

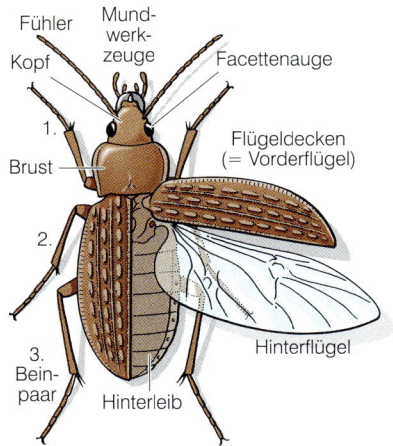

Fühler
Kopf
1.
Brust
2.

Mund-
werk-
zeuge

Facettenauge

Flügeldecken
(= Vorderflügel)

3.
Bein-
paar
Hinterleib

Hinterflügel

Bild 7: Körperteile eines Insekts (hier eines Käfers)

stark, sind aber auf einen Grundbauplan zurückzuführen (Bild 8). Das Bruststück besteht aus 3 Abschnitten, der Vorder-, Mittel- und Hinterbrust. Jeder Brustabschnitt trägt 1 Beinpaar; Insekten haben also 6 Beine und werden deshalb auch als Hexapoda (= Sechsfüßer) bezeichnet. Die Beine sind im typischen Fall in Hüfte, Schenkelring, Schenkel, Schiene und Fuß mit Krallen gegliedert (Bild 9). Von diesem Grundbauplan gibt es viele abgewandelte Formen; man

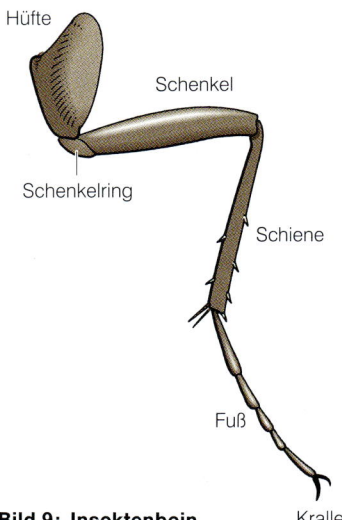

Hüfte

Schenkel

Schenkelring

Schiene

Fuß

Bild 9: Insektenbein

Kralle

auch Facettenaugen genannt werden. Viele Insekten besitzen auf der Stirn zusätzlich 3 kleine Punktaugen. Die Mundwerkzeuge unterscheiden sich bei den einzelnen Insektenordnungen je nach Ernährungsweise sehr

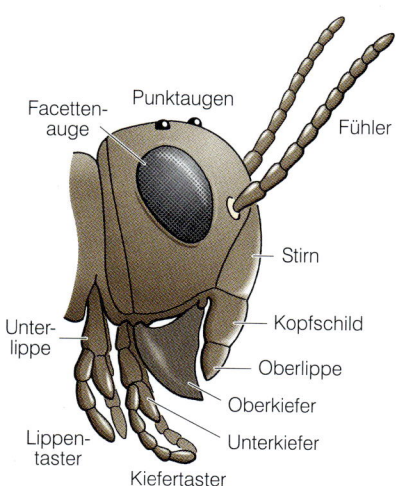

Facetten-
auge
Punktaugen

Fühler

Stirn

Kopfschild

Oberlippe

Oberkiefer

Unterkiefer

Unter-
lippe

Lippen-
taster

Kiefertaster

Bild 8: Insektenkopf mit Mundwerkzeugen

denke nur an die Grabbeine der Maulwurfsgrille, die Fangbeine der Gottesanbeterin oder die Sprungbeine der Heuschrecken und Flöhe.

Die meisten Insekten haben 2 Flügelpaare, die an der Mittel- und Hinterbrust sitzen. Vertreter einiger Ordnungen sind aber grundsätzlich flügellos, z. B. die Springschwänze, Fischchen, Flöhe und Tierläuse. Bei anderen sonst geflügelten Ordnungen haben manchmal bestimmte Arten oder auch nur ein Geschlecht dieser Art die Flügel zurückgebildet, z. B. manche Schmetterlingsweibchen. Manchmal sind die Flügel auch vom Grundtyp abgewandelt, am stärksten bei den Zweiflüglern, deren hin-

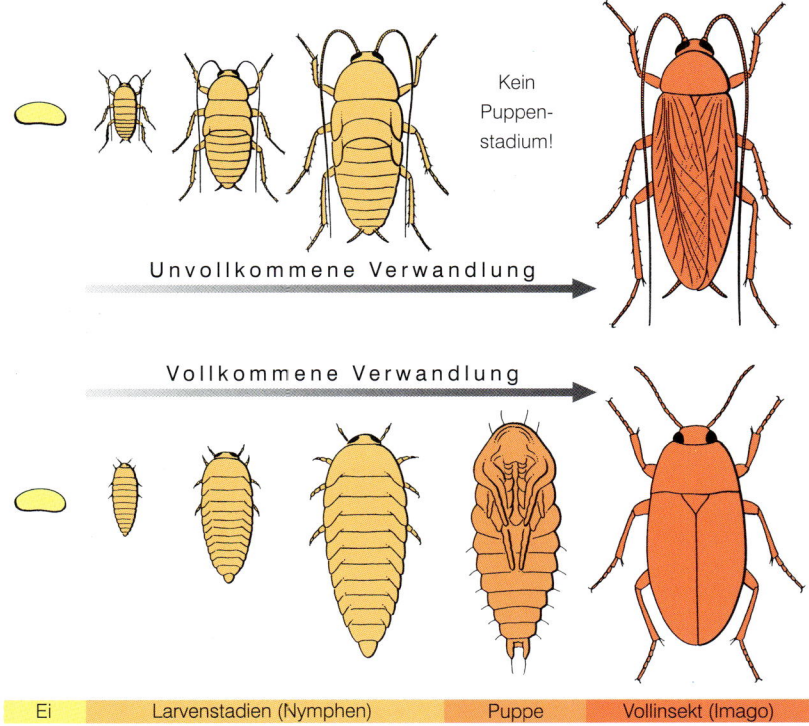

Kein
Puppen-
stadium!

Unvollkommene Verwandlung

Vollkommene Verwandlung

| Ei | Larvenstadien (Nymphen) | Puppe | Vollinsekt (Imago) |

Bild 10: Vom Ei zum Vollinsekt (Metamorphose). Unvollkommene Verwandlung: Larvenstadien (Nymphen) ähnlich wie voll entwickeltes Insekt (oben). Vollkommene Verwandlung: Über Larvenstadien und Puppe zum Vollinsekt (unten).

teres Flügelpaar zu den trommelschlegelartigen Schwingkölbchen (Halteren) umgewandelt sind.

Der Hinterleib (Abdomen) besteht aus 11 Segmenten, die aber nicht alle sichtbar sind. Gliedmaßen finden sich hier nicht, viele Arten besitzen aber mehr oder weniger auffällige Hinterleibsanhänge (Cerci), z.B. die Eintagsfliegen.

Insekten entwickeln sich aus Eiern. Man unterscheidet 2 unterschiedliche Formen der Entwicklung, die vollständige und die unvollständige Metamorphose. Die vollständige Metamorphose umfaßt Ei, Larve, Puppe und Imago (z.B. bei den Käfern, Schmetterlingen und

Hautflüglern, s. Bild 10). Die Larven werden mit recht unterschiedlichen Namen benannt, z.B. Raupe bei den Schmetterlingen, Made bei den Fliegen oder Engerling bei manchen Käfern. Bei der unvollständigen Metamorphose (z.B. bei den Heuschrecken, Wanzen und Libellen) fehlt ein Puppenstadium. Hier ähneln die Larven in den meisten Fällen den ausgewachsenen Tieren, man spricht hier von Nymphen. Der Grundbauplan der Larven kann sehr unterschiedlich sein, aber niemals tragen Larven Flügel. Ein geflügeltes Insekt ist immer ausgewachsen.

Insgesamt kommen in Europa mehr als 30 Insektenordnungen vor. Einige der artenreichsten und allgemein bekannteren werden hier kurz genannt. Eine ausführlichere Darstellung würde den Rahmen dieses Buches sprengen. Von den meisten Ordnungen wird in diesem Buch zumindest ein Vertreter vorgestellt.

Käfer

Die größte Insektenordnung in Mitteleuropa und weltweit ist die Ordnung der Käfer (*Coleoptera*, s. Bild 7). Bei uns kommen ca. 8000 verschiedene Arten in allen denkbaren Lebensräumen von der Küste bis ins Hochgebirge und vom Gewässerboden bis in die Wipfel der höchsten Bäume vor. Ein wichtiges Erkennungsmerkmal sind die zu harten Schutzdecken umgewandelten Vorderflügel, die sog. Elytren. Die Hinterflügel sind häutig, viele Arten können sehr gut fliegen. Dabei werden die Vorderflügel meist seitlich abgespreizt. Es gibt allerdings auch zahlreiche flugunfähige Arten. Käfer machen eine vollständige Entwicklung durch. Aus den Eiern schlüpfen Larven, die den ausgewachsenen Tieren nicht ähnlich sehen. Für einige gibt es sogar eigene Namen, wie Engerling, Mehlwurm oder Drahtwurm. Die meisten Larven entwickeln sich innerhalb eines Jahres zum Käfer. Bei einigen wenigen Arten dauert die Larvalentwicklung im Extremfall über 10 Jahre, damit gehören sie bei und zu den Insekten mit dem höchsten Alter. Die Larven verpuppen sich, aus der Puppe schlüpft schließlich der fertige Käfer. Bei der großen Artenzahl gibt es unzählige Spezialisierungen bei den Käfern, die vom Schwimmvermögen vieler Wasserkäfer über die Leuchtorgane der Leuchtkäfer bis hin zum Pilzezüchten bei den Kernkäfern reichen.

Hautflügler

Ähnlich artenreich ist bei uns die Ordnung der Hautflügler (*Hymenoptera*). Bei den Hautflüglern werden zwei Unterordnungen unterschieden: Die *Apocrita* mit der sprichwörtlichen „Wespentaille" (zu diesen gehören die Bienen, Wespen und Ameisen) und die *Symphyta*, bei denen Brust und Hinterleib breit zusammensitzen. Fast alle Hautflügler besitzen 4 häutige Flügel, vor allem bei den Arbeiterinnen der Ameisen sind diese aber vollständig zurückgebildet. Viele Arten zeigen bemerkenswerte

Formen des Zusammenlebens; man denke nur an die Staatenbildung bei Ameisen und Bienen. Diese betreiben auch eine sehr intensive Brutpflege. Dazu werden zum Teil sehr große und aufwendige Nester gebaut. Auch solitär lebende Arten stellen zum Teil komplizierte Nester unter Nutzung der verschiedensten Materialien her. Viele Arten sind Parasiten oder parasitieren sogar die Larven schon parasitischer Arten.

Schmetterlinge

Die Schmetterlinge (*Lepidoptera* = Schuppenflügler, Bild 11) kommen in Mitteleuropa mit fast 3500 Arten vor. Sie sind durch die mit Schuppen bedeckten Flügel recht charak-

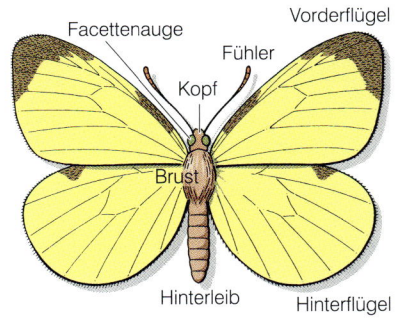

Bild 11: Körperteile eines Schmetterlings

terisiert und besitzen bis auf wenige Ausnahmen einen langen Saugrüssel. Mit diesem können sie Nektar aus Blüten saugen. Manche Arten saugen auch an Pfützen auf Waldwegen, faulendem Obst und anderen verwesenden Stoffen, einige nehmen überhaupt keine Nahrung auf. Allgemein bekannt sind auch die Larven der Schmetterlinge, die Raupen (Bild 12). Sie schlüpfen aus den recht kleinen Eiern, die an oder in der Nähe der Futterpflanzen abgelegt werden, fressen meist Blätter oder andere Pflanzenteile und verpuppen sich nach mehreren Häutungen. Viele Raupen sind sehr auffällig bunt, andere tragen Tarnfarben und ahmen z.B. kleine Zweige täuschend echt nach. Aus den Puppen schlüpfen

"Horn" Kopf

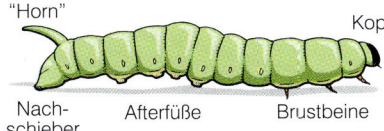

Nach-
schieber   Afterfüße   Brustbeine

Bild 12: Körperteile einer Raupe

die ausgewachsenen Falter, die sehr bunt gefärbt sein können. Verbreitet sind auch die
unterschiedlichsten Tarntrachten und Warn-
oder Schrecktrachten. Im letzteren Fall werden bei Bedrohung plötzlich Augenflecken
oder grell gefärbte Flügel- oder Körperpartien
präsentiert. Trotz der scheinbar so zerbrechli-
chen Flügel können viele Schmetterlinge erstaunliche Flugleistungen vollbringen – man
denke nur an den rasend schnellen Flug der
Schwärmer oder die Wanderungen zahlreicher Tagfalter, die über mehrere Tausend Kilometer führen können. Dabei werden regelmäßig auch Hochgebirge und Meere überquert. Die oft verwendete Einteilung der
Schmetterlinge in „Tag"- und „Nachtfalter" ist
genauso ungenau und systematisch wenig
hilfreich wie die Unterscheidung von „Groß-"
und „Kleinschmetterlingen". Denn es gibt genauso am Tag fliegende „Nachtfalter" wie sehr
kleine „Groß-" und ziemlich große „Kleinschmetterlinge".

Zweiflügler
Eine weitere sehr artenreiche Ordnung ist die
der Zweiflügler (Diptera) mit den Fliegen und
Mücken. Die Vorderflügel sind häutig, ihre
Hinterflügel sind, wie oben schon erwähnt, zu
Schwingkölbchen umgewandelt. Zweiflügler
durchlaufen ein vollkommene Verwandlung,
die Larven sind äußerst vielgestaltig. Am bekanntesten sind wohl die „Maden" vieler Fliegen, die im Sprichwort „im Speck" leben. Viele
sind Parasiten; die Larven zahlreicher Arten
entwickeln sich im Wasser. Grob werden die
Mücken mit fadenförmigen, sechs- oder
mehrgliedrigen Fühlern und die Fliegen mit oft
nur dreigliedrigen Fühlern unterschieden.
Viele Zweiflügler haben stechend-saugende
Mundwerkzeuge, man denke nur an die vielen
Arten blutsaugender Mücken. Weit verbreitet

sind ebenfalls leckend-saugende Mundwerkzeuge, die zum Teil sehr kompliziert gebaut
sind, wie etwa bei der Stubenfliege. Die meisten Zweiflügler sind gute, zum Teil sehr
schnelle Flieger. Bei der Steuerung spielen
die zu hoch spezialisierten Organen umgewandelten Hinterflügel (Halteren = Schwingkölbchen) eine wichtige Rolle. Vor allem bei
einigen parasitisch in Fell oder Vogelgefieder
lebenden Arten (z.B. verschiedenen Lausfliegen) können die Flügel aber auch vollständig
oder teilweise zurückgebildet sein.

Wanzen
Die Wanzen haben gemeinhin einen schlechten Ruf, der sich aber nur auf der Kenntnis der
Bettwanze gründet. Dabei ist diese die einzige
von etwa 1000 mitteleuropäischen Arten, die
Blut saugt. Die meisten anderen Wanzen saugen Pflanzensäfte oder jagen Insekten und
andere Wirbellose. Wanzen sind gut durch
den Bau ihrer Vorderflügel gekennzeichnet:
Etwa zwei Drittel sind ledrig, das hintere Drittel
aber häutig. Das kleinere zweite Flügelpaar ist
insgesamt häutig. Eine Reihe von Wanzenar-
ten lebt im Wasser, die meisten aber auf dem
Land.

Zikaden und Blattläuse
Früher wurden die Zikaden und Blattläuse mit
den Wanzen zur Ordnung der Gleichflügler
oder Pflanzensauger zusammengefaßt. Heute
sind die Wanzen abgetrennt, dennoch erscheint die Ordnung sehr uneinheitlich. Hierher gehören auch die Schildläuse, die zumindest bei flüchtigem Hinsehen kaum als
Tier erkannt werden. Vor allem die Blattläuse
haben komplizierte Entwicklungszyklen, bei
denen sich geschlechtliche und ungeschlechtliche Generationen abwechseln, zum
Teil auch verbunden mit einem Wechsel der
Wirtspflanzen. Die Zikaden ähneln eher den
Wanzen, sie zeichnen sich u.a. durch ihr
Sprungvermögen aus.

Heuschrecken
Allgemein bekannt sind die Heuschrecken.
Heute teilt man sie in die Ordnungen der
Langfühlerschrecken und der Kurzfühler-
schrecken ein. **Langfühlerschrecken** be-
sitzen Fühler, die mindestens so lang sind wie

ihr Körper. Das vordere Flügelpaar ist ledrig und ziemlich schmal, das hintere häutig und recht breit. Bei einigen Arten sind die Flügel zurückgebildet, sie können nicht fliegen. Das hintere Beinpaar ist zu kräftigen Sprungbeinen umgewandelt. Die Männchen können durch Aneinanderreiben der Vorderflügel Töne erzeugen. Die Gehörorgane liegen in den Schienen der Vorderbeine. Die **Kurzfühlerschrecken** besitzen Fühler, die deutlich kürzer als der Körper sind. Sie erzeugen Töne durch Reiben der Beine an den Flügeln. Die Gehörorgane liegen an den Seiten des ersten Hinterleibssegmentes. Die meisten Kurzfühlerschrecken können sehr gut fliegen, man denke nur an die Wanderheuschrecken, die auf ihren Wanderzügen ganze Landstriche kahlfressen können. Bei vielen Arten sind die Hinterflügel bunt gefärbt.
Alle Heuschrecken haben eine unvollständige Entwicklung. Die aus den Eiern schlüpfenden Larven, die sich im Laufe des Wachstums mehrmals häuten, haben große Ähnlichkeit mit den ausgewachsenen Tieren. Allerdings besitzen sie niemals Flügel.

Libellen
Zu den Libellen gehören einige unserer größten Insekten. Sie haben nur kurze Fühler, aber sehr große Augen. Die tagaktiven Libellen sind von wenigen Ausnahmen abgesehen sehr schnelle Flieger, die ihre Beute in der Luft fangen. Ihre Entwicklung spielt sich im Wasser ab. Die Eier werden ins Wasser, in Schlamm oder Wasserpflanzen abgelegt. Aus ihnen schlüpfen Larven, die ebenfalls räuberisch im Wasser leben. Sie besitzen eine sogenannte Fangmaske, mit denen die Beute ergriffen wird. Bei den großen Arten kann die Larvalentwicklung bis zu 4 Jahre dauern.

Spinnentiere
Nach den Insekten sind die Spinnentiere mit weit mehr als 3000 Arten bei uns die artenreichste Tiergruppe. Sie sind vor allem Landbewohner, die Wasserspinne und zahlreiche Milben sind allerdings echte Wassertiere. Spinnentiere haben anders als die Insekten einen zweigeteilten Körperbau. Man unterscheidet bei ihnen den Vorderkörper (Kopf-Brust-Stück) und den Hinterkörper. Am Vor-

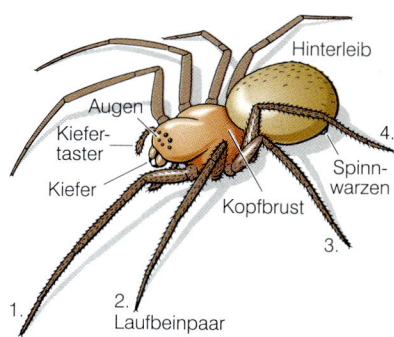

Bild 13: Körperteile einer Spinne

derkörper tragen sie 6 Paare Gliedmaßen. Das 1. Paar ist zu den Cheliceren, den Kieferklauen, das 2. Paar zu den Pedipalpen, den Kiefertastern umgebildet. Die übrigen 4 Paare sind Laufbeine, ein wichtiges Unterscheidungsmerkmal zu den Insekten. Der Hinterleib trägt keine Gliedmaßen. Spinnentiere sind niemals geflügelt (Bild 13).

Milben
Die artenreichste Gruppe der Spinnentiere sind die Milben. Die meisten Arten sind sehr klein; am bekanntesten sind sicherlich die Zecken. Trotz ihrer geringen Größe kommt den Milben einer erhebliche Bedeutung im Naturhaushalt zu, sei es als Überträger von Krankheiten oder als Zersetzer in der Laubstreu.

Spinnen
Die eigentlichen Spinnen sind von den übrigen Spinnentieren leicht an dem deutlich vom Vorderkörper abgeschnürten Hinterkörper zu erkennen. Außerdem besitzen sie als typisches Merkmal 3 Paare Spinnwarzen.

Weberknechte
Die Weberknechte treten bei uns in vergleichsweise geringer Artenzahl auf. Die meisten sind sehr langbeinig, es gibt aber auch einige kurzbeinige Arten. Bei ihnen sind Vorder- und Hinterkörper zu einer Einheit verschmolzen.

Krebstiere

Das wichtigste Unterscheidungsmerkmal zu den anderen Gliederfüßern ist die Tatsache, daß Krebstiere 2 Fühlerpaare besitzen. Dadurch sind sie eindeutig charakterisiert. Die meisten Arten atmen mit Kiemen und leben im Meer, eine gewisse Anzahl auch im Süßwasser. Nur wenige Krebstiere sind wie die Asseln zum Landleben übergegangen; bei ihnen wurden die Kiemen im Laufe der Evolutionen zu Luftatmungsorganen umgewandelt. Erwäh-

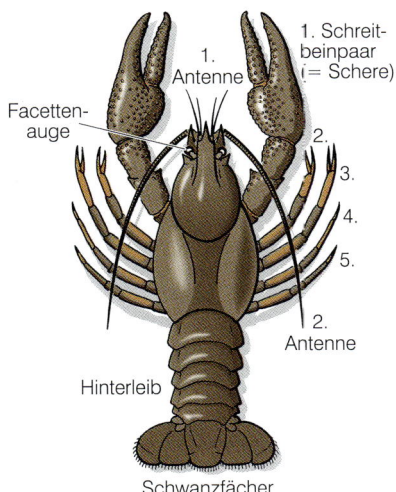

Bild 14: Körperteile eines Krebses

nenswerte Ordnungen sind die Blattfußkrebse, zu denen die Wasserflöhe gehören, und die Ruderfußkrebse mit stark verlängerten 1. Antennen. Zu den Zehnfüßigen Krebsen gehören alle bekannten größeren Krebse und Krabben (Bild 14).

Weichtiere

Ein weiterer wichtiger Stamm sind die Weichtiere oder Mollusken (*Mollusca*). Sie sind nach den Gliedertieren der artenreichste Tierstamm. In diesem Buch werden drei Klassen der Weichtiere berücksichtigt, die Schnecken (*Gastropoda*), die Muscheln (*Bivalvia*) und,

allerdings nur mit einer Art, die Tintenfische (*Cephalopoda*). Die meisten Arten leben im Meer, viele aber auch im Süßwasser und die Schnecken auch auf dem Land. So unterschiedlich Mollusken auch aussehen mögen, gemeinsam haben sie im typischen Fall eine Kalkschale (die stark reduziert sein kann) und einen in Kopf, Fuß, Eingeweidesack und Mantel gegliederten Weichkörper. Das Gehäuse dient als Schutz für den Körper.

Schnecken

Bei den Schnecken lassen sich nach den Atmungsorganen Vorderkiemer (*Prosobranchia*), Hinterkiemer (*Ophistobranchia*) und Lungenschnecken (*Pulmonata*) unterscheiden. Die Landschnecken und auch viele Süßwasserschnecken gehören zu den Lungenschnecken. Die Form des Gehäuses ist sehr variabel, es kann napfförmig, hochgetürmt oder fast völlig reduziert sein. Schnecken bewegen sich kriechend fort. Um auch auf rauhen Oberflächen im Sinne des Wortes reibungslos voranzukommen, sondern sie aus einer speziellen Drüse Schleim ab. Am Kopf sitzen die Augen und 1 oder 2 Fühlerpaare. Als Besonderheit sitzen die Augen der Landlungenschnecken an der Spitze eines Fühlerpaares, das eingezogen werden kann (Stielaugen). Im Schlund der Schnecken befindet sich die Radula, die meist mit vielen, sehr scharfen Zähnchen versehen ist (Bild 15).

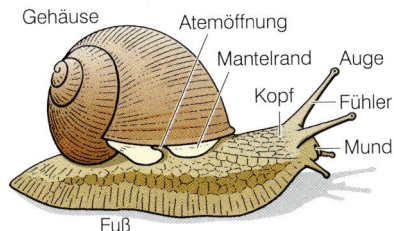

Bild 15: Körperteile einer Gehäuseschnecke

Muscheln

Muscheln leben ausschließlich im Wasser, die meisten im Meer vom Strandbereich bis in die

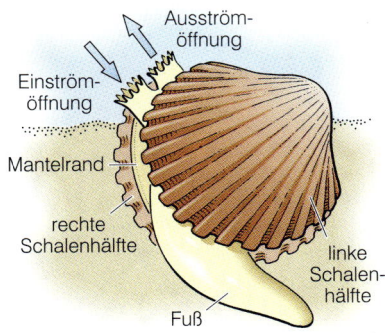

Einström-
öffnung

Ausström-
öffnung

Mantelrand

rechte
Schalenhälfte

linke
Schalen-
hälfte

Fuß

Bild 16: Körperteile einer Muschel

Tiefsee, eine Reihe von Arten aber auch im Brack- und Süßwasser. Kennzeichnend sind 2 Schalenklappen, die am oberen Rand durch das sogenannte Schloß miteinander verbunden sind. Die Klappen werden durch sehr kräftige Schließmuskeln zusammengehalten. Im Gegensatz zu den Schnecken haben die Muscheln keinen Kopf, keine Radula und – abgesehen von den Augen am Schalenrand – keine besonders entwickelten Sinnesorgane (Bild 16). Die meisten Arten leben sessil oder bewegen sich nur sehr langsam; einige können allerdings durch den Ausstoß von Wasser auch überraschend schnell schwimmen.

Ringelwürmer

Vom Stamm der Ringelwürmer sind zunächst die Borstenwürmer (*Polychaeta*) erwähnenswert. Sie sind getrenntgeschlechtlich und tragen auf Vorsprüngen des Hautmuskelschlau-ches zahlreiche Borsten. Diese Vorsprünge werden auch Parapodien oder Fußstummel genannt. Bemerkenswert ist die Tatsache, daß sie wie der Mensch den roten Blutfarbstoff Hämoglobin besitzen. Zu den Borstenwürmern gehören so bekannte Arten wie Wattwurm und Seeringelwurm

Nicht minder bekannt sind die Gürtelwürmer, zu denen die Wenigborster und die Egel zu zählen sind. Bekanntester Wenigborster ist der Regenwurm als Prototyp eines Wurmes schlechthin. Wenigborster besitzen nur sehr wenige Borsten und sind Zwitter. Borstenlos sind die Egel, von denen der Blutegel die bekannteste Art ist. Bei uns leben sie ausschließlich im Süßwasser.

Stachelhäuter

Als letzter Stamm sollen hier die Stachelhäuter (*Echinodermata*) kurz beschrieben werden. Sie sind ausschließlich Meeresbewohner. Von allen anderen Tieren unterscheiden sie sich durch ihre fünfstrahlige Symmetrie.

Am bekanntesten sind sicherlich die **Seesterne**. Sie können auf ihren Saugfüßchen umherlaufen und mit großer Kraft die Schalen von Muscheln auseinanderziehen, um diese anschließend zu fressen.

Die **Schlangensterne** bewegen sich durch schlängelnde Bewegungen fort. Bei ihnen sind die langen Arme deutlich gegen die Körpermitte abgesetzt.

Die **Seeigel** sind durch ihre meist kugelige Form und die Stacheln unverkennbar. Es gibt aber auch stärker abweichende Formen wie die Herzseeigel.

In diesem Buch werden in den meisten Fällen keine besonderen Hinweise auf die Seltenheit oder die Gefährdung bestimmter Arten, z.B. in Form der Angabe eines Rote-Liste-Status oder eines besonderen gesetzlichen Schutzes gemacht. Vielmehr gehen wir davon aus, daß alle Arten als so wertvoll und schutzwürdig angesehen werden, daß man ihnen keinen Schaden zufügt. Selbstverständlich müssen bei der Beobachtung und beim Fotografieren von Tieren einschlägige gesetzliche Bestimmungen eingehalten werden.

Mit entsprechenden Hilfsmitteln wie Fernglas und Spektiv ausgerüstet, gelingt es meist, auch scheue Vogel- und Säugetierarten aus gebührender Entfernung zu beobachten. Problematischer ist oft die Beobachtung und Bestimmung von Kleintieren. Eine Lupe oder eine Becherlupe ist hier sehr hilfreich. Eingefangene Tiere sollten nach der Betrachtung umgehend am gleichen Ort wieder freigesetzt werden. Zu berücksichtigen ist auch, daß verschiedene Arten unterschiedlich empfindlich sind. So sind Käfer sehr robuste Tiere, denen während eines kurzen Aufenthaltes in einer Becherlupe oder einem Schnappdeckelgläschen kaum Schaden zugefügt werden kann. Anders sieht das z.B. bei Schmetterlingen aus, die besser nicht gefangen werden sollten. In Naturschutzgebieten ist jedes Fangen von Tieren natürlich grundsätzlich verboten. Nur was man kennt, kann man auch schützen. Möge dieses Buch dazu beitragen, daß viele Naturfreunde möglichst viele Arten kennenlernen – sie sollten allerdings beim Kennenlernen schon an den Schutz denken.

Verwendete Abkürzungen und Symbole

D	Durchmesser	<	kleiner als
G	Gewicht	≪	viel kleiner als
H	Höhe		
KR	Kopf-Rumpf-Länge	♂	Männchen
L	Länge	♀	Weibchen
L+	Gesamtlänge		
	(Kopf-Rumpf + Schwanz)		Monatsangabe
LZ	Laichzeit		
S	Schwanzlänge		bei Vögeln, Reptilien, Amphibien und Wirbel-
Sp	Spannweite		losen = Beobachtungszeitraum in Mitteleu-
			ropa
~	so groß wie		
>	größer als		bei Fischen = Laichzeit
≫	viel größer als		

1 Wildschwein
Sus scrofa

KR 120–170 cm   S 15–30 cm   G 40–120 kg, vereinzelt bis 300 kg

Kennzeichen: Unverwechselbar; wegen der dunklen Färbung in der Jägersprache als „Schwarzwild" bezeichnet.

Vorkommen: In weiten Teilen Mitteleuropas noch heimisch; zeitweise stark wechselnde Bestandsdichte.

Wissenswertes: Die Wildform unseres Hausschweins ist eigentlich ein Waldbewohner, profitiert aber offensichtlich von der Landwirtschaft, vor allem vom expandierenden Maisanbau. Hier, aber auch in Kartoffel- und Getreidefeldern richten Wildschweine oft erhebliche Schäden an. Im Walde sind die Allesfresser, die neben Wurzeln und Früchten, Gräsern und Kräutern auch Mäuse und Bodentiere verzehren, meistens unproblematisch. Die Frischlinge (**1c**) erblicken oft schon im Spätwinter das Licht der Welt. Sie sind dann in der Gefahr, durch unbelehrbare Skifahrer, die die gespurten Loipen verlassen, von den flüchtigen Bachen getrennt zu werden.

2 Mufflon
Ovis ammon musimon

KR 110–130 cm   S 6–10 cm   G 30–40 kg

Kennzeichen: Braun mit hellem Sattelfleck; Widder mit großen, stark gekrümmten, Weibchen mit höchstens 18 cm langen, nicht gewundenen Hörnern, die auch fehlen können.

Vorkommen: Ursprünglich in Korsika und Sardinien beheimatet; in den Mittelgebirgen künstlich begründete Populationen.

Wissenswertes: In Mitteleuropa gibt es heute erheblich mehr Mufflons als auf den beiden Mittelmeerinseln, wo die Art infolge Wilderei ernsthaft im Bestand bedroht ist.

3 Gemse
Rupicapra rupicapra

KR 100–120 cm   S 5–8 cm   G 30–50 kg

Kennzeichen: Gesichtszeichnung, Aalstrich auf dem Rücken und Bewegungsweise im felsigen Lebensraum; beide Geschlechter mit bis zu 20 cm langen Hörnern.

Vorkommen: In den Hochgebirgsregionen vor allem an felsigen Steilhängen; in Mitteleuropa außer in den Alpen infolge Einbürgerung auch im Schwarzwald, in den Vogesen, in der Schwäbischen Alb und im Elbsandsteingebirge.

Wissenswertes: Die Gemsen imponieren dem Wanderer durch ihr gewandtes Klettern und Springen. Der Gamsbart ist kein Bart im üblichen Sinne; er stammt aus dem langen Nacken- und Rückenhaar des Winterfells. Im Gegensatz zu den Geweihen der Hirschverwandten werden die Hörner von Mufflon, Gemse, Steinbock und Wisent nicht abgeworfen.

4 Alpensteinbock
Capra ibex

KR 115–140 cm   S 15 cm   G 40–120 kg

Kennzeichen: Graubraune Fellfarbe; Hörner der männlichen Tiere bis über 1 m, die der Weibchen bis zu 20 cm lang.

Vorkommen: In den Alpen in einzelnen wiedereingebürgerten Populationen insgesamt über 20 000 Tiere.

Wissenswertes: Die heute in den Alpen heimischen Steinböcke verdanken ihre Existenz der Tatsache, daß die Art während der extrem starken Verfolgung in früheren Zeiten im italienischen Aostatal (Gran Paradiso) überlebte.

5 Wisent
Bison bonasus

KR 170–350 cm   S 50–80 cm
G 400–1000 kg

Kennzeichen: Gewaltige Gestalt; vorn höher als hinten; relativ kurze Hörner.

Vorkommen: Außer in Polen im Urwald von Bialowieza in etlichen Zoos und Wildparks.

Wissenswertes: Ursprünglich war die Art im Bereich der sommergrünen Laubwälder Europas weit verbreitet. In den 20er Jahren wurden die letzten wildlebenden Bestände ausgerottet. Die Wisente in Bialowieza sind das Ergebnis einer erfolgreichen Wiedereinbürgerung. Von ihnen wiederum stammen fast alle Wisente ab, die an anderen Orten Osteuropas freigelassen wurden oder in unsere Wildparks gelangten.

1 Rothirsch
Cervus elaphus

KR 160–250 cm   S 12–15 cm   G 75–200 kg

Kennzeichen: Größte heimische Wildart nach dem Elch; im Sommer rotbraun, im Winter graubraun; Spiegel hellgelb; ausgewachsene Hirsche mit Geweihen mit mehr als 8, meistens mit 12, manchmal aber auch mit mehr als 20 Enden.

Vorkommen: In großen zusammenhängenden Waldgebieten, vor allem im Bergland; früher viel weiter verbreitet.

Wissenswertes: Das Röhren der Hirsche in der Brunftzeit (Mitte September bis Anfang Oktober) gehört zu den stimmungsvollsten Herbstphänomenen. Die Winterfütterung des Rotwildes ist in der Regel unerläßlich, weil infolge der Verkehrswege und der Zersiedelung der Landschaft die Rudel nicht mehr wie früher im Winter die nahrungsreicheren Niederungen aufsuchen können. Die Gewährleistung angepaßter Rotwilddichten ist eine vordringliche Aufgabe der Jagd, ohne die es den „König der Wälder" in Mitteleuropa schon längst nicht mehr gäbe.

2 Damhirsch
Cervus dama

KR 130–200 cm   S 15–20 cm   G 45–125 kg

Kennzeichen: In der Färbung sehr variabel, doch meistens rötlich braun mit hellen Flekken; die Hirsche von August bis April mit einem meist schaufelförmigen Geweih.

Vorkommen: In vielen Waldgebieten, auch in Wald-Feld-Mosaiklandschaften; isolierte, zum Teil eng begrenzte Vorkommen.

Wissenswertes: Damwild gelangte bereits im Mittelalter (vielleicht schon zur Römerzeit) aus Nordafrika und Kleinasien nach Europa. Weil es sich besser als andere Hirscharten zur Gatterhaltung eignet, wird es heute zunehmend auch zur extensiven Grünlandnutzung verwandt.

3 Sikahirsch
Cervus nippon

KR 100–150 cm   S 11–15 cm   G 40–70 kg

Kennzeichen: Im Sommer hellbraun, im Winter dunkelbraun; Geweihe der männlichen Tiere mit bis zu 8 Enden.

Vorkommen: Ursprünglich in Ostasien heimisch; seit Ende des vorigen Jahrhunderts auch in Europa eingebürgert; inselartige Vorkommen u.a. in Schleswig-Holstein (Angeln), im Sauerland (Arnsberger Wald), an der Weser bei Beverungen und am Oberrhein.

Wissenswertes: Diese kleine Hirschart erweist sich in unserer Landschaft als sehr anpassungsfähig, auch gegenüber Störungen durch Erholungssuchende. Sie gelangte nicht aus freier Wildbahn, sondern aus chinesischen Hirschgehegen nach Europa.

4 Reh
Capreolus capreolus

KR –120 cm   S 2–3 cm   G 15–30 kg

Kennzeichen: Geringe Größe, weißer Spiegel und kaum erkennbarer kurzer Schwanz; Geweih mit nur 4–6 Enden.

Vorkommen: Weit verbreitet und vielerorts recht häufig, vor allem in der stark strukturierten Kulturlandschaft, sogar bis in die Stadtrandgebiete.

Wissenswertes: Erstaunlich ist die Anpassungsfähigkeit der Rehe, deren Hauptfeinde streunende Hunde und die Autos auf unserem gar so dichten Straßennetz sind. Die im Mai/Juni geborenen Kitze (**4b**) fallen häufig den Mähmaschinen zum Opfer.

5 Elch
Alces alces

KR –280 cm   S 12 cm   G – über 500 kg

Kennzeichen: Gewaltige Größe; langbeinig; vorn buckelartig überhöht.

Vorkommen: Nordeuropa, Baltikum, Ostpolen, Sowjetunion; in lichten Wäldern mit Sümpfen und Seen; bekanntes Vorkommen auf der Kurischen Nehrung.

Wissenswertes: Der Elch ist die größte Hirschart und kam nacheiszeitlich noch in weiten Teilen Mitteleuropas vor. Er lebt weniger gesellig als die anderen Hirschverwandten. Als Nahrung dienen ihm Blätter, Triebe und Rinde von Laubbäumen, vor allem von Weiden, im Winter allerdings auch von Nadelgehölzen.

1 Seehund
Phoca vitulina

KR 150–200 cm G 75–200 kg

Kennzeichen: Rundlicher Kopf mit kurzer Schnauze; V-förmig angeordnete Nasenöffnungen.

Vorkommen: Atlantik südwärts bis zum Ärmelkanal; verbreitet in der Deutschen Bucht, selten in der Ostsee.

Wissenswertes: Die bekannteste Robbenart begegnet dem Feriengast nicht selten im Wattenmeer und auf Sandbänken. Der Seehund ist ein vorzüglicher Schwimmer und Taucher, der bis zu 20 Minuten lang und bis zu 100 m tief tauchen kann und sich dabei von Fischen, Krebsen, Muscheln und Schnecken ernährt. Im Mai oder Juni gebären die Weibchen ein, selten zwei Junge, die schon weit entwickelt sind und sofort ins Wasser gehen. Wegen ihrer klagenden Rufe werden sie als „Heuler" bezeichnet, vor allem wenn sie von der Mutter getrennt sind. Zeitweilig ging der Bestand rapide zurück, erholte sich jedoch wieder leicht. Bejagung, Störung durch Wassersportler und Touristen und Gewässerverschmutzung stellen für den Seehund die größten Gefahren dar. Der Bestand wird regelmäßig erfaßt, um notfalls den Schutz intensivieren zu können.

2 Kegelrobbe
Halichoerus grypus

KR 200–300 cm G 120–300 kg

Kennzeichen: Auffallender Größenunterschied zwischen den Männchen und den viel kleineren Weibchen; kegelförmiger Kopf mit langgestreckter Schnauze.

Vorkommen: Zur Fortpflanzungszeit im Bereich der Britischen Inseln, bei Island und in der östlichen Ostsee; sonst auch gelegentlich in der Deutschen Bucht und südwärts bis Spanien.

Wissenswertes: Im Gegensatz zum Seehund bevorzugt die Kegelrobbe felsige Küsten. In der Paarungszeit verteidigen die Männchen ihren Harem, der 6–7 Weibchen umfaßt. Erst nach einem Monat verlassen die Jungtiere ihre Geburtsinseln und -klippen, wo sie solange 2- bis 3mal täglich gesäugt werden.

3 Schweinswal
Phocoena phocoena

L –180 cm

Kennzeichen: Kleinste Walart; Schnauze rundlich, Rückenflosse niedrig, aber breit.

Vorkommen: In den europäischen Küstengewässern, vor allem in Großbritannien.

Wissenswertes: Der Schweinswal ist auch als Kleiner Tümmler und als Braunfisch bekannt. Er dringt nicht selten in den größeren Flüssen stromaufwärts vor und hält sich gern in flachen Meeresbuchten auf. Die Schweinswal-Bestände sind – vor allem infolge Gewässerverschmutzung – stark zusammengeschrumpft.

4 Tümmler
Tursiops truncatus

L –350 cm

Kennzeichen: Größe; graue Ober- und hellere Unterseite; kurzer „Schnabel".

Vorkommen: In allen europäischen Meeren nordwärts bis zur Nordsee, nur selten auch in der Ostsee.

Wissenswertes: Der häufigste Delphin in europäischen Meeren ist zugleich auch der bekannteste Star in den Delphinarien. Er lebt meistens gesellig und zeigt sich oft gegenüber Badenden überraschend zutraulich. Eindrucksvoll sind seine Sprünge weit über die Wasseroberfläche hinaus.

5 Delphin
Delphinus delphinus

L –200 cm G –75 kg

Kennzeichen: Helle Flankenzeichnung, in der Vorderhälfte oft hellbraun überlagert; langer, schmaler „Schnabel".

Vorkommen: In den warmen Meeren besonders weit verbreitet; gelegentlich auch in der Nordsee.

Wissenswertes: Delphine erfreuen oft die Passagiere von Kreuzfahrtschiffen, deren Bugwelle sie folgen. Ihre Bewegungen und Sprünge wirken elegant und verspielt. Manchmal scheinen sie mit den Passagierschiffen um die Wette schwimmen zu wollen, und das mit Erfolg!

1 Fuchs
Vulpes vulpes

KR 70–80 cm   S 40 cm   G 6–10 kg

Kennzeichen: Meistens rotbrauner, oft aber auch sehr dunkler oder heller Pelz; mit langer buschiger Lunte.

Vorkommen: Sehr weit verbreitet und zum Teil häufiger als vermutet; sowohl im Wald als auch in der Feldflur.

Wissenswertes: Als Überträger der Tollwut ist der Fuchs ins Gerede gekommen. Weder die früher praktizierte Begasung der Baue noch der verstärkte Abschuß konnten der Seuche Einhalt gebieten; wirksamer scheinen Impfmaßnahmen (z.B. über Köder) zu sein. Im Schutz der Dunkelheit durchstreifen Füchse auch viele besiedelte Bereiche. Man hat sie schon Mülleimer kontrollieren und aus Hundenäpfen fressen sehen. Dank scharfer Sinne und ihrer sprichwörtlichen Intelligenz entziehen sie sich geschickt der Verfolgung. Als Einzelgänger bejagen sie jeweils bestimmte Reviere, die bis zu 100 ha groß, oft aber auch viel kleiner sein können. Tags und zur Aufzucht der Jungen (**1b**) ziehen sie sich in Erdhöhlen (Baue) zurück.

2 Wolf
Canis lupus

KR 100–140 cm   S 30–40 cm   G 30–50 kg

Kennzeichen: Ähnlich einem sehr kräftigen Schäferhund; auffallend hochbeinig und kurzohrig.

Vorkommen: In Mitteleuropa ausgerottet; Restbestände in Osteuropa, Skandinavien, Spanien und Italien; vereinzelte Wiedereinwanderung nach Mitteleuropa möglich.

Wissenswertes: Die vielfach furchterregende Hauptfigur von Märchen und Geschichten ergreift vor dem Menschen normalerweise die Flucht. Wild- und Haustiere bis hin zu Rotwild und Rindern aber können im Winter gemeinsam jagenden Rudeln zur Beute werden. Durch nächtliches Heulen halten Wölfe untereinander Kontakt. Inzwischen hat sich die Erkenntnis durchgesetzt, daß der Wolf der alleinige Stammvater aller Hunderassen ist, die in ihrem Verhalten noch viele Übereinstimmungen mit dem wilden Stammform aufweisen, z.b. das Einklemmen des Schwanzes zwischen den Hinterbeinen bei Angst und das Knurren und Sträuben der Nackenhaare in aggressiver Stimmung.

3 Luchs
Felis lynx

KR 80–130 cm   S 15–25 cm   G 15–30 kg

Kennzeichen: Größer als Hauskatze; hochbeinig; mit kurzem Stummelschwanz, auffallenden Pinselohren und Backenbart.

Vorkommen: Früher in Mitteleuropa weit verbreitet, inzwischen ausgerottet, aber vereinzelt versuchsweise wieder ausgesetzt (u.a. Bayerischer Wald, Schweiz); Restvorkommen in Skandinavien, Osteuropa, Spanien und auf dem Balkan.

Wissenswertes: Unter den ausgerotteten großen Beutegreifern kommt der Luchs am ehesten für eine Wiedereinbürgerung in Betracht. Er frißt Aas und erbeutet Säugetiere einschließlich Reh- und jungem oder schwachem Rotwild. Ein Problem bei der Wiedereinbürgerung stellt die beanspruchte Reviergröße dar; zumindest männliche Tiere haben Territorien von 100–300 km^2 Größe. Ihre Lager und Ruheplätze haben Luchse in Höhlen, Felsspalten oder unter Wurzeltellern vom Winde geworfener Bäume.

4 Wildkatze
Felis silvestris

KR 40–80 cm   S 20–35 cm   G 5–10 kg

Kennzeichen: Ähnlich einer graubraunen, dunkel getigerten Hauskatze; dicker, stumpf endender Schwanz.

Vorkommen: Noch verstreut in bewaldeten Mittelgebirgen; genaue Verbreitung nicht bekannt, da oft mit Hauskatzen verwechselt.

Wissenswertes: Die Wildkatze und die Stammform unserer Hauskatzen, die kleinasiatische Falbkatze, sind zwei Rassen ein und derselben Art und daher miteinander fruchtbar zu kreuzen. Obwohl das in freier Wildbahn offenbar sehr selten geschieht, sind beide einander oft sehr ähnlich. Trotz ganzjähriger Schonzeit schweben Wildkatzen ständig in der Gefahr, für streunende Hauskatzen gehalten und geschossen zu werden.

1 Braunbär
Ursus arctos

KR 170–250 cm   S 6–12 cm   G 150–250 kg
Kennzeichen: Unverwechselbar.

Vorkommen: Früher in Europa weit verbreiteter Waldbewohner, heute nur noch in Nord- und Osteuropa größere Bestände; jeweils weniger als 100 Tiere in gebirgigen Rückzugsgebieten am Nordhang der Pyrenäen, im Trentino, in den Abruzzen und in Spanien; hier streng geschützt.

Wissenswertes: Ob jemals in Mitteleuropa Bären wiedereingebürgert werden, ist noch nicht abzusehen. Als Allesfresser, die sowohl Wurzeln und Früchte als auch Schnecken, Insekten, Kleinsäuger und Jungvögel verzehren, begnügen sie sich mit deutlich kleineren Territorien als gleich große reine Beutegreifer. An Haustieren fallen ihnen nur frei weidende Schafe und Ziegen zum Opfer. Den Winter überstehen sie nicht durch einen Winterschlaf mit großen physiologischen Veränderungen, sondern durch eine einfache, jederzeit zu unterbrechende Winterruhe, während derer sogar die Jungen geboren werden: 1–2 Junge je Wurf.

2 Waschbär
Procyon lotor

KR 45–65 cm   S 20–30 cm   G 4–8 kg
Kennzeichen: Größer als Hauskatze; graue bis graubraune Fellfärbung; schwarze Gesichtsmaske und schwarz-weiß geringelter Schwanz.

Vorkommen: Ursprünglich in Nordamerika beheimatet; seit 1930 mehrfach aus Pelztierfarmen entwichen und in Waldeck (Hessen) bewußt ausgesetzt; inzwischen in Nordrhein-Westfalen, Hessen und Thüringen fest eingebürgert.

Wissenswertes: Die nächtliche und heimliche Lebensweise des Waschbären macht es nahezu unmöglich, die einmal bewußt geförderte Faunenverfälschung wieder rückgängig zu machen. Die Art bevorzugt deutlich die Gewässernähe, u.a. auch zum Waschen pflanzlicher Nahrung – ein angeborener Bewegungsablauf, auf den auch der Name Bezug nimmt.

3 Dachs
Meles meles

KR 60–75 cm   S 15–18 cm   G 10–20 kg
Kennzeichen: Gedrungener Bau; kurzbeinig; silbergrauer Pelz, weißer Kopf mit schwarzen Längsstreifen von der Nase über Augen und Ohren bis zum Nacken.

Vorkommen: Weit verbreitet, vor allem in mit Waldinseln durchsetzten Agrarlandschaften.

Wissenswertes: Nach starken Verlusten infolge der früheren Begasung der Baue als Maßnahme gegen die Tollwut stabilisieren sich die Dachsbestände jetzt vielerorts wieder. Im Winter hält er anstelle eines echten Winterschlafs nur eine Winterruhe, während der er erheblich an Gewicht verliert. Dachsbauten sind besonders weiträumig und tief und werden von Generation zu Generation „vererbt".

4 Fischotter
Lutra lutra

KR 70–90 cm   S 40–50 cm   G 10–12 kg
Kennzeichen: Dunkelbraun, anliegend behaart; kurzbeinig, Körper langgestreckt.

Vorkommen: Wegen Verfolgung und Lebensraumzerstörung in Mitteleuropa nur noch wenige gesicherte Vorkommen.

Wissenswertes: Als auf den Fischfang spezialisierter Beutegreifer ist der Fischotter ein ausgezeichneter Schwimmer und Taucher. Nach der Renaturierung von Gewässern könnte es vermehrt zur Wiedereinbürgerung dieser Art kommen.

5 Iltis
Mustela putorius

KR 35–45 cm   S 18 cm   G 0,8–1,6 kg
Kennzeichen: Helle Unterwolle läßt schwarzbraunen Pelz zweifarbig erscheinen; dunkel maskiertes weißes Gesicht.

Vorkommen: In Mitteleuropa vor allem im Waldrandbereich und in Siedlungsnähe.

Wissenswertes: Duftdrüsen am After des Iltis produzieren ein übel riechendes Sekret, das der Art den Namen „Stänker" einbrachte. Iltisse klettern nur wenig, schwimmen aber dafür um so öfter. Frettchen, domestizierte Iltisse, werden zur Kaninchenjagd eingesetzt.

1 Steinmarder
Martes foina

KR 40–50 cm S 25 cm G 1,2–2,1 kg
Kennzeichen: Größe wie Hauskatze; Färbung graubraun; auffälliger weißer Kehlfleck, der unten gegabelt ist.
Vorkommen: Weit verbreitet und zum Teil recht häufig, vor allem im Ortsrandbereich und auf Einzelhöfen, aber auch im geschlossenen Wald.
Wissenswertes: Mehr Menschen haben mit Mardern zu tun, als man zunächst meinen möchte: Die einen erleben sie als Poltergeister auf dem Dachboden, die anderen beklagen sich über sie, weil sie ihnen das auf dem Waldparkplatz geparkte Auto fahruntüchtig machten, indem sie von unten zwischen Kabel und Gestänge vordrangen und Leitungen zerbissen. Ansonsten leben die Steinmarder recht zurückgezogen und nachtaktiv. Als gewandte und starke Beutegreifer machen sie sich über Beute bis Rehkitzgröße her. In den Siedlungen stellen sie offensichtlich erfolgreich den Ratten nach.

2 Baummarder
Martes martes

KR 40–50 cm S 25 cm G 0,8–1,6 kg
Kennzeichen: Kleiner als der Steinmarder, mehr braun als grau; enger begrenzter, meist gelblicher Kehlfleck.
Vorkommen: Seltener als der Steinmarder, meistens auf Waldgebiete beschränkt.
Wissenswertes: Im Gegensatz zum Steinmarder ist der Baummarder eher als Kulturflüchter zu bezeichnen. Er hat einen großen Aktionsradius und legt selbst größere Strecken oft in den Baumwipfeln zurück. Tags hält er sich meistens in Baumhöhlen versteckt. Sein Speiseplan reicht von Beeren und Insekten über Mäuse und Kleinvögel bis zum Eichhörnchen, das nach einer wilden Jagd erbeutet wird.

3 Hermelin
Mustela erminea

KR 22–32 cm S 8–10 cm G 120–350 g
Kennzeichen: Schlanker, kurzbeiniger und kleiner als die Marder; Fell oberseits braun, unterseits weiß; im Winter rein weiß mit schwarzer Schwanzspitze.
Vorkommen: Weit verbreitet von der Waldlichtung bis zur Industriebrache, am häufigsten in der landwirtschaftlich geprägten Kulturlandschaft, und hier vor allem in Gewässernähe.
Wissenswertes: Obwohl es auch klettern kann, jagt das Hermelin in der Regel am Boden. Dabei verschwindet es immer wieder einmal in den unterirdischen Gängen der Schermäuse; die Gangsysteme der kleineren Wühlmäuse sind ihm meistens zu eng. Als zumindest teilweise tagaktiver Beutegreifer wird das Hermelin häufiger beobachtet als andere Marderarten. In seinem weißen Winterkleid (**3b**) ist es in unserer oft schneearmen Winterlandschaft eher auffällig als getarnt; dafür bieten die weißen, luftgefüllten Haare zumindest einen guten Kälteschutz. Im Mittelmeerraum und anderen wärmeren Landstrichen verfärbt sich das Hermelin im Winter gar nicht oder nur unvollständig. Als unermüdlicher Mäusejäger, der natürlich auch schon einmal ein Wildkaninchen erbeutet, verdient es eigentlich ganzjährigen Schutz. Welche Rolle die Feldmäuse im Leben der Hermeline oder Großen Wiesel spielen, erkennt man daran, daß in ausgesprochenen Mäusejahren der Hermelinbestand zunimmt, um nach dem Zusammenbruch der Mäusepopulation ebenfalls wieder zu schrumpfen.

4 Mauswiesel
Mustela nivalis

KR 11–24 cm S 6 cm G 50–130 g
Kennzeichen: Kleinste Raubtierart; Schwanz ohne schwarze Spitze; nur im Hochgebirge und in Nordeuropa Umfärbung zum weißen Winterkleid.
Vorkommen: Wie Hermelin; noch häufiger auch in Gärten und Parks.
Wissenswertes: Es kann auch kleineren Nagern in deren Gänge folgen. Die große Spanne bei den Größen- und Gewichtsdaten aller hier aufgeführten Marderverwandten erklärt sich daraus, daß die männlichen Tiere durchweg erheblich größer sind als die Weibchen.

1 Feldhase
Lepus europaeus

KR 60–70 cm S 8–10 cm G 4–6 kg

Kennzeichen: Gelb- bis rotbraun; Ohren und Hinterbeine lang; Ohren überragen – nach vorn gelegt – die Schnauzenspitze; deutlich größer als Wildkaninchen.

Vorkommen: In Agrarlandschaften häufiger als in Waldgebieten; allerdings in neuerer Zeit infolge der Intensivlandwirtschaft stark rückläufig.

Wissenswertes: Fabeln, Märchen und Geschichten haben den Hasen – nicht zuletzt auch in der Gestalt des Osterhasen – zum Lieblingstier vieler Kinder gemacht. Dank seiner hohen Vermehrungsrate und seiner der offenen Kultursteppe angepaßten Lebensweise überstand er bislang den massiven Verfolgungsdruck der Beutegreifer und des Menschen, den mörderischen Straßenverkehr, die Störungen durch freilaufende Hunde und die Veränderung seines Lebensraumes durch die moderne Landwirtschaft. Ob ihm das auch in Zukunft gelingt, hängt vom Schutz ab, den man ihm angedeihen läßt. – Der Feldhase hat keinen unterirdischen Bau, sondern nur eine flache Mulde (Sasse). Seine jeweils 2–4 Jungen (**1b**), die nach 42–44 Tagen Tragzeit mit offenen Augen und komplettem Pelz zur Welt kommen, sind von Anfang an den Unbilden des Wetters und den Feinden ausgesetzt. Nach weiterer Begattung während der Tragzeit können unterschiedlich alte Embryonen ausgetragen werden (Superfoetation). – Sich drückende Hasen machen sich nahezu unsichtbar. Als Langstreckenläufer mit einem reichen Verhaltensrepertoire vom Hakenschlagen bis zum Aus-der-Spur-Springen lassen gesunde Hasen ihre Verfolger in der Regel hinter sich.

2 Wildkaninchen
Oryctolagus cuniculus

KR 35–45 cm S 5–7 cm G 1,7–2,5 kg

Kennzeichen: Graubraunes Fell; Ohren und Hinterbeine deutlich kürzer als beim Feldhasen; Ohren immer aufgerichtet.

Vorkommen: Erst im Mittelalter aus Spanien nach Mitteleuropa und von hier aus in fast alle Teile der Erde gebracht; in Mitteleuropa vor allem auf trockenen, leichten Böden; häufig an Waldrändern, im Grün- und Wildland, an Dämmen und Deichen, selbst im Innern der Städte.

Wissenswertes: Im Gegensatz zum Hasen bauen die Wildkaninchen unterirdische Gangsysteme (Röhren, Baue, **2b**), in die sie sich als schnell ermüdende Sprinter möglichst rasch zu flüchten versuchen. Ihre 5–8 Jungen, die nach 28–31 Tagen Tragzeit im Schutz des Baues geboren werden, sind anfangs nackt und blind. Mit 4–6 Würfen je Jahr sorgen die Kaninchen für so reichlichen Nachwuchs, daß sie zum Inbegriff der Fruchtbarkeit wurden. Allerdings führt die in Wellen auftretende Myxomatose auch heute noch örtlich immer wieder zum Zusammenbruch der Kaninchenbestände; eine Resistenz scheint sich nur sehr langsam auszubilden. – Die Wildkaninchen sind die Stammeltern aller unserer Hauskaninchen, auch jener Rassen, die wie z.B. Hasen- und Widderkaninchen nur noch wenig Ähnlichkeit mit den wilden Kaninchen haben. Durch die Einmischung andersfarbiger Hauskaninchen kommt es unter den Wildkaninchen gelegentlich zur Ausbildung abweichender – dunklerer oder hellerer – Farbschläge, die örtlich auch sogar die Vorherrschaft erlangen können.

3 Schneehase
Lepus timidus

KR 53–58 cm S 5–6 cm G 2–4 kg

Kennzeichen: Größe zwischen Feldhase und Wildkaninchen; im Sommer graubraun (**3a**), im Winter – zumindest in den Alpen und in Skandinavien – weiß (**3b**).

Vorkommen: In den Alpen vom Krummholzgürtel bis zur Schneegrenze; manchmal auch tiefer im Kulturland im Lebensraum des Feldhasen anzutreffen.

Wissenswertes: In Nordeuropa zieht sich der Schneehase gegenwärtig weiter nordwärts zurück, während die Feldhase nachrückt. In der Größe, hinsichtlich der Länge seiner Ohren, aber auch bezüglich der Grabfreudigkeit nimmt der Schneehase eine Mittelstellung zwischen Feldhase und Wildkaninchen ein.

1 Biber
Castor fiber

KR 80–90 cm S 30–40 cm G –30 kg
Kennzeichen: Größter Nager Europas; Schwanz abgeplattet, breit.
Vorkommen: Ehemals weit verbreitet; Restbestände an der mittleren Elbe, der unteren Rhone, in Polen und Südnorwegen; erfolgreiche Wiedereinbürgerungen u.a. an der Donau, am unteren Inn, im Elsaß und in Österreich.
Wissenswertes: Der Biber wurde in früheren Jahrhunderten wegen seines wertvollen Pelzes, seines begehrten Fetts und zur Abwehr von Schäden verfolgt und weithin ausgerottet. Neben Weichhölzern wie Pappeln und Weiden schneidet er auch Obstbäume in charakteristischer Weise kegelförmig an und fällt sie. Knospen, Rinde und dünne Zweige dienen ihm als Nahrung. Äste werden in Dämme eingebaut, mit denen Fließgewässer zu Weihern aufgestaut werden, oder zum Bau von Biberburgen verwandt, die das Wasser bis zu 1,50 m überragen und im Innern trockene Kammern aufweisen. Ähnliche Kammern baut der Biber auch in den Ufern. Dort verschläft er den längsten Teil des Winters, ohne daß seine Körpertemperatur wie beim eigentlichen Winterschlaf stärker absinkt.

2 Nutria
Myocastor coypus

KR 45–55 cm S 30–40 cm G 6–10 kg
Kennzeichen: Biberähnlich, doch deutlich kleiner; Schwanz rund; Schneidezähne immer sichtbar.
Vorkommen: Ursprünglich aus Südamerika stammend; an Gewässern hier und dort Kolonien aus entwichenen oder freigelassenen Farmtieren; meistens nach strengeren Kälteperioden wieder erlöschend.
Wissenswertes: Die Nutria, auch Sumpfbiber genannt, ist an Land schwerfällig, im Wasser dagegen als Schwimmer (**2b**) und Taucher sehr gewandt. Ihre kurze Höhle gräbt sie in das Ufer vegetationsreicher Gewässer. Nutriapelze waren zeitweilig hochmodern. Nachlassendes Kaufinteresse minderte den Wert der Pelze und der Tiere, die daraufhin von manchen Züchtern einfach freigelassen wurden. Nach strengen Wintern weisen die Nutria häufig Erfrierungen an Schwänzen und Ohren auf.

3 Bisamratte
Ondatra zibethicus

KR 30–35 cm S 25 cm G 1–1,5 kg
Kennzeichen: Eine extrem große, gedrungene Wühlmaus mit fast körperlangem, seitlich abgeplattetem Schwanz.
Vorkommen: Als Pelztier von Nordamerika nach Europa gebracht; 1905 bei Prag in die Freiheit gelangt; seither sich über ganz Deutschland, Belgien und Frankreich ausbreitend.
Wissenswertes: Die Art gilt als Beispiel für die schlimmen Folgen der Aussetzung fremder Tierarten. Sie beschädigt mit ihren unterirdischen Gängen Dämme und Deiche und richtet auch in angrenzenden Kulturen und an der Ufervegetation Schäden an. In England ist es gelungen, den Bisam wieder auszurotten, in Mitteleuropa dagegen nicht, obwohl eigens Bisamfänger eingesetzt und für erlegte Tiere Prämien gezahlt wurden. In den Poldergebieten bereitet das Vordringen des Bisams besondere Probleme.

4 Murmeltier
Marmota marmota

KR 45–60 cm S 13–18 cm G 4–6 kg
Kennzeichen: Ein hasengroßer Nager; gedrungene Gestalt; mit kurzen Ohren, die fast völlig im Fell verborgen sind.
Vorkommen: In den Alpen und Karpaten in Höhenlagen zwischen 1000 und 3000 m; in der Schwäbischen Alb, im Schwarzwald und im Bayerischen Wald eingebürgert.
Wissenswertes: Dem Bergwanderer fallen die Murmeltiere meistens durch ihre Warnpfiffe auf. Rasch verschwinden sie in ihren bis zu 3 m tiefen Bauen, die im Sommer mit getrocknetem Nestmaterial ausgestattet werden. In den besonders gut ausgepolsterten Winterbauen halten die Murmeltiere ihren 6monatigen Winterschlaf, nachdem sie zuvor die Ausgänge von innen verschlossen und abgedichtet haben.

1 Eichhörnchen
Sciurus vulgaris

KR 20–23 cm S 15–20 cm G 300–400 g
Kennzeichen: Unverwechselbar.
Vorkommen: Mischwälder mit älterem Baumbestand, auch größere Gärten, Parks und Friedhöfe.
Wissenswertes: Dank der verschiedenen Farbvarianten von Hell- über Rot- bis Schwarzbraun, die durchaus nebeneinander vorkommen können, vermögen manche Parkbesucher ihre oft handzahmen Tiere individuell zu unterscheiden. Die markanten Ohrbüschel trägt das Eichhörnchen nur im Winter. Dann ist auch der Schwanz am buschigsten. Er wird um den Körper gelegt, wenn sich die Eichhörnchen zur Winterruhe in ihre 20–40 cm großen Kobel zurückziehen und sich dann bei Eis und Schnee tagelang nicht blicken lassen. Im übrigen dient der Schwanz als Steuer, wenn sie stammauf- und stammabwärts sausen und in hohem Sprung von einem Baum zum nächsten wechseln. Daß das Eichhörnchen neben Baumsamen und Früchten, Pilzen und Insekten gelegentlich auch Vogeleier und Jungvögel verzehrt, müssen die Naturfreunde ihm nun einmal nachsehen. Übrigens frißt es im Herbst nur einen kleinen Teil der Nüsse und Eicheln, die es einsammelt. Die meisten versteckt es in Baumhöhlen oder verscharrt es im Boden. Ein gutes Gedächtnis und der Geruchssinn helfen ihm, sie größtenteils im Winter wiederzufinden. Die Grundtechnik des Nüsseknackens ist angeboren; sie wird durch Üben verfeinert.

2 Siebenschläfer
Glis glis

KR 16 cm S 13 cm G 120 g
Kennzeichen: Größer als die beiden folgenden Bilche (Schläfer), aber deutlich kleiner als das Eichhörnchen; silbrig-grauer Pelz; große Augen.
Vorkommen: Außer im Nordwesten in allen Teilen Mitteleuropas heimisch; vorzugsweise in Laubwäldern, Parks und Obstgärten, besonders in wärmeren Lagen.
Wissenswertes: Als geselliges und nachtaktives Tierchen bleibt der Siebenschläfer auch dann oft unentdeckt, wenn er als Nachbar mit im Gebäude lebt. Von Oktober bis Mai hält er hier oder in Erdbauten einen tiefen Winterschlaf. In Nestern, Baumhöhlen und Vogelnistkästen schläft er nur über Tage im Sommer; bei der Nistkastenkontrolle wird er noch am häufigsten entdeckt. Im Tagesquartier schlafen häufig mehrere Angehörige eines Familienrudels dicht beisammen. Als Nahrung bevorzugt der Siebenschläfer Baumsamen, Früchte, Rinde und Knospen von Bäumen und Sträuchern. Er ist sehr ortstreu und bewohnt meistens ein nur wenige Hektar großes Revier.

3 Haselmaus
Muscardinus avellanarius

KR 8 cm S 7 cm G 20–30 g
Kennzeichen: Kleinster Bilch, nur mausgroß; gleichmäßig rötlichgelber Pelz; auch Schwanz dicht behaart.
Vorkommen: In unterholzreichen Laub- und Mischwäldern, vor allem auf feuchteren Standorten; auch in vergrasten, brombeerreichen Forstkulturen.
Wissenswertes: Dieser gewandte Kletterer hält sich vor allem im niedrigen Gebüsch und auf hohen Kräutern auf. Er baut aus Gräsern, Laub und Rindenfetzen kugelige Nester mit einem Durchmesser von knapp 10 cm in ½–1 m Höhe über dem Boden. Sie haben einen seitlichen, meistens nur schwer erkennbaren Eingang.

4 Gartenschläfer
Eliomys quercinus

KR 14 cm S 11 cm G 100 g
Kennzeichen: Kleiner als Siebenschläfer; schwarzer Gesichtsstreifen um Auge und Ohr; Wangen und Unterseite rein weiß.
Vorkommen: Im südlichen und mittleren Mitteleuropa in offenen, felsigen Biotopen; vor allem in Wein- und Obstgärten, auch in Hütten und Ställen.
Wissenswertes: Im Gegensatz zu den anderen Bilchen bevorzugt der Gartenschläfer tierische Nahrung, z.B. Insekten und Schnecken, aber auch kleinere Lurche, Kriechtiere, Nager und Jungvögel.

1 Feldhamster
Cricetus cricetus

KR 22–30 cm　S 5–6 cm　G –500 g
Kennzeichen: Meerschweinchenähnliche Gestalt; zwischen brauner Ober- und schwarzer Unterseite markante weiße Felder; kurzer Stummelschwanz.
Vorkommen: Aus Steppengebieten Osteuropas westwärts in die Kultursteppen Sachsens und Thüringens ausgreifendes Verbreitungsgebiet; weiter westlich noch isolierte Vorkommen bis nach Belgien.
Wissenswertes: Durch seine Vorratshaltung ist der Hamster allgemein bekannt. In seinen großen Backentaschen sammelt er seine überwiegend aus Getreide bestehenden Wintervorräte und trägt sie in seinen großen Bau. Der besteht aus einem bis zu 10 m langen und bis zu 2 m tief reichenden Gangsystem mit mehreren Eingängen und getrennter Schlaf- und Vorratskammer. Hier lagert er bis zu 15 kg Vorräte. Von Oktober bis März hält der Hamster seinen Winterschlaf, aus dem er etwa wöchentlich erwacht, um von seinen Vorräten zu fressen.

2 Ziesel
Citellus citellus

KR 18–23 cm　S 6 cm　G knapp 300 g
Kennzeichen: Oberseits gelbgrau mit undeutlichen Flecken; rattengroß, aber kräftiger; Aufrichten (Männchenmachen) bei Störung oder Gefahr; schrilles Pfeifen.
Vorkommen: Auf Brach- und am Rande von Kulturland; zerstreutes Vorkommen von Bulgarien bis Polen und Tschechien.
Wissenswertes: Auch das Ziesel gräbt tiefe Baue und hält darin seinen Winterschlaf. Es hat kleinere Backentaschen als der Hamster; darin trägt es Futter in seinen Bau, um es dort zu fressen. Auf seinem Speiseplan stehen auch Feldfrüchte, weshalb es vielfach als Schädling verfolgt wird.

3 Wanderratte
Rattus norvegicus

KR 25 cm　S 20 cm　G –500 g
Kennzeichen: Schwanz kürzer als der Körper; kräftiger als die Hausratte, meistens braun.
Vorkommen: Weltweit verbreitet, obgleich ursprünglich wohl in Ostasien beheimatet; die „Ratte" schlechthin, im Volksmund auch „Wasserratte" genannt; besonders häufig auf Müllplätzen, in der Kanalisation, in Stallungen und Lagerräumen.
Wissenswertes: Die Wanderratte, die überwiegend nachtaktiv ist, lebt oft in Gebäuden und Abwasserkanälen, kann aber auch unterirdische Gangsysteme anlegen. Sie schwimmt häufiger und klettert seltener als die Hausratte. Die Wanderratte lebt meistens gesellig in Familienverbänden, in denen fremde Ratten nicht geduldet werden. Als Allesfresser beschränkt sie sich nicht auf grüne Pflanzenteile, Samen, Früchte und Wurzeln, sondern frißt neben Abfällen und Aas auch kleine Wirbeltiere bis Kaninchengröße. Als Krankheitsüberträgerin und Vorratsschädling muß die Wanderratte wie vor intensiv bekämpft werden. Dabei können Beutegreifer wie größere Eulen, Graureiher, vor allem aber Katzen und Hunde, Steinmarder und Iltisse sehr hilfreich sein. Der Einsatz von Gift zur Rattenbekämpfung kann, vor allem wenn er zu leichtfertig erfolgt, für Mensch und Haustiere gefährlich sein. Besser ist es dagegen, die Ursache für die starke Vermehrung oder Konzentration der Ratten zu beheben.

4 Hausratte
Rattus rattus

KR 20 cm　S 25 cm　G –250 g
Kennzeichen: Schwanz länger als der Körper; meist dunkler und graziler als die Wanderratte.
Vorkommen: Ebenfalls weltweit verbreitet; wohl schon in frühgeschichtlicher Zeit im Gefolge des Menschen aus Südostasien nach Europa gelangt; häufiger auf Dachböden als in Kellern.
Wissenswertes: Die Konkurrenz der Wanderratte und die Abdichtung der Böden und Lagerräume geben der Hausratte, der gefürchteten Krankheitsüberträgerin des Mittelalters (Pest), heute keine Chance mehr. Wahrscheinlich sind schon große Teile Mitteleuropas hausrattenfrei.

Die Nager auf dieser Seite gehören zur Familie der **Wühlmäuse**. Sie leben in selbstgewühlten unterirdischen Gängen und haben einen walzenförmig gedrungenen Körper und kurzen Schwanz.

1 Feldmaus
Microtus arvalis

KR 10 cm   S 4 cm   G 20–40 g

Kennzeichen: Fließender Übergang zwischen bräunlichgrauer Ober- und gelblich grauer Unterseite; Fell kurzhaarig, weich; Ohren deutlich sichtbar.

Vorkommen: In Mitteleuropa allgemein verbreitet; außer im Walde überall anzutreffen; häufigste heimische Säugetierart.

Wissenswertes: Die Feldmaus zeichnet sich durch ein extremes Vermehrungspotential aus. Ein Weibchen wirft im Jahr bis zu sechsmal jeweils bis zu 10 Junge, die erst nach 10 Tagen die Augen öffnen. Bereits 2 Tage später können die Weibchen geschlechtsreif sein. Theoretisch könnte ein Weibchen im Laufe eines Jahres mit Kindern und Kindeskindern über 500 Nachkommen haben. Vermehrung ist auch in milden Wintern möglich. Die Massenvermehrung endet jeweils nach 3–5 Jahren mit einem Zusammenbruch des Feldmausbestandes. Eine große Zahl Mauselöcher (ca. 3,5 cm Durchmesser) und oberirdischer Laufgänge deutet darauf hin, daß sich der Bestand auf den Gipfelpunkt zubewegt.

2 Erdmaus
Microtus agrestis

KR 10 cm   S 4 cm   G 30–40 g

Kennzeichen: Der Feldmaus sehr ähnlich; Fell etwas länger und rauher; Ohren in langen Haaren kaum sichtbar.

Vorkommen: In ganz Mitteleuropa; vor allem in feuchteren und kühleren Biotopen; Grünland, vegetationsreiche Kahlschläge und Forstkulturen.

Wissenswertes: Die Gangsysteme, die Vermehrungsfreudigkeit und der allerdings etwas raschere Massenwechsel erinnern an die Feldmaus. Insgesamt aber ist die Erdmaus weniger stark auf die unterirdische Lebensweise eingestellt.

3 Schneemaus
Microtus nivalis

KR 11 cm   S 5 cm   G 48 g

Kennzeichen: Hellgraues Fell; relativ langer Schwanz und lange Hinterfüße.

Vorkommen: In den Hochgebirgen oberhalb der Baumgrenze auf Almen und Geröll.

Wissenswertes: Häufiger als andere Wühlmäuse auch am Tage zu beobachten.

4 Kurzohrmaus
Pitymys subterraneus

KR 9 cm   S 3,5 cm   G 20 g

Kennzeichen: Feldmausähnlich, jedoch noch kleinere Augen und kürzere Ohren.

Vorkommen: In Mitteleuropa – außer im Norden – auf feuchtem Grünland und in lichten Laubwäldern; auch in Gärten.

Wissenswertes: Die Kurzohrmaus ist eine von mehreren einander sehr ähnlichen Kleinwühlmaus-Arten. Sie lebt nahezu ständig unter der Erde und ernährt sich von Pflanzenwurzeln.

5 Ostschermaus
Arvicola terrestris

KR 16,5 cm   S 9 cm   G 100–200 g

Kennzeichen: Doppelte Feldmaus-Größe; Schwanz halb so lang wie Kopf und Rumpf.

Vorkommen: In Mitteleuropa sowohl an Ufern als auch im Kulturland.

Wissenswertes: Viele Schermäuse schwimmen und tauchen regelmäßig, fliehen zum Wasser und graben Gänge in Steilufer; andere leben weit von Gewässern entfernt.

6 Rötelmaus
Clethrionomys glareolus

KR 10 cm   S 5 cm   G 25 g

Kennzeichen: Größe wie Feldmaus, aber längerer Schwanz; Fell rötlich braun.

Vorkommen: Vegetationsreiche Wälder, Gebüsche und Parks.

Wissenswertes: Die Art, die auch als Waldwühlmaus bezeichnet wird, klettert gut und benagt Zweige. Sie ist leichter und häufiger zu beobachten als andere.

Die zur Ordnung der Nagetiere gehörige Familie der **Echten Mäuse** ist sehr artenreich. Zu ihr gehören auch die bereits auf Seite 46 behandelte Wander- und die Hausratte. Gemeinsame Merkmale der Echten Mäuse sind lange Schwänze, spitzere Schnauzen, größere Augen und Ohren als bei den Wühlmäusen.

1 Hausmaus
Mus musculus

KR 8–9 cm   S 6–9 cm   G 20–30 g
Kennzeichen: Westliche Rasse grau (Schwanz so lang wie Kopf und Rumpf), östliche Rasse braun (Schwanz kürzer); muffiger „Mäusegeruch".
Vorkommen: Durch den Menschen weltweit verschleppt; eng an Gebäude gebunden.
Wissenswertes: Im Schutz von Dachböden und Lagerräumen, Kellern und Ställen zieht die Hausmaus ganzjährig ihren Nachwuchs groß. Ihre Nester baut sie aus zerfetzten Lumpen und Papier. Sie ist die Stammform der Weißen Labormaus, mit der sie den unangenehmen Geruch gemein hat.

2 Waldmaus
Apodemus sylvaticus

KR 9 cm   S 9 cm   G 25 g
Kennzeichen: Manchmal längsgestreckter Kehlfleck, aber kein geschlossenes Halsband; Schwanz so lang wie Kopf und Rumpf.
Vorkommen: Sowohl in unterholzarmen Wäldern als auch in der offenen Feldflur, in Gärten und Parks; im Winter auch in Gebäuden; häufigste langschwänzige Maus.
Wissenswertes: Der kleine, stets quicklebendige Nager klettert gern und springt bis zu 80 cm weit. Er frißt Samen und Früchte von Gräsern, Kräutern und Gehölzen und trägt sie auch in seine Vorratskammer.

3 Gelbhalsmaus
Apodemus flavicollis

KR 10 cm   S 11 cm   G 35 g
Kennzeichen: Größerer gelblicher Kehlfleck, oft als breites Halsband; größer als die Waldmaus; Schwanz etwas länger als Kopf und Rumpf.

Vorkommen: Strenger an Wälder gebunden als die Waldmaus; im Westen in weiten Bereichen fehlend.
Wissenswertes: Wie die Waldmaus so kommt auch die Gelbhalsmaus im Winter gelegentlich in die Gebäude. In der Klettergewandtheit und der Sprungweite übertrifft sie die Waldmaus noch; man hat sie sogar in Baumwipfeln angetroffen. Eicheln und Bucheckern haben es ihr besonders angetan. Ihre Vorräte deponiert sie nicht selten in Vogelnistkästen.

4 Brandmaus
Apodemus agrarius

KR 10 cm   S 7,5 cm   G 20 g
Kennzeichen: Scharf abgesetzter schwarzer Aalstrich vom Kopf bis zur Schwanzwurzel; Schwanz und Ohren kürzer als bei der Wald- und der Gelbhalsmaus.
Vorkommen: Nur im Nordosten geschlossene Verbreitung; vorzugsweise in Randbereichen von Wäldern, Kulturland und Gewässern.
Wissenswertes: Die Art ist stärker tagaktiv als die vorangehenden Langschwanzmäuse. Sie scheint heute vielerorts deutlich seltener zu sein als in früheren Jahren.

5 Zwergmaus
Micromys minutus

KR 6 cm   S 6 cm   G 5–8 g
Kennzeichen: Einer der kleinsten Nager; Schwanz als Greiforgan.
Vorkommen: In ganz Mitteleuropa, aber vorzugsweise in der Ebene; in Vegetation aus hohen Gräsern und Kräutern, örtlich auch in Getreidefeldern.
Wissenswertes: Die Zwergmaus vermag an Gras- und Getreidehalmen emporzuklettern. Beim Abwärtsklettern hält sie sich mit dem Schwanz am Halm fest. Das kugelförmige Nest (**5b**) der Zwergmaus hat einen Durchmesser von ca. 5–7 cm und zwei seitliche Eingänge; es steht an Gras- oder Getreidehalmen bis zu 1,20 m hoch über dem Boden. Das Nest für die Aufzucht der Jungen ist etwas größer und hat nur einen einzigen seitlichen Eingang.

Fledermäuse
Von den weltweit rund 1000 Arten kommen nur 32 in Europa (22 in Mitteleuropa) vor. Sie haben mit den bislang erwähnten Mäusen gar nichts zu tun, gehören zu einer eigenen Ordnung (Fledertiere) und stehen den Insektenfressern näher als den Nagetieren. Unter den Säugetieren sind die Fledermäuse mit den meisten einmaligen und den bewundernswertesten Fähigkeiten ausgestattet: Sie sind als einzige Säugetiere zu aktivem Flug fähig. Dazu verfügen sie über eine dünne Flughaut, die sich vom Hals, den Körperseiten und dem Schwanz unter Einbezug der kurzen Hinterbeine bis zu den Fingerspitzen erstreckt. Die stark verlängerten Unterarm-, Mittelhand- und Fingerknochen, die noch bis in Details den Grundbauplan der Säugerextremität erkennen lassen, sorgen für die Ausstreckung und Versteifung der Flügel. Sie haben mit der Ultraschall-Echopeilung ein einzigartiges Orientierungsverfahren entwickelt: Das Echo ihrer kurzen, hochfrequenten Peillaute (30000 bis 70000 Schwingungen je Sekunde) vermittelt ihnen ein differenziertes Schallbild ihrer Umgebung. – Die jungen Fledermäuse werden auch dann im Frühjahr geboren, wenn die Begattung schon im Herbst erfolgte, weil die Spermien während des Winterschlafs im Uterus aufbewahrt werden und erst danach die Eizelle befruchten. Die meisten Fledermausweibchen bringen im Jahr ein Junges zur Welt. Unter Ausschluß der Männchen erfolgen Geburt und Aufzucht der Jungen in den aus mehreren bis zahlreichen Weibchen gebildeten „Wochenstuben". Die Jungen sind nackte und blinde Nesthocker, die erst nach etwa 3 Wochen flugfähig werden. – Nicht nur beim Winter-, sondern auch beim regulären Tagschlaf sinkt bei kühler Witterung die Körpertemperatur der Fledermäuse deutlich ab und hilft so Energie zu sparen. Zwischen ihrem Sommeraufenthalt und bestimmten traditionellen Winterquartieren machen manche Fledermausarten bestens orientiert mehrere 100 Kilometer lange Wanderungen.
Nur für den Spezialisten und in den Winterquartieren sind die nachtaktiven Fledermäuse eindeutig unterscheidbar. Während des Winterschlafs aber sollte jede Störung unterbleiben, zumal in Mitteleuropa alle Fledermausarten im Bestand gefährdet sind. Zu den Gründen für den rapiden Rückgang der Arten in den letzten 40 Jahren gehören u.a. der Verlust an Sommer- und Winterquartieren durch Verschluß der Einflugöffnungen und der Mangel an größeren Fluginsekten infolge Insektizideinsatz und Beseitigung von „Insektenbrutstätten". Dennoch sollen hier einige Arten kurz aufgeführt werden:

1 **Zwergfledermaus**
Pipistrellus pipistrellus

KR 4 cm S 3 cm Sp 20 cm G 5 g
Die kleinste heimische Fledermausart ist gern in Siedlungsnähe und oft schon in den Abendstunden aktiv.

2 **Braunes Langohr**
Plecotus auritus

KR 5 cm S 5 cm Sp 25 cm G 8 g
Diese Art, die durch extrem lange Ohren und langsamen Flug auffällt, startet erst nach Einbruch der Dunkelheit zum Jagdflug.

3 **Fransenfledermaus**
Myotis nattereri

KR 5 cm S 4 cm Sp 25 cm G 8 g
Sie kommt erst spät aus ihrem Versteck; sie überwintert meistens in Höhlen.

4 **Abendsegler**
Nyctalus noctula

KR 7 cm S 5 cm Sp 36 cm G 30 g
Oft schon am Nachmittag verläßt diese Art Baumhöhlen und Mauerspalten und jagt zwischen Schwalben und Seglern mit einer Fluggeschwindigkeit von bis zu 50 km/h nach Fluginsekten.

5 **Kleine Hufeisennase**
Rhinolophus hipposideros

KR 4 cm S 3 cm Sp 23 cm G 7 g
Der namengebende häutige Nasenaufsatz bündelt die Orientierungslaute. Beim Schlaf liegen die Flügel wie ein Mantel über dem Körper.

1 Igel
Erinaceus europaeus

KR 26 cm   S 3 cm   G 1 kg

Kennzeichen: Allgemein bekannt; es handelt sich um den Westigel, von dem sich der Ostigel (*Erinaceus concolor*) durch weiße Kehle und Brust unterscheidet.

Vorkommen: Allgemein verbreitet; Waldränder, Hecken, Gebüsche, Gärten und Parks. Das Verbreitungsgebiet des Ostigels beginnt im östlichsten Teil Mitteleuropas und überlappt sich nur auf einem schmalen Streifen mit dem des Westigels, dessen Vorkommen auch das südliche Skandinavien abdeckt.

Wissenswertes: Es ist erstaunlich, daß der Igel trotz der enormen Verluste auf den Straßen in unserer vom Verkehr beherrschten Kulturlandschaft bislang überlebt hat. Ob die Überwinterung zu kleiner, d.h. weniger als 500 g schwerer Igel in der Obhut des Menschen sinnvoll ist, bleibt auch unter Experten umstritten. Zweifellos sind das Liegenlassen von Welklaub und Reisighaufen in den Gärten und der Verzicht auf chemische Mittel zur Schädlingsbekämpfung die besseren Beiträge zur Igelhege.

2 Maulwurf
Talpa europaea

KR 14 cm   S 2,5 cm   G 100 g

Kennzeichen: Dunkles samtartiges Fell; walzenförmiger Körper mit spitzer Schnauze und ohne Hals; große schaufelartige Vorderfüße.

Vorkommen: In ganz Mitteleuropa auf Grünland und Feldern, auch in Gärten.

Wissenswertes: Der Maulwurf gilt als ein Paradebeispiel für eine hochspezialisierte Art. Von der Körpergestalt über die Grabschaufeln, das dichte und strichfreie Fell bis hin zu den winzigen Augen erklären sich alle Besonderheiten aus der Anpassung an die unterirdische Lebensweise. Das Gangsystem dient als Pirschpfad, von dem regelmäßig die dort eingedrungenen Würmer, Insektenlarven und Schnecken abgesammelt werden. Überschüssige Erde wird in Form von „Maulwurfshaufen" an die Oberfläche befördert; unter einem besonders großen Haufen befindet sich meistens das mit Welklaub, Gräsern und Moos ausgepolsterte Nest. Maulwürfe gehören zu den geschützten Tierarten und dürfen auch in Gärten nicht getötet werden.

Spitzmäuse

haben mit den Echten Mäusen und den Wühlmäusen, die zu den Nagetieren gehören, nur die Größe und – zumindest grob – Färbung und Gestalt gemeinsam. Die Spitzmäuse gehören mit dem Igel und dem Maulwurf zu den Insektenfressern. Sie sind kleine Beutegreifer mit einer spitzen, rüsselartigen Schnauze und nadelspitzen Zähnchen. Die Familie der Spitzmäuse ist mit 250 Arten außer in Australien, Ozeanien und den polnahen Gebieten weltweit verbreitet. 10 Arten kommen auch in Mitteleuropa vor. Spitzmäuse lassen oft zwitschernde Laute hören.

3 Hausspitzmaus
Crocidura russula

KR 8 cm   S 4 cm   G 10 g

Kennzeichen: Graubraune Oberseite, fließend in die hellere Unterseite übergehend.

Vorkommen: Vor allem im Südwesten; vorzugsweise in milderen Landstrichen; gern auch an und in Gebäuden.

4 Wasserspitzmaus
Neomys fodiens

KR 8 cm   S 6,5 cm   G 16 g

Kennzeichen: Recht kräftige Tiere; grauschwarze Ober- und hellere Unterseite, scharf gegeneinander abgesetzt.

Vorkommen: Weit verbreitet im Uferbereich stehender und fließender Gewässer aller Art.

Wissenswertes: Die Wasserspitzmaus hält sich zur Nahrungssuche überwiegend im Wasser auf. Sie schwimmt gewandt und taucht bis zu 20 Sekunden lang. Der kleine, aber sehr effektive Beutegreifer macht sich nicht nur an Würmer und Schnecken heran, sondern stellt auch kleinen Fischen und Fröschen nach. Seine Beute schleppt er bis in ein geeignetes Versteck, bevor er sie verzehrt. Reste von Schneckengehäusen und Fisch- und Froschskeletten, am Ufer vereinzelt angehäuft, deuten meistens auf Aktivitäten der Wasserspitzmaus hin.

1 Waldspitzmaus
Sorex araneus

KR 7 cm S 4,5 cm G 10 g
Kennzeichen: Rücken dunkelbraun, Flanken hellbraun, Unterseite heller; jeweils deutlich gegeneinander abgesetzt; knapp hausmausgroß.
Vorkommen: In sehr unterschiedlichen offenen und bewaldeten Lebensräumen; im äußersten Westen Mitteleuropas statt ihrer die sehr ähnliche Schabrackenspitzmaus.

2 Zwergspitzmaus
Sorex minutus

KR 5 cm S 4 cm G 4,5 g
Kennzeichen: Deutlich kleiner als die Waldspitzmaus; relativ längerer Schwanz.
Vorkommen: In fast ganz Europa in ähnlichen Lebensräumen heimisch wie die Waldspitzmaus, aber meistens seltener.
Wissenswertes: Die Zwergspitzmaus ist das kleinste Säugetier Mitteleuropas. Sie erbeutet vor allem Insekten und Schnecken, ihrer Körpergröße entsprechend meistens kleinere Beutetiere als die anderen Spitzmausarten. Auch wenn sie keinem Beutegreifer zum Opfer fallen, werden Spitzmäuse in aller Regel nur 1–1,5 Jahre alt. Mit zwei Würfen bringt ein Weibchen im Laufe seines Lebens rund 10–14 Junge zur Welt.

3 Feldspitzmaus
Crocidura leucodon

KR 7,5 cm S 3,5 cm G 10 g
Kennzeichen: Graue Oberseite scharf von der weißlichen Unterseite abgesetzt; Ohren deutlich sichtbar.
Vorkommen: In Mitteleuropa weit verbreitet, fehlt im Norden; agrare Kulturlandschaft; im Winter auch in Ställen und Kellern.
Wissenswertes: Ein nicht alltägliches Verhalten zeigen Weibchen und Jungtiere, wenn sie – z.B. nach Störung – umziehen müssen. Ein oder zwei Jungtiere halten sich mit den Zähnchen an der Schwanzwurzel der Mutter fest, weitere Jungtiere in gleicher Weise an der Schwanzwurzel der Geschwister. Schon mehrfach wurde diese ungewöhnliche Er-

scheinung beobachtet und als „Karawanenbildung" beschrieben.

4 Gartenspitzmaus
Crocidura suaveolens

KR 6,5 cm S 3,5 cm G 8 g
Kennzeichen: Ähnlich der Hausspitzmaus, nur keine derart scharfe Farbabgrenzung.
Vorkommen: Nur in Teilen des südlichen Mitteleuropas; ähnliche Lebensräume wie Hausspitzmaus; agrares Kulturland; besonders gern in Komposthaufen, aber auch in Ställen und Kellern.

5 Alpenspitzmaus
Sorex alpinus

KR 7 cm S 7 cm G 10 g
Kennzeichen: Schwanz so lang wie der Körper; Farbe einheitlich dunkelgrau.
Vorkommen: In den Alpen und in einigen Mittelgebirgen.

Spitzmäuse verteilen ihre kurzen Ruhephasen ziemlich gleichmäßig über den Tag und die Nacht. Sie wechseln kurzfristig, oft etwa stündlich, zwischen Ruhe und Aktivität. Und das im Sommer ebenso wie im Winter – einen Winterschlaf kennen sie nicht! Angesichts der tierischen Nahrung, der geringen Körpergröße und des schnellen Stoffumsatzes ist das schon erstaunlich und problematisch zugleich, beläuft sich doch der tägliche Nahrungsbedarf auf Insekten, Würmer und Weichtiere in Höhe des eigenen Körpergewichtes. Ohne Nahrung verhungern sie innerhalb weniger Stunden, z.B. wenn sie in Lebendfallen geraten. Alle auf Mäuse im weitesten Sinne spezialisierten Greifvögel und Eulen schlagen auch Spitzmäuse, aber nur die Vögel fressen sie, die Säuger lassen sich meistens vom starken Moschusgeruch abschrecken. Sie fangen zwar Spitzmäuse, verschmähen sie aber dann doch. Angesichts der vielen Feinde konnten die Spitzmäuse nur durch ständige Wachsamkeit und ein Leben in dichter Bodenvegetation oder in Erdgängen überleben; das Klettern ist nicht ihre Sache und wird nur ausnahmsweise einmal beobachtet.

1 Rauchschwalbe
Hirundo rustica

L 15+4 cm bekannt Apr.–Okt.
Kennzeichen: Leichter Flug; dunkelblaue glänzende Oberseite; lange Schwanzspieße.
Vorkommen: In Dörfern und auf Gehöften.
Wissenswertes: Der Rückgang der Rauchschwalben hat viele Ursachen: verringertes Nahrungsangebot (Fluginsekten) durch Pestizideinsatz und Trockenlegung von Feuchtgebieten, immer weniger Einflugmöglichkeiten an Gebäuden, Mangel an feuchtem lehmigen Boden als Nistmaterial und zunehmende Verluste auf dem Zug und in den tropischen Überwinterungsgebieten. Als Frühlingsboten, Glücksbringer und Symbole der Liebe bedeuten die Schwalben dem Menschen mehr als die meisten anderen Vögel. Die ihnen nachgesagte Partnertreue gilt jedoch jeweils nur für einen Sommer („Saisonehe"), und wenn darüber hinaus, dann deshalb, weil sich beide Partner meist wieder zum vorjährigen Nest hingezogen fühlen. Auf die Vorliebe für dunkle Ecken im Gebäude, oft sogar im Qualm des Kamins, geht der Name „Rauchschwalbe" zurück.

2 Mehlschwalbe
Delichon urbica

L 13 cm < Rauchschwalbe Apr.–Okt.
Kennzeichen: Unterseite weiß; Oberseite blauschwarz mit weißem Bürzel; weniger stark gegabelter Schwanz.
Vorkommen: Außer in Dörfern auch in Kleinstädten und Stadtrandsiedlungen.
Wissenswertes: Im Gegensatz zu den Rauchschwalben, die ihre halboffenen Nester (**2a**) meistens in den Gebäuden haben, bevorzugen die Mehlschwalben für ihre halbkugeligen, fast geschlossenen Nester die Außenwände unter den Dachvorsprüngen. Leider werden noch immer Schwalben von übermäßig reinlichen Hausbesitzern vertrieben oder durch Drähte von der Hauswand ferngehalten. Dabei wäre ein Kotbrett leicht angebracht. Wo Schwalbennester wegen der Erschütterung durch LKW-Verkehr abstürzen, können im Handel erhältliche Kunstnester hilfreich sein. Einzelne Kunstnester waren schon der Ausgangspunkt für die Ansiedlung ganzer Mehlschwalbenkolonien.

3 Uferschwalbe
Riparia riparia

L 12 cm ≪ Rauchschwalbe Apr.–Sept.
Kennzeichen: Oberseits erdfarben braun, unterseits weiß mit braunem Brustband; Schwanz nur leicht gegabelt.
Vorkommen: Nur noch punktuell oder gebietsweise; an Gewässern mit Steilufern sowie in Sand- und Kiesgruben.
Wissenswertes: Die Uferschwalbe ist ein vorzügliches Beispiel für die Farbanpassung einer Tierart an die Umgebung ihres Brutplatzes. Zahl und Größe der Brutkolonien (**3b**) sind drastisch zurückgegangen. Zur Anlage ihrer Nester, die sich am Ende eines 60–100 cm langen Ganges mit querovaler Öffnung im Boden befinden, brauchen die Uferschwalben steile Abbruchufer (Prallhänge) an Flüssen oder Steilwände in Sand- oder Kiesabgrabungen. Durch Gewässerausbau und Uferbefestigung wurden ihnen viele ursprüngliche Brutplätze genommen. Abgrabungen bieten meistens nur vorübergehend Ersatz. Inzwischen aber nimmt die Bereitschaft der Wasserbauer zu, Uferabschnitte von Flüssen naturnäher zu gestalten und auch Uferabbrüche zuzulassen, so daß die Uferschwalben wieder neue Chancen erhalten.

4 Felsenschwalbe
Ptyonoprogne rupestris

L 14 cm < Rauchschwalbe März–Okt.
Kennzeichen: Ähnlich der Uferschwalbe, aber ohne braunes Brustband; Schwanz nicht gegabelt.
Vorkommen: An Felsen, in Schluchten und in engen Flußtälern des Mittelmeerraumes, vereinzelt aber auch in Österreich, in der Schweiz und in Bayern.
Wissenswertes: Die Nester der Felsenschwalben sind den napfförmigen Nestern der Rauchschwalben ähnlich. Man findet sie an zerklüfteten Felsen und in schwer zugänglichen Felsspalten und Höhlen, neuerdings aber auch schon einmal an Gebäuden und unter Autobahnbrücken.

1 Feldlerche
Alauda arvensis

L 18 cm >> Sperling Febr.–Nov.

Kennzeichen: Brauner Vogel mit dunkler gestreifter Oberseite und Brust; markanter Singflug.

Vorkommen: Allgemein verbreitet auf landwirtschaftlichen Nutzflächen, aber auch auf Heiden, in Mooren, Dünen und auf größeren Kahlschlägen.

Wissenswertes: Die bekannten und vom Menschen schon immer bewunderten Singflüge (**1b**) dauern 2–3 Minuten, gelegentlich aber auch eine Stunde lang. „Höher zu Dir" soll die Feldlerche singen, die im Volksmund auch als „Himmelssängerin" verehrt wird. Zu Mariä Lichtmeß (2. Februar) sollte sie sich erstmalig vernehmen lassen. Beim Aufwärtssteigen singt sie besonders intensiv, um – fast dem Auge entschwunden – im Singflug zu kreisen und zu rütteln. Beim Abstieg schießt sie die letzten 10–15 m stumm herab. Die Intensivierung der Landwirtschaft auf riesigen Schlägen und unter Einbezug der Raine, der Biozideinsatz und die Ausweitung des Maisanbaus haben neben anderen Faktoren dazu beigetragen, daß dieser früher allgegenwärtige Charaktervogel der Felder, Wiesen und Weiden heute längst nicht mehr so zahlreich anzutreffen ist wie noch in der ersten Hälfte des Jahrhunderts.

2 Haubenlerche
Galerida cristata

L 17 cm > Sperling Jan.–Dez.

Kennzeichen: Der Feldlerche ähnlich, doch mit auffälliger Haube; nur kurze Gesangsmotive, meist vom Boden aus vorgetragen.

Vorkommen: Nur lokal verbreitet; meistens auf Bodenaushub in Siedlungsgebieten, an Straßen, in Bahn- und Industriegelände; auf Trockenstandorten mit wenig oder gar keiner Vegetation.

Wissenswertes: Die Haubenlerche zieht sich gegenwärtig aus weiten Teilen ihres mitteleuropäischen Brutgebietes zurück, nachdem sie sich im vorigen Jahrhundert deutlich ausbreitete. Ob Umweltveränderungen oder Klimaschwankungen dafür ausschlaggebend

sind, ist schwer zu entscheiden. Daß es die Art schon früher in Mitteleuropa gab, bezeugte Conrad Gesner bereits im 16. Jahrhundert. Weil sie oft an Fußwegen gesehen werde, nannte er sie „Weglerche".

3 Heidelerche
Lullula arborea

L 15 cm ~ Sperling Febr.–Okt.

Kennzeichen: Deutlich kleiner und kurzschwänziger als die Feldlerche; Gesang mit weichen, klangvollen Trillern („lülülü") nicht nur im Flug, sondern auch von Baumspitzen aus.

Vorkommen: In Trockengebieten vor allem in Kiefernheiden, an Waldrändern und auf Kahlschlägen; allerdings nur noch sehr sporadisch.

Wissenswertes: Das stimmungsvolle Dudeln der Heidelerche gab früher vielen kargen, mit Gehölzen nur licht bewachsenen Gegenden ein besonderes Gepräge. Die Veränderung der Landschaftsstruktur durch höhere forstliche und landwirtschaftliche Nutzungsintensität ließ die Lebensräume der Art schrumpfen. Noch aber hört man hier und dort bei Tag und oft auch bei Nacht das Lied der Heidelerche, die im Singflug besonders weite Spiralen zieht.

4 Ohrenlerche
Eremophila alpestris

L 17 cm Sperling Okt.–Apr.

Kennzeichen: Gelbliches Gesicht; Männchen (**4a**) mit schwarzen Flecken unter der Kehle und auf den Wangen.

Vorkommen: Regelmäßiger Wintergast an den Küsten der südlichen Nord- und der westlichen Ostsee.

Wissenswertes: Während der Brutzeit leben die Ohrenlerchen in baumlosen Tundren Nordeuropas, aber auch in baumarmen Gebirgslandschaften des Südens, z. B. auf dem Balkan. Die aus dem Norden stammenden Wintergäste, die oft mit nordischen Ammern vergesellschaftet sind, halten sich meistens in niedriger Vegetation in Küstennähe auf. Sie sind am Boden optimal getarnt und werden meist erst beim Auffliegen bemerkt.

1 Baumpieper
Anthus trivialis

L 15 cm ~ Sperling Apr.–Sept.
Kennzeichen: Lerchenähnlich, aber schlanker; kräftiger Gesang – von einer hohen Warte aus oder im Singflug vorgetragen – endet mit „zia-zia-zia".

Vorkommen: Vor allem auf Kahlschlägen mit Birken- oder Weidenanflug oder mit jungen Kulturen; auch an Waldrändern, auf Waldlichtungen und auf mit Gehölzen durchsetzten Heiden und Mooren (deutlicher Unterschied zum Wiesenpieper); recht weit verbreitet.

Wissenswertes: Die Pieper sind mit den Stelzen verwandt und leben wie diese überwiegend auf dem Boden. Hier brüten sie auch, vor allem auf Kahlschlägen mit allmählich aufkommendem Strauchwuchs. Mit dem Rückgang der Kahlschläge infolge des Übergangs zu naturnäheren kahlschlagfreien Waldbaumethoden verliert der Baumpieper für ihn wichtige Brutbiotope. Mit den Lerchen hat er den Singflug gemeinsam, der ihn in 20–30 m Höhe führt. Während der Baumpieper ziemlich gerade aufsteigt, fliegt er bei der Landung meistens etwas seitlich zum Ausgangspunkt zurück. Als Zugvogel wandert er regelmäßig bis nach Afrika, wo er sehr häufig im Savannengürtel überwintert.

2 Wiesenpieper
Anthus pratensis

L 15 cm ~ Sperling Jan.–Dez.
Kennzeichen: Vom Baumpieper vor allem durch Biotop und Stimme unterschieden; markanter Flugruf „ist-ist".

Vorkommen: Im offenen Gelände: auf nicht zu trockenem Grünland, in Mooren, Heiden und Dünen; in geeigneten Biotopen nicht selten.

Wissenswertes: Der Wiesenpieper hat einen Singflug mit feinen sirrenden Trillern. Dabei steigt er in Spiralen oft steil aufwärts und kommt mit ausgestreckten Flügeln ebenfalls steil herab („Fallschirm-Imponierbalz"). Auch im Winter sind gelegentlich Wiesenpieper in Mitteleuropa anzutreffen. Die Hauptüberwinterungsgebiete aber liegen in den Mittelmeerländern.

3 Brachpieper
Anthus campestris

L 16 cm ~ Sperling Apr.–Sept.
Kennzeichen: Schlank und langschwänzig wie eine Stelze; mit ungestreifter Brust.

Vorkommen: In Sandgebieten, vornehmlich in Wildland, nach der Brutzeit auch auf Feldern und Wiesen; nur lokal verbreitet.

Wissenswertes: Vogelkundler beobachten beim Brachpieper einen starken Bestandsrückgang, der möglicherweise auf Biotopveränderungen zurückzuführen ist. Stickstoffeintrag, der zur Eutrophierung und damit zur Verdrängung der früher kurzrasigen, schütteren Magervegetation durch dichte Hochstauden führt, spielt da wahrscheinlich eine wichtige Rolle. Zum wellenförmigen Singflug kann der Brachpieper von einer Warte oder vom Boden aus starten. Als Langstreckenzieher überwintert er südlich der Sahara in der Sahelzone.

4 Wasserpieper
Anthus spinoletta

L 16 cm ~ Sperling Jan.–Dez.
Kennzeichen: Der einzige Pieper mit dunklen Beinen; sonst anderen Pieperarten recht ähnlich.

Vorkommen: Häufiger Brutvogel im Hochgebirge; im Winter aber auch regelmäßig in Flußtälern, an Ufern von Seen und an der Meeresküste.

Wissenswertes: Die Art tritt in Mitteleuropa in mindestens zwei auch im Gelände unterscheidbaren Rassen auf. Als Bergpieper (**4a**) ist sie Brutvogel oberhalb der Baumgrenze in den Hochgebirgen und vereinzelt auch in den höheren Mittelgebirgen wie dem Harz. Als Strandpieper (**4b**) hat sie ihre Brutplätze an felsigen Küsten West- und Nordeuropas. Im Winterhalbjahr sind sowohl die helleren Bergals auch die etwas dunkleren, vor allem unterseits dichter gestreiften Strandpieper auch im Binnenland und in tieferen Lagen anzutreffen. An Schlafplätzen versammeln sich außerhalb der Brutzeit oft über 100 Wasserpieper, bleiben aber meistens unentdeckt, weil selbst viele Ornithologen die verschiedenen Pieperarten nicht sicher unterscheiden können.

1 Bachstelze
Motacilla alba

L 18 cm > Sperling Febr.–Nov.

Kennzeichen: Langschwänzig; schwarz, weiß und grau gezeichnet; niemals gelbe Gefiederanteile.

Vorkommen: Ursprünglich an Bach- und Flußufern; heute überall in der offenen Landschaft; als Zivilisationsfolger zunehmend auch in urban-industriellen Lebensräumen.

Wissenswertes: Alle Stelzen wippen mit ihrem langen Schwanz, der besonders auffällig ist und ihnen auch den plattdeutschen Namen „Wippstert" eintrug. Ein anderes, allen drei Arten gemeinsames Merkmal ist der wellenförmige Flug. Die Bachstelze ist die am weitesten verbreitete und zugleich häufigste Stelzenart, die in ganz Europa brütet und in den milderen Teilen – selbst in Mitteleuropa – gelegentlich zu überwintern versucht. In Großbritannien ist sie in einer eigenen dunkleren Rasse vertreten, die als Trauerbachstelze bezeichnet wird. Die Bachstelze nistet in Halbhöhlen und Nischen im Gemäuer, unter defekten Dachziegeln und in Dachrinnen ebenso wie in Fels- und Baumhöhlen. Auffällig sind die vor allem im Sommer und Herbst mehrere 100 Tiere umfassenden Schlafgesellschaften, die Röhrichte oder Bäume, in den Städten aber auch oft bewachsene Mauern und vereinzelt sogar angestrahlte und mit aufgesetzten Reklamelettern besetzte Kaufhausfassaden als Schlafplatz anfliegen.

2 Schafstelze
Motacilla flava

L 17 cm > Sperling Apr.–Sept.

Kennzeichen: Oberseits olivgrün, unterseits gelb; Gelbanteil am Kopf variiert bei den Männchen der verschiedenen Rassen: vom gelben Kopf der englischen bis zum schwarzgrauen Kopf mit hellem Unteraugenstreifen der nordischen und zum grauen Kopf ohne Augenstreifen der mitteleuropäischen Schafstelzenrasse.

Vorkommen: Zunächst vor allem im feuchten Grünland, dann auch auf trockeneren Wiesen und Weiden und sogar in Feldfluren; seit den 60er Jahren stark rückläufig; verbreiteter im Tiefland, sonst nur noch punktuelle Vorkommen.

Wissenswertes: Die „Gelbe Bachstelze" wird wegen ihrer Vorliebe für Grünland und die Nachbarschaft des Weideviehs auch „Viehstelze" und „Kuhstelze" genannt. Sie nistet am Boden. Ihr fast überall sehr auffälliger Bestandsrückgang wird mit der Intensivierung der Grünlandnutzung in Zusammenhang gebracht.

3 Gebirgsstelze
Motacilla cinerea

L 18 cm > Sperling Jan.–Dez.

Kennzeichen: Grauer Rücken, gelbe bis weiße Unterseite; nur im Bereich der Schwanzwurzel immer gelb.

Vorkommen: Ursprünglich an Wildbächen mit Abbruchufern und Schotterflächen in den Mittelgebirgen, inzwischen auch an anderen Fließgewässern und an Wehren und Brücken sogar vereinzelt im Tiefland.

Wissenswertes: Die Gebirgsstelze – auch Bergstelze genannt – ist noch langschwänziger als die anderen Stelzenarten. Sie bevorzugt als Neststandort Steilufer oder Nischen im Mauerwerk von Mühlen oder Brücken. Ihre Nahrung sucht sie meistens am Spülsaum. Oft sieht man, wie sie nach Fluginsekten in die Luft springt und dabei auch rüttelt.

4 Seidenschwanz
Bombycilla garrulus

L 18 cm >> Sperling Nov.–Febr.

Kennzeichen: Auffällige Haube, schwarzes Gesichtsmuster, brauner und grauer Rücken und gelbes Schwanzende; trillernder Ruf.

Vorkommen: Sehr unregelmäßiger Wintergast in Hecken, Gebüschen, Gärten und Parks; Brutvogel auf Lichtungen nordischer Nadel- und Birkenwälder.

Wissenswertes: In unregelmäßigen Abständen führen Invasionen im Winter Zehntausende von Seidenschwänzen nach Mitteleuropa, wo sie über die noch vorhandenen Beeren – vor allem der Sträucher des Wilden Schneeballs – herfallen und sich durch besondere Zutraulichkeit den Menschen gegenüber auszeichnen.

1 Wasseramsel
Cinclus cinclus

L 18 cm ≪ Star Jan.–Dez.

Kennzeichen: Dunkles Gefieder mit weißem Latz; zaunkönigähnliche Gestalt, nur viel größer; immer an Fließgewässern.

Vorkommen: Vor allem an schnell fließenden Bächen mit permanenter Wasserführung und nicht zu starker Verunreinigung; im mittleren Bergland in Höhenlagen über 200 m weit verbreitet; hier auch in Ortschaften.

Wissenswertes: Bei Erregung knickst die Wasseramsel, zuckt mit den Flügeln und stelzt den Schwanz empor. Sie ähnelt darin dem Zaunkönig. Die Wasseramsel ist der einzige Singvogel, der schwimmend und tauchend seine Nahrung erbeutet, u.a. Köcher-, Eintags- und Steinfliegenlarven, Krebstierchen, kleine Wasserschnecken, aber auch Fischchen. Mit pelzdunenartigem Gefieder, kurzen Flügeln und mit verschließbaren Nasenöffnungen ist die Wasseramsel gut für diese spezialisierte Lebensweise gerüstet. Sie taucht 3–4 Sekunden, manchmal auch 3- bis 4mal so lang, schwimmt oder läßt sich mit der Strömung treiben. Gern brütet sie an und unter Brücken; sie nimmt auch regelmäßig dort angebrachte Nisthilfen an.

2 Zaunkönig
Troglodytes troglodytes

L 9,5 cm winzig Jan.–Dez.

Kennzeichen: Ein kleiner brauner Vogel mit kurzem, oft hochgestelztem Schwanz; huscht am Boden und in niedrigem Gezweig wie eine Maus; überraschend laute Stimme.

Vorkommen: Sehr häufige Art in Wäldern, Parks und Gärten, an Gräben und Ufern.

Wissenswertes: Schon im Althochdeutschen ist für unseren Winzling der Name „Kuningilin" (Königlein) belegt; Gesner nennt ihn „Dumeling" (Däumling). Er ist nach den Goldhähnchen die kleinste heimische Vogelart. Von 75 Zaunkönig-Arten leben 74 in der Neuen und nur eine in der Alten Welt. Der tag- und dämmerungsaktive Vogel hält sich gern am Boden und in Bodennähe auf. Der Schlag des Zaunkönigs, der schon in der ersten Morgendämmerung zu vernehmen ist, schallt

überraschend laut. Die Männchen bauen jeweils mehrere – meist 3–6 – Wahlnester, von denen die Weibchen eines aussuchen. In besonders günstigen Lebensräumen zeigt der Zaunkönig eine deutliche Neigung zur Vielweiberei. Etwa ein Fünftel aller Männchen hat zwei oder gar drei Weibchen. Vor allem nach kalten Wintern, in denen viele Zaunkönige sterben, kommt es auf reichen Nachwuchs an. Schon 1–2 Jahre danach sind die Winterverluste meistens wieder ausgeglichen.

3 Heckenbraunelle
Prunella modularis

L 15 cm ~ Sperling Jan.–Dez.

Kennzeichen: Brauner Vogel mit dunklen Längsstreifen und grauer Brust und Kehle.

Vorkommen: Gehölze, Hecken, Parks und Gärten; neuerdings auch zunehmend in Raps- und Maisfeldern.

Wissenswertes: Als Insektenfresser hat die Heckenbraunelle einen dünnen Schnabel, wird aber dennoch immer wieder mit Sperlingen verwechselt, mit denen sie das schlichtbraune Gefieder gemeinsam hat. Bei dieser Art kann man zur Zeit sehr deutlich die Einwanderung aus den Randbereichen in das Innere der Städte beobachten; ihrer besonderen Vorliebe für die Fichte kommt die augenblickliche Koniferen-Mode in den Gärten sehr gelegen.

4 Alpenbraunelle
Prunella collaris

L 18 cm ≫ Sperling Jan.–Dez.

Kennzeichen: Beschränkung auf alpine Lebensraum; größer als Heckenbraunelle; weiße Kehle dunkel gefleckt; rostbraune Streifen an den Flanken.

Vorkommen: In den Alpen von 1200 m NN an aufwärts; in felsigem Gelände mit niedriger und lückiger Vegetation aus Polsterpflanzen und Gräsern; häufig.

Wissenswertes: Bei Ermangelung höherer Singwarten kann der lerchenartige Gesang auch im Singflug vorgetragen werden. Ihr Nest baut die Alpenbraunelle in Felsspalten und Nischen, auch unter Steinen und überstehenden Grassoden.

1 Rotkehlchen
Erithacus rubecula

L 14 cm   ~ Sperling   Jan.–Dez.
Kennzeichen: Oberseits olivbraun; Kehle und Brust orangerot.
Vorkommen: Sehr häufig und weit verbreitet in Wäldern aller Art, auch in Gärten und Parks.
Wissenswertes: Der sehr melodische, etwas schwermütig wirkende Gesang ist in der Morgen- und Abenddämmerung oft das erste und das letzte Vogellied. Es ist bereits im Vorfrühling und auch noch im Herbst zu hören. Die Strophen beginnen mit hohen spitzen Tönen und fallen dann mit flötenden und trillernden Sequenzen wie plätschernd ab. Die großen Augen weisen das Rotkehlchen als dämmerungsaktiven Vogel aus. Den Gärtner begleitet der zutrauliche Vogel schon deshalb sehr gern, weil er auf dem frisch bearbeiteten Boden allerlei Nahrung findet. – Gleich vier verschiedene Vogelarten haben ihre deutschen Namen nach der jeweils auffällig unterschiedlichen Färbung von Kehle und Brust erhalten. Sie gehören drei verschiedenen Gattungen an, werden aber trotzdem hier auf einer Seite zusammengefaßt.

2 Braunkehlchen
Saxicola rubetra

L 13 cm   < Sperling   Apr.–Sept.
Kennzeichen: Weißer Überaugenstreifen; gelbbraune Kehle und Brust. Das Weibchen (**2b**) ist etwas heller, hat einen nur angedeuteten Überaugenstreifen und nur schwach erkennbare Flügelflecken.
Vorkommen: Möglichst extensiv genutzte, mit Gebüschgruppen durchsetzte Wiesen; im Bergland verbreiteter als in der Ebene; früher häufig, heute nur noch regional oder punktuell anzutreffen.
Wissenswertes: Die Intensivierung der Grünlandnutzung seit den 50er Jahren hat die Art aus weiten Teilen ihres ehemaligen Verbreitungsgebietes verdrängt. Frühe Mahd, Düngung, Melioration, Beseitigung von Flurgehölzen und insgesamt zunehmende Uniformierung der Flur veränderten den Lebensraum zum Nachteil des Braunkehlchens. Vie-

lerorts werden hohe Brutverluste registriert. Daß es heute am ehesten in als Naturschutzgebiete ausgewiesenen Feuchtwiesen angetroffen wird, hängt damit zusammen, daß hier extensive Nutzung noch eine gewisse Strukturvielfalt zuläßt. – Das Nest befindet sich auf dem Boden in Wiesen und Weiden, meistens in der Nachbarschaft eines Strauchs oder anderer höherer Vegetation. Zur Überwinterung fliegt das Braunkehlchen bis in die Savannen und Graslänger Afrikas.

3 Schwarzkehlchen
Saxicola torquata

L 13 cm   < Sperling   März–Okt.
Kennzeichen: Männchen mit rostroter Brust und Schwarz an Kopf und Kehle (Name!) sowie mit weißen Flecken am Hals; Weibchen (**3b**) insgesamt matter gefärbt.
Vorkommen: Spärlicher Brutvogel im westlichen Mitteleuropa; meist auf gut besonnten und trockenen, karg bewachsenen Böden; in Sandgruben und auf Industrieödland, in Ginsterheiden und Dünengebüsch.
Wissenswertes: Sein Nest baut das Schwarzkehlchen in einer flachen Mulde am Boden, meistens an Böschungen, immer nach oben gut geschützt.

4 Blaukehlchen
Luscinia svecica

L 14 cm   ~ Sperling   Apr.–Sept.
Kennzeichen: Männchen mit blauer Kehle, Weibchen mit schwarzem Halslatz; Schwanz mit kastanienbrauner Wurzel.
Vorkommen: Nasse Standorte mit Wechsel von dichter Vegetation und freiem Boden; nur sehr punktuell in Naßabgrabungen, Teich- und Stauanlagen mit Röhrichten und Hochstauden.
Wissenswertes: Neben der weißsternigen Tieflandrasse gibt es als Durchzügler aus Skandinavien und neuerdings auch als sehr seltenen Brutvogel in Alpen und Karpaten die rotsternige Rasse (mit rotem Punkt im blauen Kehlfleck). Das Blaukehlchen, das in seinen Bewegungen stark an das Rotkehlchen erinnert, hat einen sehr wohltönenden Gesang mit vielerlei eingefügten Imitationen.

1 Nachtigall
Luscinia megarhynchos

L 17 cm > Sperling Apr.–Sept.
Kennzeichen: Unscheinbar braunes Gefieder, braunroter Schwanz; wohltönender Gesang, der nach einem wehmütigen Crescendo in einen schmetternden Schlag übergeht.
Vorkommen: Westlich einer Linie Nordostungarn – Hamburg; in gebüschreichen Parks, mit Unterholz durchsetzten Eichen-Hainbuchenwäldern, in Auenwäldern und feuchten Gehölzen.
Wissenswertes: Der beliebteste unter den heimischen Sängern hat viele Dichter und Komponisten inspiriert. Durch Auslichten, d.h. Ausholzen und Aufräumen, hat man die Nachtigall aus manchem Park vertrieben. Im Mai vernimmt man ihren Gesang oft noch bei Tag und Nacht, vor allem in den Morgen- und Abendstunden. Bei den Nachtsängern handelt es sich vornehmlich um unverpaarte Männchen. Ihr Nest baut die Nachtigall in dichter Vegetation am Boden oder in Bodennähe. Ihr Revier verteidigt sie nicht nur gegen Artgenossen, sondern auch gegenüber dem Sprosser, mit dem sie nahe verwandt ist. Das Gebiet, in dem beide Arten nebeneinander vorkommen, ist allerdings auf die Grenzbereiche der Areale beider Arten beschränkt.
Der Sprosser (*Luscinia luscinia*) ist der Nachtigall zum Verwechseln ähnlich; sein Gesang ist jedoch ohne das prägnante Crescendo. Er lebt östlich der beschriebenen Grenzlinie. Bei genauem Vergleich sind gewisse Unterschiede im Verhalten beider Arten zu erkennen: Der Sprosser kehrt 2 Wochen später ins Brutgebiet zurück als die Nachtigall, bevorzugt höhere Singwarten (bis 10 m hoch) und bewegt sich auch etwas anders.

2 Trauerfliegenschnäpper
Ficedula hypoleuca

L 13 cm < Sperling Apr.–Sept.
Kennzeichen: Dunkle Ober- und hellere Unterseite; weiße Abzeichen an den Flügeln.
Vorkommen: Gärten, Parks, Wälder; fehlt im äußersten Süden Mitteleuropas.
Wissenswertes: Beide Fliegenschnäpper-Arten sitzen auffallend aufrecht, starten zu einer kurzen Jagd auf vorüberfliegende Insekten und kehren zum Ausgangspunkt oder zu einer anderen Warte zurück. Der Trauerfliegenschnäpper ist ein Nistplatzkonkurrent anderer Höhlenbrüter, u.a. der Meisen.

3 Grauer Fliegenschnäpper
Muscicapa striata

L 14 cm ~ Sperling Apr.–Sept.
Kennzeichen: Leichte Streifen auf der hellen Brust; aufrechte Sitzhaltung.
Vorkommen: Gehöfte, Gärten, Parks.
Wissenswertes: Diese Art nimmt gern Halbhöhlen an, brütet aber auch an Gebäuden, nicht selten auf Fensterbänken.

4 Hausrotschwanz
Phoenicurus ochruros

L 14 cm ~ Sperling März–Okt.
Kennzeichen: Beide Rotschwanz-Arten mit rotem Schwanz und Bürzel; der Hausrotschwanz ist oberseits grau bis schwarz, sein Weibchen (**4b**) schiefergrau.
Vorkommen: Weit verbreitet in Siedlungen und felsigem Gelände.
Wissenswertes: Vor allen anderen Vögeln stimmt er noch bei völliger Dunkelheit hoch auf dem Dachfirst seinen mit knirschenden Lauten eingeleiteten Gesang an. Der Hausrotschwanz nistet meistens in Höhlen im Mauerwerk.

5 Gartenrotschwanz
Phoenicurus phoenicurus

L 14 cm ~ Sperling Apr.–Sept.
Kennzeichen: Männchen viel bunter als das der vorigen Art; Weibchen (**5b**) braun.
Vorkommen: Gärten, Parks und lichte Wälder, vor allem in der Ebene und im Hügelland.
Wissenswertes: Der Bestandsrückgang dieser Art scheint mit Trockenperioden in der Sahelzone zusammenzufallen und ist möglicherweise auch auf Biozideinsatz im Brut-, Durchzugs- und Überwinterungsgebiet zurückzuführen. Der Gartenrotschwanz zieht Baumhöhlen als Brutplatz den Mauerlöchern vor.

1   Steinschmätzer
Oenanthe oenanthe

L 15 cm ~ Sperling Apr.–Okt.

Kennzeichen: Im Fluge Bürzel und Schwanzwurzel auffällig weiß, scharf gegen schwarze Schwanzendbinde abgesetzt; Weibchen (**1b**).

Vorkommen: Nur gebietsweise in baumarmem Gelände; auf Äcker begleitenden Lesesteinhaufen und Extensivweiden, auf felsigsteinigen Bergrücken, in Heiden und Dünen.

Wissenswertes: Die Abnahme der Art im Kulturland ist auf die zunehmende Nutzungsintensivierung und auf die Beseitigung ungenutzter Steinraine zurückzuführen. Allerdings können Steinbrüche und Halden zu Ersatzbiotopen werden. Der Steinschmätzer huscht rasch über den Boden und verharrt auf Steinen, die er als Sitzwarte nutzt. Er brütet in Höhlen und Gesteinsspalten. Während der Zugzeit ist er auch auf Wiesen und Feldern anzutreffen, wo er aber nicht brütet.

2   Steinrötel
Monticola saxatilis

L 19 cm ≪ Star Apr.–Sept.

Kennzeichen: Männchen mit schieferblauem Kopf; Weibchen (**2b**) braun, gebänderte Brust; beide mit orangerotem Schwanz (Name!).

Vorkommen: Sonnige Trockenbiotope, gebüscharme Felshänge und Steinbrüche; von Weinbergen in der Ebene bis in über 2000 m; allerdings nur in der Südschweiz, in Ungarn und der Slowakei verbreiteter, sonst in den Alpen, Karpaten und Sudeten nur sporadischer Brutvogel.

Wissenswertes: Der Steinrötel ist meistens Einzelgänger. Er zeigt ein Schwanzzittern wie die Rotschwänze, knickst und zuckt mit den Flügeln, singt auf Warten und steigt im Singflug in die Luft empor. Den Winter verbringt er im tropischen Afrika.

3   Ringdrossel
Turdus torquatus

L 24 cm < Amsel Jan.–Dez.

Kennzeichen: Beide Geschlechter schwarz, mit halbmondförmigem weißem Brustring; vor allem bei der Alpenrasse durch helle Federsäume zeitweilig grauschuppig wirkend.

Vorkommen: Krummholzregion und Nadelwälder der Alpen und Voralpen; daneben vereinzelt auch in den höheren Lagen der Mittelgebirge.

Wissenswertes: Die in Bergmooren und -heiden brütenden Ringdrosseln der nordischen Rasse erscheinen außerhalb der Brutzeit vereinzelt auch in Mitteleuropa, vor allem im westlichen Teil.

4   Wacholderdrossel
Turdus pilaris

L 26 cm ~ Amsel Jan.–Dez.

Kennzeichen: Die „bunteste" Drossel; kontrastreiches Gefieder mit grauem Kopf, rostbraunem Rücken, grauem Bürzel und schwarzem, auffallend langem Schwanz.

Vorkommen: In mit Pappelreihen, baumbestandenen Bachufern und Feldgehölzen durchsetzten Agrarlandschaften; nach der Brutzeit auch im gehölzfreien Acker- und Grünland.

Wissenswertes: Die durch ihre Gefiederbung, durch schackernde Rufe und Fluggesang, vor allem aber durch ihr oft zahlreiches Auftreten besonders auffällige Drosselart ist in Teilen Mitteleuropas erst seit 2–3 Jahrzenten Brutvogel: in Belgien seit 1967, in Luxemburg und den Niederlanden seit 1971, im Saarland seit 1972, in Hamburg seit 1966 und in Westfalen seit 1944. Die Ausbreitung erfolgte im großen und ganzen von Osten nach Westen, meistens mit sprunghaften Neuansiedlungen und nachfolgender Auffüllung und Verdichtung. Früher wurden diese Drosseln im Winterhalbjahr auch bei uns zu Zehntausenden gefangen und gegessen („Krammetsvögel"). Die Ausbreitung ist möglicherweise mit der Einstellung des Vogelfangs und mit der Verbesserung des Nahrungsangebots durch frühere Mahd der Wiesen zu erklären. Die Wacholderdrossel brütet in kleinen Kolonien. Sie zeichnet sich durch ein sehr aggressives Feindverhalten aus. Beim „Hassen" auf Krähen werden nicht nur vehemente Sturzflüge geflogen, sondern nicht selten auch Kotspritzer eingesetzt.

1 Amsel
Turdus merula

L 26 cm   bekannt   Jan.–Dez.

Kennzeichen: Männchen schwarz, im Frühling mit leuchtend gelbem Schnabel; Weibchen (**1a**) dunkelbraun, nur Kehle gefleckt; melodischer Gesang, ohne Wiederholungen.

Vorkommen: Ursprünglich in dichten Wäldern; heute überall in Stadt und Land; sehr häufig; vereinzelt sogar in den baumarmen Zentren unserer Großstädte.

Wissenswertes: Bis in unsere Zeit hinein ist die Amsel noch dabei, ihr Siedlungsgebiet auszudehnen und auch in Ost- und Südosteuropa immer weitere Städte zu erobern. In Süddeutschland besiedelte sie die Städte in der ersten, in Nord- und Ostdeutschland vor allem in der zweiten Hälfte des vorigen Jahrhunderts. Heute kann die Siedlungsdichte der Amsel im Stadtgebiet bis zu zehnmal so hoch sein wie in den Wäldern. Nach der Gewöhnung an den Menschen kann sie die Vorteile der Stadt voll ausschöpfen: viele neue Nahrungsquellen, das günstigere Kleinklima im Winter, weniger Feinde.

2 Singdrossel
Turdus philomelos

L 23 cm   ≪ Amsel   Febr.–Nov.

Kennzeichen: Braune Oberseite; Unterseite heller, mit pfeilförmigen Flecken; Gesang mit sehr unterschiedlichen, fast immer mehrmals wiederholten, kurzen Motiven; Flugruf „zipp".

Vorkommen: In dichten Wäldern; mehr in Nadel- als in Laubwäldern; zunehmend auch in Parks und Gärten.

Wissenswertes: Die Singdrossel begann 100 Jahre nach der Amsel ebenfalls die Städte zu besiedeln, beschränkt sich jedoch noch auf park- und gartenreiche Stadtteile. Sie überwintert bereits im niederländisch-belgischen Küstenbereich und auf den Britischen Inseln, vor allem jedoch im Mittelmeerraum. Das Singdrosselnest, das gelegentlich mehrfach benutzt wird, zeichnet sich durch seine besondere Stabilität aus; die glatte Nestmulde besteht aus einem Gemisch von Lehm und zerkleinertem Holz. Bekannt sind die sogenannten „Drosselschmieden" (**2b**), in denen

Singdrosseln Gehäuseschnecken zertrümmern. Dazu nehmen sie die Schnecken in den Schnabel und schlagen sie seitwärts gegen einen gewissermaßen als Amboß benutzten Stein.

3 Misteldrossel
Turdus viscivorus

L 27 cm   > Amsel   Febr.–Nov.

Kennzeichen: Gräulichbraune Oberseite und grobe rundliche Flecken auf der Unterseite; am Boden aufrechte Haltung mit erhobenem Kopf.

Vorkommen: Ältere Waldbestände; in Schleswig-Holstein, Niedersachsen und Nordrhein-Westfalen auch in Feldgehölzen und Parks.

Wissenswertes: Im Norden ist die Misteldrossel Zugvogel, im Westen und Süden Mitteleuropas teilweise schon Überwinterer, und zwar mit zunehmender Tendenz. Nach Gesangsbeginn im Februar verstummt sie oft bereits Ende März wieder. Seit der ersten Hälfte unseres Jahrhunderts nimmt die Art im nördlichen Mitteleuropa zu und dringt in die offene Agrarlandschaft und zögernd sogar in die Städte ein.

4 Rotdrossel
Turdus iliacus

L 21 cm   ~ Star   Okt.–März

Kennzeichen: Braunes Gefieder mit rostroten Flanken und hellen Überaugenstreifen.

Vorkommen: In Nordeuropa häufiger, in Mitteleuropa nur unregelmäßiger Brutvogel, aber sehr zahlreicher Durchzügler; dann meist auf Wiesen, Feldern und in Hecken.

Wissenswertes: Zwischen Mitte Oktober und Mitte November ist oft ein echter Massenzug von Rotdrosseln zu beobachten. Die Verweildauer der Rotdrossel, die auch Weindrossel genannt wird, ist meistens vom Angebot an Beeren in Hecken und Gebüschen abhängig. Die Rotdrossel fällt oft zusammen mit Wacholderdrosseln und Staren ein. Zum Überwintern aber können sich Rotdrosseln meistens nur bei besonders milder Witterung und in klimatisch günstigen Lagen des küstennahen Tieflandes entschließen.

1 Mönchsgrasmücke
Sylvia atricapilla

L 14 cm   < Sperling   Apr.–Okt.

Kennzeichen: Graubraun; Männchen mit schwarzer, Weibchen mit brauner Kopfplatte; leiser und gequetschter Vorgesang, der in laute, fragend ansteigende Flötentöne übergeht.

Vorkommen: Wälder, Gebüsche, Parks und Gärten; weithin häufigste Grasmückenart.

Wissenswertes: Die Grasmücken sind bis auf den „Mönch" (Name zielt auf die schwarze Kopfplatte) sehr unscheinbar gefärbt und oft am besten am Gesang zu unterscheiden. Während alle anderen Arten bis ins tropische Afrika ziehen, überwintern die Mönchsgrasmücken zum Teil bereits im Mittelmeerraum. Alle Grasmücken brüten in Sträuchern dicht über dem Boden und ernähren sich von Insekten und anderen Gliederfüßern, manche im Herbst auch von Beeren.

2 Gartengrasmücke
Sylvia borin

L 14 cm   < Sperling   Mai–Sept.

Kennzeichen: Schlicht oliv-graubraun, ohne besondere Abzeichen; lange orgelnde Gesangsstrophen.

Vorkommen: Waldränder, Hecken, Gebüsche und Parks; weit verbreitet, aber weniger häufig als die Mönchsgrasmücke.

Wissenswertes: Diese Art entspricht dem Bild von einer „Gras-smücke" (Gras-Schmieger), die sich durch die dichte Vegetation bewegt, in ganz besonderer Weise. Wie die anderen Grasmückenarten ist sie normalerweise tags aktiv, auf dem Zuge ins afrikanische Winterquartier jedoch nachts unterwegs.

3 Klappergrasmücke
Sylvia curruca

L 13 cm   < Sperling   Apr.–Okt.

Kennzeichen: Schlicht graubraun mit dunklen Wangen; leiser, schwätzender Vorgesang geht in wenig klangvolles Klappern (Reihung eines Tones) über; kein Singflug.

Vorkommen: Waldränder, Gebüsche, Hecken, Gärten, Parks; häufig und weit verbreitet.

Wissenswertes: Die Namen „Klappergrasmücke" oder „Müllerchen" beziehen sich auf den lauteren, klappernden Gesangsteil. Der Name „Zaungrasmücke" gehört zu den vielen Pflanzen- und Tiernamen, die ihre Träger in den Grenzbereich, d.h. in Hecken und dichte Randvegetation verweisen. Wie alle Grasmücken-Arten brütet auch die Klappergrasmücke auf oder dicht über dem Boden.

4 Dorngrasmücke
Sylvia communis

L 14 cm   < Sperling   Apr.–Okt.

Kennzeichen: Schlicht graubraunes Gefieder mit weißer Kehle und Kastanienbraun an den Schwingen; gequetschter, kurzer Gesang, der meistens von einer erhöhten Warte aus vorgetragen wird und häufig in einen Singflug übergeht, der dann etwas länger dauert.

Vorkommen: Agrarlandschaft mit Hecken, dorngebüschbestandenen Rainen und Waldrändern.

Wissenswertes: Die Dorngrasmücke braucht eine strukturreiche Kulturlandschaft. Der zeitweilige Zusammenbruch ihrer Brutstände in Teilen ihres Brutgebietes in den Jahren nach 1960 hat zweifellos mehrere Ursachen, zu denen außer den extremen Trockenperioden in der Sahelzone vor allem die Ausräumung der Landschaft durch Flurbereinigung und die Intensivlandwirtschaft mit ihrem Biozideinsatz gehören.

5 Sperbergrasmücke
Sylvia nisoria

L 15 cm   ~ Sperling   Apr.–Sept.

Kennzeichen: Graubraune Oberseite, gebänderte Brust; orgelnder Gesang mit kürzeren Motiven als bei der Gartengrasmücke; häufig Balzflüge.

Vorkommen: Hecken und Dorngebüsch, Gehölze und Waldränder; allerdings nur im östlichen Mitteleuropa westwärts bis zur Elbe; dort sogar häufiger Brutvogel.

Wissenswertes: Diese größte heimische Grasmücken-Art ist an ihrer sperberartig gebänderten Brust, die ihr auch den Namen eingetragen hat, leichter zu erkennen als die meisten ihrer Verwandten.

1 Teichrohrsänger
Acrocephalus scirpaceus

L 13 cm < Sperling Mai–Sept.
Kennzeichen: Braune Ober- und bräunlich-weiße Unterseite, völlig ungestreift; Gesang hart, mit zwei- bis dreifacher Wiederholung kurzer Motive: „tiri tiri tiri trek trek trek".
Vorkommen: In Schilfröhrichten, allerdings nur noch gebietsweise.
Wissenswertes: Die Rohrsänger bauen kunstvolle napfartige Nester, die zwischen 3–4 Schilfhalmen hängen, an denen sie befestigt sind. Das Nistmaterial wird naß eingebaut. Der Teichrohrsänger lebt am Wasser und in dessen unmittelbarer Nachbarschaft; sein Nest steht nur selten über trockenem Grund. Typisch für mehrere Rohrsänger-Arten sind deren gewandte Kletterbewegungen an den Röhrichthalmen. Daß das Teichrohrsänger-Männchen – vor allem zu Beginn der Brutzeit – seinem Weibchen meistens auf Schritt und Tritt folgt, ist offenbar nötig, damit sich die Partner in der dichten Röhrichtvegetation nicht verlieren. In den letzten Jahrzehnten ist ein deutlicher Rückgang des Teichrohrsängers zu beobachten, der mit der Austrocknung vieler Röhrichte und dem weit verbreiteten Schilfsterben zusammenhängen dürfte.

2 Sumpfrohrsänger
Acrocephalus palustris

L 13 cm < Sperling Mai–Sept.
Kennzeichen: Erscheinungsbild wie Teichrohrsänger, aber wohltönender und abwechslungsreicher Gesang mit imitierten Elementen aus den Gesängen anderer Arten.
Vorkommen: Hochstaudenfluren in Sümpfen und Gräben, vor allem auch nitrophile Hochstauden an Ackerrainen und Wegrändern; häufig und verbreitet von der Ebene bis ins Gebirge.
Wissenswertes: Im Gegensatz zu den anderen Rohrsängern hält der Sumpfrohrsänger meistens seine Bestandsstärke. Sein Lebensraum in der Feldflur und auf nährstoffreichen Standorten im Überschwemmungsbereich der Flüsse ist weniger bedroht. Der Sumpfrohrsänger wird aus gutem Grund immer häufiger auch „Getreiderohrsänger" genannt.

3 Drosselrohrsänger
Acrocephalus arundinaceus

L 19 cm >> Sperling Mai–Sept.
Kennzeichen: Einzige deutlich größere heimische Rohrsänger-Art; Färbung wie Teichrohrsänger; Gesang aber langsamer und betonter: „karre-karre-kitt-kitt-kitt...", weithin vernehmbar.
Vorkommen: Nur noch an wenigen größeren Gewässern; in ausgedehnten Schilfbeständen.
Wissenswertes: Die Trockenlegung von Feuchtgebieten, die zum Schrumpfen der Schilfbestände führte, ist wohl die Hauptursache dafür, daß der Drosselrohrsänger heute in weiten Teilen Mitteleuropas fehlt. Zahlreiche Vorkommen gibt es nur noch im Bereich der Seenplatten im Nordosten der Norddeutschen Tiefebene sowie in den riesigen Schilfröhrichten des Neusiedlersees.

4 Schilfrohrsänger
Acrocephalus schoenobaenus

13 cm < Sperling Apr.–Sept.
Kennzeichen: Verwaschene Streifen auf dem Rücken; heller Überaugenstreifen; Gesang mit Trillern und anderen Gesängen übernommenen Elementen.
Vorkommen: Röhrichte mit Weidengebüsch; nur noch gebietsweise.
Wissenswertes: Von 1960 bis 1985 – möglicherweise infolge von Dürreperioden in der Sahelzone – starke Abnahme und Aufgabe vieler ehemaliger Siedlungsgebiete.

5 Seggenrohrsänger
Acrocephalus paludicola

L 13 cm < Sperling Mai–Sept.
Kennzeichen: Intensive Streifung des Rückens; helle Überaugen- und ein Scheitelstreifen.
Vorkommen: Offene Sümpfe und Seggenbestände; nur sehr seltener Brutvogel in Mitteleuropa.
Wissenswertes: Vor der Westgrenze des Artareals, das den äußersten Nordosten Mecklenburgs und Brandenburgs berührt, gibt es nur unregelmäßige Einzelvorkommen.

1 Gelbspötter
Hippolais icterina

L 13 cm < Sperling Mai–Aug.

Kennzeichen: Oberseits grünlichgrau, unterseits gelb; bläuliche Beine; Gesang mit wohltönenden und knarrenden Lauten; kurze Motive mehrfach wiederholt.

Vorkommen: In Parks, auf Friedhöfen, in Gärten und lichten Wäldern mit viel Gebüsch und einzelnen überragenden Bäumen; häufig, vor allem im Tiefland.

Wissenswertes: Der Name verweist auf die Färbung und auf den Gesang. Ein Vogel „spottet", wenn er Gesangsmotive anderer Arten in seinen Gesang aufnimmt. Sein Winterquartier hat der Gelbspötter in Afrika zwischen Äquator und südlichem Wendekreis.

2 Fitis
Phylloscopus trochilus

L 11 cm ≪ Sperling Apr.–Okt.

Kennzeichen: Oberseits grünlichbraun, unterseits heller; gelbliche Beine; Gesang eine markante, abfallende Tonreihe.

Vorkommen: Sehr häufig in aufgelockerten Wäldern, Schonungen, Feldgehölzen.

Wissenswertes: Die melodische, weiche und etwas wehmütige Strophe hat der Volksmund mit dem Vers unterlegt: „Bin ich doch froh, daß ich das Frühjahr noch einmal erlebt hab." Der lautmalerische Name bezieht sich auf den Ruf „fit" oder „huid".

3 Zilpzalp
Phylloscopus collybita

L 11 cm ≪ Sperling März–Nov.

Kennzeichen: Aussehen wie Fitis, allerdings dunkle Beine; Gesang aus dem Wechsel zweier Töne: „Zilp-zalp-zilp-zalp".

Vorkommen: In allen lichteren Waldbiotopen vom Hochwald bis zum gehölzreichen Garten und Park sehr häufig.

Wissenswertes: Zilpzalp und Fitis sind nahe miteinander verwandt und am ehesten am Gesang zu unterscheiden. Es gibt allerdings „Mischsänger" mit Gesangsanteilen beider Arten. Während der Zilpzalp dicht über dem Boden in Efeu- oder Brombeergestrüpp brü-

tet, hat der Fitis sein Nest unmittelbar am Boden. Beide Arten neigen dazu, im Herbst noch einmal – allerdings abgeschwächt und zurückhaltend – eine Gesangsphase einzulegen. Der Zilpzalp versucht gelegentlich, in milden Lagen Mitteleuropas zu überwintern.

4 Waldlaubsänger
Phylloscopus sibilatrix

L 13 cm < Sperling Apr.–Sept.

Kennzeichen: Oberseits grünlichbraun; gelbe Kehle und weißer Bauch; Gesang ein schwermütiges „düh-düh-düh" (10- bis 12mal) und eine Tonreihe, die in einen Triller übergeht: „sib-sib-sib-sirrr".

Vorkommen: Vor allem in unterwuchsarmen Buchen-Hallenwäldern mit einzelnen Buchen, die tiefansetzende Äste aufweisen.

Wissenswertes: Am Rande des Rotbuchenareals besiedelt der Waldlaubsänger auch andere naturnahe Laubmischwälder, teilweise auch mit höherem Kiefernanteil. Auffallend ist der Singflug, der im ersten Teil der Tonreihe wellig oder bogenförmig durch den unteren Stammbereich führt. Nach dem Landen auf einem anderen tiefen Ast folgt der Triller.

5 Feldschwirl
Locustella naevia

L 13 cm < Sperling Apr.–Sept.

Kennzeichen: Dem Schilfrohrsänger ähnlicher, sehr versteckt lebender Sänger; tags und auch nachts lang anhaltendes heuschreckenähnliches Sirren.

Vorkommen: Offene Flächen mit höherer krautiger Vegetation und einzelnen Sträuchern; brach gefallene Wiesen und Felder, Ruderalflächen, vergraste Kahlschläge; verbreitet, jedoch gebietsweise fehlend.

Wissenswertes: Außer dem Feldschwirl brüten im östlichen Mitteleuropa mit zeitweiligen Vorstößen nach Westen auch der Schlag- und insgesamt lückenhaft verbreitet der Rohrschwirl (**5b**). Der Gesang des Rohrschwirls ähnelt dem des Feldschwirls. Die wechselnde Lautstärke im lang andauernden Schwirren ist darauf zurückzuführen, daß der Vogel durch Kopfbewegungen in unterschiedliche Richtungen singt.

1 Kohlmeise
Parus major

L 14 cm ~ Sperling Jan.–Dez.
Kennzeichen: Kopf auffällig schwarzweiß, Unterseite gelb mit schwarzem Bauchband; Ruf „zizidäh", häufiger „pink".
Vorkommen: In Wäldern, Gebüschen, Parks und Gärten; überall sehr häufig.
Wissenswertes: Die größte und häufigste Meisenart ist fast überall anzutreffen. In Parks ist sie mit dem Menschen als Futterspender oft so vertraut, daß sie bis auf die Hand kommt. Kunst- und Naturhöhlen nimmt sie gleichermaßen gern an, wenn die Öffnung einen Durchmesser von mindestens 32 mm hat. Die große Zahl ungewöhnlicher Neststandorte – von der Verkehrsampel bis zum Jalousiekasten – belegt die Flexibilität der Kohlmeise ebenso wie den Höhlenmangel in Städten und Dörfern.

2 Blaumeise
Parus caeruleus

L 12 cm ≪ Sperling Jan.–Dez.
Kennzeichen: Blaues Farbmuster an Kopf und Körper; blauer Schwanz; Ruf „tsitsitsitsi".
Vorkommen: In Wäldern, Parks und Gärten unterschiedlichster Größe und Art, sofern Nisthöhlen vorhanden sind.
Wissenswertes: Die Blaumeise bewegt sich gewandter in den Zweigen als die Kohlmeise. Ihre geringere Körpergröße gestattet ihr auch die Nutzung von Nisthöhlen, deren Öffnung mit einem Durchmesser von 28–30 mm für Kohlmeisen zu eng ist, so daß Konkurrenz weitgehend vermieden wird.

3 Sumpfmeise
Parus palustris

L 12 cm ≪ Sperling Jan.–Dez.
Kennzeichen: Glänzend schwarze Kappe; ruft zeternd rasch und kurz „pitsche-tsche-tsche-tsche...".
Vorkommen: Häufig in Laubwäldern, seltener in Gärten und Parks.
Wissenswertes: Im Winter kommt auch diese Meisenart gern zu den Futterplätzen in die Orte. Unermüdlich holt sie Sonnenblumenkerne, die sie so schnell gar nicht öffnen kann: Sie versteckt sie hinter Rindenspalten.
Die sehr ähnliche Weidenmeise (*Parus montanus*) hat eine matte rußschwarze Kopfplatte; einen hellen Flügelfleck und ruft breit „dääh-dääh-däh". Sie lebt vor allem in feuchten Wäldern mit Weiden und anderen Weichhölzern, aber auch in naturnahen trockeneren Waldbeständen, sofern Totholz vorhanden ist. Im Erscheinungsbild sind sich Weiden- und Sumpfmeise zum Verwechseln ähnlich, in Lebensraum und Gesang jedoch sehr unterschiedlich. Im Gegensatz zur Sumpfmeise zimmert die Weidenmeise ihre Nesthöhle selbst in morsches Holz.

4 Tannenmeise
Parus ater

L 11 cm ≪ Sperling Jan.–Dez.
Kennzeichen: Schwarzer Kopf mit auffallendem weißen Nackenfleck; Gesang rhythmisch „zizezizezize...".
Vorkommen: Häufige Art in Fichten-, aber auch in Kiefern- und Mischwäldern, infolge der Koniferen-Mode auch zunehmend in Gärten und Parks.
Wissenswertes: Die kleinste mitteleuropäische Meisenart sucht Insekten und Spinnen an dicht benadelten Zweigen, durch die sie hindurchschlüpft und an denen sie auch zu rütteln vermag.

5 Haubenmeise
Parus cristatus

L 12 cm ≪ Sperling Jan.–Dez.
Kennzeichen: Schwarzweiß melierte Haube; weißes Gesicht mit schwarzem Streifen hinter dem Auge; Ruf „gürr".
Vorkommen: Häufig in Nadelwäldern, aber auch in Mischwäldern und koniferenreichen Gärten und Parks.
Wissenswertes: Die Häufigkeit der Haubenmeise hängt ganz maßgeblich davon ab, wie hoch der Totholzanteil in den Wäldern ist. Dort zimmert sie sich meistens ihre Bruthöhle selbst. In weiten Landstrichen wurde die Art erst heimisch, nachdem in stärkerem Ausmaße Fichten- und Kiefernwälder begründet wurden.

1 Schwanzmeise
Aegithalos caudatus

L 6+8 cm < Sperling Jan.–Dez.

Kennzeichen: Unter den heimischen Kleinvögeln ist die Schwanzmeise die Art mit dem relativ längsten Schwanz (länger als Kopf und Rumpf zusammen); ein zierlicher Vogel mit schwarz, weiß und rötlich gemustertem Gefieder; meistens von „serrp-serrp-serrp"-Rufen begleitet.

Vorkommen: Strukturreiche Wälder, Parks, mit Dorngebüsch durchsetzte Gehölze; weit verbreitet, aber mit geringer Siedlungsdichte; im Winter oft in größeren Scharen.

Wissenswertes: In Europa leben verschiedene Rassen dieser Art, die auch im Gelände gut zu unterscheiden sind. In Mitteleuropa gibt es die streifenköpfige Schwanzmeise mit weißem, von dunklen Seitenstreifen begrenztem Scheitel. Die in Nord- und Nordosteuropa heimische Rasse hat einen schneeweißen Kopf (**1b**); sie ist im Winter auch häufiger in Mitteleuropa anzutreffen. Von den Echten Meisen unterscheidet sich die Schwanzmeise dadurch, daß sie kein Höhlenbrüter ist, sondern ein sehr großes und kunstvolles Kugelnest aus Moosen und Flechten baut, das sie in der Regel niedrig in dichtem Dorngebüsch anlegt, manchmal aber auch in höheren Bäumen.

2 Bartmeise
Panurus biarmicus

L 17 cm > Sperling Jan.–Dez.

Kennzeichen: Oberseite und langer Schwanz braun; nur Männchen mit einem schwarzen Bartstreifen (Name!).

Vorkommen: Nur punktuelle Vorkommen in großflächigen Schilfröhrichten.

Wissenswertes: Die Bartmeise hat sich in den 60er und 70er Jahren in den riesigen Schilfbeständen, die sich in Holland nach Trockenlegung der Ijsselmeerpolder bildeten, stark vermehrt. Damals stellte sie sich im Winterhalbjahr an etlichen Gewässern in Mitteleuropa ein. Die sich neu bildenden Brutvorkommen waren zumeist nicht von langer Dauer. Das Nest der Bartmeise ist napfförmig und steht im Röhricht meistens nur 10 cm über dem Wasser.

3 Beutelmeise
Remiz pendulinus

L 11 cm << Sperling März–Nov.

Kennzeichen: Schmutzig weißer Kopf mit schwarzer Gesichtsmaske; brauner Rücken.

Vorkommen: Lichte Gehölze in Feuchtgebieten, Weidengebüsche, Bruchwälder; mit Gebüsch durchsetzte Röhrichte.

Wissenswertes: Über die durch Ostdeutschland verlaufende Westgrenze des durchgehend besiedelten Areals breitet sich die Beutelmeise seit Jahren immer wieder und immer weiter westwärts aus. Einige der neuen, punktuell verteilten Brutplätze wurden wieder aufgegeben; insgesamt aber scheint die Art auch im Westen nach und nach Fuß zu fassen. Die Partnerbindung ist bei dieser Art schwächer ausgebildet als bei den Echten Meisen; Polygynie und Polyandrie sind keine Seltenheit. Besonders meisterhaft gefertigt ist das stattliche Nest (**3b**), das wie ein großer stabiler Beutel (Name!) aus Pappel- und Weidenhaaren aussieht und über eine kurze Röhre mit der Eingangsöffnung verbunden ist. Es hängt meistens an den äußersten überhängenden Zweigen von Weiden und Pappeln und ist somit für kletternde Beutegreifer kaum erreichbar.

4 Kleiber
Sitta europaea

L 14 cm ~ Sperling Jan.–Dez.

Kennzeichen: Kletterer mit blaugrauem Rücken, kurzem Schwanz und gedrungener Gestalt, der sich am Stamm sowohl auf- als auch abwärts bewegen kann.

Vorkommen: Häufig in Wäldern, Parks und Gärten mit älterem Laubbaumbestand und Kunst- oder Spechthöhlen.

Wissenswertes: Gegen größere Brutplatzkonkurrenten schützt sich der Kleiber dadurch, daß er den Eingang der von ihm zur Brut genutzten Spechthöhle soweit verengt, daß nur er selbst gerade noch hineinpaßt. Dazu klebt er im Eingangsbereich (**4b**), aber auch sonst in der Höhle an Unebenheiten Lehm und feuchte Erde, in die oft Pflanzenfasern eingearbeitet werden. Der Name „Kleiber" verweist auf den „Kleber".

1   Wintergoldhähnchen
Regulus regulus

L 9 cm winzig Jan.–Dez.

Kennzeichen: Gelbe Kopfplatte, schwarz begrenzt; rundliche Gestalt; Gesang eine sehr feine, hohe Tonreihe, die etwa 3 Sekunden lang ist und auf- und abschwillt.

Vorkommen: Vor allem in Nadelwäldern und in koniferenreichen Parks.

Wissenswertes: Die Goldhähnchen sind die kleinsten Vögel Europas. Ihr Körpergewicht beträgt 5 g. Sowohl ihre feinen Stimmfühlungslaute als auch ihre Gesangsstrophen sind so nahe an der Obergrenze menschlichen Hörvermögens, daß viele ältere Menschen sie nicht mehr hören. Die Goldhähnchen wirken quicklebendig und sind immer in Bewegung. Sie suchen vor allem die hängenden Fichtenzweige nach kleinen Insekten ab. Schneebedeckte Zweige fliegen sie häufig von unten her an und hängen bei der Nahrungssuche oft kopfunter. Diese Gewandtheit ist eine der Voraussetzungen dafür, daß das Wintergoldhähnchen in Mitteleuropa das ganze Jahr über angetroffen werden kann und sein Areal in Nordeuropa in den letzten Jahrzehnten noch weiter vergrößerte.

2   Sommergoldhähnchen
Regulus ignicapillus

L 9 cm winzig März–Nov.

Kennzeichen: Wie Wintergoldhähnchen, allerdings ein weißer, schwarz gesäumter Überaugenstreifen; Gesang eine im Vergleich zum Wintergoldhähnchen kürzere, zum Ende anschwellende Tonreihe. Scheitelstreifen des Weibchens (**2b**) mehr gelblich, der des Männchens mehr orange.

Vorkommen: In Nadel- und Mischwäldern, auch in Parks; weniger eng an Nadelbäume gebunden als das Wintergoldhähnchen.

Wissenswertes: Wie bereits die Namen andeuten, neigt das Sommergoldhähnchen deutlicher als das Wintergoldhähnchen dazu, Mitteleuropa im Winter zu verlassen. Vereinzelt überwintert es in milden, von atlantischem Klima beeinflußten Landstrichen im Nordwesten. Die Mehrzahl der Sommergoldhähnchen zieht ins westliche Mittelmeergebiet.

3   Mauerläufer
Tichodroma muraria

L 17 cm > Sperling Jan.–Dez.

Kennzeichen: Oberseits grau mit auffällig roten Flügeldecken, kurzem Schwanz und runden Flügeln.

Vorkommen: In den Pyrenäen, den Alpen und Voralpen, in den Karpaten und auf dem Balkan in Höhenlagen über 1000 m; in Felsregionen, meistens in Felsschluchten; überall nur sporadisch.

Wissenswertes: In Bayern und in der Schweiz wurden zeitweilig Mauerläufer als Brutvögel und Wintergäste an Gebäuden beobachtet. Sie sind sehr gewandte Aufwindflieger und weniger gute Kletterer oder gar „Läufer" an senkrechten Felswänden.

4   Gartenbaumläufer
Certhia brachydactyla

L 13 cm < Sperling Jan.–Dez.

Kennzeichen: Braun gestreifte Ober- und helle Unterseite, bräunliche Flanken; Gesang hoch, rhythmisch abgesetzt „titt titt sitteroititt".

Vorkommen: Vor allem in älteren Laubwäldern, aber auch in Parks und Gärten; fast überall häufig.

Wissenswertes: Der rindenfarbene Vogel, der mit seinem Bogenschnabel Insekten und Spinnen aus den Rindenspalten holt, klettert an den Stämmen stets nur aufwärts und fliegt daher Stämme in der Regel an der Basis an. Er brütet vornehmlich in Spalten hinter abgesprungener Rinde, aber auch in Nistkästen mit seitlichem Schlitz.

5   Waldbaumläufer
Certhia familiaris

L 13 cm < Sperling Jan.–Dez.

Kennzeichen: Kaum vom Gartenbaumläufer zu unterscheiden; keine bräunlichen Flanken; als Gesang eine längere zwitschernde Strophe, etwas an den Zaunkönig erinnernd.

Vorkommen: Außer im Nordwesten allgemein häufig; weniger im Stadtrandbereich, dafür stärker im Bergland verbreitet; sowohl in Laub- als auch in Nadelwäldern.

1 Pirol
Oriolus oriolus

L 24 cm < Amsel Mai–Sept.
Kennzeichen: Männchen (**1a**) leuchtend gelb und schwarz, Weibchen (**1b**) unscheinbarer gelbgrün; lauter, flötender Gesang „düdlio".

Vorkommen: In baumreichen Gärten, alten Obstgärten, Parks und reich strukturierten Laubmischwäldern; vor allem im Tiefland, aber stets in geringer Siedlungsdichte.

Wissenswertes: Trotz seiner intensiven Färbung bleibt der Pirol, der vor allem in Baumwipfeln lebt, oft unentdeckt. Auffälliger ist sein Ruf, der bei den lautmalerischen Namen „Pirol" und „Vogel Bülow" Pate stand. Als Fernwanderer, der ins tropische Afrika und südwärts bis zur Kapprovinz zieht, kehrt er erst sehr spät zurück, weshalb man ihn auch den „Pfingstvogel" nennt. Sein Nest hängt wie ein Körbchen in einer Astgabel, meistens relativ hoch im Wipfel, nicht selten in Pappeln, die sonst bei den Singvögeln zum Nestbau nicht besonders begehrt sind.

2 Neuntöter
Lanius collurio

L 18 cm ≪ Sperling Apr.–Sept.
Kennzeichen: Neben dem rotbraunen Rücken (deshalb auch „Rotrückenwürger" genannt) beim Männchen grauer Scheitel und schwarze Gesichtsmaske.

Vorkommen: An Dornsträuchern reiche Hecken, Gehölze, verbuschende Trockenrasen und Industrieödflächen; vor allem in tieferen Lagen; abnehmend.

Wissenswertes: Ob „Neuntöter" oder „Dorndreher" genannt, immer wird der für Singvögel ungewöhnliche Nahrungserwerb angesprochen. Sowohl im Flug als auch am Boden jagt der Neuntöter seine Beute, bei der es sich um Käfer, Heuschrecken oder andere Insekten, aber auch um junge Mäuse und ausnahmsweise auch um Jungvögel handeln kann. Vor allem die größeren Beutetiere werden auf Dornen oder Stacheln aufgespießt. Dieses Verhalten gestattet einerseits eine gewisse Vorratshaltung, andererseits ein leichteres Zerlegen der Beute.

3 Raubwürger
Lanius excubitor

L 24 cm < Amsel Jan.–Dez.
Kennzeichen: Größter heimischer Würger; hellgraue Oberseite von der Stirn bis zum Bürzel; langer Schwanz.

Vorkommen: In der hecken- und gehölzreichen Kulturlandschaft abnehmend; noch auf Kahlschlägen und Waldlichtungen, allerdings mit großen Verbreitungslücken.

Wissenswertes: Das greifvogelartige Verhalten der Würger ist bei der größten Art besonders ausgeprägt. Der Hakenschnabel ist gut erkennbar. Die Beutetiere sind größer bis hin zu Lerchen- und ausnahmsweise sogar zu Drosselgröße. Man sieht den Raubwürger oft auf exponierten Warten oder im Rüttelflug. Er ist im Gegensatz zu den anderen Würgerarten auch im Winter bei uns anzutreffen.

4 Rotkopfwürger
Lanius senator

L 18 cm ≫ Sperling Apr.–Sept.
Kennzeichen: Auffallende weiße Schulterflecken und roter Scheitel und Nacken.

Vorkommen: Vor allem im Mittelmeerraum; in Mitteleuropa nur inselartige und unregelmäßige Brutvorkommen in ähnlichen Biotopen wie der Schwarzstirnwürger.

5 Schwarzstirnwürger
Lanius minor

L 20 cm < Star Mai–Sept.
Kennzeichen: Deutlich kleiner als der Raubwürger; diesem ähnlich, jedoch mit über die Stirn erweiterter schwarzer Gesichtsmaske.

Vorkommen: Nur in Ost- und Südosteuropa regelmäßiger Brutvogel in offenen, besonders warmen und trockenen Landstrichen.

Wissenswertes: In der ersten Hälfte unseres Jahrhunderts siedelten sich Schwarzstirn- und Rotkopfwürger in Zeiten stärkerer Kontinentalität des Klimas auch in einigen klimatisch bevorzugten Teilen Mitteleuropas an, zogen sich aber in den 60er und 70er Jahren wieder rasch und vollständig zurück. Neuerdings ist mit einer erneuten Ausbreitung beider Arten zu rechnen.

1 Kolkrabe
Corvus corax

L 64 cm >> Bussard Jan.–Dez.
Kennzeichen: Größe; kräftiger Schnabel; Keilschwanz; häufig im Segelflug.

Vorkommen: Sehr unterschiedliche halboffene Landschaften; an Felsküsten, in Wäldern und Gehölzen bis ins Hochgebirge; im Norden und Osten sowie in den Alpen ziemlich häufig, im Westen in Ausbreitung begriffen.

Wissenswertes: Der eindrucksvolle „Wotansvogel" erfreute sich nicht immer des Respekts der Menschen. Im vorigen und in der ersten Hälfte dieses Jahrhunderts wurde der Kolkrabe nach intensiver Verfolgung in weiten Teilen des Tieflandes und in den westdeutschen Mittelgebirgen ausgerottet. Inzwischen breitet er sich von Schleswig-Holstein und Nord-Niedersachsen sowie von den nordostdeutschen und polnischen Brutgebieten her wieder aus, zum Teil unterstützt durch künstliche Ansiedlungen. Die Intelligenz und Anpassungsfähigkeit dieses Großvogels gestatten ihm auch die Nutzung der Ressourcen der Kulturlandschaft bis hin zur Mülldeponie.

2 Rabenkrähe
Corvus corone corone

L 47 cm bekannt Jan.–Dez.
Kennzeichen: Einfarbig schwarzes Gefieder; Ruf gereiht „krah-krah-krah" (Name!).

Vorkommen: Außer im Innern großer Waldgebiete überall anzutreffen; in Westeuropa und im Westteil Mitteleuropas sehr häufig.

Wissenswertes: Reiches Nahrungsangebot u.a. durch Maisanbau und Großdeponien und Abbau der Fluchtdistanz gegenüber dem Menschen haben zu einer deutlichen Bestandszunahme geführt. Die Arealgrenzen gegenüber der Nebelkrähe sind relativ konstant. Die Rabenkrähe lebt südwestlich einer Linie von der Lübecker Bucht bis zur Elbe bei Dresden in Westdeutschland, in den Benelux-Staaten, in Frankreich, England und auf der Iberischen Halbinsel. Die Nebelkrähe brütet in allen anderen Teilen Europas unter Einschluß Irlands und Schottlands sowie Italiens samt Korsika und Sardinien. Raben- und Nebelkrähe sind zwei Rassen einer einzigen Art.

3 Nebelkrähe
Corvus corone cornix

L 47 cm ~ Krähe Jan.–Dez.
Kennzeichen: Rücken und Bauchseite grau, sonst schwarz; Ruf wie der der Rabenkrähe.

Vorkommen: Entsprechend dem der Rabenkrähe, allerdings nur östlich der Elbe.

Wissenswertes: Die verschiedenen Rassen der als „Aaskrähe" bezeichneten Art sollen sich während der Eiszeit bei geographischer Isolation in den mediterranen Rückzugsgebieten herausgebildet haben.

4 Saatkrähe
Corvus frugilegus

L 46 cm ~ Krähe Jan.–Dez.
Kennzeichen: Weiße, grindige Schnabelwurzel; Rufe in längeren Abständen „kroah".

Vorkommen: Agrarlandschaften mit Feldgehölzen; zunehmend auch in Städten und Dörfern.

Wissenswertes: Im Gegensatz zur Raben- und Nebelkrähe ist die Saatkrähe Koloniebrüter. Die Brutkolonien (**4b**), die in Baumwipfeln oft viele Jahre am selben Ort bestehen, haben früher oft Tausende von Nestern umfaßt; heute sind es meist nur noch einige Dutzend oder einige hundert. Zu Tausenden aber kommen alljährlich osteuropäische Saatkrähen nach Mitteleuropa zum Überwintern.

5 Dohle
Corvus monedula

L 33 cm ~ Taube Jan.–Dez.
Kennzeichen: Schwarz, jedoch grauer Nakken und graue Unterseite; Ruf „jack".

Vorkommen: Feldgehölze, Parks und Ortschaften; mehr oder weniger häufig, je nach Angebot an Brutplätzen in Baumhöhlen oder Mauerlöchern und -nischen.

Wissenswertes: Dohlen sind auch Kunstkennern und Touristen vertraut. Viele historische Gebäude, vor allem Kirchen, Burgen und Schlösser, aber auch Stadtmauern und alte Bürgerhäuser mit verwinkelten Dächern und Kaminen bieten den Dohlen Möglichkeiten zur Brut und manchmal sogar zur Bildung größerer Brutkolonien.

1 Elster
Pica pica

L 23+23 cm ≪ Krähe Jan.–Dez.

Kennzeichen: Mit schwarz-weißem Gefieder und langem Schwanz; allgemein bekannt.

Vorkommen: Vor allem in der urbanindustriellen Landschaft sehr häufig; auch in der Nachbarschaft von Dörfern und Gehöften.

Wissenswertes: Die großen runden Nester der Elster – „Kobel" genannt – sind sehr auffällig. Meistens gibt es deutlich mehr Nester als Elstern-Brutpaare. Auch ohne Abschuß von Elstern ist kein unbegrenztes Anwachsen des Bestandes zu befürchten. Dafür sorgen bereits die Begrenztheit geeigneter Lebensräume, das Revierverhalten der Elstern und deren Verdrängung durch Rabenkrähe und Sperber.

2 Eichelhäher
Garrulus glandarius

L 34 cm ~ Taube Jan.–Dez.

Kennzeichen: Rotbrauner Rumpf, weißer Bürzel, schwarzer Schwanz; blauschwarze Bänderung der Flügeldecke; Ruf laut und oft wiederholt „rätsch".

Vorkommen: Häufig in Wäldern aller Art; mit besonderer Vorliebe für Eichen, zunehmend auch in Parks und Gärten.

Wissenswertes: Manche Tierfreunde nehmen dem Häher gelegentliche Nestplünderei übel. Aus ökologischer Sicht aber ist er ein sehr wichtiger und schützenswerter Vogel. Dadurch, daß jeder einzelne Eichelhäher im Herbst Tausende von Eicheln sammelt, zum Teil auf Freiflächen in die Erde steckt und die wenigsten im Winter wiederfindet, sind die Häher die mit Abstand fleißigsten Eichenpflanzer.

3 Tannenhäher
Nucifraga caryocatactes

L 32 cm ~ Taube Jan.–Dez.

Kennzeichen: Dunkelbraunes Gefieder mit weißen Tropfen; Unterschwanzdecken weiß.

Vorkommen: Als Brutvogel in den Alpen verbreitet, in den höheren Mittelgebirgen nur zerstreut; vorzugsweise in zirbelkiefernreichen Nadelwäldern; als Wintergast auch in der Ebene, sogar – auffallend vertraut – in Gärten und Parks.

Wissenswertes: Die Art kommt in verschiedenen Rassen in den Nadelholzzonen der Gebirge sowie von Südschweden bis zum Pazifik vor. Bedingt durch die Ausdehnung des Fichtenanbaus breitet sich der Tannenhäher auch in den Hochlagen einiger Mittelgebirge aus. Durch das Verstecken von Koniferensamen fördert er maßgeblich die „Anpflanzung" und Ausbreitung der Waldbäume, vor allem der Zirbelkiefer oder Arve.

4 Alpendohle
Pyrrhocorax graculus

L 38 cm > Taube Jan.–Dez.

Kennzeichen: Schwarzes Gefieder, gelber Schnabel, rote Beine.

Vorkommen: Im Hochgebirge oberhalb der Baumgrenze verbreitet; zur Nahrungssuche auf Alpenmatten und Geröllfeldern, aber auch gern an alpinen Touristenzentren.

Wissenswertes: Viele Alpendohlen, die meist gesellig in Schwärmen leben, haben sich darauf eingestellt, sich von Abfällen der Touristen zu ernähren oder sich sogar füttern zu lassen. Die Nester werden einzeln in unzugänglichen Felsspalten gebaut.

5 Alpenkrähe
Pyrrhocorax pyrrhocorax

L 40 cm ≪ Krähe Jan.–Dez.

Kennzeichen: Glänzend schwarzes Gefieder; Schnabel rot, lang und gebogen; rote Beine.

Vorkommen: Selten und zerstreut; in Teilen der Alpen und im Mittelmeerraum in felsigen Gebirgen; in Irland, Wales und der Bretagne sowie auf Mittelmeerinseln auch auf Felsenklippen an der Küste.

Wissenswertes: Das Verbreitungsgebiet der Alpenkrähe ist stark aufgesplittert. Die einzelnen Populationen leben weit voneinander entfernt. Trotz mancher Gemeinsamkeiten in Brutplatz- und Nahrungswahl schließt sich die Alpenkrähe dem Menschen weniger gern an als die Alpendohle. Ihr Bestand ist rückläufig.

1 Star
Sturnus vulgaris

L 22 cm bekannt Jan.–Dez.

Kennzeichen: Gedrungene Gestalt; kurzer Schwanz; dunkel glänzendes Gefieder; im Herbst und Winter mit weißen Tupfen („Perlstar"); im Sommer schlichter; beim schwatzenden Gesang auffallendes Flügelschlagen.

Vorkommen: Sowohl in Siedlungen als auch in der Agrarlandschaft sehr häufig; auch in höhlenreichen Wäldern heimisch.

Wissenswertes: Der Star gilt als „Kirschendieb". Wenn er in großen Schwärmen in Obstgärten und Weinberge einfällt, kann er sich schon recht unbeliebt machen. Mit Flüggewerden der Jungen im Juni wachsen die abendlichen Schlafgesellschaften an. Massenschlafplätze können von mehreren hunderttausend Staren bevölkert sein. Der Einfall der Stare ist dann ein eindrucksvolles Naturschauspiel. Als oft jahrelang angeflogene Schlafplätze dienen Schilfröhrichte, dichte Gehölze (manchmal auf den nicht zugänglichen Autobahn-„Kleeblättern") und in den Städten sogar efeubewachsene Hausfassaden. Mehrheitlich verlassen uns die Stare im Spätherbst; immer häufiger aber versuchen sie zu überwintern, vornehmlich in den Städten.

2 Haussperling
Passer domesticus

L 15 cm bekannt Jan.–Dez.

Kennzeichen: Das Männchen (**2a**) mit schwarzer Kehle und grauem Scheitel; das Weibchen (**2b**) schlichter, mit grauer Brust.

Vorkommen: Häufig bis sehr häufig überall, wo Menschen leben.

Wissenswertes: Der Name „Sperling" geht nicht – wie gelegentlich vermutet – auf das „Sperren", das Betteln der Jungvögel mit geöffnetem Schnabel, sondern auf einen gotischen und althochdeutschen Namen zurück. Die frühe Namengebung unterstreicht die besondere Vertrautheit des Menschen mit diesem gefiederten Nachbarn! Obwohl nicht besonders „stimmbegabt", gehört unser liebevoll „Spatz" genannter Vogel zu den Singvögeln, die insgesamt vielfach als „Sperlingsvögel"

bezeichnet werden. Oft als Gartenschädling gescholten, löst sein örtlicher Bestandsrückgang in neuerer Zeit jedoch sofort Besorgnis aus.

3 Feldsperling
Passer montanus

L 14 cm < Sperling Jan.–Dez.

Kennzeichen: Oberkopf kastanienbraun; auffallende dunkle Wangenflecken.

Vorkommen: Häufiger als der Haussperling im ländlichen Umland, auch in Hecken und Feldgehölzen; weit verbreitet.

Wissenswertes: Die Baumhöhlen und Nistkästen, in denen die Feldsperlinge brüten, werden bereits im Winter zuvor gern als Schlafhöhlen benutzt und auf diese Art schon früh den Konkurrenten – vor allem den Meisen – abgetrotzt.

4 Steinsperling
Petronia petronia

L 14 cm < Sperling Jan.–Dez.

Kennzeichen: Braune Streifen an den Kopfseiten; Männchen mit hellgelbem Kehlfleck.

Vorkommen: Trockene Steppen- oder Felslandschaften des Mittelmeerraumes; früher auch vereinzelt in Mitteleuropa.

Wissenswertes: Im vorigen Jahrhundert, in Thüringen und Bayern auch noch in der ersten Hälfte dieses Jahrhunderts, trat der Steinsperling als seltener Brutvogel nördlich der Alpen auf. Heute gilt er hier als ausgestorben, möglicherweise aus klimatischen Gründen.

5 Schneefink
Montifringilla nivalis

L 18 cm ≫ Sperling Jan.–Dez.

Kennzeichen: Oberseits braun, jedoch grauer Kopf und weiße Flügel.

Vorkommen: Im Sommer und im Winter auf nackten Felsen der Alpen; meist in mehr als 2000 m Höhe.

Wissenswertes: Unter den Hochgebirgsbewohnern ist der Schneefink ein extremer „Gipfelstürmer". Er hat in den Alpen schon in über 3200 m Höhe gebrütet und hält dort auch in eisigen Winterstürmen durch.

1 Buchfink
Fringilla coelebs

L 15 cm ~ Sperling Jan.–Dez.

Kennzeichen: Zwei weiße Flügelbinden; Männchen (**1b**) mit rotbrauner Brust und schiefergrauem Nacken; Weibchen (**1a**) hier heller bzw. weniger farbintensiv. Ruf „pink" (Fink).

Vorkommen: Überall, wo es Bäume gibt; von Gärten bis zu Wäldern aller Art; sehr häufig.

Wissenswertes: Mit über 10 Millionen Brutpaaren ist der Buchfink die häufigste Vogelart Mitteleuropas. Sein markanter Schlag ist überall so bekannt, daß ihm der Volksmund viele regional unterschiedliche Texte unterlegt. „Bin ich nicht ein schöner Bräutigam" und „Gegrüßest seist du, Maria" gehören zu den verbreitetsten. Außerhalb der Brutzeit sieht man Buchfinken oft in riesigen Scharen auf Feldern oder bei reicher Bucheckernmast auch in Wäldern. Dabei bilden sie oft mit anderen Finken und Ammern gemischte Schwärme. Zur Nahrungssuche halten sich die Buchfinken meistens am Boden auf. Das halbkugelige Nest wird sehr kunstvoll aus Moosen und Grashalmen aufgebaut und außen mit Flechten und Spinnenfäden getarnt.

2 Bergfink
Fringilla montifringilla

L 15 cm ~ Sperling Okt.–Apr.

Kennzeichen: Orangefarbene Brust und Schultern; weißer Bürzel; quäkende Rufe; Männchen zur Brutzeit mit schwarzem Kopf und Rücken (**2a**), im Schlichtkleid dagegen mit bräunlichem und dunkel geschupptem Rücken (**2b**); Weibchen dem Buchfinkenweibchen ähnlich.

Vorkommen: Zeitweilig in großen Schwärmen; sowohl auf Feldern als auch in Wäldern; Wintergast.

Wissenswertes: Aus den Wäldern Skandinaviens, Finnlands und Westsibiriens fallen oft Millionen von Bergfinken wintertags in Mitteleuropa ein. Sie erscheinen auch an Futterhäusern, vor allem aber in den Buchenwaldgebieten, sofern es reichlich Bucheckern gab. Hier machen sie manchmal so gründlich reinen Tisch, daß die von den Förstern erwartete Naturverjüngung völlig ausfallen kann.

3 Grünling
Chloris chloris

L 15 cm ~ Sperling Jan.–Dez.

Kennzeichen: Männchen (**3a**) mit olivgrünem, Weibchen (**3b**) mit graugrünem Gefieder; gelbe Flügeldecken; Ruf gedehnt „düht".

Vorkommen: Sehr häufig in Gärten, Parks, Feldgehölzen, an Waldrändern.

Wissenswertes: Im Winter ist der Grünling einer der regelmäßigen Gäste an den Futterhäusern und zeichnet sich durch seine Zutraulichkeit aus. Manche Gartenfreunde mögen ihn nicht so gern, weil er zeitweilig mit Vorliebe Blatt- und Blütenknospen zerbeißt. Im Herbst haben es ihm die Hagebutten angetan, vor allem die großen der Kartoffelrose. Geöffnete Hagebutten mit ausgeklaubten Nüßchen gehen in aller Regel auf das Konto des Grünlings. Sein Nest baut er sehr versteckt in dichtem Gezweig, neuerdings aber auch vermehrt an Gebäuden. Recht ungewöhnlich ist sein Singflug, in dem sich der Vogel ganz anders bewegt als sonst und dabei wie eine Fledermaus gaukelt.

4 Stieglitz
Carduelis carduelis

L 12 cm ≪ Sperling Jan.–Dez.

Kennzeichen: Kopf weißschwarz mit roter Gesichtsmaske; gelbes Flügelband; Ruf „stieglitt" („Stieglitz").

Vorkommen: Obstwiesen, Friedhöfe und Parks, Randbereiche von Wäldern aller Art; regional sehr unterschiedliche Brutdichte.

Wissenswertes: Diese besonders vielfarbigen Finkenvögel bieten den schönsten Anblick, wenn sich die Köpfe verblühter Disteln unter dem Gewicht der „Distelfinken" neigen, die aus ihnen die Samen herausziehen und verspeisen. Aber auch die Samen anderer Korbblütler werden besonders gern verzehrt, im Winterhalbjahr auch Birken- und Erlensamen. Als Käfigvogel war der Stieglitz früher sehr beliebt. Die Kinder hören gern die Geschichte, daß die Art deshalb so viele unterschiedliche Gefiederfarben habe, weil sie bei der Farbverteilung durch den lieben Gott zu spät erschien und von allen Farben nur noch die Reste bekam.

1 Erlenzeisig
Spinus spinus

L 12 cm ≪ Sperling Jan.–Dez.

Kennzeichen: Blaumeisengroß und quicklebendig; Gefieder mit dunkleren Streifen auf gelblichem Grund; Männchen (**1b**) mit schwarzem Scheitel und Kinnfleck; außerhalb der Brutzeit meistens in größeren Trupps; gewandt im Flug manövrierend oder an Erlenzapfen hängend.

Vorkommen: Als Brutvogel mehr in den Nadelwäldern des Berglandes; außerhalb der Brutzeit überall anzutreffen, vor allem in erlen- und birkenreichen Gebieten.

Wissenswertes: Der Erlenzeisig ist ein sehr unsteter Vogel, der mal hier und mal dort brütet. Weil sein Nest in über 10 m Höhe im Wipfel von Nadelbäumen nur schwer zu finden ist, bleibt manche Brut unentdeckt. Im Volksmund gilt das Zeisignest sogar als unsichtbar. Um so leichter waren die Zeisige zu fangen; viele verbrachten früher den Rest ihres Lebens in engen Käfigen.

2 Birkenzeisig
Acanthis flammea

L 13 cm < Sperling Jan.–Dez.

Kennzeichen: Graubraun gestreift; vom Hänfling durch schwarzen Kinnfleck und helle Flügelbinde zu unterscheiden.

Vorkommen: Nadelwälder und Weiden-, Birken- und Erlengebüsche des Berglandes; zunehmend auch in Gärten und Parks hinab bis in das Tiefland.

Wissenswertes: Die Art hat sich zunächst als Brutvogel in den Mittelgebirgen und in Küstennähe ausgebreitet; inzwischen aber geht sie weit über die Mittelgebirgsschwelle hinaus und bevorzugt hier immer stärker die Dörfer und den Randbereich der Städte. Außerdem kommen in unregelmäßigen Abständen Scharen der nordischen Birkenzeisig-Rasse als Wintergäste nach Mitteleuropa.

3 Bluthänfling
Carduelis cannabina

L 13 cm < Sperling Jan.–Dez.

Kennzeichen: Schwächer gestreift; Rücken braun; Männchen (**3a**) im Sommer mit blutroter Brust und Stirn (Name!).

Vorkommen: Hecken und Gebüsche; außer in der Agrarlandschaft auch im Siedlungsbereich, auf Friedhöfen, in Parks und strauchreichen Gärten; recht häufig.

Wissenswertes: Nicht Baumsamen, sondern Samen von Kräutern und Stauden sind die mit Abstand wichtigste Nahrung des Bluthänflings. Daß er sich früher, als noch mehr Hanf angebaut wurde, auch über dessen Samen hermachte, dokumentiert der Name „Hänfling" (Hanfsamenfresser). Sein Nest baut er in Hecken und Gebüschen in der Regel nur 1–2 m über dem Boden. Chemische Unkrautbekämpfung und Schwund der Ödlandflächen haben vielerorts zu einem deutlichen Bestandsrückgang geführt. Neuerdings jedoch scheint der Hänfling von der Flächenstillegung in der Landwirtschaft zu profitieren, vor allem dort, wo man Äcker einfach brachfallen läßt.

4 Girlitz
Serinus serinus

L 12 cm ≪ Sperling Febr.–Nov.

Kennzeichen: Auf gelblichem Grund dunkler gestreift; auffallend gelber Bürzel; im Gegensatz zum Erlenzeisig kein Gelb am Schwanz.

Vorkommen: In gehölzdurchsetzter Kulturlandschaft; häufig; vor allem in Gärten und Parks, aber auch in Obstwiesen und Weinbergen.

Wissenswertes: Der Girlitz läßt sein lang anhaltendes hohes Sirren besonders gern von hohen Warten aus vernehmen. In Dörfern und Gartenstädten sind dies meistens Antennen, Telegrafenmasten und Dachfirste. Im Flug ruft er kürzer trillernd oder sonst zweisilbig „girlit" (Name!). Ähnlich dem Grünling vollführt er gelegentlich mit langer Strophe einen gaukelnden Singflug. – Als Brutvogel ist der Girlitz im Tiefland allgemein häufig, im Gebirge dagegen unregelmäßig verbreitet. Im Vergleich zu anderen Arten ist er noch ein Neubürger in Mitteleuropa, der sich erst im vorigen Jahrhundert hier anzusiedeln begann und noch bis in unsere Zeit hinein hier und dort Verbreitungslücken schließt.

1 Kernbeißer
Coccothraustes coccothraustes

L 18 cm >> Sperling Jan.–Dez.

Kennzeichen: Größe; sehr kräftiger Schnabel; braune Oberseite, grauer Nacken, weißes Flügelfeld; Ruf scharf „zick".

Vorkommen: In Laub- und Mischwäldern, Feldgehölzen und Parks recht häufig, allerdings von Ort zu Ort in stark wechselnder Siedlungsdichte.

Wissenswertes: Trotz seiner Nachbarschaft zum Menschen bleibt der Kernbeißer oft unentdeckt, weil er sich mit Vorliebe in hohen Baumkronen versteckt hält. Zwischen 10 und 20 m hoch und meistens in Astquirlen in der Nähe des Stammes baut er sein Nest. Baumsamen, auch solche mit harten Schalen, sind die Hauptnahrung des Kernbeißers, der sogar Kirschkerne zu knacken vermag (Name!). Im Winterhalbjahr bekommt man ihn häufiger zu sehen, weil er dann auch in Vogelfutterhäuschen kommt und am Boden herabgefallene Baumsamen frißt.

2 Gimpel
Pyrrhula pyrrhula

L 15 cm ~ Sperling Jan.–Dez.

Kennzeichen: Weißer Bürzel, schwarze Kappe; Männchen (**2a**) mit roter Brust; Ruf klagend „düh".

Vorkommen: In Wäldern aller Art, Gärten und Parks; überall sehr häufig; auch in Hausnähe und an Futterplätzen.

Wissenswertes: Die Ausbreitung von Nadelbaumarten in Forsten und Gärten und von stickstoffliebenden Hochstauden an den Waldrändern scheint die Zunahme dieser Art gefördert zu haben. Ihre sprichwörtliche, als Dummheit ausgelegte Zutraulichkeit gegenüber dem Menschen („simpler Gimpel") erleichtert ihr die Besiedlung der Städte, die neuerdings vielerorts beobachtet wird. Durch Nachahmung seines Rufs kann man den Gimpel leichter anlocken und fangen als die meisten anderen Vogelarten. Früher verlor mancher Gimpel auf diese Art seine Freiheit und wurde fortan im Käfig oder in der Voliere gehalten. – Viele Gimpelpaare halten über die Brutzeit hinaus auch im Winter zusammen

und leben möglicherweise zeitlebens in Dauerehe. Der Gesang ist relativ leise und deshalb im Vogelkonzert leicht zu überhören. Ungewöhnlich ist, daß auch die Gimpel-Weibchen singen. – Der Name „Dompfaff" für den Gimpel geht auf die schwarze Kappe und die kardinalsrote Brust zurück.

3 Fichtenkreuzschnabel
Loxia curvirostra

L 17 cm > Sperling Jan.–Dez.

Kennzeichen: Männchen (**3a**) auffällig rot, Weibchen (**3b**) unscheinbarer oliv; Flügel und Schwanz dunkel; ungewöhnlich „gekreuzter" Schnabel.

Vorkommen: In stark wechselnder Häufigkeit – abhängig vom Zapfenangebot – in Nadel-, vor allem Fichtenwäldern, und in koniferenreichen Parks.

Wissenswertes: Die sehr unstete Vogelart wird neuerdings regelmäßiger beobachtet, weil sie vielerorts häufiger und verstärkt reife Fichtenzapfen vorfindet. Die reichere Zapfenmast wird als Folge verringerter Wasserversorgung im Vorjahr durch Dürre und durch immissionsbedingten Verlust von Feinwurzeln erklärt. – Die Fichtenkreuzschnäbel als Nahrungsspezialisten sind zu einer unsteten Lebensweise gezwungen, weil sie an den verschiedenen Orten zeitweilig sehr viel, zeitweilig auch gar keine Nahrung finden. Die ungewöhnliche Brutzeit Februar/März unterstreicht ebenfalls die enge Bindung an die Fichte, deren Zapfen um diese Zeit reifen.

4 Schneeammer
Plectrophenax nivalis

L 17 cm > Sperling Okt.–Apr.

Kennzeichen: Im Winter überwiegend weiß bis sehr hell braun wirkend; im Flug mit schwarzen Flügelspitzen.

Vorkommen: Im offenen Gelände in Küstennähe als häufiger Wintergast aus Norwegen und Island.

Wissenswertes: Während man die Schneeammer im Winter an den Meeresküsten regelmäßig und oft in großen Scharen antrifft, begegnet man ihr schon wenige Kilometer entfernt landeinwärts nur noch sehr vereinzelt.

1 Goldammer
Emberiza citrinella

L 17 cm > Sperling Jan.–Dez.

Kennzeichen: Kopf und Unterseite gelb; Rücken kastanienbraun gestreift; rotbrauner Bürzel; Weibchen weniger lebhaft gelb mit mehr dunklen Streifen (**1 b**). Gleichförmig wiederholte Liedstrophe: „zizizi-zieh", im Volksmund „wie-wie-wie hab ich die lieb".

Vorkommen: In Feldern und Wiesen, soweit einige Gehölze vorhanden sind; an Waldrändern; außerhalb der Brutzeit auch in der offenen Landschaft; sehr häufig.

Wissenswertes: Der Name „Goldammer" nimmt auf den hohen Anteil gelben und rötlich braunen Gefieders Bezug, durch den sich die Gold- von der Grauammer unterscheidet. Als Brutplatz bevorzugt sie Böschungen mit Grasbulten und niedrigen Dornsträuchern. Dort baut sie ihr Nest am Boden oder nur wenig darüber im dichten Gestrüpp. Nach der Brutzeit schließen sich die Goldammern mit Buchfinken und anderen Finkenvögeln zu großen Scharen zusammen, die gemeinsam durch die Feldfluren ziehen.

2 Rohrammer
Emberiza schoeniclus

L 15 cm ~ Sperling März–Okt.

Kennzeichen: Braun gemusterte Oberseite; Schwanz außen weiß; Männchen (**2a**) zeitweilig mit auffälliger schwarzweißer Kopfzeichnung; stockende 5silbige Strophe: „Za-ti-tai—-zizi".

Vorkommen: In Schilfröhrichten, soweit sie mit Weidengebüsch durchsetzt sind und nicht ständig im Wasser stehen; an Flußufern, in Streuwiesen, an Grabenrändern; recht häufig.

Wissenswertes: Der Volksmund meint mit dem Sprichwort „Er schimpft wie ein Rohrspatz" die Rohrammer, deren Gesang ein Tschilpen enthält, das stark an den Haussperling (Spatz) erinnert. Ihr Nest baut die Rohrammer in üppiger krautiger Vegetation dicht über dem Boden, manchmal auch über Wasser. Neuerdings brütet die Art vermehrt auch in Raps- und Getreidefeldern. Häufiger als früher versuchen Rohrammern hierzulande zu überwintern.

3 Ortolan
Emberiza hortulana

L 17 cm > Sperling Apr.–Sept.

Kennzeichen: Kopf und Brust grau; gelbe Kehle; sonst der Goldammer ähnlich, aber ohne auffallend rotbraunen Bürzel. Männchen (**3b**) auf der Bauchseite kontrastreicher.

Vorkommen: Warme, trockene, meist sandige Landstriche mit Getreidefeldern, die mit Feldgehölzen oder Baumgruppen durchsetzt sind; Heiden, Weinberge; nur noch punktuell, durchweg selten.

Wissenswertes: Der ungewöhnliche Name geht auf das Lateinische „Hortulana" (die Gartenbewohnerin, die Gartenammer) zurück. Früher war der Ortolan weit verbreitet und galt als Leckerbissen. Beethoven soll dem Ortolan-Lied sein Motiv der 7. Symphonie entlehnt haben: 3–5 gleich hohe Töne, an die sich ein tieferer anschließt (ti-ti-ti-tüh). Die stärker kontinental und mediterran verbreitete Art lebt in Mitteleuropa in vielen Bereichen am Rande ihres Verbreitungsgebietes und reagiert sehr heftig auf Klimaschwankungen und den aktuellen Witterungsverlauf, aber auch auf Strukturverarmung ihres Brutgebietes. Hier ist vor allem der Grund für den gegenwärtigen starken Rückgang der Art und für die Preisgabe früherer Brutgebiete in mehreren Teilen Mitteleuropas zu suchen.

4 Grauammer
Emberiza calandra

L 18 cm >> Sperling Jan.–Dez.

Kennzeichen: Größte heimische Ammer; braunes, gestreiftes Gefieder; ohne Weiß am Schwanz; kräftiger Schnabel.

Vorkommen: Große offene Feldfluren und Wiesen mit einzelnen Gebüschen oder Telegrafenleitungen als Singwarte; noch regional verbreitet, nicht häufig.

Wissenswertes: Große Grünlandflächen einerseits und fruchtbares Ackerland der Börden andererseits waren früher die typischen Lebensräume der Grauammer. Seit 1960 wird ein rasanter Bestandsrückgang beobachtet, für den sowohl klimatische Gründe als auch die steigende agrare Nutzungsintensität verantwortlich gemacht werden.

Alle auf dieser Seite vorgestellten Arten gehören zu den Lappentauchern, die auf das Tauchen und den Fischfang spezialisiert sind. Statt der Schwimmhäute haben sie an den Zehen Schwimmlappen. Wenn sie ausnahmsweise einmal fliegen, wirken sie schwanzlos. Auf dem Wasser heben sich zumindest Hauben- und Rothalstaucher von anderen Schwimmvögeln durch ihren langen, dünnen Hals ab, der meistens senkrecht aufgerichtet getragen wird.

1 **Haubentaucher**
Podiceps cristatus

L 48 cm　< Stockente　Jan.–Dez.
Kennzeichen: Zur Brutzeit mit auffallendem Kopfschmuck; im Winter weißer Kopf mit dunklem Scheitel.
Vorkommen: Seen, Talsperren, gestaute Flußabschnitte; oft auch an der Küste; neuerdings wieder ziemlich häufig.
Wissenswertes: Ganzjährige Schonzeit hat den Bestand der Haubentaucher deutlich anwachsen lassen. Ihre schwimmenden Nester können sie auch auf Gewässern mit wechselndem Wasserstand – wie Talsperren – bauen. Haubentaucher bei ihrer posenreichen Balz (**1a**) oder bei der Fütterung der Jungen zu beobachten, ist heute wieder an den unterschiedlichsten Gewässern möglich, zumal die Fluchtdistanz vielerorts sehr gering geworden ist.

2 **Zwergtaucher**
Tachybaptus ruficollis

L 27 cm　> Amsel　Jan.–Dez.
Kennzeichen: Klein, rundlich und kurzhalsig; heller Schnabelfleck; Balztriller „bi-bi-bi“.
Vorkommen: Auf kleineren, vegetationsreichen Weihern und Teichen; im Winter (**2b**) stärker auf Fließgewässern, auch in pflanzenärmeren Zonen; weit verbreitet, aber nicht gerade zahlreich.
Wissenswertes: Der Haubentaucher ist unser größter, der Zwergtaucher der kleinste Lappentaucher. Letzterer wirkt auf dem Wasser wie ein schwimmender brauner Federball. Nur im Winter fängt er vornehmlich Fischchen, sonst stehen Insekten, Krebschen, kleine Schnecken und nicht zuletzt Muscheln ganz oben auf seiner Speisekarte.

3 **Rothalstaucher**
Podiceps grisegena

L 43 cm　≪ Stockente　Jan.–Dez.
Kennzeichen: Im Sommer rostroter Hals (Name!), weiße Wangen und schwarze Kappe; im Winter grau mit weißen Wangen; deutlich kleiner als Haubentaucher.
Vorkommen: Brutvogel vor allem im Ostseeküstenraum; sonst Durchzügler und Gast an der Küste und auf Binnengewässern aller Art; ziemlich selten.
Wissenswertes: Die Wintergäste stammen aus Osteuropa und Westsibirien. Die größeren Lappentaucher-Arten jagen in der Regel länger unter Wasser und in größerer Tiefe als die kleineren Arten: Zwergtaucher 1–2 m tief und 20 Sekunden lang, Rothalstaucher 3–4 m tief und 30 Sekunden lang, Haubentaucher 4–6 m tief und 45 Sekunden lang.

4 **Schwarzhalstaucher**
Podiceps nigricollis

L 30 cm　≪ Bläßhuhn　Jan.–Dez.
Kennzeichen: Schwarzer Hals (Name!); gelbe Federbüschel an den Kopfseiten, allerdings nur im Brutkleid.
Vorkommen: Verstreut auf vegetationsreichen Gewässern brütend; vor allem im östlichen und südlichen Mitteleuropa; stark im Bestand schwankend; häufiger als Durchzügler, selten als Überwinterer.

5 **Ohrentaucher**
Podiceps auritus

L 33 cm　≪ Bläßhuhn　Sept.–Apr.
Kennzeichen: Rostbrauner Hals und gelbe Federbüschel an den Kopfseiten („Ohren“, Name!), allerdings nur im Brutkleid; im Winter Kopf oberseits schwarz, von Augenhöhe an weiß.
Vorkommen: In Mitteleuropa nur Durchzügler und Wintergast; meistens an größeren Gewässern, vor allem im Küstenbereich; nicht selten, aber meistens nur einzelne Exemplare.

1 Prachttaucher
Gavia arctica

L 62 cm > Stockente Sept.–Apr.

Kennzeichen: In Mitteleuropa fast nur im Winterkleid; dem Sterntaucher ähnlich; jedoch gerader Schnabel, der im Gegensatz zum Kormoran meist waagerecht gehalten wird.

Vorkommen: Als regelmäßiger, aber meist vereinzelter Wintergast aus Skandinavien, Finnland und Westsibirien vor allem an der Meeresküste, aber auch auf größeren Binnengewässern.

Wissenswertes: Nur zur Brutzeit läßt der Prachttaucher seine bellenden und jodelnden Rufe vernehmen, die in der Einsamkeit und Stille nordischer Seen überraschen. Als vorzüglicher Schwimmer und Taucher, der bis zu 2 Minuten unter Wasser bleiben kann, legt er auch auf dem Zuge Teile der Wanderstrecke schwimmend zurück. Interessant ist das sogenannte „Wasserlugen", bei dem die spezialisierten Fischjäger ihren Kopf in das Wasser eintauchen und nach Beute spähen.

2 Sterntaucher
Gavia stellata

L 58 cm > Stockente Okt.–März

Kennzeichen: Im Winter dem Prachttaucher ähnlich, jedoch mit schlankem, leicht aufgeworfenem Schnabel.

Vorkommen: Wie der Prachttaucher Wintergast aus Nord- und Nordosteuropa; seltener als der Prachttaucher im Binnenland, doch regelmäßig auf Küstengewässern.

3 Kormoran
Phalacrocorax carbo

L 92 cm > Graugans Jan.–Dez.

Kennzeichen: Erwachsene Tiere schwarz, mit weißem Abzeichen von den Wangen bis zum Kinn; Jungtiere dunkelbraun, ohne Abzeichen am Kopf, aber mit heller Unterseite; auf dem Wasser wie Seetaucher tief eingetaucht, aber mit schräg nach oben gerichtetem Schnabel.

Vorkommen: An der Meeresküste und auf fischreichen Binnengewässern inzwischen wieder häufiger und teilweise zahlreich anzutreffen; Brutkolonien jedoch nur an wenigen Orten.

Wissenswertes: Die in Mitteleuropa brütenden Kormorane kann man von den Brutvögeln der Küsten Nordeuropas dadurch unterscheiden, daß sie sich im Frühjahr für kurze Zeit am Hals mit weißen Schmuckfedern zieren. Alle Kormorane sind überaus gewandte Schwimmer. Unter Wasser bewegen sie sich sowohl durch rudernde Fuß- als auch durch Flügelbewegungen. Daß man sie an Land so häufig mit halb ausgebreiteten Flügeln beim Trocknen ihres Gefieders (**3b**) sieht, liegt daran, daß sie im Gegensatz zu vielen anderen Wasservögeln keine Bürzeldrüsen haben, mit deren Talg sie die Federn einfetten könnten. Mit einem täglichen Nahrungsbedarf von 500–700 g greifen sie nicht so intensiv in den Fischbesatz ein, wie teilweise behauptet wird. Die nach 1970 wieder neu gegründeten Kolonien sollten unbedingt weiterhin geschützt bleiben. Nachdem man jahrhundertelang bestrebt war, die Kormorane auszurotten, hat sich inzwischen ein Bewußtseinswandel zu ihren Gunsten vollzogen. Der Name „Kormoran" ist aus *Corvus marinus* (Meerrabe) zusammengezogen. In China wird er vereinzelt noch heute zum Fischfang eingesetzt.

4 Baßtölpel
Sula bassana

L 91 cm > Graugans Jan.–Dez.

Kennzeichen: Doppelt möwengroßer, weißer Seevogel mit schwarzen Flügelspitzen und keilförmigem Schwanz.

Vorkommen: Reiner Meeresbewohner; oft weit von den Küsten entfernt.

Wissenswertes: Der Baßtölpel brütet in großen Kolonien auf wenigen Felseninseln und auf Simsen felsiger Steilküsten Islands und Großbritanniens, neuerdings auch vereinzelt auf Helgoland. Die meisten bevölkern schottische Inseln, von denen einige wegen ihrer Vogelkolonien weltbekannt sind (Bassrock). Die Flugmanöver des Baßtölpels sind überaus eindrucksvoll. Fische werden durch senkrechtes Stoßtauchen aus oft über 30 m Höhe erbeutet. Den Baßtölpel beim Fischfang zu beobachten, gehört zu den schönsten Naturerlebnissen.

1 Graureiher
Ardea cinerea

L 91 cm bekannt Jan.–Dez.

Kennzeichen: Stattliche Größe; graue Oberseite; schwarzer Streifen vom Auge bis in die herabhängenden Schmuckfedern („Reiherfedern"); im übrigen Kopf und Hals weiß; im Flug mit Z-förmig zurückgelegtem Hals und den Schwanz überragenden Beinen.

Vorkommen: Neuerdings wieder häufiger Brutvogel; zum Beutefang an fischreichen Gewässern oder zur Mäusejagd auf Wiesen und Feldern; Nester meistens in Kolonien in Wäldern unterschiedlichster Art.

Wissenswertes: Daß dieser Großvogel überlebte und nicht das Schicksal anderer großer Beutegreifer teilt, verdankt er wohl einem Hobby des Adels: Im Mittelalter war er ein geschätztes Beizwild der höheren Stände, und die sorgten auch dafür, daß er ihnen für diesen Zweck erhalten blieb. Bis in unser Jahrhundert hinein war es in einigen großen Privatwäldern „Familientradition", die Reiher zu schützen. Dennoch war der Reiherbestand in Mitteleuropa in der Mitte unseres Jahrhunderts infolge intensiver Verfolgung – vor allem an den Fischgewässern – stark geschrumpft. Daß er heute wieder als weitgehend ungefährdet betrachtet werden kann, ist ein Ergebnis erfolgreichen Artenschutzes, zu dem auch die nach und nach eingeführte ganzjährige Schonzeit gehört. – Der Graureiher ist ein typischer Koloniebrüter; Einzelhorste sind vergleichsweise selten anzutreffen. Inzwischen gibt es auch in Mitteleuropa wieder Kolonien mit weit über 100, an der Atlantikküste sogar mit bis zu knapp 2000 Brutpaaren. Durch frühen Brutbeginn Ende Februar/März ist gewährleistet, daß die Jungen stark und schon recht erfahren in den Herbst und Winter gehen, den viele von ihnen weiter süd- und südwestlich in den Mittelmeerländern und in Nordafrika verbringen. Den Nahrungsbedarf von täglich knapp 500 g decken die Graureiher außerhalb der Brutzeit zu einem erheblichen Teil durch den Fang von Wühlmäusen (**1b**). Schon aus diesem Grunde war es richtig, den früheren Namen „Fischreiher" dem wissenschaftlichen Namen anzupassen und durch „Graureiher" zu ersetzen.

2 Purpurreiher
Ardea purpurea

L 79 cm < Graureiher März–Okt.

Kennzeichen: Kleiner und dunkler als der Graureiher; Hals länger, schlangenartig bewegt, rotbraun, schwarz gestreift.

Vorkommen: In größeren Schilfröhrichten; selten; in den Niederlanden, Österreich und Ungarn jeweils mehrere hundert, in Deutschland und der Schweiz nur wenige Brutpaare und diese nur unregelmäßig.

Wissenswertes: Die unterschiedliche Hals- und Rückenfärbung von Grau- und Purpurreiher wird auch in den Namen angesprochen, wobei das „Purpur" wohl etwas übertrieben ist. Im Gegensatz zum Graureiher hält sich der Purpurreiher stärker in Röhrichten verborgen, wo er sowohl jagt als auch brütet. Den Winter verbringt er vor allem in den Steppengebieten Afrikas.

3 Silberreiher
Egretta alba

L 89 cm ~ Graureiher Jan.–Dez.

Kennzeichen: Größer als die anderen weißen Reiher; gelbe Schnabelwurzel; schwarze Füße.

Vorkommen: Am Neusiedler See Brutvogel, sonst in Mitteleuropa nur in Holland einzelne Bruten, in Deutschland gelegentlicher Gast in dichten Schilfröhrichten.

4 Seidenreiher
Egretta garzetta

L 56 cm ≪ Graureiher Apr.–Okt.

Kennzeichen: Klein; schneeweiß; schwarze Beine und gelbe, im Frühling rötliche Füße.

Vorkommen: In Südfrankreich und im Mittelmeerraum, vor allem im Südosten; in Mitteleuropa Brutvogel in Ungarn, sonst nur seltener Gast in Sümpfen und in der gebüschbewachsenen Verlandungszone von Seen.

Wissenswertes: Im Frühjahr bei der Heimkehr aus seinem Winterquartier aus Afrika oder dem Mittelmeerraum scheint der Seidenreiher gelegentlich über sein Brutgebiet „hinauszuschießen" und auf diese Weise bis nach Mitteleuropa zu gelangen.

1 Große Rohrdommel
Botaurus stellaris

L 76 cm ≪ Graureiher Jan.–Dez.
Kennzeichen: Plump wirkend; mit braun gebändertem und geflecktem Gefieder.
Vorkommen: In großen Schilf- und Rohrkolbenbeständen; nur noch punktuell im nördlichen und nordöstlichen Mitteleuropa; mehrere 100 Brutpaare in den Niederlanden und in Mecklenburg.
Wissenswertes: „Moorochse" nannte man den nur selten auffliegenden und daher meist unsichtbaren Rufer, dessen weithin hörbare dumpfe Stimme an ein im Sumpf versinkendes Rind erinnert. Ihre optimale Farbanpassung an das Röhricht ergänzt die Rohrdommel durch die sogenannte „Pfahlstellung", die sie bei Gefahr einnimmt. Dazu richtet sie den Schnabel senkrecht empor und reckt sich so, daß sie sich in die Linienführung der Halme einfügt. – Die Verwandtschaft mit den Reihern unterstreicht die Rohrdommel durch ihre Z-förmige Halshaltung beim Flug. Allerdings erhebt sie sich viel seltener als die Reiher in die Luft. Zerstörung und Beunruhigung der Lebensräume, aber auch strenge Winter dezimieren den Brutbestand dieser vor allem nachts rufenden geheimnisvollen Vögel.

2 Zwergdommel
Ixobrychus minutus

L 36 cm < Bläßhuhn Apr.–Okt.
Kennzeichen: Kleinster Reiher; dunkle Kopfoberseite; auffälliges helles Flügelfeld.
Vorkommen: Sehr zerstreute und zum Teil nur unregelmäßige Brutvorkommen; auch in kleineren Schilfbeständen.
Wissenswertes: Im Gegensatz zur Großen Rohrdommel, die nicht selten hierzulande überwintert, zieht die Zwergdommel früh und weit, zum Teil bis Süd- und Ostafrika. Im Röhricht sitzt sie gern auf Halmen.

3 Weißstorch
Ciconia ciconia

L 102 cm ≫ Graureiher Febr.–Okt.
Kennzeichen: Größe; weiß mit schwarzen Schwingen; Schnabel und Beine rot.
Vorkommen: Brut in Dörfern; Nahrungssuche auf Feuchtgrünland, Acker- und Wiesenbrache und an Teichen; Brutvogel nur in bestimmten, traditionell besiedelten Landschaften bzw. Dörfern.
Wissenswertes: Für die Erhaltung keiner anderen Vogelart sind so aufwendige Anstrengungen unternommen worden wie für den „Adebar", den „Träger" oder „Bringer" der Neugeborenen, des Frühlings und des Glücks. Dennoch konnte dies den Rückgang der Weißstörche – zumal an den inselartigen Brutplätzen westlich der Elbe – bestenfalls verlangsamen. Über die Gründe dieser Entwicklung wurde viel diskutiert und publiziert. Nahrungsmangel durch Melioration und Biozideinsatz, Verluste durch Verdrahtung der Landschaft und Vergiftung und Abschuß während der Winterreise wirken wahrscheinlich zusammen. Das berühmte „Klappern" der Störche gehört sowohl zum Begrüßungszeremoniell der Partner als auch zum Abwehrverhalten gegenüber fremden Artgenossen. Die Altvögel versorgen ihre Jungen nicht nur mit Mäusen, Fröschen, Würmern und Insekten, sondern tragen im Schlund auch Wasser herbei.

4 Schwarzstorch
Ciconia nigra

L 97 cm > Graureiher März–Sept.
Kennzeichen: Größe; schwarz mit weißem Bauch; Schnabel und Beine rot.
Vorkommen: Größere naturnahe Waldgebiete mit Teichen und Sümpfen; selten.
Wissenswertes: Im Gegensatz zum menschenvertrauten Weißstorch ist der Schwarzstorch ein scheuer Waldbewohner mit schwerpunktartiger Verbreitung in Osteuropa und Asien. An den meisten früheren Brutplätzen in Mitteleuropa verschwand die Art bis etwa 1920. Seit Mitte dieses Jahrhunderts nimmt sie aber wieder zu und breitet sich aus, obwohl die Lebensbedingungen nicht unbedingt besser geworden sind (Unruhe in den Waldgebieten durch Erholungsverkehr, Erschließung der Wälder und Verdichtung des Straßennetzes). Größtmöglicher Schutz vor Störungen ist zweifellos die beste Schutzmaßnahme für den Schwarzstorch.

1 Kranich
Grus grus

L 118 cm >> Graureiher Febr.–Nov.
Kennzeichen: Größe; im Flug ausgestreckter Hals und Beine; graues Gefieder; herabhängender schwärzlicher „Schwanz"; Flugrufe laut „gruh gruh" (wiss. Name!).
Vorkommen: Zur Brutzeit in Mooren, Sümpfen und Bruchwäldern; sonst auf großen Wiesen und Feldern, abends an Flachgewässern; Brutvogel im nordöstlichen Mitteleuropa; sich stabilisierende Bestände.
Wissenswertes: Die skandinavischen, deutschen und polnischen Kraniche – insgesamt über 30 000 Tiere – fliegen im Herbst auf einer nur 200–300 km breiten „Flugschneise" nach Südwesten und überwintern auf der Iberischen Halbinsel, in Nordafrika, teilweise auch erst in Äthiopien. Die Flugschneise ist im Westen durch eine Linie Lübeck-Deventer-Antwerpen-Lille, im Osten durch eine Linie von der Weichselmündung über die Oder zwischen Küstrin und Frankfurt, über Leipzig zum Main im Bereich der hessisch-bayerischen Grenze zu beschreiben. Innerhalb dieser Schneise kann man im Herbst die Keilformationen („fliegende 1") der Kraniche erwarten. Vor dem Abzug im Oktober sammeln sich die Kraniche an traditionellen Rastplätzen im Ostseeküstengebiet, z. B. auf Rügen und Öland, am Bock und an der Müritz. – Im Volksmund werden die Kraniche auch als „Schneegänse" bezeichnet, weil sie oft vor oder mit dem ersten Kälteeinbruch in großen Verbänden durchziehen. Offenbar tragen intensive Bemühungen um den Schutz dieser stattlichen Schreitvögel an den Brut- und Rastplätzen dazu bei, daß sich die Kranichbestände in jüngster Zeit vergrößern und die Vorkommen zum Teil auch ausweiten. Kraniche leben überwiegend von pflanzlicher Nahrung, u.a. von Getreide, Erbsen, Bohnen und anderen Feldfrüchten, sonst von Würmern, Schnecken und Insekten.

2 Löffler
Platalea leucorodia

L 86 cm < Graureiher Apr.–Sept.
Kennzeichen: Schneeweiß; löffelförmiger Schnabel (Name!); im Flug (**2c**) mit ausgestrecktem Hals.
Vorkommen: Gewässer mit Flachwasserzonen und Röhrichten bzw. Ufergebüsch, weit zerstreute Brutkolonien in den Niederlanden, Österreich und Ungarn; zusammen kaum 1000 Brutpaare.
Wissenswertes: Die Löffler brüten in wenigen besonders geschützten Kolonien, u.a. am Neusiedler See und auf Texel sowie in neuerer Zeit zunehmend auch auf anderen holländischen Inseln. Ihre Nahrung, die aus Krebschen und Wasserinsekten, Kaulquappen und kleinen Fischen, Schnecken und Muscheln besteht, seihen sie aus dem flachen Wasser (**2b**). Dazu ist der löffelförmige Schnabel, der durch seitliche Kopfbewegungen gewandt eingesetzt wird, optimal geeignet. Die Nester der Löffler befinden sich im Schilfröhricht auf umgeknicktem Pflanzenmaterial. Die auch außerhalb der Brutzeit gesellig lebenden Löffler fliegen zu mehreren meist in breiter Front und ziehen im Herbst bis in die Mittelmeerländer und manchmal noch über die Sahara hinaus nach Süden.

3 Flamingo
Phoenicopterus ruber

L 127 cm >> Graureiher
Kennzeichen: Größe und Schlankheit; Gefieder weiß, rosa angehaucht; Flügel schwarz und scharlachrot; extrem lange Beine und Hals.
Vorkommen: Im Flachwasser brackiger Küstenlagunen und salzhaltiger Binnengewässer des Mittelmeerraumes; in Mitteleuropa nur gelegentlich als Gast, häufiger als Zooflüchtling.
Wissenswertes: Flamingos gehören zu den apartesten und elegantesten Vögeln. Mit ihrem nach unten abgewinkelten Schnabel seihen sie Kleingetier aus dem Wasser. Die bekanntesten Brutkolonien befinden sich in der Camargue und in Südspanien. Im Zwillbrökker Venn (Nordrhein-Westfalen) besteht eine 10–15 Paare umfassende Brutkolonie des Chile-Flamingos (*Phoenicopterus chilensis*), der graue Beine mit rosafarbenen Gelenken hat. Die Tiere überwintern an der Scheldemündung in Holland und kehren im Frühjahr zurück.

1 Höckerschwan
Cygnus olor

L 158 cm bekannt Jan.–Dez.
Kennzeichen: Orangefarbener Schnabel mit schwarzem Höcker.

Vorkommen: Sehr häufig verwildert auf Gewässern aller Art, als Wildvogel auf größeren Seen im Nordosten; Park- und Wildvögel auch vermischt und nicht mehr sicher unterscheidbar; auch an Meeresküsten.

Wissenswertes: Höckerschwäne lernt heute schon jedes Kleinkind kennen. Auf fast allen Parkgewässern sind die zutraulichen, oft auch ausgesprochen aufdringlichen Großvögel die Lieblinge der Besucher. Inzwischen wird bereits die starke Zunahme der Höckerschwäne beklagt und teilweise auch begrenzt, weil – vor allem in Parks – Schäden an der Vegetation und Verdrängung anderer Wasservogelarten unausbleiblich sind. Besonders kopfstark sind die Scharen der jugendlichen Nichtbrüter; Höckerschwäne werden erst mit 3 oder 4 Jahren geschlechtsreif. Während sie in der Brutzeit gegenüber Artgenossen recht unduldsam sind und als Wildvögel bis zu 1 km^2 große Reviere verteidigen, schließen sie sich im Herbst oft zu Trupps zusammen. Im Winter kommen sie gern in von Gewässern durchflossene Städte, um sich dort füttern zu lassen. Der Start vom Wasser aus erfolgt immer gegen den Wind, oft durch Laufbewegungen mit den Beinen unterstützt (**1b**). Tauchen können die Schwäne nicht, aber dafür gründelnd mit dem langen Hals Wasserpflanzen noch in 1 m Tiefe erreichen. Das schneeweiße Gefieder und die anmutigen Halsbewegungen haben den Schwan zum Inbegriff von Eleganz und Schönheit werden lassen und ihm auch in der europäischen Kultur einen besonderen Rang gesichert.

2 Singschwan
Cygnus cygnus

L 150 cm ~ Höckerschwan Nov.–März
Kennzeichen: Gelber Schnabel mit schwarzer Spitze.

Vorkommen: Im Norden in Küstennähe regelmäßiger und zum Teil zahlreicher Wintergast; auf bestimmten Binnenseen, Altarmen und benachbartem Grünland und Wintersaaten auch im Binnenland.

Wissenswertes: Der ruffreudigste unter den Schwänen (Name!) stößt trompetende Laute aus, die über 1 km weit zu hören sind. Manche Gewässer sind offenbar traditionelle Überwinterungsorte und werden sehr gezielt angeflogen. In den größeren Trupps dominieren oft die noch nicht geschlechtsreifen Tiere. Die Familien mit Jungen halten sich meistens etwas stärker randlich oder gar getrennt von den anderen Singschwänen auf. Die Partner bleiben das ganze Jahr über zusammen. Beide bauen gemeinsam das Nest und führen gemeinsam die 3–6 Jungen. Die bekannte Drohstellung des Höckerschwans gibt es bei den Singschwänen nicht.

3 Zwergschwan
Cygnus bewickii

L 120 cm ≪ Höckerschwan Nov.–März
Kennzeichen: Schwarzer Schnabel mit gelber Schnabelwurzel.

Vorkommen: Regelmäßiger Wintergast in Küstennähe; nur selten im Binnenland.

Wissenswertes: Aus Nordrußland wandern diese kurzhalsigen, etwas kompakter wirkenden Schwäne über den Ladoga-See und den Finnischen Meerbusen an die Westküste Dänemarks, zum Niederrhein und in die Niederlande, nach Südengland und in die Camargue, wo sie feste Winterquartiere beziehen.

4 Schwarzer Schwan
Cygnus atratus

L 145 cm < Höckerschwan Jan.–Dez.
Kennzeichen: Völlig schwarz, weiße Handschwingen nur im Fluge sichtbar.

Vorkommen: Einzelne Tiere unregelmäßig auf unterschiedlichsten Gewässern; immer Zoo- oder Parkteichflüchtlinge; keine dauerhafte Ansiedlung.

Wissenswertes: Die Schwarzen Schwäne stammen ursprünglich aus Australien, wo sie in Kolonien dicht beisammen brüten. In Neuseeland sind sie seit 1864 eingebürgert; hier haben sie so stark zugenommen, daß der Bestand heute reguliert werden muß.

1 Graugans
Anser anser

L 78 cm   ~ Hausgans   Jan.–Dez.

Kennzeichen: Orangefarbener Schnabel; silbergraue Vorderflügel, besonders auffällig beim Auffliegen.

Vorkommen: Brutvogel in Sümpfen und im Verlandungsgürtel von Seen; zur Nahrungssuche auch auf Wiesen und Feldern. Ursprüngliche Vorkommen im Norden und Nordosten; nach Wiedereinbürgerung inzwischen auch im Nordwesten schon zum Teil häufig und weit verbreitet.

Wissenswertes: Wie alle Gänse leben auch die Graugänse in einer Dauer-Einehe. Männchen (Ganter) und Weibchen sind gleich gefärbt. Nur die Weibchen brüten, während die Männchen in Nestnähe Wache halten. Außerhalb der Brutzeit sind alle Gänse sehr gesellig. Dann bilden oft Hunderte, manchmal auch Tausende von Tieren riesige Herden. Dieses kontaktfreudige Verhalten ist eine der wichtigsten Voraussetzungen für die Domestikation. Unsere Hausgänse stammen von der Graugans ab und ähneln ihr auch noch in ihren „gang-gang-gang"-Rufen. Da sie sich auch bei abweichender Färbung bis hin zu schneeweißem Gefieder mit den Angehörigen der ursprünglichen Wildform bestens verstehen, kommt es immer wieder zu Kreuzungen. Graugänse mit größeren weißen Gefiederpartien sind das Resultat. Daß von „dummen Gänsen" keine Rede sein kann, weiß jeder, der sich etwas intensiver mit Haus- oder Wildgänsen befaßt hat. Bei den Römern galten sie als klug und wachsam, und das nicht erst seit der Rettung des Capitols durch Gänsegeschrei.

2 Saatgans
Anser fabalis

L 78 cm   ~ Graugans   Okt.–März

Kennzeichen: Gelber Schnabel mit schwarzer Zeichnung; braun, mit dunklerem Hals und Kopf.

Vorkommen: Als Brutvogel der Taiga und Tundra West- und Ostsibiriens Wintergast vor allem in Ost-, aber auch in anderen Teilen Deutschlands; dann auf Wiesen und Feldern in der Nachbarschaft größerer Gewässer.

Wissenswertes: Die meisten Saatgänse aus dem riesigen eurasischen Brutgebiet überwintern in den europäischen Tiefländern zwischen Holland und Polen. In der Regel sind es zwischen 200 000 und 300 000. Besonders eindrucksvoll sind die abendlichen Flüge der großen Gänsescharen zu den Gewässern, auf denen sie die Nacht verbringen.

3 Bläßgans
Anser albifrons

L 68 cm   ≪ Graugans   Okt.–Apr.

Kennzeichen: Rötlicher Schnabel und weiße Stirnblässe; schwarze Bauchstreifen.

Vorkommen: Brutvogel in der eurasischen Tundra von der Kanin- bis zur Taimyr-Halbinsel; als Wintergast auf Grünland, vor allem in Küstennähe.

Wissenswertes: In den Niederlanden, am Niederrhein, am Dollart und im Ostseeküstengebiet weilt im Winter zeitweise bis zu einer halben Million Bläßgänse und damit ein Großteil der gesamten Weltpopulation. Ungestörte Nahrungsgründe in Mitteleuropa sind für diese nordischen Gänse überlebenswichtig. Störungen verhindern die Aufnahme jener Nahrungsmengen, die für den Aufbau von Energiereserven für den Rückflug und die anschließende Brutzeit erforderlich sind. Deshalb wurden vor allem am Niederrhein Schutzgebiete für die nordischen Gänse eingerichtet und die Bejagung eingestellt. Die Landwirte erhalten für die Flurschäden ein angemessenes Entgelt.

4 Streifengans
Anser indicus

L 74 cm   < Graugans   Jan.–Dez.

Kennzeichen: Hellgrau; zwei schwarze Querbinden im Nacken.

Vorkommen: Vereinzelt an verschiedenen Gewässern in Mitteleuropa; wohl immer als Gefangenschaftsflüchtling.

Wissenswertes: Aus ihrem zentralasiatischen Brutgebiet wandert die Streifengans im Herbst nach Indien, Pakistan und Bangladesch. Die in Mitteleuropa, vor allem am Niederrhein, beobachteten Tiere dürften alle aus Zoos und Parks entflogen sein.

1 Weißwangengans
Branta leucopsis

L 63 cm >> Stockente Okt.–Apr.
Kennzeichen: Schwarz-Weiß-Färbung; weißes Gesicht (Name!).

Vorkommen: Brutvögel von Nowaja Semlja und weiterer Inseln der Barentssee als regelmäßige und sehr zahlreiche Wintergäste im Watt und auf küstennahem Grünland, vor allem in Schleswig-Holstein, wo neuerdings auch mehrere Paare gebrütet haben.
Wissenswertes: Die Zahlen der Wintergäste aus dem arktischen Rußland haben in den letzten Jahren deutlich zugenommen. Mit über 70 000 Individuen überwintert inzwischen die Hälfte der gesamten Barentssee-Population im Bereich der Deutschen Bucht. Weitere Brutgebiete der Weißwangengans sind auf Grönland und Spitzbergen. Sie bevorzugt als Neststandort Klippen und Felsvorsprünge in möglichst unmittelbarer Küstennähe und brütet nicht selten in kleinen Kolonien. Weil sie wie eine Nonne ein schwarz-weißes Kleid trägt, wird die Weißwangengans auch Nonnengans genannt.

2 Ringelgans
Branta bernicla

L 57 cm > Stockente Sept.–Mai
Kennzeichen: Kleinste, dunkelste Gans mit weißen Streifen an den Seiten des schwarzen Halses (Name!); stark überwiegend die dunkelbäuchige Rasse.
Vorkommen: Brutgebiete dieser Rasse im nordwestlichen Sibirien, vor allem auf der Taimyr-Halbinsel; zunehmend häufiger Wintergast in der Deutschen Bucht, vor allem in Schleswig-Holstein; nur auf dem Meer und in unmittelbarer Küstennähe.
Wissenswertes: Sechs von zehn aller dunkelbäuchigen Ringelgänse der Welt kommen als Wintergäste nach Deutschland. Als reine Meeresgänse trinken sie – zumindest die Altvögel – sogar Salzwasser. Als Nahrung bevorzugen sie Seegras und Queller, neuerdings aber auch zunehmend Gräser und Wintergetreide. Insgesamt sind die verschiedenen Rassen der Ringelgans zirkumpolar verbreitet.

3 Kanadagans
Branta canadensis

L 96 cm >> Graugans Jan.–Dez.
Kennzeichen: Kopf und Hals schwarz mit weißem Wangenfleck; brauner Rücken; größte Gänseart auf unseren Gewässern.
Vorkommen: An Binnenseen, auch an kleineren Gewässern; nicht selten auffallend vertraut in Siedlungsnähe.
Wissenswertes: Die aus Nordamerika stammende Art (Name!) wurde schon im 17. Jahrhundert in England und nach 1930 in Schweden eingebürgert. In Mitteleuropa haben sich Kanadagänse von Parkteichen in die Freiheit abgesetzt. Die meisten hier beobachteten Tiere sind Wintergäste aus Schweden.

4 Brandgans
Tadorna tadorna

L 64 cm >> Stockente Jan.–Dez.
Kennzeichen: Überwiegend weiß mit dunkelgrünem Kopf und rotbraunem „Gürtel".
Vorkommen: Küsten und küstennahe Gewässer, zunehmend häufiger auch im Binnenland, vor allem am Niederrhein.
Wissenswertes: Brand- und Nilgans sind zwischen Gänsen und Enten einzuordnen. Beide Partner sind – wie andere Gänse – einander ähnlich, aber so bunt wie sonst eher die Enten. Die Brandgans brütet in Erdlöchern, gern in Kaninchenhöhlen. Im Juli/August kommen bis zu 100 000 Brandgänse zur Mauser auf den Großen Knechtsand zwischen Ems- und Wesermündung.

5 Nilgans
Alopochen aegyptiacus

L 69 cm << Graugans Jan.–Dez.
Kennzeichen: Plumper, großer Entenvogel; gelblichbraun; dunkle Augenrandung.
Vorkommen: In England seit 200 Jahren eingebürgert, in Holland seit 1969 wildlebend; deutliche Zunahme, vor allem am Niederrhein, aber immer noch nur vereinzelt.
Wissenswertes: Die Nilgans ist einer der verbreitetsten Wasservögel Afrikas. Die Erstansiedlung in Europa erfolgte mit menschlicher Hilfe; seither breitet sich die Art aus.

1 Stockente
Anas platyrhynchos

L 54 cm   bekannt   Jan.–Dez.

Kennzeichen: Erpel im Prachtkleid mit glänzend grünem Kopf, braunroter Brust und schwarzen „Schwanzlocken".

Vorkommen: An Gewässern aller Art; häufigste und verbreitetste Entenart.

Wissenswertes: Die Stockente ist für viele Menschen die Wildente schlechthin; zugleich ist sie die Stammform unserer Hausenten. Bastarde zwischen Stock- und Hausenten sind auf vielen Parkteichen und Schloßgräben anzutreffen. Für alle Enten gilt, daß die Erpel die längste Zeit des Jahres ein farbiges Kleid mit artspezifischen „Abzeichen" auf den Flügeln und die Weibchen ein braunes, eher schlichtes und unauffälliges Tarnkleid tragen. Die auf der nebenstehenden und der folgenden Tafel abgebildeten Entenarten haben mit der Stockente gemeinsam, daß sie normalerweise nicht tauchen, sondern „gründeln". Sie liegen höher auf dem Wasser als die tiefer einsinkenden Tauchenten. So können sie behende starten, ohne auf dem Wasser zu laufen. Der Name „Stockente" weist auf ihren bevorzugten Brutplatz in Baumhöhlen und in Kopfbäumen hin (**1b**). In den meisten Bundesländern ist die Stockente die einzige Entenart, die noch bejagt werden darf. Häufig geschieht das beim „Entenstrich", d.h. bei den abendlichen Nahrungsflügen von den Rastgewässern auf das Land oder zu besonders ergiebigen Nahrungsgründen.

2 Krickente
Anas crecca

L 35 cm   < Bläßhuhn   Jan.–Dez.

Kennzeichen: Kleinste heimische Ente; Erpel mit grauem Rücken, weißen Flügelstreifen und grünem „Spiegel" (Flügelabzeichen); Weibchen (**2b**) schlicht graubraun, aber ebenfalls mit grünem Flügelspiegel; Ruf „kritt kritt" (Name!).

Vorkommen: Flache Gewässer mit Verlandungszonen, Sümpfe, überschwemmte Wiesen; im Winter und auf dem Zug zahlreich und weit verbreitet; als Brutvogel jedoch viel seltener und nur örtlich verbreitet.

Wissenswertes: Bis zu welcher Tiefe unter Wasser pflanzliche und tierische Nahrung genutzt werden kann, hängt bei den Gründelenten von der Länge des Halses ab. Die Krickente als kleinste Art ist vorzugsweise auf Flachwasser und damit auf den ufernächsten Bereich angewiesen. Stockenten und erst recht Gänse und Schwäne sieht man oft etwas weiter vom Ufer entfernt gründeln. So wird zugleich die Konkurrenz gemildert.

3 Knäkente
Anas querquedula

L 38 cm   ~ Bläßhuhn   März–Okt.

Kennzeichen: Kleine Entenart; Erpel mit auffälligen weißen Streifen am Kopf.

Vorkommen: Nur vereinzelt und unregelmäßig Brutvogel an vegetationsreichen Gewässern; im gesamten mitteleuropäischen Raum drastischer Rückgang.

Wissenswertes: Die Knäkente gehört zu den wenigen Langstreckenziehern unter den heimischen Entenvögeln. Nur ein Bruchteil überwintert in West- und Südeuropa, die Mehrzahl im tropischen Afrika. Ihren Namen hat die Art wegen ihrer schnarrenden Rufe. Die Nahrungsaufnahme erfolgt weniger durch Gründeln unter Wasser als vielmehr dadurch, daß Partikel von der Wasseroberfläche abgepickt oder ausgeseiht werden.

4 Pfeifente
Anas penelope

L 46 cm   ≪ Stockente   Sept.–Apr.

Kennzeichen: Erpel mit rotbraunem Kopf und großer hellgelber Blesse; pfeifender Ruf wie „huihu" (Name!).

Vorkommen: Brutvogel an vegetationsreichen Gewässern in Nordeuropa und Nordasien, nur unregelmäßig einzelne Paare in Mitteleuropa; Durchzügler und Wintergäste zu Tausenden an unseren Küsten, auch einzeln oder in Trupps auf Gewässern im Binnenland.

Wissenswertes: Durch die markanten Pfiffe der Männchen wird der Beobachter auch bei gemischten Entenscharen immer sehr schnell auf die Pfeifenten aufmerksam. Öfter als die anderen Gründelenten sieht man die Pfeifenten auch auf Grünland in Küstennähe weiden.

1

Löffelente
Anas clypeata

L 49 cm < Stockente Jan.–Dez.

Kennzeichen: Erpel mit grünem Kopf, weißer Brust und dunkelbraunen Flanken; beide Geschlechter mit auffällig großem Löffelschnabel (Name!). Weibchen (**1b**) schlicht gefärbt.

Vorkommen: Binnengewässer mit größeren Verlandungszonen, Sümpfe; Brutvogel vor allem im Tiefland; verbreiteter Durchzügler; nur vereinzelt als Wintergast.

Wissenswertes: Der breite Löffelschnabel stellt einen speziell ausgebildeten und besonders funktionstüchtigen Seihapparat dar, mit dessen Hilfe im Wasser schwimmende tierische und pflanzliche Organismen „ausgesiebt" werden können.

2

Spießente
Anas acuta

L 50+14 cm ~ Stockente Jan.–Dez.

Kennzeichen: Erpel auffallend hell und schlank; brauner Kopf mit weißem Halsstreif; beide Geschlechter mit spießförmigem Schwanz (Name!), beim Weibchen allerdings nur angedeutet.

Vorkommen: Große Binnengewässer mit ausgeprägter Zonierung; Moore und Sümpfe; Bruten in Finnland und Nordrußland, nur sehr vereinzelt auch in Mitteleuropa; regelmäßig als Gast, vor allem im Norden.

Wissenswertes: Der lange Schwanzspieß wird beim Schwimmen aufrecht getragen. Der ebenfalls vergleichsweise lange Hals gestattet es der Spießente, 50 cm tief zu gründeln.

3

Schnatterente
Anas strepera

L 50 cm < Stockente Jan.–Dez.

Kennzeichen: Erpel grau, mit schwarzem „Heck"; Weibchen der Stockente sehr ähnlich, aber mit weißem Spiegel.

Vorkommen: Auf flachen, vegetationsreichen Gewässern; Brutgebiet von Weißrußland bis zur Mandschurei; in Mitteleuropa nur regional kleinere Brutvorkommen; häufiger als Durchzügler, nur selten als Überwinterer.

Wissenswertes: Die Art brütet erst seit 100 Jahren in Mitteleuropa und hat im Laufe dieses Jahrhunderts deutlich zugenommen. In Süddeutschland konzentrieren sich im Sommer die Erpel, die bei der Gefiedermauser mehrere Wochen flugunfähig sind, an einigen wenigen Gewässern.

4

Mandarinente
Aix galericulata

L 43 cm ≪ Stockente Jan.–Dez.

Kennzeichen: Ungewöhnliche Buntheit des Erpels durch hochgestellte braune „Segel" auf den Flügeln und braunen Kopfschmuck; Weibchen dagegen grau, mit hellen Flecken an der Brust.

Vorkommen: Ursprünglich Ostasien; in Europa punktuell – vor allem in Südostengland – eingebürgert; gelegentlich als Zoo- und Parkflüchtling an mit Bäumen umstandenen stehenden Gewässern.

Wissenswertes: Die Mandarinenten gelten als die prächtigsten Enten der Welt. Eben das wurde ihnen zum Verhängnis. Vor allem aus China wurden sie zu Tausenden exportiert. Heute sind die Mandarinenten in ihrem Ursprungsgebiet vielerorts vom Aussterben bedroht. Dafür gibt es in England eine stabile wildlebende Population. Auch in Mitteleuropa mehren sich die Bruten freifliegender Mandarinenten an Waldseen und -teichen mit alten, höhlenreichen Bäumen.

5

Kolbenente
Netta rufina

L 54 cm ~ Stockente März–Nov.

Kennzeichen: Plump, dickköpfig; für eine Tauchente ungewöhnlich hoch auf dem Wasser liegend; Erpel (**5a**) mit braunem Kopf und auffallend rotem Schnabel, schwarzer Brust und weißen Flanken.

Vorkommen: Größere Seen mit Schilfröhricht, in Mitteleuropa nur wenige Brutplätze; ein größeres Brutvorkommen am Bodensee; hier und an den Ismaninger Teichen auch die stärksten Konzentrationen außerhalb der Brutzeit; sonst meist unregelmäßiger Durchzügler.

Wissenswertes: Die Kolbenente hat sich erst in diesem Jahrhundert in Mitteleuropa als Brutvogel angesiedelt.

1 **Reiherente**
Aythya fuligula

L 43 cm ≪ Stockente Jan.–Dez.
Kennzeichen: Erpelkleid mit scharfem Schwarz-Weiß-Kontrast; vom Kopf herabhängende „Reiherfedern" (Name!).
Vorkommen: Auf stehenden und langsam fließenden Gewässern nach der Stockente zweithäufigste Entenart.
Wissenswertes: Wie alle Tauchenten holt die Reiherente ihre überwiegend aus Tieren – oft aus Wandermuscheln – bestehende Nahrung aus ein bis mehrere Meter tiefem Wasser. Schon beim Schwimmen tief im Wasser liegend, taucht sie mühelos unter, um in der Regel erst nach 15–20 Sekunden wieder auf der Wasseroberfläche zu erscheinen. Die Reiherente ist zur Zeit „stark im Kommen". Vor allem in den westlichen und südlichen Teilen Mitteleuropas breitet sie sich aus. Vielerorts verdichten und vergrößern sich die Brutbestände ganz erheblich. An den Meeresküsten, auf größeren Seen und auf Talsperren trifft man nach der Brutzeit Reiherenten oft zu Tausenden an.

2 **Tafelente**
Aythya ferina

L 44 cm ≪ Stockente Jan.–Dez.
Kennzeichen: Erpel mit grauem Rücken, braunem Kopf und schwarzer Brust.
Vorkommen: Auf größeren und kleineren vegetationsreichen Seen und Weihern; als Brutvogel, Durchzügler und Wintergast weit verbreitet und zum Teil sehr häufig.
Wissenswertes: Auch diese Art hat sich seit der Mitte des vorigen Jahrhunderts stärker nach Westen ausgebreitet und viele Brutplätze erst in den letzten 40 Jahren besetzt. Die Ausbreitung und Zunahme von Reiher- und Tafelente werden u.a. mit der verstärkten Eutrophierung der Gewässer und dem erhöhten Nahrungsangebot erklärt.

3 **Bergente**
Aythya marila

L 44 cm ≪ Stockente Sept.–Apr.
Kennzeichen: Erpel der Reiherente ähnlich, jedoch ohne Federschopf und mit hellgrauem Rücken; Weibchen (**3a**) mit weißem Ring um die Schnabelwurzel.
Vorkommen: Brutvogel im hohen Norden aller drei Kontinente; als Wintergast sehr zahlreich an der Meeresküste, viel seltener auf größeren Gewässern im Binnenland.
Wissenswertes: Diese Tauchente mit ihrer deutlichen Bevorzugung der Meeresküste ist besonders stark auf tierische Nahrung eingestellt. Sie erreicht Muscheln und Krebschen, indem sie bis zu 6 m tief taucht.

4 **Moorente**
Aythya nyroca

L 41 cm > Bläßhuhn März–Nov.
Kennzeichen: Erpel und Weibchen einander ähnlich; beide durchgehend rotbraun; weiße Unterschwanzdecken.
Vorkommen: Brutgebiet von Polen und Ungarn aus südostwärts; in Mitteleuropa nur einzelne und unregelmäßige Brutvorkommen; auch als Gast meist nur spärlich.
Wissenswertes: Sie neigt unter allen *Aythya*-Arten am stärksten zu pflanzlicher Kost und zur Besiedlung flacher und vegetationsreicher Gewässer mit minimalem Freiwasseranteil.

5 **Schellente**
Bucephala clangula

L 44 cm ≪ Stockente Jan.–Dez.
Kennzeichen: Erpel mit weißem Fleck zwischen Auge und Schnabelwurzel; Weibchen deutlich kleiner und mit braunem Kopf und weißem Halsring.
Vorkommen: Brutgebiet von Skandinavien und den Ostseeküstenländern an ostwärts; in Mitteleuropa im Osten Brutvogel an waldgesäumten Gewässern; häufiger Wintergast.
Wissenswertes: Der Name erinnert an das besonders prägnante klingelnde Fluggeräusch der Schellerpel. Als ausgeprägter Höhlenbrüterin kommt dem Weibchen (**5b**) die geringe Körpergröße zustatten. So kann sie sogar in Schwarzspechthöhlen brüten. Durch Aufhängen von Nistkästen hat man die Brutvorkommen der Art gefestigt und sogar ausgeweitet.

1 Eiderente
Somateria mollissima

L 59 cm > Stockente Jan.–Dez.

Kennzeichen: Erpel (**1a**) schwarz-weiß; Weibchen (**1b**) braun, intensiv gebändert; beide mit ungewöhnlichem Kopfprofil: eine Gerade von der Schnabelspitze bis zur Stirn.

Vorkommen: Häufiger Brutvogel an den Küsten des Nordatlantiks einschließlich der Nord- und Ostsee; als Wintergast im Küstenbereich sehr zahlreich, im Binnenland nur vereinzelt, aber zunehmend.

Wissenswertes: Die Dunen und die Eier der Eiderente waren in Island und Skandinavien früher sehr begehrt. Die Zunahme dieser typischen Meeresente und die Ausweitung ihres Brutgebietes bis in die Niederlande seit Anfang unseres Jahrhunderts dürften auf verstärkten Schutz und Sammelverbote zurückzuführen sein. Als Nahrung bevorzugt die Eiderente Muscheln. Die massenhafte Vermehrung der Wandermuschel in einigen Binnengewässern ist möglicherweise die Ursache dafür, daß die Art immer häufiger und regelmäßiger auch im Binnenland mausert oder überwintert. Fast immer befinden sich unter den Opfern von Ölkatastrophen auf den Meeren auch Eiderenten. Sie sind geschickte Taucher, die scheinbar mühelos mit halb angehobenen Flügeln im Wasser verschwinden und bis zu 1 Minute unter Wasser bleiben. Dabei können sie in Tiefen bis zu 10, im Extremfall sogar bis zu 20 m vordringen.

2 Samtente
Melanitta fusca

L 53 cm < Stockente Jan.–Dez.

Kennzeichen: Erpel schwarz mit weißem Fleck am Flügel und unter dem Auge.

Vorkommen: Das Brutgebiet erstreckt sich von Norwegen bis Kamtschatka und weiter bis Nordamerika. In Mitteleuropa häufiger Wintergast an den Küsten, seltener an großen Binnenseen; an den Küsten auch häufig Übersommerer und Mausergäste.

Wissenswertes: Das Wasserlaufen beim Starten ist bei der Samtente besonders ausgeprägt. Beim Tauchen breitet sie oft die Flügel aus. Mit Artgenossen gern vergesellschaftet,

meiden die Samtenten im Winterquartier meistens die bunt gemischten Trupps der anderen Entenarten. Dafür suchen sie offensichtlich bei der Brut gern die Nachbarschaft zu Brutkolonien von Möwen oder Seeschwalben, deren Wachsamkeit und Aggressivität gegenüber Beutegreifern auch ihre Sicherheit erhöht.

3 Trauerente
Melanitta nigra

L 48 cm < Stockente Jan.–Dez.

Kennzeichen: Erpel ganz schwarz; Weibchen dunkelbraun mit helleren Wangen.

Vorkommen: Brutvogel im Norden Europas und Asiens; in Mitteleuropa häufiger Winter- und regelmäßiger Sommergast an den Küsten; weitaus seltener im Binnenland.

Wissenswertes: Meeresküsten, die die Trauerenten nach der Brutzeit bevorzugen, werden zur Brut selbst gemieden. Dann werden Binnengewässer – zum Teil weit von der Küste entfernt – aufgesucht. Die Trauerente hält – im Gegensatz zur Samtente – beim Tauchen die Flügel geschlossen. Mit ihr und der Samtente teilen viele Eiderenten das Schicksal, auf dem Meer in Öllachen zu geraten und mit ölverklebtem Gefieder zu verenden.

4 Eisente
Clangula hyemalis

L 33 + 20 cm (bzw. + 6 cm) < Bläßhuhn Okt.–Apr.

Kennzeichen: Mit Weiß am Körper und dunklen Flügeln ungewöhnliche Farbverteilung; geringe Größe; Schwanzspieß des Erpels.

Vorkommen: Bruten in der Arktis aller drei Kontinente; häufigste Entenart der Tundra; Überwinterung an den Meeresküsten; ausnahmsweise auf küstennahen Binnenseen.

Wissenswertes: Die Ostsee ist für die Art weltweit das wichtigste Winterquartier. Hier weilen zeitweise bis zu einer halben Million Eisenten, die tauchend den Muscheln und Krebsen nachstellen und dabei bis über 30 m tief tauchen sollen. Es wurden Tauchzeiten von über 1 Minute ermittelt.

1 Gänsesäger
Mergus merganser

L 66 cm >> Stockente Jan.–Dez.

Kennzeichen: Erpel weiß mit dunkelgrünem, Weibchen grau mit braunem Kopf und kleiner Haube.

Vorkommen: Zur Brut an bewaldeten Ufern von Seen und Flüssen sowie an Küsten mit Baumbestand. Im Norden aller drei Kontinente verbreitet; davon getrennt verstreute, kleinere Brutvorkommen am nördlichen Alpenrand und in anderen Hochgebirgen. Häufiger Wintergast an den Küsten und auf größeren Binnengewässern.

Wissenswertes: Der Gänsesäger, die größte unter den Säger-Arten, ist wie seine Verwandten ein auf den Fischfang spezialisierter Entenvogel. Mit ihren schlanken Schnäbeln, deren Ränder mit Hornzähnchen sägeartig (Name!) besetzt sind, halten die Säger die glitschigen Fische fest. Sie wirken schlanker und gewandter als die anderen Entenvögel und liegen besonders tief im Wasser. Manchmal ist am Hinterkopf eine kleine abgesträubte Haube zu sehen. – Als Höhlenbrüter erweist sich der Gänsesäger als sehr flexibel. Außer Höhlen in alten Bäumen kommen für ihn durchaus auch Felshöhlen, Mauerlöcher und – zumindest in Skandinavien und Finnland – nicht genutzte Kamine in unbewohnten Ferienhäusern als Brutplatz in Betracht. Wo es an Höhlen mangelt, werden die Eier auch unter Baumwurzeln auf die Erde, auf Dachböden oder in große Nistkästen gelegt. Viele Küken müssen bereits an ihrem ersten Lebenstag aus mehreren Metern Höhe in die Tiefe springen und – geführt von der Mutter – weite Wege bis zum rettenden Wasser zurücklegen. – Im Winterquartier erweisen sich die Gänsesäger als perfekte Tauchfischer. Durch Wasserlugen, d.h. Eintauchen des Gesichtes in das Wasser, werden häufig die Fischschwärme zunächst geortet. Nicht selten tauchen mehrere Gänsesäger synchron und treiben die Fische nach Manier einer Treiberwehr auf das Ufer zu. Als Beute werden kleine, bis 10 cm lange Fische bevorzugt. Gänsesäger haben nicht selten unter schmarotzenden Möwen zu leiden, denen sie aber durch häufigen Ortswechsel zu entgehen versuchen.

2 Mittelsäger
Mergus serrator

L 57 cm > Stockente Jan.–Dez.

Kennzeichen: Männchen (**2b**) mit Schopf, weißem Hals- und braun gemustertem Brustband; Weibchen (**2a**) ähnelt dem des Gänsesägers, allerdings geht die helle Färbung von Kehle, Hals und Brust ineinander über.

Vorkommen: Brutvogel im hohen Norden Europas, Asiens und Amerikas; kleinere Vorkommen auch im Ostseeküstengebiet mit Tendenz zur Ausbreitung nach Süden. Als Wintergast meistens auf küstennahe Gewässer beschränkt.

Wissenswertes: Der Mittelsäger erinnert in etlichen Verhaltensweisen an den Gänsesäger. Er bevorzugt jedoch etwas kleinere Fische als dieser, jedoch größere als der Zwergsäger. Die unterschiedliche Körpergröße der 3 Säger-Arten und die sich daraus ergebende Bevorzugung unterschiedlich großer Beutefische tragen zur Vermeidung von Nahrungskonkurrenz zwischen den 3 Arten bei. Im Gegensatz zum Gänsesäger brütet der Mittelsäger am Boden zwischen Steinen oder in dichter Vegetation in Wassernähe. Bei beiden Arten legen gelegentlich 2 oder mehrere Weibchen ihre Eier in dasselbe Nest, so daß bis zu 56 Eier in einem einzigen Nest gefunden wurden.

3 Zwergsäger
Mergus albellus

L 42 cm > Bläßhuhn Okt.–Apr.

Kennzeichen: Männchen (**3a**) weiß mit schwarzer Zeichnung; Weibchen (**3b**) grau mit braunem Oberkopf und weißen Wangen.

Vorkommen: Brutvorkommen im hohen Norden Europas und Asiens; in Mitteleuropa Wintergast. Zahlreicher im Bereich von Küstengewässern sowie an Seen, Stauseen und Altwassern des Binnenlandes.

Wissenswertes: Zur Brutzeit werden waldumsäumte Gewässer bevorzugt, weil Baumhöhlen als Brutplätze dienen. Im Winter ist von dieser Vorliebe nichts zu bemerken. Dennoch werden bestimmte Gewässer traditionell anderen als Winterquartier vorgezogen, so daß es z.B. in den Niederlanden mancherorts zu größeren Ansammlungen kommt.

1 **Mäusebussard**
Buteo buteo

L 53 cm bekannt Jan.–Dez.

Kennzeichen: Häufig im Segelflug kreisend; breite Flügel, kurzer Hals und meistens breit gefächerter Schwanz; Gefiederfärbung sehr variabel; als Ruf lautes katzenartiges Miauen („Katzenaar").

Vorkommen: Verbreitetste Greifvogelart, mit Schwerpunkt in der mit Wald durchsetzten Agrarlandschaft; braucht die offene Landschaft zur Jagd und Bäume – meistens in Waldrandnähe – zur Brut.

Wissenswertes: Seit er ganzjährige Schonzeit genießt, ist der Mäusebussard dem Menschen gegenüber sehr vertraut geworden. Fahrende Autos werden toleriert; nicht selten sieht man einzelne ansitzende Tiere niedrig in Gehölzen an Böschungen, nur wenige Meter vom Straßenrand entfernt. Wie der Name richtig andeutet, stellen Mäuse die Hauptnahrung dieses Bussards, der meistens braun, manchmal aber auch mehr oder weniger weiß (**1a**) gefärbt ist. Dabei handelt es sich um individuelle Farbvarianten ohne erkennbare geographische Verbreitungsmuster. Keine Farbvarianten in Richtung Weiß weisen **Rauhfußbussarde** (*Buteo lagopus*, **1d**) auf, die als Wintergäste aus den Tundren des Nordpolargebietes nach Mitteleuropa kommen. Sie sind vor allem am hellen Schwanz mit seiner schwarzen Schwanzendbinde zu erkennen.

2 **Wespenbussard**
Pernis apivorus

L 55 cm ~ Bussard Apr.–Okt.

Kennzeichen: Schlanker als der Mäusebussard mit taubenartig vorgestrecktem Kopf und längerem, enger angelegtem Schwanz; Segelflug, aber auch oft dicht über und auf dem Boden, manchmal geschickt laufend.

Vorkommen: In mosaikartig aus Wald und waldfreien Flächen aufgebauten Landschaften; mehr in der Ebene als in den Mittelgebirgen; insgesamt viel seltener als der Mäusebussard.

Wissenswertes: Im Gegensatz zum Mäusebussard ist der Wespenbussard ein ausgeprägter Langstreckenzieher, der in Äquatorial- und Südafrika überwintert. Am häufigsten zu beobachten und am leichtesten zu erkennen ist er auf dem Zuge im September, wenn oft etliche Tiere in Sichtkontakt nach Südwesten ziehen, abwechselnd vorangleiten und durch kreisendes Segeln wieder an Höhe gewinnen. Der Name verweist auf die Lieblingsnahrung dieses Beutegreifers, der Wespennester mit den Füßen freischarrt und neben anderen Insekten auch kleine Wirbeltiere erbeutet.

3 **Rotmilan**
Milvus milvus

L 61 cm >> Bussard Jan.–Dez.

Kennzeichen: Ein besonders eleganter Segelflieger mit deutlich gegabeltem Schwanz und rostrot (Name!) gestreifter Unterseite.

Vorkommen: Nur in Teilen Mitteleuropas, vor allem in Ebenen und Flußtälern; dort örtlich ausgesprochen häufig.

Wissenswertes: Segelnden und gaukelnden Milanen zuzusehen, ist ein ästhetisches Vergnügen, das bereits Dichter beflügelte, vom „König im Reich der Lüfte" zu sprechen. Ihre Speisekarte ist sehr abwechslungsreich zwischen Aas und meistens nicht gesunden Tieren von Hühner- und Hasengröße. Nach der Brutzeit suchen oft bis zu 50 oder gar 100 Rotmilane über längere Zeit gleichbleibende Schlafplätze auf.

4 **Schwarzmilan**
Milvus migrans

L 56 cm > Bussard März–Okt.

Kennzeichen: Weniger tief gegabelter Schwanz; insgesamt dunkler (Name!) und etwas kleiner als der Rotmilan.

Vorkommen: Weltweit sehr häufig und zum Teil in menschlichen Siedlungen; in Mitteleuropa seltener als der Rotmilan, im Nordwesten fehlend.

Wissenswertes: Während die Rotmilane Mitteleuropa nur zum Teil im Winter verlassen, überwintern die Schwarzmilane fast durchweg in Afrika südlich der Sahara. Sie ernähren sich im übrigen zu einem erheblichen Teil von zumeist toten oder kranken Fischen und halten sich deshalb vorzugsweise an Flüssen und Seen auf.

1   Habicht
Accipiter gentilis

L 53 cm   ~ Bussard   Jan.–Dez.
Kennzeichen: Längerer Schwanz, kürzere und breitere und dadurch stärker gerundete Flügel als bei Bussarden. Altvögel dunkel graubraun, unterseits gebändert.

Vorkommen: Brutvogel im Randbereich von Waldgebieten; zur Jagd vor allem in reich strukturierten Landschaften; neuerdings auch wieder in Stadtrandbereichen.

Wissenswertes: Habichte leben monogam und sind sehr reviertreu, wechseln allerdings innerhalb des Reviers nicht selten die Horste. Das Jagdgebiet eines Brutpaars ist im Mittel 30–50 km^2 groß. Als Ansitz- und Überraschungsjäger ist er für den Beobachter viel seltener sichtbar als die Bussarde. Das Männchen ist etwa ein Drittel kleiner als das Weibchen und somit nur gut krähengroß („Terzel"). Es bevorzugt kleinere, bis taubengroße, das Weibchen dagegen bis hühnergroße Beutetiere. Das brütende und seine Jungen bewachende Weibchen und die Nestlinge werden vom Männchen mit Nahrung versorgt. Erst wenn die Jungen größer geworden sind, schaltet sich auch das Weibchen wieder in den Beuteerwerb ein.

2   Sperber
Accipiter nisus

L 33 cm   ~ Taube   Jan.–Dez.
Kennzeichen: Geringere Größe als Habicht; jedoch Sperberweibchen fast so groß wie Habichtmännchen; Weibchen unterseits mit grauer, Männchen (**2a**) mit rotbrauner Bänderung („Sperberung").

Vorkommen: Brütet vorzugsweise in mittelalten Nadelholzbeständen, jagt dagegen vor allem in abwechslungsreicher Kulturlandschaft, im Winter sogar in Dörfern und im Stadtrandbereich.

Wissenswertes: Die im jeweiligen Lebensraum häufigsten Kleinvögel (bis Taubengröße) stellen in der Regel die wichtigste Beute dieser Art, bei der – wie beim Habicht – die Männchen deutlich kleiner sind als die Weibchen und auch im Schnitt die kleineren Beutetiere bevorzugen. Die Jagdreviere der Sper-

berpaare erreichen meistens nur ein Fünftel der Größe von Habichtsjagdgebieten. Wo sie erscheinen, versetzen sie die Kleinvögel in helle Erregung; keine Greifvogelart löst bei den Singvögeln vergleichbar starke und langandauernde Rufreaktionen aus. Die neuerliche Erholung der zeitweilig von der Auslöschung bedrohten Sperberbestände dürfte sowohl mit dem Jagdverbot als auch mit einem zurückhaltenderen Umgang mit Pestiziden, vor allem auch mit dem DDT-Verbot, zu erklären sein.

3   Rohrweihe
Circus aeruginosus

L 53 cm   ~ Bussard   März–Okt.
Kennzeichen: Flügelhaltung beim Segeln und Gleiten bei allen Weihen V-artig; größer als andere Weihen; Flügel breiter und gerundeter; Schwanz wirkt kürzer.

Vorkommen: In Röhrichten, aber auch in Getreidefeldern und Grünland; im Norden häufiger als im Süden; große Verbreitungslücken.

Wissenswertes: Diese Art ist deutlich stärker an Wasser und Feuchtgebiete gebunden als die anderen Weihen-Arten. Ihr Nest steht meistens im Röhricht über Wasser. Am Wasser lebende Tiere, vor allem Vogelküken, bilden ihre Hauptnahrung während der Brutzeit.

4   Wiesenweihe
Circus pygargus

L 44 cm   < Krähe   Apr.–Sept.
Kennzeichen: Männchen hellgrau mit schwarzen Flügelspitzen; Weibchen braun mit weißem Bürzel.

Vorkommen: Seltener Brutvogel in Mooren und Feuchtwiesen, neuerdings in einigen großflächigen Ackerbaugebieten (Börden).

Wissenswertes: Sehr ähnlich ist die etwas größere Kornweihe (*Circus cyaneus*, **4b**), die noch stärker an Moore gebunden ist, aber auch Heiden und Dünengebiete bewohnt. Die Wiesenweihe überwintert in Afrika, die Kornweihe dagegen auch in Mitteleuropa, wo sie dann gelegentlich auch in großen Ackerbau- und Grünlandgebieten angetroffen wird, in denen sie zur Brutzeit nicht vorkommt.

1 Steinadler
Aquila chrysaetos

L 82 cm   ~ Adler   Jan.–Dez.

Kennzeichen: Größe; herrlicher Anblick beim Segel- und Gleitflug; aufgebogene Handschwingen und schwach gerundeter Schwanz; alte Tiere fast einfarbig dunkelbraun.

Vorkommen: Felsregion und Gebirgswälder, im Winter auch in tieferen Lagen; nach starkem Rückgang neuerdings Erholung; in den Alpen wohl wieder über 200 Paare.

Wissenswertes: Hoch am Himmel kreisende Steinadler markieren auf diese Art ihr Revier. Gejagt wird im niedrigen Suchflug oder vom Ansitz aus. Als Beute kommen Säuger bis hin zu jungen Schafen, Gemsen und Rotwildkälbern in Betracht. Die Berichte über Schäden am Weidevieh halten objektiver Prüfung meistens nicht stand. Ihre Horste haben die in Dauerehe lebenden Steinadler meistens in unzugänglichen Felswänden, in Skandinavien und Schottland auch in höheren Bäumen. In früheren Jahrhunderten lebte die Art auch in den Waldgebieten der Mittelgebirge, wo sie allerdings restlos ausgerottet wurde. – Dabei begegnete der Mensch den Adlern eigentlich mit einer gewissen Hochachtung. Schon Assyrer und Babylonier verehrten sie als heilige Tiere. Als Urbild stolzer Kraft finden wir Adler heute noch als Wappentiere in Deutschland, Österreich, Rußland und in den USA und – zumindest in Gemeindewappen – noch weit darüber hinaus. Das Hieroglyphenbild des Adlers nimmt im ägyptischen Alphabet die erste Stelle ein und geht fließend in unser heutiges A über, wobei der linke Schrägstrich für den Rücken und Schwanz, der rechte für Brust und Füße und die Spitze für den Kopf stehen.

2 Seeadler
Haliaeetus albicilla

L 76 cm   ~ Adler   Jan.–Dez.

Kennzeichen: Größe und keilförmiger, kurzer Schwanz, der bei Altvögeln weiß ist; breite, auffallend großflächige Flügel, im Segelflug kaum gewinkelt.

Vorkommen: Im Nordosten seltener Brutvogel in Meeresnähe und an entlegenen Binnenseen; Horst in Mitteleuropa in hohen Bäumen, in Skandinavien meistens in Felswänden.

Wissenswertes: Der Seeadler jagt vorzugsweise an Binnenseen und erbeutet dort bis mehrere Kilogramm schwere Fische, aber auch Vögel bis Graureiher- und Gänsegröße. Schwimmvögel werden oft geschlagen, nachdem sie nach mehrfachem Untertauchen stark ermattet sind. Wenn die Gewässer vereisen, jagt der Seeadler auch über Land. Er gerät dann vielfach bis tief in das Binnenland, wo sein Erscheinen bei den Vogelkundlern meistens viel Aufsehen erregt. Nach starkem Bestandsrückgang scheint sich das Vorkommen der Art gegenwärtig zu stabilisieren.

3 Fischadler
Pandion haliaetus

L 55 cm   ~ Bussard   Apr.–Sept.

Kennzeichen: Kopf (mit angedeuteter Haube) und Bauch weiß; auffällige schwarze Flecken an den „Handgelenken".

Vorkommen: In der Nähe größerer Gewässer, vorzugsweise an Fischteichen; als Brutvogel mit einem mit über 100 Paaren gesicherten Bestand nur im Nordosten; in der Zugzeit auch in anderen Teilen Mitteleuropas.

Wissenswertes: Eindrucksvolle Jagdbilder bietet der Fischadler, wenn er sich mit vorgestreckten Fängen ins Wasser stürzt und mit einem stattlichen Fisch als Beute wieder auftaucht (**3a**).

4 Gänsegeier
Gyps fulvus

L 100 cm   > Adler   Febr.–Nov.

Kennzeichen: Gewaltige Größe; kurzer, gerade abgeschnittener Schwanz; helle Halskrause.

Vorkommen: Karst- und Steppengebiete Südeuropas; in Deutschland als Brutvogel ausgestorben; als Gast in den Ostalpen.

Wissenswertes: Klimaänderung war wohl die Hauptursache für den Rückzug dieser wärmeliebenden Art aus Mitteleuropa. Bei geänderter Viehhaltung steht den Geiern vielfach auch nicht mehr hinreichend Aas größerer Haustiere als Nahrung zur Verfügung.

1   Turmfalke
Falco tinnunculus

L 34 cm   ~ Taube   Jan.–Dez.

Kennzeichen: Spitze Flügel und langer Schwanz; Rüttelflug, dabei Kopf nach unten gerichtet und Schwanz gefächert; rotbrauner Rücken; nur Männchen (**1a**) mit blaugrauem Kopf und Schwanz, Weibchen (**1b**) und Junge deutlich gebändert.

Vorkommen: In allen offenen Landschaften sowie in Städten und Dörfern; besonders oft an Straßenrändern zu beobachten.

Wissenswertes: Diese zum Teil vor, zum Teil nach dem Mäusebussard häufigste Greifvogelart Mitteleuropas ist außerordentlich anpassungsfähig. Sie brütet in Bäumen – vor allem in alten Krähen- und Elsternnestern – ebenso wie auf Felsen, auf Türmen und an Hochhäusern. Turmfalken im Rüttelflug kann man über Bracheflächen inmitten der Städte, aber auch in der Weite des Grünlandes und der Ackerflächen der Börden beobachten. Autofahrer staunen über seine „Nervenstärke", wenn er unmittelbar neben vorbeirasenden Autos im Gezweig des Randgrüns sitzt oder gar über dem Mittelstreifen rüttelt. Der Turmfalken-Bestand ist – offenbar in Abhängigkeit von der wechselnden Mäusedichte – deutlichen Schwankungen unterworfen.

2   Baumfalke
Falco subbuteo

L 34 cm   ~ Taube   Apr.–Okt.

Kennzeichen: Mit seinen langen, sichelförmigen Flügeln an große Segler erinnernd; dunkler Kopf und deutliche Bartstreifen; rotbraune Schenkel („Hosen").

Vorkommen: Nur regional in offenen, mit Gehölzen durchsetzten Agrarlandschaften; eine mancherorts seltene und gefährdete Art.

Wissenswertes: Der Flug des Baumfalken zeichnet sich durch besondere Schnelligkeit, Leichtigkeit und Eleganz aus. Unter den heimischen Greifvögeln ist diese Art der ausdauerndste Flieger, der mit den Füßen gefangene Libellen sogar im Fluge zum Schnabel führt und verspeist. Unter den Vögeln sind ausgerechnet gewandte Flieger wie Schwalben und Segler die bevorzugte Beute. Auch zur Zugzeit erweist sich der Baumfalke als besonders flugfreudig, wandert er doch als Langstreckenzieher bis ins südliche Afrika. Zur Überraschung der Vogelkundler nutzt dieser Falke neuerdings neben Nestern und Nestunterlagen anderer Vögel in Baumgruppen und Feldgehölzen auch solche in Gittermasten in weithin baumfreien Bördelandschaften.

3   Wanderfalke
Falco peregrinus

L 43 cm   < Krähe   Apr.–Okt.

Kennzeichen: Größte heimische, deutlich massiger wirkende Falkenart; mit breitem schwarzem Bartstreifen, der sich deutlich vom weißen Kinn und Kropf absetzt; im Gleitflug pfeilförmig, beim Kreisen jedoch mit breiteren Flügeln und gefächertem Schwanz.

Vorkommen: Als seltener Brutvogel in mit Felsen oder Altholzbeständen durchsetzten abwechslungsreichen Landschaften im Süden und Osten, neuerdings auch wieder im Nordwesten Mitteleuropas.

Wissenswertes: Der Wanderfalke zeigt beispielhaft, wie eine von der Ausrottung bedrohte Vogelart von intensiven Schutzmaßnahmen profitieren und sich wieder ausbreiten kann. Mit Bruten auf Kirchtürmen, Schornsteinen und Fabrikbauten hat dieser traditionsreiche Beizvogel erste Schritte in einen für die Art völlig neuen Lebensraum vollzogen. Dennoch brüten von dieser weltweit verbreiteten Art in Mitteleuropa heute erst wieder kaum mehr als 400 Paare.

4   Merlin
Falco columbarius

L 30 cm   << Taube   Sept.–Apr.

Kennzeichen: Kleinster Falke Europas; unterseits braun gestreift; Männchen oberseits graublau, Weibchen dunkelbraun.

Vorkommen: Regelmäßiger, aber immer nur vereinzelter Wintergast und Durchzügler in der offenen Agrarlandschaft.

Wissenswertes: Der Merlin brütet in der Taiga und Waldtundra Nordeuropas teils auf Bäumen, teils auf dem Boden. Er jagt vorzugsweise in Bodennähe, bei uns vor allem auf Kleinvogelschwärme aus Lerchen und Finken.

1

Rebhuhn
Perdix perdix

L 30 cm ≪ Taube Jan.–Dez.

Kennzeichen: Rundliche, gedrungene Gestalt; kurzer rotbrauner Schwanz; rostfarbener Kopf und grauer Hals; Hahn mit hufeisenförmigem braunem Brustfleck.

Vorkommen: Offene Agrarlandschaften, Heiden und Brachland, vor allem in der Ebene, aber auch in Mittelgebirgslagen; weit verbreitet, doch seit Jahren stark rückläufig.

Wissenswertes: Das Rebhuhn braucht eine kleinstrukturierte Agrarlandschaft mit Rainen, Bracheflächen, Hecken und Gebüschen sowie mit artenreicher Wildkrautflora. Alles das aber vermag der moderne Ackerbau mit seinen vergrößerten Schlägen nicht zu bieten. Die Art reagiert mit drastischem Rückgang bis hin zum völligen Verschwinden. Ob die agrarpolitisch geforderte Flächenstillegung diese Entwicklung aufzuhalten vermag, muß sich erst noch zeigen. Die Ortstreue der Rebhuhnketten, (Familienverbände, **1a**) und der Völker, zu denen sich im Winter oft mehrere Ketten zusammenschließen, erschwert die Wiederbesiedlung von Landstrichen, aus denen die Art einmal verschwand. – Rebhühner halten sich vorzugsweise am Boden auf, rennen und drücken sich sehr effektiv, weil ihre Gefiederfarbe dem Boden optimal angepaßt ist. Der Name malt den schnarrenden Ruf des Hahnes in der Dämmerung oder die „ripriprip"-Rufe auffliegender Ketten nach, hat auf jeden Fall mit Weinreben nichts zu tun.

2

Wachtel
Coturnix coturnix

L 18 cm ≪ Star Apr.–Sept.

Kennzeichen: Gestalt wie ein Rebhuhn, doch viel kleiner; sandbraunes, gestreiftes Gefieder; Hahn mit dunklem Kehlband.

Vorkommen: Vor allem in Getreidefeldern, aber auch im Grün- und Weideland; ziemlich selten.

Wissenswertes: Selbst dort, wo sie noch regelmäßig vorkommt, wird die Wachtel nur selten einmal gesehen. Ihr Ruf aber ist auch heute noch gelegentlich zu hören; er ist dreisilbig und wurde u.a. mit der Aufforderung

„Bück den Rück" übersetzt. Die starengroßen Vögel halten sich meist in dichter Vegetation auf und sind nur schwer zum Auffliegen zu bewegen. Sie traten offensichtlich auch früher – in biblischer Zeit – schon invasionsartig, d.h. in stark schwankender Zahl auf. Doch heute bleiben sie vielerorts ganz aus, was sowohl auf die Intensivierung des Ackerbaus als auch auf die starke Bejagung im Süden zurückgeführt wird. Die Wachtel ist nämlich der einzige Zugvogel unter den Hühnervögeln und überwintert vor allem südlich des Mittelmeeres, zum Teil südlich der Sahara.

3

Steinhuhn
Alectoris graeca

L 34 cm ~ Taube Jan.–Dez.

Kennzeichen: Roter Schnabel und rote Füße; weißer Kehlfleck mit schwarzer Begrenzung.

Vorkommen: In den Alpen, zumeist oberhalb der Waldgrenze; vor allem auf steinigen Steilhängen; manchmal auch in lichten Wäldern und im Winter auch in tieferen Lagen.

Wissenswertes: Früher war das Steinhuhn in den Alpen offenbar häufiger und weiter verbreitet; heute gibt es nur noch wenige nennenswerte Vorkommen. Auffällig sind die gereihten Rufe: „Witt-witt-witt". Der Gesang des Hahns steigert sich innerhalb der Strophe in der Lautstärke und im Tempo zu einem harten Staccato.

4

Alpenschneehuhn
Lagopus mutus

L 36 cm > Taube Jan.–Dez.

Kennzeichen: Weiße Flügel; Rumpf im Winter weiß (**4a**), im Sommer braun (**4b**).

Vorkommen: In den Alpen weit oberhalb der Baumgrenze; auf steinigen Hängen, zwischen Felsen und Krummholzgebüsch; in den Hochlagen weiter verbreitet.

Wissenswertes: Die Art lebt außer in den Hochgebirgen auch im hohen Norden Europas, u.a. auf Spitzbergen und Island, in Nordskandinavien und Schottland. Mit ihrem weißen Winter- und bräunlichen Sommergefieder sind die Schneehühner farblich der Umgebung jeweils gut angepaßt.

1 Auerhuhn
Tetrao urogallus

L ♂ 90, ♀ 64 cm ≪ Truthahn Jan.–Dez.

Kennzeichen: Hahn (**1a**) dunkel rußbraun, Henne (**1b**) braun; beide durch Größe und breit gefächerten, runden Schwanz unverwechselbar.

Vorkommen: In naturnahen, ungestörten Nadel- und Mischwäldern des Alpen- und Voralpenraums noch etliche Balz- und Brutplätze; in den Mittelgebirgen nur noch Restbestände oder schon ausgestorben.

Wissenswertes: Nur sehr ruhige, im äußersten Falle extensiv bewirtschaftete Wälder mit beerenstrauchreicher Bodenvegetation, mit zum Teil unbewachsenem, steinigem Boden, mit Ameisenhügeln und mit Wasserstellen erfüllen die sehr spezifischen Ansprüche dieser größten mitteleuropäischen Hühnervögel. Der Rückgang und das Erlöschen der Auerwildbestände in weiten Teilen Mitteleuropas sind auf die Intensivierung der Forstwirtschaft und die Zunahme des Tourismus, vor allem des Skilanglaufs und der Abfahrten querfeldein durch die Wälder, zurückzuführen. Wiedereinbürgerungsversuche haben nur dort Aussicht auf Erfolg, wo der Lebensraum angemessen ist. Die Nahrung des Auerhuhns besteht im Herbst überwiegend aus Beeren, im Winter aus Nadeln, im Frühjahr aus Knospen. Magensteinchen werden in großer Zahl – im Herbst bis zu 50 g – aufgenommen. Der kurze Balzgesang mit seinen knappenden und schleifenden Lauten ist viel leiser, als man bei der Größe der Hähne annehmen möchte.

2 Birkhuhn
Tetrao tetrix

L ♂ 58, ♀ 42 cm ~ Haushuhn Jan.–Dez.

Kennzeichen: Hahn (**2a**) mit glänzend schwarzem, Henne (**2b**) mit braunem Gefieder; Schwanz des Hahns leierförmig, der Henne eingekerbt.

Vorkommen: Im Hochgebirge nahe der Waldgrenze in aufgelockerten Baumbeständen mit möglichst vielgestaltigen Strukturen; im Tiefland vor allem in den weiten Heide- und Moorgebieten; außer in den Alpen überall vom Aussterben bedroht; im westlichen und zentralen Mitteleuropa bereits ausgestorben.

Wissenswertes: Mit der Verbuschung der Heideflächen nach Aufgabe der Weide- und Holznutzung kam es in den ehemaligen Heide- und Moorgebieten der Ebene im Laufe des 19. Jahrhunderts zu einer heute fast unvorstellbaren Zunahme des Birkhuhns. Aber schon in den ersten Jahrzehnten unseres Jahrhunderts brachen die Bestände zusammen. Nur noch selten kann man hier, eher schon in den Alpen die posenreiche und geräuschvolle Balz der Hähne miterleben.

3 Haselhuhn
Bonasa bonasia

L ♂ 36, ♀ 34 cm > Taube Jan.–Dez.

Kennzeichen: Geringe Größe; braunes Gefieder; gefächerter Schwanz mit schwarzer Endbinde.

Vorkommen: In dichten, gestuften und auch im übrigen strukturreichen Laub- und Mischwäldern, vor allem im Süden.

Wissenswertes: Die Niederwaldwirtschaft hat das Haselhuhn gefördert, die Umwandlung naturnaher Laubwälder in altersgleiche Fichtenreinbestände es dagegen vertrieben. Zusammen mit Schnee-, Auer- und Birkhuhn gehört das Haselhuhn zu den Rauhfußhühnern, deren Läufe und Füße mehr oder weniger stark von Federn bedeckt sind.

4 Fasan
Phasianus colchicus

L ♂ 80, ♀ 60 cm > Haushuhn Jan.–Dez.

Kennzeichen: Langer Schwanz; Hahn (**4a**) mit buntem, meistens kupferfarbenem Gefieder; Henne (**4b**) erdfarben braun.

Vorkommen: Am zahlreichsten in mit Feldgehölzen, Hecken, Wiesen und Feldern abwechslungsreich gegliederten Kulturlandschaften, möglichst noch mit Schilfröhrichten und Weidengebüschen durchsetzt.

Wissenswertes: Als Jagdwild wurde der Fasan vielerorts fest eingebürgert. In manchen Revieren aber wird er nach strengen Wintern immer wieder neu ausgesetzt. Sein Name erinnert an den Phasis, einen Fluß in Kleinasien, von dem bereits die Argonauten die Art nach Griechenland geholt haben sollen.

1 Bläßhuhn
Fulica atra

L 38 cm bekannt Jan.–Dez.
Kennzeichen: Schwarzes Gefieder und weiße Stirnplatte (Blesse).
Vorkommen: Häufige Art auf allen Gewässern, ausgenommen sehr kleine.
Wissenswertes: Die Art profitiert von der Eutrophierung vieler Gewässer. Obendrein ist sie so anpassungsfähig, daß sie örtlich gegenüber dem Menschen sehr zutraulich wird und sogar Parkteiche besiedeln und nur wenige Meter von den Anglern entfernt am Teichufer brüten kann. Im Winterhalbjahr sieht man auf größeren Gewässern oft Tausende von Bläßhühnern in zeitweilig – vor allem bei Gefahr – sehr dichten Schwärmen. Das Bläßhuhn liegt beim Schwimmen hoch im Wasser und taucht mit einem Kopfsprung unter. Seine Nahrungsgründe sind vor allem dort, wo das Wasser weniger als 2–3 m tief ist. Wandermuscheln (*Dreissena*) werden oft erst nach dem Auftauchen verspeist und die Schalenreste an das Ufer oder auf den Eisrand gelegt. Als Allesfresser gehen die Bläßhühner allerdings auch auf ufernahe Wiesen und Wintersaaten und fressen Teile von Halmen und Blättern.

2 Teichhuhn
Gallinula chloropus

L 33 cm ≪ Bläßhuhn Jan.–Dez.
Kennzeichen: Dunkel graubraunes Gefieder und rote Stirnplatte; grüne Beine; weiße Unterschwanzdecken bei gestelztem Schwanz sehr auffällig.
Vorkommen: Auf Gewässern aller Art, auch auf sehr kleinen; weit verbreitet, aber nie vergleichbar große Ansammlungen wie beim Bläßhuhn.
Wissenswertes: Teich- und Bläßhuhn, im Volksmund oft gemeinsam „Wasserhühnchen" genannt, gehören zur Familie der Rallen, die nur entfernt hühnerähnliche Bodenvögel sind. Obwohl sie Wasserbewohner sind, haben sie keine Schwimmhäute, sondern freie, besonders lange Vorderzehen. Vogelkundler sprechen in Anspielung auf die tatsächliche Verwandtschaft oft von Teich- und Bläßrallen. Teichhühner sind in den Parks oft

so zahm, daß sie sich von den Besuchern füttern lassen. Sie können über Seerosenblätter laufen, aber auch im Gezweig der Ufergehölze klettern. Die Altvögel tragen Futter im Schnabel, nach dem die Jungen (**2b**) picken. Etwas nicht Alltägliches gehört bei den Teichhühnern zur Normalität: Die Jungen aus dem Erstgelege beteiligen sich an der Fütterung ihrer Geschwister aus der Zweitbrut.

3 Wasserralle
Rallus aquaticus

L 28 cm > Amsel März–Nov.
Kennzeichen: Sehr selten zu sehen; um so auffälliger die grunzenden und quiekenden Rufe und Rufreihen; Gefieder oberseits olivbraun, Flanken schwarz-weiß gebändert.
Vorkommen: In dichten Röhrichten, Seggenrieden und Weidengebüschen; in gewässerreichen Landschaften weiter verbreitet, jedoch meistens in geringer Bestandsdichte.
Wissenswertes: Schauerliche Rufe in der Nacht, die schon manchen Wanderer erschreckt haben, können die Revier- und Balzgesänge dieser kleinen Ralle gewesen sein, die selbst erfahrene Vogelkundler nur selten zu Gesicht bekommen. Am ehesten zeigt sie sich außerhalb der Brutzeit schon einmal in niedrigerer und lichterer Ufervegetation.

4 Wachtelkönig
Crex crex

L 27 cm > Amsel Apr.–Okt.
Kennzeichen: „Crex-Crex"-Rufe als sicherste und am ehesten registrierbare Hinweise auf die nur selten sichtbare Art; Gefieder unscheinbar grau und bräunlich.
Vorkommen: In stark wechselnder Zahl in Extensivgrünland, aber örtlich auch in Getreide- und Hackfruchtfeldern; vor allem im Norden und Osten, aber auch dort nur regional und oft sehr unregelmäßig.
Wissenswertes: Nach ihrer Rückkehr aus dem tropischen Afrika kann die Art in einem Jahr hier, im anderen dort durch ihre schnarrenden Rufe auffallen und im nächsten Jahr schon wieder fehlen. Etwas größer als die Wachtel, aber oft gemeinsam mit dieser eintreffend, wurde sie „Wachtelkönig" genannt.

1 Großtrappe
Otis tarda

L ♂ 102, ♀ 80 cm >> Truthahn Jan.–Dez.

Kennzeichen: Größe, Gestalt und Bewegungsweise machen die Art unverwechselbar.

Vorkommen: Nur noch in einigen wenigen weiträumigen, offenen Ackerbaugebieten, Steppen- und Wiesenlandschaften Ostdeutschlands, Österreichs und Ungarns; insgesamt stark schrumpfende Bestände.

Wissenswertes: Weltweit gibt es nur noch rund 10 000 Großtrappen, davon gut ein Viertel in Ungarn und nur noch einige hundert in Deutschland und Österreich. Ursachen für den Rückgang sind die Intensivierung der Landwirtschaft und die Verinselung der Landschaft durch Straßen- und Wegebau. Nur noch in großen Schutzgebieten findet der bis zu 15 kg schwere stattliche Vogel genügend weitläufigen und ungestörten Lebensraum.

2 Austernfischer
Haematopus ostralegus

L 43 cm < Krähe Jan.–Dez.

Kennzeichen: Ein schwarz-weiß-roter Vogel; schwarz sind Kopf und Latz, weiß die Unterseite, rot Schnabel und Beine.

Vorkommen: Sehr häufig an den Küsten und in den Marschen der Nordsee, weniger im Ostseeküstengebiet; vereinzelt, aber immer häufiger auch im Binnenland, zumindest im Norden.

Wissenswertes: Überall im Nordseeküstengebiet beherrschen die Austernfischer mit ihren Scharen und hellen Rufen die Szene. Je nach Gezeiten zwischen Watt und Marschen pendelnd, überfliegen sie auch die Siedlungen und Badestrände. Besonders auffällig ist das Balzverhalten mit den Trillerturnieren, bei denen mehrere Vögel mit vorgestrecktem Hals und abwärtsgerichtetem Schnabel umeinander herumtrippeln. Als Nahrung dienen dem Austernfischer vor allem Herzmuscheln und andere Muschelarten ähnlicher Größe, aber kaum die Austern. Nachts findet er übrigens die Muscheln, nach denen er mit leicht geöffnetem Schnabel im Sand stochert, dank seines empfindlichen Tastsinnes.

3 Säbelschnäbler
Recurvirostra avosetta

L 43 cm < Krähe März–Nov.

Kennzeichen: Weißes Gefieder, mit oberseits schwarzem Muster; langer, aufwärts gebogener Schnabel.

Vorkommen: Flachgewässer im Küstenbereich, vor allem an der Nord-, aber auch an der Ostsee; hier recht häufig anzutreffen; in geringerer Zahl in Steppengebieten Ungarns und im Burgenland.

Wissenswertes: Nach starker Abnahme im vorigen Jahrhundert nimmt der Säbelschnäbler seit den 20er Jahren deutlich zu und weitet seine Brutgebiete aus. In nicht zu strengen Wintern bleiben viele Tiere an der deutschen Nordseeküste zurück. Auf Schlick und auf Sandbänken trippeln sie eilig umher, waten im flachen Wasser und schwimmen auch regelmäßig. Kleine wirbellose Tiere seihen die Säbelschnäbler aus dem Wasser, indem sie den abwärtsgebogenen Teil des Schnabels etwas öffnen und mit seitlich pendelnden Kopfbewegungen Schlick und Wasser passieren lassen. Als Brutplätze bevorzugen die Säbelschnäbler flache Meeresbuchten und die Mündungsgebiete der großen Flüsse mit ihren Strandwiesen. Bei Bedrohung der Küken verleitet der Altvogel sehr intensiv.

4 Stelzenläufer
Himantopus himantopus

L 38 cm >> Taube Apr.–Okt.

Kennzeichen: Ungewöhnlich lange, rötliche Beine („Stelzen"); oberseits schwarzes, unterseits weißes Gefieder.

Vorkommen: In flachen Süßgewässern und Sümpfen, in Mitteleuropa sehr selten, nur in den Niederlanden mehrere, sonst nur einzelne und unregelmäßige Bruten.

Wissenswertes: Der Stelzenläufer ist ein Vogel aller wärmeren Teile der Erde und bei uns eher eine Ausnahmeerscheinung. Im Süden brütet er oft kolonieartig auf kleinen Inseln oder am Rande von Süßwasserlagunen. Mit seinen langen Beinen watet er oft bauchtief im Wasser, schwimmt aber nur ausgesprochen selten. Im Winter setzt er sich bis in das tropische Afrika ab.

Die auf dieser Seite behandelten Arten gehören zur Familie der Regenpfeifer, bei denen es sich um kleine bis mittelgroße Watvögel (Limikolen) mit relativ kurzen Beinen und Schnäbeln handelt.

1 Flußregenpfeifer
Charadrius dubius

L 15 cm ~ Sperling Apr.–Sept.

Kennzeichen: Rücken braun; Brustband und Gesichtsmaske schwarz; weißer Streifen über dem schwarzen Stirnband.

Vorkommen: Flüsse mit Schotterbänken, zumindest teilweise mit Wasser geflutete Sand- und Kiesgruben; Abraumhalden und Industriebrachen, sofern Wasser in der Nähe ist.

Wissenswertes: Der Flußregenpfeifer ist ein Binnenlandbewohner und zugleich eine Art, die sich in erstaunlicher Weise auf vom Menschen grundlegend umgestaltete Biotope einstellt. Nur knapp ein Zehntel aller Brutpaare bewohnt heute noch die ursprünglichen Lebensräume an Bächen und Flüssen, die zumeist nach Wasserbau-Maßnahmen und infolge Störungen aufgegeben wurden. Gäbe es keine Sand- und Kiesgruben, Halden und andere vegetationsarme Sekundärbiotope, wäre es um den Flußregenpfeifer schlecht bestellt. Sogar auf kiesbedeckten Flachdächern von Wohnhäusern und Garagen hat man schon Regenpfeifer-Nester gefunden.

2 Sandregenpfeifer
Charadrius hiaticula

L 19 cm >> Sperling März–Okt.

Kennzeichen: Etwas größer als Flußregenpfeifer; kein weißer Streifen über dem schwarzen Stirnband.

Vorkommen: Auf unbewachsenen oder kurzrasigen Flächen an der Küste weit verbreitet; im Binnenland nur auf dem Zug.

Wissenswertes: Der Sandregenpfeifer ist stärker als seine Verwandten sowohl tags als auch nachts aktiv. Er trippelt so schnell über den Sand oder den Schlamm, daß das menschliche Auge die sich bewegenden Beine gar nicht mehr erfaßt. Im Binnenland werden zur Rast regelmäßig bestimmte Schlamm- und Flachwasserflächen aufgesucht, die naturgemäß nicht gerade sehr zahlreich sind. Dabei handelt es sich zumeist um Sekundärbiotope, wie z.B. die Schlammabsetzbecken von Kläranlagen.

3 Seeregenpfeifer
Charadrius alexandrinus

L 16 cm > Sperling Apr.–Sept.

Kennzeichen: Schwarzes Brustband nur angedeutet bzw. in der Mitte unterbrochen.

Vorkommen: Noch stärker an die Meeresküste gebunden; fehlt im Binnenland auch zur Zugzeit nahezu vollständig.

Wissenswertes: Die Bindung an vegetationsarme Sand- und Schlickflächen und die unmittelbare Nähe des Meerwassers begrenzt den Lebensraum des Seeregenpfeifers sowohl zur Brut- als auch zur Zugzeit.

4 Goldregenpfeifer
Pluvialis apricaria

L 28 cm > Amsel Jan.–Dez.

Kennzeichen: Federn der Oberseite dunkelbraun, goldgelb gesäumt; im Brutkleid unterseits schwarz.

Vorkommen: Tundren und Hochmoore; zu Tausenden als Gäste im Wattenmeer.

Wissenswertes: Die gut unterscheidbare, früher in den Hochmooren im Nordwesten häufige südliche Rasse ist unmittelbar vom Aussterben bedroht. Angehörige der nördlichen Rasse kommen hingegen alljährlich in riesigen Scharen an unsere Küsten und in kleineren Trupps auch ins Binnenland.

5 Kiebitz
Vanellus vanellus

L 31 cm < Taube Jan.–Dez.

Kennzeichen: Haube; schwarzer Brustschild; metallisch glänzende Oberseite.

Vorkommen: Wiesen, vor allem Feuchtwiesen, aber auch Felder; weit verbreitet.

Wissenswertes: Mit seinem taumelnden Balzflug und seinen hellen „Kiewitt"-Rufen (Name!) gehört der Kiebitz in den Grünlandgebieten – vor allem in der Ebene – zu den Frühlingsboten. Die wuchtelnden Geräusche bringt er mit den Flügeln hervor.

1 Alpenstrandläufer
Calidris alpina

L 18 cm >> Sperling Jan.–Dez.

Kennzeichen: Zur Brutzeit (**1a**) mit großem schwarzem Bauchfleck und oberseits rostbraun; sonst (**1b**) unterseits weiß und oberseits graubraun, Flügelbinde und Bürzel weiß.

Vorkommen: Häufiger Brutvogel in Nordeuropa; seltener in Küstennähe im nördlichen Mitteleuropa; nur vereinzelt im Binnenland; als Gast an den Küsten in riesigen Scharen, die oft an manövrierende Starenschwärme erinnern; in kleineren Trupps auch im Binnenland.

Wissenswertes: Die häufigste Strandläufer-Art ist zirkumpolar verbreitet und tritt an den Küsten sowohl als regelmäßiger Übersommerer als auch als sehr häufiger Durchzügler und Wintergast auf. Sie fasziniert den Beobachter durch ihren rasanten Flug und die Flugmanöver riesiger Schwärme, aber auch durch die schnellen Bewegungen am Boden.

2 Zwergstrandläufer
Calidris minuta

L 14 cm < Sperling Apr.–Okt.

Kennzeichen: Ähnlich dem Alpenstrandläufer, jedoch deutlich kleiner; V-Zeichnung auf dem Rücken.

Vorkommen: Brutvögel der Arktis; regelmäßige, aber nicht sehr zahlreiche Durchzügler an Schlick- und Sandküsten; auch auf Schlammflächen im Binnenland.

Wissenswertes: Es handelt sich um die kleinste Strandläufer-Art, die sich oft anderen Watvögeln – vor allem Alpenstrandläufern – anschließt, sich aber meistens noch zutraulicher verhält als diese. Nach nächtlichem Zug erscheinen Zwergstrandläufer manchmal zur Überraschung der Vogelkundler sogar auf einzelnen kleinen Schlammflächen im Binnenland.

3 Sichelstrandläufer
Calidris ferruginea

L 19 cm << Star Apr.–Sept.

Kennzeichen: Dem Alpenstrandläufer im Winterkleid sehr ähnlich, im Sommer durch rotbraune Unterseite unterschieden; abwärts gebogener Schnabel.

Vorkommen: Nur als Gast an unseren Küsten; auf dem Herbstzug häufiger als im Frühling; oft gemeinsam mit Alpenstrandläufern.

Wissenswertes: Als Brutvögel der Tundren Ostsibiriens wandern Sichelstrandläufer zum Teil an die Eismeerküste, zum Teil über die Ostsee westwärts nach Nordwesteuropa und von dort südwärts nach Westafrika.

4 Sanderling
Calidris alba

L 20 cm < Star Jan.–Dez.

Kennzeichen: Relativ kurzer Schnabel; im Winter weißlich mit schwarzen Schultern; im Sommer braun, dunkler geschuppt, mit weißem Bauch.

Vorkommen: Als Durchzügler und als Wintergast aus den Tundren der Arktis regelmäßig an unseren Küsten, vor allem nahe der Brandung; nur selten im Binnenland.

Wissenswertes: Sanderlinge fallen oft dadurch auf, daß sie den am Strande auflaufenden Wellen geschickt ausweichen und sofort wieder dem ablaufenden Wasser folgen, um dabei angespülte Krebschen und kleine Muscheln abzusammeln.

5 Knutt
Calidris canutus

L 26 cm ~ Amsel Jan.–Dez.

Kennzeichen: Größer und fülliger als Sanderling und Strandläufer; im Sommer (**5a**) rostbraun, im Winter hellgrau.

Vorkommen: Brutvogel in arktischen Tundren; häufiger Gast an der Nordsee, weniger häufig an der Ostsee; zu allen Jahreszeiten – mit Maximum im August – auf den Schlickflächen im Watt.

Wissenswertes: Knutts sind oft sehr zahlreich und bei Flut besonders dicht vergesellschaftet. Bei Ebbe breiten sie sich dann wieder im Watt aus. Aufenthalt und Nahrungssuche im Watt der Deutschen Bucht sind für diese Vögel lebenswichtig, weil sie sich hier die Energiereserven für die weiten Wanderwege zwischen Afrika und dem Polargebiet zulegen.

1 Kampfläufer
Philomachus pugnax

L ♂ 28, ♀ 24 cm > Amsel März–Okt.

Kennzeichen: Männchen im Schlichtkleid und Weibchen immer mit schuppig gemustertem Gefieder; Brutkleid der Männchen unverwechselbar durch die Halskrause, die weiß, schwarz, gelb oder braun sein kann.

Vorkommen: In Feuchtwiesen, Sümpfen und Mooren im Norden noch Brutvogel, jedoch starke Bestandsabnahme; regelmäßiger Durchzügler an den Küsten und im Binnenland.

Wissenswertes: Der Federschmuck der Männchen variiert in Färbung und Muster individuell sehr stark. Im Mai balzen die Männchen an zumeist traditionellen Plätzen unter auffälligen Bewegungen, Gefieder- und Körperhaltungen. Hier wählen die Weibchen ihre Partner aus und fordern sie zur Begattung auf. Zu einer echten Paarbildung mit Partnerbindung kommt es nicht.

2 Bekassine
Gallinago gallinago

L 26 cm ~ Amsel März–Nov.

Kennzeichen: Langer gerader Schnabel; Gefieder braun mit einer Musterung, die optimale Tarnung gewährleistet; auf dem Kopf dunklere Längsstreifen.

Vorkommen: Feuchtwiesen, Sümpfen und Moore; nur regional verbreitet.

Wissenswertes: Die Balz der Bekassinen ist von auffälligen Rund- und Sturzflügen und von Vokal- und Instrumentallauten begleitet. Vokal wird das oft gereihte „Tücke-tücke" hervorgebracht, instrumental das bekannte Mekkern, das der Bekassine auch den volkstümlichen Namen „Himmelsziege" eintrug. Es kommt beim Abwärtsgleiten durch das Vibrieren der abgespreizten Schwanzfedern zustande. Bekassinen drücken sich unter Ausnutzung der Deckung besonders effektiv. Sie fliegen oft erst unmittelbar vor den Füßen des Menschen oder dem Fang des Hundes auf, um sich dann im schnellen Zickzackflug zu entfernen. Die im Boden lebenden Beutetiere werden übrigens mit Hilfe von Tastsinneszellen an der Schnabelspitze wahrgenommen.

3 Waldschnepfe
Scolopax rusticola

L 34 cm ~ Taube März–Nov.

Kennzeichen: Deutlich größer als die Bekassine; Gefieder mit ähnlichem Tarneffekt; Scheitel quer gebändert.

Vorkommen: Der einzige Waldbewohner unter den heimischen Wat- und speziell Schnepfenvögeln; vorzugsweise in lichten Laubwäldern mit Bächen und Quellmulden.

Wissenswertes: Der Schnepfenstrich, der abendliche Balzflug des Schnepfenmännchens mit seinen quorrenden und puitzenden Rufen, ist ein besonders markantes Frühlingsphänomen. Die Jagd auf die balzende Waldschnepfe hat eine lange Tradition; sie wird für den Rückgang der Art mitverantwortlich gemacht. Der „Vogel mit dem langen Gesicht" ist überwiegend dämmerungs- und nachtaktiv, geht aber auch tags der Nahrungssuche nach. Die heimliche Lebensweise in möglichst dichter Deckung und die hervorragende Tarnung sind die Gründe dafür, daß die Waldschnepfe – abgesehen vom Strich – so selten gesehen wird. Auch das Nest mit seinen 4 Eiern und das regungslos auf dem Nest verharrende Weibchen sind außerordentlich schwer zu entdecken. Schon nach 10 Tagen können Jungvögel eine kurze Strecke fliegen.

4 Steinwälzer
Arenaria interpes

L 23 cm > Star Jan.–Dez.

Kennzeichen: Kastanienbrauner Rücken, schwarzes Brustband und ungewöhnliches Gesichtsmuster.

Vorkommen: Häufiger Durchzügler und seltener Überwinterer an Watt-, Sand- und Felsenküsten; gern an Spülsäumen und Muschelbänken.

Wissenswertes: Ihren Namen verdankt die Art einer auffälligen Verhaltensweise beim Nahrungserwerb. Sie sucht nämlich nach verdeckter Beute, vor allem nach Krebschen und Muscheln, indem Steine, Muscheln und Tang umgedreht werden. Dazu wird der Schnabel unter den Rand des jeweiligen Objektes gesteckt, das mit einer ruckartigen Kopfbewegung umgedreht oder weiterbefördert wird.

1a

1b

1c

1d

2

3

4

1   Uferschnepfe
Limosa limosa

L 41 cm   ≪ Krähe   März–Okt.

Kennzeichen: Lange Beine; langer, gerader Schnabel; schwarzer Schwanz, im Fluge weiße Flügelstreifen.

Vorkommen: Im Norden noch ziemlich weit verbreitet, vor allem in den Marschen, aber auch sonst in Feuchtwiesen; im Osten seltener.

Wissenswertes: Ursprünglich in Heide- und Moorgebieten beheimatet, hat sich die Uferschnepfe auf extensiv genutzte, feuchte Wiesen umgestellt und dadurch ihr Brutgebiet sogar teilweise erweitert. Intensive Grünlandnutzung mit Düngung und früher Mahd aber bedroht heute den Fortbestand der Art vor allem in küstenferneren Gebieten. Eindrucksvoll ist der Balzflug des Männchens, das sich steil in die Luft erhebt, dort pendelnd hin und her fliegt und schließlich taumelnd herabstürzt. Dabei ist sein „grutto-grutto" weithin vernehmbar, dem die Art ihren holländischen Namen „Grutto" verdankt. Krähen, Elstern und Möwen werden von den Uferschnepfen heftig attackiert und vertrieben. Vom Frühsommer an versammeln sie sich oft allabendlich in großer Zahl, um gemeinsam in flachen Gewässern stehend die Nacht zu verbringen.

2   Pfuhlschnepfe
Limosa lapponica

L 38 cm   ≫ Taube   Jan.–Dez.

Kennzeichen: Ähnlich der Uferschnepfe, aber leicht aufwärts gebogener Schnabel, gebänderter Schwanz und kein Flügelstreif.

Vorkommen: Häufiger Gast aus der Arktis; Tausende zur Mauser im Hochsommer im nordfriesischen Wattenmeer, zur Überwinterung vor allem vor der westfriesischen Küste.

Wissenswertes: Viele Pfuhlschnepfen ziehen bis an die Mittelmeerküsten, an die afrikanische Atlantikküste, aber auch an den Persischen Golf; andere überwintern im Bereich der südlichen Nordsee. Für riesige Scharen von Pfuhlschnepfen ist das Wattenmeer in der Deutschen Bucht zumindest eine bedeutsame Zwischenstation mit reichem Nahrungsangebot während der weltweiten Wanderung.

3   Brachvogel
Numenius arquata

L 57 cm   ~ Haushuhn   Febr.–Nov.

Kennzeichen: Größe; lange Beine und abwärts gebogener langer Schnabel.

Vorkommen: Im Norden Mitteleuropas in Mooren, Heiden, Feuchtwiesen und Dünen noch weit verbreitet, aber in sinkender Zahl; an den Küsten in großen Scharen zu Gast.

Wissenswertes: Der Brachvogel ist als Indikatorart (Zeigerart) für den Feuchtwiesenschutz in den letzten Jahren sehr bekannt geworden. Drainung und Grünlandumbruch haben ihn vielerorts vertrieben. Aber auch Düngung und intensivere Nutzung des Grünlandes führen längerfristig zum Verschwinden der Art, auch wenn sie anfangs noch Brutversuche unternimmt; es wird dort nicht genügend Nachwuchs groß. Nur die Ausweisung von Feuchtwiesenkomplexen als Naturschutzgebiete kann das Überleben des Brachvogels sichern, dessen melodische Balzstrophen zu den stimmungsvollsten Melodien heimischer Landschaften gehören. – An den Küsten in geringer Zahl, aber auch im Binnenland zieht als sehr ähnliche Art der aus Sibirien stammende Regenbrachvogel (*Numenius phaeopus*) durch, der etwas kleiner ist und einen weniger stark gebogenen Schnabel hat.

4   Rotschenkel
Tringa totanus

L 28 cm   > Amsel   März–Okt.

Kennzeichen: Lange rote Beine (Name!); im Fluge hinteres Drittel der Flügel weiß.

Vorkommen: Feuchtwiesen und Moore in den Fluß- und Küstenmarschen; hier noch zum Teil häufig; im Binnenland dagegen schon seit Jahren auf dem Rückzug.

Wissenswertes: Die Art macht in der Weite der Marschen durch ihr langgezogenes „tüht" auf sich aufmerksam, das auch in melodischen, sanft abfallenden Tonreihen wiederkehrt und beim holländischen Artnamen „Tureluur" Pate stand. Benachbart brütende Rotschenkel greifen potentielle Nesträuber gemeinsam an und vertreiben sie. Nach der Brutzeit schließen sich die Rotschenkel oft zu größeren Trupps zusammen.

1

Dunkler Wasserläufer
Tringa erythropus

L 31 cm   < Taube   Apr.–Sept.

Kennzeichen: Rötliche Beine, im Fluge deutlich über den Schwanz hinausgehend; im Sommer schwärzlicher, im Winter grauer Rükken, noch etwas heller als der Grünschenkel.

Vorkommen: Durchzügler aus dem hohen Norden Skandinaviens und Westsibiriens; häufig im Wattenmeer und Brackwasser, weniger häufig im Binnenland an seichten Ufern und in überschwemmten Wiesen.

Wissenswertes: Die Art wird wegen ihrer roten Beine auch als „Großer Rotschenkel" bezeichnet. Sie unterscheidet sich jedoch deutlich durch das Fehlen des beim Rotschenkel im Fluge sichtbaren weißen Flügelfeldes und durch die Stimme. Der Dunkle Wasserläufer schwimmt häufiger als Rotschenkel und andere Wasserläufer-Arten.

2

Grünschenkel
Tringa nebularia

L 31 cm   < Taube   Apr.–Sept.

Kennzeichen: Beine lang, grünlich; kein Flügelstreif; Bürzel weiß und groß, nach vorn bis zu den Schultern, im Fluge sehr auffällig; Ruf ähnlich dem des Grünspechts.

Vorkommen: Durchzügler aus Skandinavien und Westsibirien; zahlreich an den Küsten; regelmäßig auch an Flüssen und Binnengewässern, allerdings meist in geringer Zahl.

Wissenswertes: Nach dem nächtlichen Zug erscheinen Grünschenkel oft völlig überraschend an den unterschiedlichsten, zum Teil auch kleinen Gewässern im Binnenland. Im Abflug fallen sie durch ihre lauten Rufreihen auf, die wie „kück-kück-kück" klingen und sich manchmal überschlagen. Zur Nahrungssuche bevorzugen sie seichtes Wasser, in dem sie mit hastigen Bewegungen hin und her laufen, stochern und nach kleinen Fischen schnappen.

3

Waldwasserläufer
Tringa ochropus

L 23 cm   > Star   Jan.–Dez.

Kennzeichen: Im Fluge an den ober- und unterseits dunklen Flügeln erkennbar; weißer Bürzel nicht bis zum Hinterrücken verlängert; dunkle Beine, die im Fluge den Schwanz kaum überragen.

Vorkommen: Seltener Brutvogel im nordöstlichen Mitteleuropa in Bruchwäldern und verbuschten Mooren; sonst regelmäßiger Durchzügler an unterschiedlichsten Gewässern des Binnenlandes.

Wissenswertes: Im Durchzugsgebiet kann die ausgesprochen einzelgängerisch wirkende Art hier und dort länger verweilen, nicht selten sogar überwintern. Viele Waldwasserläufer wandern bis südlich des Äquators. – Der dem Waldwasserläufer sehr ähnliche Bruchwasserläufer (*Tringa glareola*, **3b**) hat helle Unterflügel und wirkt in seinem insgesamt mehr bräunlichen Gefieder weniger kontrastreich. Er zieht sich gegenwärtig als Brutvogel offenbar auch aus Schleswig-Holstein und Dänemark zurück, nachdem er zuvor bereits südlichere Brutplätze aufgab. Als Durchzügler ist er im Binnenland noch immer recht häufig und zum Teil auch in Trupps anzutreffen. Der Bruchwasserläufer verläßt Mitteleuropa immer, überquert meistens das Mittelmeer und die Sahara und verbringt den Winter weit verstreut in Afrika.

4

Flußuferläufer
Actitis hypoleucos

L 20 cm   < Star   Apr.–Okt.

Kennzeichen: Geringe Größe; Schwanzwippen und schnell trippelnder Lauf an der Wasserlinie; braune Ober- und weiße Unterseite; kein Bürzelfleck.

Vorkommen: Als Brutvogel nur sehr zerstreut an naturnahen Fluß- und Seeufern; als Durchzügler sehr häufig an unterschiedlichsten Gewässern.

Wissenswertes: Das helle „hidi-hidi-hidi", mit dem die Flußuferläufer einzeln oder in kleinen Trupps mit zuckenden Flügelschlägen und kurzem Gleitflug dicht über dem Wasser dahinsausen, ist im Sommer – vor allem in der Abenddämmerung – fast an allen Gewässern zu vernehmen. Brutnachweise sind bei dieser Art offenbar sehr schwer zu erbringen, und dies nicht nur, weil sie an verbauten Ufern nur noch wenige geeignete Brutplätze findet.

1   Lachmöve
Larus ridibundus

L 37 cm   bekannt   Jan.–Dez.

Kennzeichen: Brutkleid (**1a**) mit schwarzbrauner Gesichtsmaske; außerhalb der Brutzeit (**1b**) nur ein dunkler Fleck hinter dem Auge; Altvögel mit weißem Schwanz, Jungvögel mit schwarzer Schwanzendbinde.

Vorkommen: Große Brutkolonien an vegetationsreichen Gewässern, sowohl im Binnenland als auch an der Küste; zur Nahrungssuche an Gewässern aller Art, auf frisch bearbeiteten Feldern und Mülldeponien.

Wissenswertes: Obwohl schon immer häufigste Möwenart im Binnenland, hat sich die Lachmöve erst in den letzten Jahrzehnten so stark ausgebreitet und vermehrt, daß sie – zumindest außerhalb der Brutzeit – von den Parkteichen bis zu den Talsperren an nahezu sämtlichen Gewässern das Bild der Vogelwelt mitprägt. Die starke Zunahme der Art steht im Zusammenhang mit der Eutrophierung der gesamten Landschaft, vor allem auch mit dem enormen Nahrungsangebot auf den großen Zentraldeponien. Dort sieht man fast immer große Möwenschwärme kreisen, in denen die Lachmöven vorherrschen. Ob sie ihren Namen wegen ihres Rufes oder wegen ihrer Vorliebe für Binnengewässer (Lache; engl. lake = See) tragen, kann hier nicht entschieden werden.

2   Schwarzkopfmöve
Larus melanocephalus

L 39 cm   > Lachmöve   März–Okt.

Kennzeichen: Der Lachmöve ähnlich, der sie sich oft anschließt; im Brutkleid Kopf und Nacken schwarz, Handschwingen ohne schwarze Spitzen.

Vorkommen: Wie Lachmöve, doch sehr viel seltener; brütet vereinzelt auch im Außenbereich von Sturm- und Lachmöwenkolonien.

Wissenswertes: Diese nicht ganz leicht von der Lachmöve unterscheidbare Art nimmt neuerdings zu, so daß es sich schon lohnt, in den Möwenschwärmen nach ihr Ausschau zu halten. Die Affinität zur Lachmöve ist so groß, daß es sogar hin und wieder zu Mischpaaren kommt. – Eine weitere schwarzköpfige, aber

deutlich kleinere Möwenart ist die Zwergmöve, die im Flug an den unterseits dunklen Flügeln zu erkennen ist. Sie brütet nur sehr selten und unregelmäßig in Mitteleuropa, erscheint aber sowohl an den Küsten als auch an Binnengewässern hin und wieder als Durchzügler.

3   Silbermöve
Larus argentatus

L 56 cm   bekannt   Jan.–Dez.

Kennzeichen: Häufigste Großmöve der Meeresküsten; Rücken und Flügel hellgrau; schwarzweiße Musterung der Flügelspitzen; Jungvögel (**3b**) im 1. Winter erdbraun, im 2. Winter graubraun.

Vorkommen: Zum Teil große Kolonien in Dünen, auf Kies- und Felsenstränden und auf grasigen Flächen; nach der Brutzeit zunehmend auch im Binnenland.

Wissenswertes: Die Sommerfrischler an unseren Küsten kennen sie; die meisten von ihnen haben sie schon gefüttert. Ihr enger Anschluß an den Menschen, an Fischereischiffe, Häfen und Mülldeponien garantiert der Silbermöve ganzjährig ein Leben ohne Nahrungsmangel. Allerdings bedroht sie selbst nunmehr bei ihrer starken Vermehrung durch Fressen von Eiern und Jungvögeln die Existenz anderer Seevogelarten.

4   Heringsmöve
Larus fuscus

L 53 cm   < Silbermöve   Jan.–Dez.

Kennzeichen: Bei der nördlichen Rasse Rückengefieder schwärzlich, bei der südlichen dunkelgrau; sonst – vor allem auch Jungvögel – der Silbermöve ähnlich.

Vorkommen: Wie Silbermöve, aber sehr viel weniger zahlreich und im Binnenland meist nur selten zu Gast.

Wissenswertes: Bei der Heringsmöve ist ebenfalls eine Bestandszunahme zu beobachten, aber nicht so stark wie bei der Silbermöve. Das mag daran liegen, daß sie in geringerem Maße das Nahrungsangebot der Deponien nutzt und möglicherweise auch der Konkurrenz der Silbermöve am Nistplatz nicht immer gewachsen ist.

1 Sturmmöwe
Larus canus

L 41 cm > Lachmöwe Jan.–Dez.

Kennzeichen: Schnabel und Beine grünlich-gelb; deutlich kleiner als Silbermöwe.

Vorkommen: Brutvogel an den Küsten, vor allem im Ostseeküstenraum, vereinzelt auch im Binnenland; hier jedoch neuerdings als Wintergast immer zahlreicher.

Wissenswertes: Die Sturmmöwe ist weniger stark an die Küsten gebunden als die Silbermöwe. Kleine Brutkolonien und Einzelbruten bestehen vielerorts im Binnenlande, oft im Randbereich von Lachmöwenkolonien. Große, mehrere 100 Brutpaare umfassende Sturmmöwenkolonien aber gibt es nur an den Küsten. Wie bei der Lach- und der Silbermöwe sind auch bei der Sturmmöwe in den letzten Jahrzehnten eine deutliche Bestandszunahme und eine verstärkte Neigung zum Überwintern im Binnenland zu beobachten. Vor allem die großen Mülldeponien werden meistens gemeinsam mit den beiden anderen Möwenarten angeflogen.

2 Mantelmöwe
Larus marinus

L 68 cm >> Silbermöwe Jan.–Dez.

Kennzeichen: Flügel und Rücken schwarz; hell fleischfarbene Beine; tiefe Stimme; viel größer als die Silbermöwe.

Vorkommen: Brutvogel an felsigen und sandigen Küsten Nord- und Westeuropas; an unseren Küsten ganzjährig als Gast, aber immer weniger zahlreich als Silber-, Sturm- und Lachmöwe.

Wissenswertes: Diese besonders groß und wild wirkende Möwe erbeutet zwar gelegentlich junge Enten und Kaninchen, nutzt aber vor allem die Abfälle der Fischerei und der Mülldeponien und kommt auch bis in die Seehäfen und -städte. Das Binnenland allerdings wird weitgehend gemieden. In ihrem schweren, langsamen Flug erinnert die Mantelmöwe eher an einen Graureiher als an die anderen Möwenarten, mit denen sie meistens vergesellschaftet ist. Nicht selten handelt es sich dabei um Einzelvögel, manchmal um kleine, lockere Trupps.

3 Dreizehenmöwe
Rissa tridactyla

L 40 cm > Lachmöwe Jan.–Dez.

Kennzeichen: Flügelspitzen als durchgehend schwarzes Dreieck; Beine schwarz.

Vorkommen: In Mitteleuropa nur Brutvogel auf Helgoland, sonst regelmäßiger Gast an der Nordsee-, seltener der Ostseeküste.

Wissenswertes: Das offene Meer ist der Lebensraum dieser Möwenart, die nur zur Brut an die nord- und westeuropäischen Küsten kommt. Steil ins Meer abfallende Felsen, die meistens auch anderen Seevögeln zur Brut dienen (Vogelfelsen), sind die bevorzugten Brutplätze. Dort stehen oft mehrere zehntausend Nester dicht an dicht auf schmalen Felsbändern und Vorsprüngen (**3a**). In der ersten Hälfte unseres Jahrhunderts begannen Dreizehenmöwen damit, auch auf Dächern und Fenstersimsen küstennaher Gebäude zu brüten. Die stets in absturzgefährdeter Position heranwachsenden Jungvögel bleiben bis zur vollen Flugfähigkeit, d.h. über 40 Tage, im Nest. Im Gegensatz zu den anderen Möwenarten, die meisens 3 Eier je Gelege haben, sind es bei der Dreizehenmöwe in der Regel 2, die auffallend kreiselförmig und dadurch vor dem Wegrollen besser geschützt sind.

4 Schmarotzerraubmöwe
Stercorarius parasiticus

L 48 cm << Silbermöwe Apr.–Nov.

Kennzeichen: Braune Möwe mit verlängertem mittleren Steuerfederpaar, das spitz ist und die übrigen Schwanzfedern um 9 cm überragt.

Vorkommen: Als Brutvogel der Arktis regelmäßiger, aber nicht sehr zahlreicher Durchzügler, vor allen an der Nordseeküste.

Wissenswertes: Alle 6 Arten der Familie der Raubmöwen, die in der Arktis und Antarktis brüten, sind Beutegreifer und Schmarotzer. Während des Durchzugs und als Übersommerer begegnet man an der Nordseeküste am häufigsten der Schmarotzerraubmöwe, die sich während des Zuges vor allem von Fischen ernährt, die sie anderen kleinen Möwen und Seeschwalben abjagt. Dabei fällt sie durch ihre rasanten Sturzflüge auf.

1

Flußseeschwalbe
Sterna hirundo

L 35 cm　< Lachmöwe　Apr.–Okt.

Kennzeichen: Wie alle Seeschwalben-Arten schlank, schmalflügelig und sehr gewandt; mit spitzem, im Fluge abwärts gewandten Schnabel sowie mit gegabeltem Schwanz; diese Art im Sommer von der nächsten unterscheidbar am orangefarbenen Schnabel mit schwarzer Spitze.

Vorkommen: Verbreitet an Flachküsten, aber nur noch sehr vereinzelt auf naturnahen Fluß- und Seeufern brütend.

Wissenswertes: In den kleinen Kolonien befinden sich die Nester oft 20–50 m voneinander entfernt, in den oft mehrere hundert oder gar tausend Paare umfassenden großen Kolonien manchmal bis auf einen knappen Meter dicht an dicht. Auch beim Fischfang sind die Vögel ausgesprochen gesellig und nicht selten auch mit anderen Seeschwalben-Arten vergesellschaftet. Kleine, nahe der Wasseroberfläche schwimmende Fische werden durch Stoßtauchen erbeutet.

2

Küstenseeschwalbe
Sterna paradisaea

L 37 cm　~ Lachmöwe　Apr.–Okt.

Kennzeichen: Im Sommer Schnabel bis zur Spitze blutrot; sonst der Flußseeschwalbe sehr ähnlich.

Vorkommen: Wie Flußseeschwalbe und fast so zahlreich wie diese, aber in Mitteleuropa nicht im Binnenland.

Wissenswertes: Die Küstenseeschwalben greifen in ihren Brutkolonien Feinde gemeinsam mit besonders aggressiven Sturzflügen an, hacken auf sie ein und bespritzen sie nicht selten mit Kot. Auf dem Zug in die Winterquartiere legen sie extrem lange Strecken zurück und gelangen dabei regelmäßig bis zu den Küsten Südafrikas und Südamerikas sowie in die Packeiszone der Antarktis. Bei verschiedenen Seeschwalben-Arten wurde beobachtet, daß Altvögel ihren Jungen Wasser zur Kühlung bringen. Der Rückgang mehrerer Seeschwalben-Arten wird teils mit der Zunahme nesträuberischer Möwen, teils mit der Belastung der Beutefische mit Schwermetallen und Bioziden begründet. Auch die Beunruhigung der Brutplätze auf Inseln und Sanden durch den Menschen dürfte sich nachteilig auf die Brutbestände auswirken.

3

Brandseeschwalbe
Sterna sandvicensis

L 41 cm　> Lachmöwe　Apr.–Okt.

Kennzeichen: Größer als Fluß- und Küstenschwalbe; schwarzer Schnabel mit gelber Spitze.

Vorkommen: Wie die Küstenseeschwalbe stark an die Meeresküsten, vor allem an die Nordseeküste gebunden; brütet in nur wenigen, aber dafür sehr großen Kolonien.

Wissenswertes: Die Belastung der Küstengewässer durch Biozide hat zeitweilig zu einem starken Rückgang dieser Art – vor allem in ihren wichtigsten Brutgebieten vor der holländischen Küste – geführt. Inzwischen erholen sich die Bestände. Neuerdings breitet sich die Brandseeschwalbe sogar im Ostseeküstengebiet weiter aus. Das Stoßtauchen spielt beim Beuteerwerb dieser Art eine besonders große Rolle. Diese ganz besonders gesellig brütenden und auch jagenden Seeschwalben können sich rasch über reichen Fischgründen versammeln, weil sie ihre Artgenossen beobachten und dorthin fliegen, wo diese offensichtlich besonders erfolgreich sind.

4

Lachseeschwalbe
Gelochelidon nilotica

L 38 cm　~ Lachmöwe　Apr.–Sept.

Kennzeichen: Ähnlich der Brandseeschwalbe; Schnabel völlig schwarz.

Vorkommen: Nur noch selten als Brutvogel und Gast an Sandküsten und noch seltener und punktueller auf Sand- und Schotterbänken an Flüssen und Binnenseen.

Wissenswertes: Diese als Brutvogel in allen Teilen der Erde beheimatete Art hatte in Mitteleuropa wohl immer nur wenige, oft weit voneinander entfernte Brutplätze, die in diesem Jahrhundert allerdings größtenteils aufgegeben wurden. Im Gegensatz zur Brandseeschwalbe erbeutet die Lachseeschwalbe überwiegend kleine Landtiere wie Ameisen, Zweiflügler, Käfer und Raupen.

1

Zwergseeschwalbe
Sterna albifrons

L 22 cm   ~ Star   Apr.–Sept.
Kennzeichen: Kleinste Seeschwalben-Art; gelber Schnabel und gelbe Beine; weiße Stirn.
Vorkommen: Kleine Brutkolonien an der holländischen und deutschen Nordseeküste (zusammen weniger als 2000 Paare) auf vegetationsarmen Sand- und Kiesbänken; seltener Brutvogel an der Ostseeküste.
Wissenswertes: Diese kleine, gerade gut mauerseglergroße Seeschwalbe überwintert im tropischen und im südlichen Afrika. Früher brütete sie auch vereinzelt im Binnenland; heute sind diese Vorkommen längst erloschen. Starke Fluten während der Brutzeit können die einzige Jahresbrut ganzer Kolonien zunichte machen. Durch rücksichtsloses Laufen und Verweilen außerhalb der Badestrände wird der Bruterfolg ebenfalls geschmälert. Die meisten Zwergseeschwalben brüten heute in Naturschutzgebieten.

2

Trauerseeschwalbe
Chlidonias niger

L 25 cm   ~ Amsel   Apr.–Sept.
Kennzeichen: Binnenland-Bewohnerin mit schwarzem Kopf und Körper.
Vorkommen: Eutrophe, vegetationsreiche Flachgewässer in den Niederungen; nur noch an wenigen Stellen; starker Rückgang.
Wissenswertes: Von allen Seeschwalben-Arten ist die Trauerseeschwalbe am regelmäßigsten einzeln oder in kleinen Trupps im Binnenland an Seen und Flüssen anzutreffen, zumindest als Durchzügler. An den wenigen noch erhalten gebliebenen Brutplätzen baut sie ihre Nester dicht über der Wasserfläche auf Bulten, häufig auch auf den Schwimmblättern der Seerose.

3

Tordalk
Alca torda

L 41 cm   ≪ Krähe   Jan.–Dez.
Kennzeichen: Im Vergleich zur Trottellumme dickköpfiger und dickschnäbeliger; hoher Schnabel mit weißem Streifen.

Vorkommen: An Steilküsten des Nordens; in Mitteleuropa nur in wenigen Paaren auf Helgoland; reiner Meeresbewohner.
Wissenswertes: In den großen Kolonien an den Felsküsten der nordischen Meere leben oft mehrere tausend Brutpaare auf dichtem Raum beisammen. Wie bei den Lummen tritt die Geschlechtsreife erst mit 4–6 Jahren ein. Beim Fischfang auf dem Meer legen sie meist mehrere Fische quer in den Schnabel, zumindest wenn sie damit ihre Jungen füttern wollen.

4

Trottellumme
Uria aalge

L 43 cm   < Krähe   Jan.–Dez.
Kennzeichen: Wie beim Tordalk mit dunkler Ober- und heller Unterseite, jedoch schlankerer Hals und Schnabel.
Vorkommen: Zur Nahrungssuche auf dem Meer, zur Brut an steilen Felsküsten des Nordatlantiks und Nordpazifiks; in Mitteleuropa nur ein einziges – allerdings kopfstarkes – Vorkommen auf Helgoland.
Wissenswertes: Die Lummen sind exzellente Schwimmer und Taucher, aber schlechte Flieger und Läufer an Land. Unter Wasser setzen sie ihre Flügel zur Fortbewegung ein. Die Lummen brüten dicht beisammen auf schmalen Felsbändern und -vorsprüngen; jedes Paar hat nur 1 Ei.

5

Papageitaucher
Fratercula arctica

L 32 cm   ~ Taube   Okt.–März
Kennzeichen: Papageiartig buntes Muster auf dem ungewöhnlich geformten Schnabel (Name!).
Vorkommen: Riesige Brutkolonien in der Arktis, vor allem an grasbewachsenen Berghängen und Klippen unmittelbar am Meer; an der Nordsee als Gast, jedoch selten in Küstennähe.
Wissenswertes: Im Gegensatz zu den beiden vorangehenden Alken ist der Papageitaucher Höhlenbrüter. Sein Nest ist bis 1 m tief in einer selbstgegrabenen oder von Kaninchen gebauten Höhle, die von dem Männchen verteidigt wird.

1   Straßentaube
Columba livia

L ± 34 cm   bekannt   Jan.–Dez.

Kennzeichen: Verschiedene Farbtöne und Abzeichen von wildfarben Grau bis Schwärzlich und Gelbbraun.

Vorkommen: Mit Ausnahme von Streusiedlungen und manchen Dörfern in fast allen bebauten Bereichen; die Ausgangsform (Felsentaube, **1b**) nur in Süd- und Westeuropa.

Wissenswertes: Die Tauben haben einen großen Kropf, in dem die aus abgestoßenen Epithelzellen entstehende Kropfmilch gebildet wird. Aus dem Kropf werden die Jungen ernährt, die als anfangs nackte und blinde Nesthocker 3–4 Wochen im meist sehr dürftig gebauten Nest bleiben. Meistens sind es 2 Junge, die aus schneeweißen Eiern schlüpfen. Als Straßentauben werden verwilderte Haustauben bezeichnet, die ihrerseits von der Felsentaube abstammen. Sie sind heute weltweit verbreitet und stellen wegen ihrer Nähe zum Menschen, wegen ihres Kots und ihrer Parasiten in vielen Siedlungen ein hygienisches Problem dar.

2   Ringeltaube
Columba palumbus

L 40 cm   >> Haustaube   Jan.–Dez.

Kennzeichen: Größe; weißer Halsring (Name!); 5- bis 6silber Nestruf.

Vorkommen: Wälder, Gehölze, Parks und Gärten; zur Nahrungssuche auf Feldern; seit Jahren starke Zunahme.

Wissenswertes: Ringeltauben sind heute anders als früher keine Seltenheiten mehr. Trotz Zunahme von Rabenkrähen und Elstern, die mit Vorliebe Taubengelege plündern, nehmen die Ringeltauben weiter zu. Offensichtlich bekommt ihnen das Stadtleben besonders gut. Ihre Distanz gegenüber dem Menschen haben sie stark abgebaut.

3   Hohltaube
Columba oenas

L 33 cm   ~ Haustaube   Jan.–Dez.

Kennzeichen: Ohne Weiß im Gefieder und ohne ausgeprägte „Armbinde"; Farbschlägen der Haustaube zum Verwechseln ähnlich.

Vorkommen: In Wäldern, Gehölzen und Parks; seltener als die anderen Taubenarten, jedoch Zunahme bei Angebot von Nisthöhlen.

Wissenswertes: Der Name dieser Art verweist darauf, daß sie in Höhlen brütet, besonders gern in solchen, die der Schwarzspecht gemeißelt hat. Ihr Ruf ist monoton und dumpf „o-uo, o-uo…".

4   Turteltaube
Streptopelia turtur

L 28 cm   << Haustaube   Apr.–Sept.

Kennzeichen: Geringe Größe; rostbrauner Rücken schwarz geschuppt.

Vorkommen: In Wäldern und Feldgehölzen, zunehmend auch in Parks und großen Gärten.

Wissenswertes: Die Turteltauben, ein Inbegriff der Liebenden, lassen ihre „Turr-turr-turr"-Rufe, denen sie ihren deutschen wie den wissenschaftlichen Artnamen verdanken, meistens gereiht viele Male nacheinander vernehmen. Sie sind die zugfreudigsten unter allen heimischen Taubenarten und wandern bis nach Afrika.

5   Türkentaube
Streptopelia decaocto

L 28 cm   << Haustaube   Jan.–Dez.

Kennzeichen: Hellbraune Oberseite ohne dunkle Schuppung; schwarzer Nackenring; auffallend langer Schwanz.

Vorkommen: Aus Südosteuropa eingewandert; heute vor allem in Städten, aber auch in vielen Dörfern heimisch, aber unterschiedlich zahlreich.

Wissenswertes: Die Türkentaube ist eine Neubürgerin in Mitteleuropa. 1946 wurde die erste Brut in Rosenheim, 1947 in Soest/Westfalen registriert. Seitdem hat sich die Art nahezu über ganz Europa (mit Ausnahme des höchsten Nordens und des Südwestens) ausgebreitet und die Besiedlung stark verdichtet. Ihr penetranter dreisilbiger Ruf („gu-gúh-gu") ist in allen Städten nahezu ganzjährig und zeitweilig vom frühesten Morgengrauen an zu vernehmen.

1 Kuckuck
Cuculus canorus

L 33 cm ~ Taube Apr.–Sept.

Kennzeichen: Oberseite und Brust grau, Unterseite sperberartig gebändert.

Vorkommen: Verbreitet in Wäldern und Feldgehölzen, aber auch in Sumpf- und Dünenlandschaften.

Wissenswertes: Jedes Kind kennt ihn, zumindest seinen Ruf; sein Erscheinungsbild ist schon weit weniger bekannt. Daß der Kuckuck seine Eier in fremde Nester legt – vor allem in die von Bachstelzen, Wiesenpiepern, Heckenbraunellen, Grasmücken und Rohrsängern –, ist in unserer Vogelwelt einzigartig. Das macht den Brutparasiten zu einem merkwürdigen Sonderling, dem der Volksmund allerlei Fähigkeiten angedichtet hat: Sein Ruf verrät Wohlstand, manchmal auch die Lebenserwartung. Lieber besingen ihn als Frühlingsboten. Kleinvögel attackieren ihn, nicht weil sie ihn als Brutparasiten wiedererkennen, sondern weil er dem Sperber ähnlich sieht, auf den sie angeborenermaßen aggressiv reagieren.

2 Wiedehopf
Upupa epops

L 28 cm > Amsel Apr.–Sept.

Kennzeichen: Bekannt durch seine Haube; schmetterlingsartiger Flatterflug; auffällige schwarz-weiß quergebänderte Schwingen und Schwanz.

Vorkommen: In Mitteleuropa nur vereinzelt im Osten und Süden; in den Mittelmeerländern weit verbreitet; offene gehölzdurchsetzte Landschaften.

Wissenswertes: „Hopfe" hüpfen (Name!). Wiedehopfe halten sich überwiegend auf dem Boden auf, wo sie nach Insekten und deren Larven suchen, vor allem nach Grillen und Laufkäfern, Raupen und Engerlingen. Der Ruf ist ein gedämpftes „Upupup", das im wissenschaftlichen Gattungsnamen wiederkehrt. Als Brutplatz wählt der Wiedehopf Baum- oder Fels- bzw. Mauerhöhlen. Seine Jungen wehren Feinde durch lautes Fauchen und durch Verspritzen des Enddarminhaltes bei gleichzeitigem Austreten eines übelriechenden Bürzeldrüsensekrets ab.

3 Bienenfresser
Merops apiaster

L 28 cm > Amsel Apr.–Sept.

Kennzeichen: Schwalbenartiger Flug; lange Schwanzspieße gut erkennbar; ungewöhnlich bunte Gefiederfärbung; weithin hörbare Rufe: „krüt".

Vorkommen: Verbreitet in Süd- und Südosteuropa; von dort zunehmend häufiger Vorstöße nach Mitteleuropa; gebüschdurchsetzte offene Landschaften mit sandigen Steilhängen, z.B. Sandgruben.

Wissenswertes: Wenn bei der Heimkehr des Bienenfressers aus Zentral- und Südafrika günstiges Wetter herrscht, schießt er auf dem Zuge gelegentlich über das Ziel hinaus und gelangt so nach Mitteleuropa. In einzelnen Jahren siedelt er sich dann hier und dort – meistens in Sandgruben – an, doch schon im nächsten Jahr erwartet man ihn hier vergeblich. Größere Fluginsekten, vor allem Hautflügler wie Bienen (Name!) und Wespen, erbeutet er im kurzen Jagdflug, zu dem er von einer möglichst hohen Warte aus startet. Dabei ist der Bienenfresser stets recht gesellig. Auch die Nichtbrüter halten sich gern in den Brutkolonien auf und machen sich sogar als Helfer bei der Aufzucht der Jungen nützlich. Die Bruthöhlen werden meistens jährlich neu über 1,50 m tief in möglichst steile Sandwände oder Uferböschungen gegraben.

4 Blauracke
Coracias garrulus

L 31 cm < Taube März–Okt.

Kennzeichen: Azurblaues Gefieder, nur Rücken rostbraun.

Vorkommen: Wechsel von alten Wäldern und mit Einzelbäumen durchsetzte Agrarlandschaften; vereinzelt, nur im Osten.

Wissenswertes: Die Blauracke brütet – regional unterschiedlich – entweder in Ast- und Spechthöhlen oder in selbstgegrabenen Erdhöhlen und Mauerlöchern. Der Rückgang und das vollständige Verschwinden der früher weiter verbreiteten Art sind wohl vorrangig auf die Intensivierung der Land- und Forstwirtschaft und den Rückgang größerer Fluginsekten zurückzuführen.

1 Ziegenmelker
Caprimulgus europaeus

L 27 cm ~ Amsel Apr.–Okt.

Kennzeichen: Gefieder graubraun, gesprenkelt und gebändert („Rindenmuster"); nachts oft minutenlanger schnurrender Balzgesang.

Vorkommen: Nur lokal in Mooren, Heiden und lichten Wäldern, vor allem in Kiefernbeständen.

Wissenswertes: Mit seinen Balzflügen, seinem Schnurren und Flügelklatschen in der Abenddämmerung und in der Nacht wirkt der Ziegenmelker schon etwas unheimlich. Bereits Plinius hat ihm die Tätigkeit angedichtet, die sich in seinem deutschen wie in seinem wissenschaftlichen Namen widerspiegelt. Große Augen, riesiger Rachen und hervorragende Tarnwirkung des Gefieders kennzeichnen diesen nächtlichen Insektenjäger, der tags gern in Längsrichtung auf einem Ast sitzt und deshalb meistens nicht wahrgenommen wird. Der Ziegenmelker, der auch „Nachtschwalbe" genannt wird, legt seine Eier auf den nackten Boden. Er verläßt uns schon Ende August oder Anfang September und kehrt erst im Mai wieder zurück.

2 Eisvogel
Alcedo atthis

L 17 cm > Sperling Jan.–Dez.

Kennzeichen: Ein farbenprächtiger Vogel mit metallisch blaugrün glänzender Oberseite und dolchförmigem Schnabel; schneller geradliniger Flug über das Wasser.

Vorkommen: Weit, aber doch nur lückenhaft verbreitet an stehenden und fließenden Gewässern.

Wissenswertes: Nicht auf das Eis, sondern auf den metallischen Glanz des Eisens nimmt der Name „Eisvogel" Bezug. Eis kostet in strengen Wintern vielen Eisvögeln das Leben; die Farben und der Metallglanz des Gefieders lassen den Eisvogel etwas fremd und exotisch erscheinen. Rüttelnd oder von einem Zweig aus stürzt er sich ins Wasser, um kleine Fische oder Insekten zu erbeuten. Außer einem durch Gewässerverschmutzung nicht allzu stark belasteten Fischbesatz braucht der Eisvogel frische Steilufer, wie sie in Form von Prallhängen

an unverbauten Bächen und Flüssen immer wieder neu entstehen. Die Trübung der Gewässer in verschmutzten Gewässern und das Fehlen geeigneter Brutplätze sind für den Rückgang der Art vorrangig verantwortlich. Kaum zu glauben aber wahr ist, daß es immer noch Menschen gibt, die dem „Fischereikonkurrenten" mit Rattenfallen nachstellen.

3 Mauersegler
Apus apus

L 17 cm > Rauchschwalbe Mai–Aug.

Kennzeichen: Rasanter Flug; lange, sichelförmige Flügel; schrille Rufe „srieh".

Vorkommen: In allen Orten, sogar im Zentrum der Großstädte verbreitet; am zahlreichsten in Städten mit historischem Kern, mit Türmen, alten Giebeln und verwinkelten Dächern, die Nistplätze bieten.

Wissenswertes: „*Apus*" heißt übersetzt „der Fußlose". Wirklich fußlos sind die Mauersegler zwar nicht, aber ihre Füße sind so stark verkümmert, daß sie sich zwar zum Hängen, aber kaum noch zum Laufen eignen. Um so faszinierender ist die Flugkunst, die den Seglern nicht nur die Beherrschung des Luftraums zur Insektenjagd, sondern auch das Trinken im Fluge, die Begattung und zeitweilig das nächtliche Ruhen hoch in der Luft gestattet. Die Ähnlichkeit der Segler mit den Schwalben hat keine verwandtschaftlichen Gründe, sondern ist das Ergebnis gleicher Anpassung an die Erfordernisse der Jagd auf Fluginsekten.

4 Alpensegler
Apus melba

L 21 cm >> Rauchschwalbe Apr.–Okt.

Kennzeichen: Größe; braunes Gefieder; trillernder Ruf.

Vorkommen: In Felsspalten, ausnahmsweise auch in Gebäuden; nur im Süden.

Wissenswertes: Die Art weilt erheblich länger im Brutgebiet als der Mauersegler. Zum Nestbau bevorzugt sie noch deutlicher den Ursprungsbiotop, nämlich Spalten in steilen Felswänden, gegenüber Öffnungen in den Dächern hoher Gebäude, wo man sie allerdings auch schon antreffen kann.

1 Buntspecht
Dendrocopus major

L 23 cm   > Star   Jan.–Dez.

Kennzeichen: Von anderen Spechten durch großen weißen Schulterfleck und schwarzen Scheitel unterschieden; Männchen mit Rot am Hinterkopf, Jungvögel mit roter Kappe.

Vorkommen: Sehr häufig in Wäldern, Feldgehölzen, Gärten und Parks.

Wissenswertes: Die häufigste und bekannteste Spechtart zeigt prägnant alle Spechtmerkmale: den kräftigen Meißelschnabel, die Kletterfüße mit 2 nach vorn und 2 nach hinten gerichteten Zehen, den Stützschwanz mit steifen Schwanzfedern und die Fähigkeit zum Baumklettern und zum Eigenbau von Nisthöhlen auch in Stämmen gesunder Bäume. Als Gast an Vogelfutterhäusern und als oft besonders zutraulicher Parkbewohner ist der Buntspecht den Menschen als der Specht schlechthin vertraut. Häufig sind seine „kix-kix"-Rufe zu vernehmen, noch bekannter sind die Trommelwirbel, mit denen Männchen und Weibchen, die oft abwechselnd trommeln, miteinander Kontakt aufnehmen. Die „Zimmerleute des Waldes" fertigen ihre Bruthöhle, die ein elliptisches Einflugloch von 4,5–5,5 cm Größe hat, in 2–3 Wochen harter Arbeit. Die Nahrung des Buntspechts ist vielseitig, besteht aber vor allem aus Larven holzbewohnender Käfer- und Schmetterlingsarten und aus Samen von Fichten und Kiefern. Die Larven erbeutet er, indem er Löcher in die Rinde schlägt, Rindenstücke ablöst, seine Zunge bis zu 4 cm über die Schnabelspitze vorschnellen läßt und damit seine Beute aus dem Holz oder aus Rindenspalten zieht. Besonders interessant sind die Spechtschmieden (**1c**), in denen Zapfen von Nadelbäumen festgekeilt werden, um sie besser bei der Ausbeute der Samen bearbeiten zu können.

2 Mittelspecht
Dendrocopus medius

L 22 cm   ~ Star   Jan.–Dez.

Kennzeichen: Rote Kappe und etwas kleinere weiße Schulterflecken als beim Buntspecht.

Vorkommen: Vor allem in Eichen- und fast nie in Nadelwäldern; viel seltener als der Buntspecht, regional fehlend.

Wissenswertes: Die dem Buntspecht – vor allem im Jugendkleid – recht ähnliche Art fällt vor allem im Frühling durch ihre quäkenden Rufe auf, mit denen sich die Partner finden. Gemäß der geringeren Körpergröße haben die Bruthöhlen des Mittelspechtes, die sich immer in krankem Holz befinden, nur einen Durchmesser von 3–4,5 cm.

3 Dreizehenspecht
Picoides tridactylus

L 22 cm   ~ Star   Jan.–Dez.

Kennzeichen: Fast völlig schwarze Schwingen und Wangen; Rücken weiß gestreift oder gefleckt; ohne jegliches Rot.

Vorkommen: Nur in Bergfichtenwäldern der östlichen Alpen und des Böhmerwaldes sowie in Skandinavien.

Wissenswertes: Der Dreizehenspecht zeigt sich nur höchst selten einmal außerhalb seines Brutgebietes. Er braucht zur Brut und zur Nahrungssuche naturnahe, an Totholz reiche, alte Fichtenwälder.

4 Kleinspecht
Dendrocopus minor

L 15 cm   ~ Sperling   Jan.–Dez.

Kennzeichen: Geringe Körpergröße; schwarz-weiße Bänderung der Oberseite; Unterseite ohne Rot; Ruf wie beim Buntspecht, aber schwächer „kick".

Vorkommen: Laub- und Mischwälder, Feldgehölze und Parks; gern in Weichholzauen.

Wissenswertes: Der kleinste europäische Specht sucht seine Nahrung auch an dünnen Ästen. Er ist ein eifriger Höhlenzimmerer, arbeitet aber fast immer nur an totem, faulem Holz. Seine Höhlen haben einen Durchmesser von nur 3 cm. Oft fällt er durch seine helle Rufreihe auf, die wie „kikikikik" klingt und an die Rufreihe des Turmfalken erinnert. Ansonsten lebt der Zwergspecht recht heimlich und zurückgezogen, so daß er wohl oft unbemerkt bleibt. Im Herbst und im Winter sieht man ihn manchmal mit Meisen in deren buntgemischten Schwärmen durch die Wälder und Parks ziehen.

1

Schwarzspecht
Dryocopus martius

L 46 cm   ~ Krähe   Jan.–Dez.

Kennzeichen: Größte heimische Spechtart; schwarzes Gefieder; Ruf schallend „kliöh".

Vorkommen: Größere Waldgebiete mit Altholzbeständen; vor allem in Buchenwäldern, aber auch im Nadelwald; nur lokal verbreitet.

Wissenswertes: Von allen heimischen Spechten trommelt der Schwarzspecht am lautesten. Sein 2 Sekunden langer Trommelwirbel besteht aus 30–35 Einzelschlägen. Er dient vor allem der Reviermarkierung. Für den Bau der Nisthöhle, der sich über einen knappen Monat erstreckt, werden Rotbuchen bevorzugt, die einen Stammdurchmesser von mindestens 45 cm haben. Die Nisthöhlen befinden sich meistens unterhalb des untersten größeren Astes einer starken Rotbuche; sie sind senkrecht elliptisch mit einer ca. 13 cm x 8,5 cm großen Einflugöffnung. Wo im Laufe der Jahre mehr Höhlen gezimmert wurden, als die Schwarzspechte benötigen, profitieren andere Höhlenbrüter, vor allem die Hohltauben und Dohlen. Neben den Höhlen findet man auch Hackspuren, tiefe Löcher, die der Specht auf der Suche nach Insektenlarven gemeißelt hat (**1b**).

2

Grünspecht
Picus viridis

L 32 cm   ~ Taube   Jan.–Dez.

Kennzeichen: Oberseite olivgrün, Bürzel gelb, Unterseite gelbgrün; Rot von der Stirn bis zum Nacken; wiehernde Rufreihe „glückglückglück...".

Vorkommen: Mit Feldgehölzen durchsetzte agrare Kulturlandschaft; Parks; verbreitet.

Wissenswertes: Grün- und Grauspecht werden wegen ihres häufigen Aufenthaltes am Boden als „Erdspechte" bezeichnet. Ameisen bilden – zumindest im Sommer – ihre Hauptnahrung. Der Grünspecht sucht gezielt nach Ameisenhaufen und Ameisennestern an Wegrändern und Böschungen sowie nach Ameisen unter Welklaub und im Erdreich. Ungewöhnlich für einen Specht sind die hüpfenden Bewegungen auf dem Boden. So oft und schallend man seine lachenden Rufreihen

vernimmt, so selten hört man sein Trommeln. Obwohl er selbst Höhlen zimmern kann, benutzt er doch mit Vorliebe fremde Höhlen, die er fertig vorfindet. Der Durchmesser des Flugloches liegt dann in der Regel bei 6,0–6,5 cm.

3

Grauspecht
Picus canus

L 27 cm   > Amsel   Jan.–Dez.

Kennzeichen: Kleiner als Grünspecht, mit dem eine gewisse Ähnlichkeit besteht; jedoch Kopf, Hals und Unterseite grau; nur Stirn und vordere Kopfhälfte rot.

Vorkommen: Im Vergleich zum Grünspecht stärker in Laubwäldern des Berglandes als in der Ebene vertreten.

Wissenswertes: Während der Grünspecht selten trommelt, läßt der Grauspecht ein anhaltendes Trommeln vernehmen. Seine Rufreihe beginnt ähnlich der des Grünspechtes, wird aber zum Schluß langsamer und klingt mit einzelnen absinkenden Tönen aus.

4

Wendehals
Jynx torquilla

L 16 cm   > Sperling   Apr.–Sept.

Kennzeichen: Gefieder rindenartig gefärbt und gemustert.

Vorkommen: Nur regional noch in lichten Wäldern, Parks, Streuobstwiesen, Gärten.

Wissenswertes: Der bekannte und vom Volksmund auch politisch verwandte Name nimmt auf die langsamen, schlangenartigen Kopfbewegungen Bezug, die bei der Balz und beim Drohen ausgeführt werden. Obwohl Erscheinungsbild und Lebensweise den Wendehals eher kleineren Singvögeln ähneln lassen, weisen ihn Füße und Stützschwanz als Specht aus. Nahrung sucht er allerdings vorwiegend am Boden; Ameisen spielen bei ihm wie bei den „Erdspechten" eine wichtige Rolle. Seine Nisthöhle fertigt er nicht selber an. Er greift immer auf Specht- oder andere Baumhöhlen zurück, nicht selten auch auf künstliche Nisthöhlen zurück, deren Flugloch einen Durchmesser zwischen 4 und 5 cm haben sollte. Nachdem der Wendehals in der Mitte unseres Jahrhunderts noch einmal häufiger wurde, geht der Bestand seit etwa 1955 immer weiter zurück.

1 Uhu
Bubo bubo

L 68 cm >> Bussard   Jan.–Dez.
Kennzeichen: Größte Eulenart; Eulengesicht und Federohren.

Vorkommen: Lokal in den Alpen und den Mittelgebirgen; zum Teil Restbeständen, zum Teil erfolgreiche Wiederansiedlung; in struktur- und nahrungsreichen Landschaften, möglichst mit Felsen als Brutplatz.

Wissenswertes: Sowohl der deutsche als auch der wissenschaftliche Name beschreiben die monotonen, nicht besonders lauten Rufreihen des Uhus, des Inbegriffs der Nachtvögel in Märchen und gruseligen Geschichten. Teils im vorigen, teils in der ersten Hälfte unseres Jahrhunderts ausgerottet, ist er dank Schutz und Wiedereinbürgerung seit den 70er Jahren wieder auf dem Vormarsch. Drähte und Straßenverkehr kosten leider vielen Uhus das Leben. Aber moderne Einrichtungen wie z.B. große Mülldeponien mit ihren Ratten und großen Vogelschwärmen bescheren ihm einen reich gedeckten Tisch. Früher nutzte man in Gefangenschaft gehaltene Uhus für die Hüttenjagd, bei der Krähen- und Greifvögel aus einer Hütte heraus geschossen wurden, wenn sie den davor frei sitzenden „Hütten-Uhu" attackierten.

2 Waldohreule
Asio otus

L 35 cm ~ Taube   Jan.–Dez.
Kennzeichen: Eine mittelgroße Eulenart mit langen, dunklen, bei Erregung aufgerichteten Federohren; einzelne dumpfe Rufe „Huh" im Abstand von 4–5 Sekunden.

Vorkommen: Verbreitet in der mit Wald durchsetzten Kulturlandschaft; außerhalb der Brutzeit gelegentlich in kleinen Trupps auch in Parks und auf Friedhöfen.

Wissenswertes: Je nach Dichte des Mäusebestandes tritt auch die Waldohreule mehr oder weniger zahlreich auf. Allerdings stehen neben Mäusen auch Vögel und Insekten auf ihrer Speisekarte. Die Jungen verlassen ihr Nest in der Regel schon lange, bevor sie wirklich flügge werden (**2b**). Tags ruht die Waldohreule – manchmal frei, meistens in Stamm-

nähe – stramm aufrecht stehend in niedrigen Nadelbäumen. Im Winter bilden sich oft Schlafgemeinschaften mit 20, 30 und auch noch mehr Waldohreulen, die man aus nächster Nähe beobachten kann. Am Nest kann die Eule auch dem Menschen gegenüber sehr aggressiv reagieren.

3 Sumpfohreule
Asio flammeus

L 38 cm >> Taube   Jan.–Dez.
Kennzeichen: Gefieder mehr gelbbraun; Bauch deutlich heller als die Brust; weniger gut erkennbare Federohren; häufig am Boden sitzend.

Vorkommen: Nur sehr punktuell in offenen Heide-, Dünen-, Moor- und Sumpflandschaften; vor allem im Norden.

Wissenswertes: Am weihenartigen Flug (**3b**) dicht über dem Boden im offenen Gelände ist die oft schon tags und in der Dämmerung aktive Sumpf- von der Waldohreule trotz äußerlicher Ähnlichkeiten gut zu unterscheiden. Ihr Nest hat sie in der Bodenvegetation, wo sie sich zu Fuß und mit Flugsprüngen recht gewandt zu bewegen vermag. Sowohl ihr Brutbestand (in Mitteleuropa auch in guten Jahren keine 1000 Paare) als auch ihre winterlichen Einflüge sind je nach Nahrungs-, d.h. Mäuseangebot, von Jahr zu Jahr sehr unterschiedlich groß.

4 Zwergohreule
Otus scops

L 19 cm < Star   Apr.–Okt.
Kennzeichen: Kleinste Eule mit deutlichen Federohren; Gefieder graubraun marmoriert.

Vorkommen: Gärten, Parks, Obstwiesen; vor allem im Süden und Südosten; selten.

Wissenswertes: Diese vergleichsweise sehr kleine Eule ist ein ausgeprägter Zugvogel, der in der afrikanischen Savanne überwintert. Ihre Hauptnahrung sind größere Insekten, d.h. Käfer, Heuschrecken und Schmetterlinge, die in südlichen, wärmeren Landschaften häufig sind. Darauf dürfte zurückzuführen sein, daß die Zwergohreule bereits im südlichen Mitteleuropa die Nordgrenze ihrer Verbreitung erreicht.

1 Schleiereule
Tyto alba

L 34 cm ~ Taube Jan.–Dez.

Kennzeichen: Helles Gefieder; herzförmiges Gesicht.

Vorkommen: Nur noch verstreut in Dörfern mit geeigneten Gebäuden als Brutplatz und strukturreichen, offenen Flächen als Jagdgebiet.

Wissenswertes: Kirchtürme einerseits und Dachböden von Bauernhöfen und Scheunen andererseits sind die bevorzugten Brutplätze und Aufenthaltsorte der Schleiereule während des Tages. Jagdmöglichkeit auf Tennen und in Scheunen ist bei längerwährender Schneelage für die ursprünglich nur weiter südlich verbreitete Art Voraussetzung zum Überleben (**1b**). Weil immer mehr Türme und Böden abgedichtet werden, gerät die Schleiereule zunehmend in Bedrängnis. Bauern und Küster können effektiven Artenschutz betreiben, wenn sie die „Ulenfluchten" geöffnet halten oder auf Böden große Nistkästen anbringen. In den dunkelsten Nächten spüren Schleiereulen die ihnen als Hauptnahrung dienenden Mäuse übrigens nach deren Stimmen auf.

2 Waldkauz
Stryx aluco

L 38 cm >> Taube Jan.–Dez.

Kennzeichen: Großer, runder Kopf ohne Federohren; grau- oder rotbraunes Gefieder mit Streifen oder Flecken; Ruf „ki-wick".

Vorkommen: Vor allem in Altholzbeständen, auch in größeren Gärten und Parks; häufig.

Wissenswertes: Der klangvoll okarinaartige Balzgesang, der mit „huuh" beginnt und nach einer deutlichen Pause mit einem Tremolo endet, ist in Film und Fernsehen das bevorzugte Begleitgeräusch für nächtliche, spannungsgeladene Szenen. Auch weil der Waldkauz die häufigste heimische Eulenart ist, dürfte seine Strophe bekannter sein als die anderen Eulenstimmen. Der Waldkauz ist unter den Eulen der vielseitigste Jäger, dessen Speiseplan sich nicht nur auf Mäuse beschränkt, sondern auch Säuger bis Eichhorn- und Vögel bis Krähengröße mit einschließt. Er kann Vögel im Flug schlagen, Nester von Höhlenbrütern

plündern und vereinzelt sogar Amphibien aus dem Wasser holen. Der Waldkauz brütet in Baumhöhlen, in die er sich meistens auch tagsüber zurückzieht. Auf diese Weise entgeht er am sichersten dem unentwegten Warnen und auch den Attacken mancher Singvögel, die ihn sofort verraten, wenn sie ihn tags nahe am Stamm auf einem Zweig sitzend entdecken.

3 Steinkauz
Athene noctua

L 23 cm < Star Jan.–Dez.

Kennzeichen: Klein und rundlich wirkend; Rückengefieder gefleckt; dunkle Streifen unmittelbar über den Augen.

Vorkommen: Dorfränder, vor allem Niederungen mit kopfbaumbestandenem Grünland; nur noch stellenweise verbreitet.

Wissenswertes: Wer etwas für den Schutz der stark gefährdeten Steinkäuze tun will, der sollte Kopfbäume erhalten und vermehren, vor allem in Bachtälern und an Wiesen und Weiden. Aber auch in den Höhlen alter Obstbäume bezieht der kleine Kauz gern sein Quartier. Wo Mangel an Naturhöhlen besteht, nimmt er auch die ihm von Vogelschützern angebotenen Spezialnistkästen an. Der Steinkauz sitzt häufiger auch tags und relativ früh in der Abenddämmerung vor seiner Bruthöhle. Wenn er sich beunruhigt fühlt, knickst er wie ein Rotkehlchen, um schließlich niedrig über dem Boden wellenförmig ein Stück weiterzufliegen. Auf seiner Speisekarte stehen neben Mäusen auch Insekten und Schnecken.

4 Rauhfußkauz
Aegolius funereus

L 26 cm ~ Amsel Jan.–Dez.

Kennzeichen: Gegenüber dem Steinkauz größerer Kopf und helleres Gesicht.

Vorkommen: In den Alpen und inselartig in den Mittelgebirgen; vor allem in Fichtenwäldern; nur regional verbreitet.

Wissenswertes: Heute sind mehr Brutplätze dieser Art bekannt als noch vor wenigen Jahren. Das kann auf intensivere Nachforschung, aber auch auf ein gezieltes Angebot an Nistkästen zurückzuführen sein.

Die meisten **Reptilien** bevorzugen die sonnig-warmen Teile der Erde. Von den weltweit 5500 Arten kommen nur knapp 5 % in Europa vor, wo die Artenzahl von den Mittelmeerländern nordwärts weiter rapide schrumpft. In Mitteleuropa bleibt noch ein gutes Dutzend übrig mit Schwerpunkt in der wärmeren Hälfte, d.h. südlich des Mains. Offene Biotope mit nährstoffarmen, nur extensiv genutzten Böden beheimaten die meisten Reptilienarten. Gerade sie aber verändern sich rasch bei intensiverer landwirtschaftlicher Nutzung oder Aufforstung. Kein Wunder, daß die Reptilien überall in Mitteleuropa auf dem Rückzug sind!

1 Waldeidechse
Lacerta vivipara

L bis 16 cm   März–Okt.

Kennzeichen: Braun mit hellen und dunklen Flecken und Streifen; kleinste heimische Eidechsenart.

Vorkommen: Abweichend von den oben beschriebenen Ansprüchen in sehr unterschiedlichen, auch in feuchteren Biotopen heimisch; nordwärts bis zum Polarkreis.

Wissenswertes: Nur die auch als Berg- und Mooreidechse bekannte Waldeidechse und die Kreuzotter besiedeln derart kühle und feuchte Lebensräume. Beiden gemeinsam ist, daß sie Junge gebären, die sich gleich bei der Geburt der Eihülle entledigen und wie verkleinerte Abbilder der Älteren erscheinen.

2 Zauneidechse
Lacerta agilis

L –22 cm   März–Okt.

Vorkommen: In Mitteleuropa weit verbreitet; besiedelt die unterschiedlichsten Lebensräume, als Kulturfolger in Parks und Gärten.

Kennzeichen: Relativ plump und kurzschwänzig; Männchen (**2a**) lebhaft grün, Weibchen (**2b**) braun mit schwarzen Flecken; dunklerer Bereich längs der Rückenlinie.

Wissenswertes: Wie die meisten Reptilien läßt auch die Zauneidechse die in lockeren Boden abgelegten, mit einer Kalkschale umhüllten Eier (5–14) von der Sonne bebrüten. Je nach Bodenart und Witterung schlüpfen die Jungen nach 8–10 Wochen.

3 Mauereidechse
Lacerta muralis

L –19 cm   März–Okt.

Kennzeichen: Schlank; spitz auslaufender Schwanz; bräunliche oder graue Grundfärbung; sehr variabel.

Vorkommen: Nur noch an wenigen besonders warmen Orten Süddeutschlands; Gesteinsfluren, Weinberge, Steinbrüche; in Südeuropa auch an Hauswänden (Name).

Wissenswertes: Die Art stellt sehr spezielle Ansprüche an ihren Lebensraum. In Deutschland ist sie stark gefährdet.

4 Smaragdeidechse
Lacerta viridis

L –40 cm   März–Okt.

Kennzeichen: Größe; grüne Grundfärbung.

Vorkommen: In Mitteleuropa vor allem im Oberrheingraben; steinige Offenbiotope.

Wissenswertes: Die Art ist in nacheiszeitlichen Wärmezeiten nordwärts bis in die Mark Brandenburg vorgedrungen. Die Vorkommen in den einzelnen Wärmeinseln aber sind inzwischen fast alle wieder erloschen. Die Smaragdeidechse ist die größte und schönste Eidechsenart Mitteleuropas, zugleich aber auch die flinkeste und scheueste. In der Paarungszeit sind die Kehle und die Kopfseiten des Männchens blau getönt. Der Schwanz ist oft mehr als doppelt so lang wie der Kopf und Rumpf zusammen.

5 Blindschleiche
Anguis fragilis

L –50 cm   Febr.–Okt.

Kennzeichen: Graubraun, oft metallisch glänzend; schlangenähnliche Gestalt.

Vorkommen: In ganz Mitteleuropa verbreitet; auf sonnigen Lichtungen und in Säumen von Hecken und Gebüschen.

Wissenswertes: Diese beinlose Echse unterscheidet sich von Schlangen durch ihre glatten, glänzenden Schuppen und die beweglichen Augenlider. Wie andere Eidechsen vermag sie ihren Schwanz beim Zugriff eines Feindes abzuwerfen; er regeneriert, aber erreicht selten die alte Stärke und Form.

1 Rotwangenschildkröte
Pseudemys scripta

L –25 cm   März–Okt.

Kennzeichen: Dunkelbraun bis oliv gefärbt; rote Flecken hinter den Augen (Name!); gelbe Streifen am Kopf.

Vorkommen: In Gewässern der Städte und Ballungsräume; meistens nur vorübergehend eingebürgert; ursprünglich in Nordamerika beheimatet.

Wissenswertes: Diese Art wäre schon längst ein fester und häufiger Bestandteil der mitteleuropäischen Fauna, wenn sie sich unter den hier herrschenden Verhältnissen in Freiheit vermehren könnte. Das scheint nicht der Fall zu sein! So handelt es sich bei den Rotwangenschildkröten, die man in Teichen und Weihern sieht, wohl durchweg um Tiere, die in Zoogeschäften gekauft und von „Tierfreunden" kürzere oder längere Zeit gehalten wurden. Als man schließlich ihrer überdrüssig war, entledigte man sich ihrer kurzerhand am nächsten Gewässer.

2 Europäische Sumpfschildkröte
Emys orbicularis

L –40 cm   Apr.–Okt.

Kennzeichen: Dunkelbraune Grundfärbung; kleine hellere Flecken.

Vorkommen: An stehenden Gewässern unterschiedlicher Art; ursprünglich wohl nur an Altarmen, Seen und Teichen im Süden; heute durch Aussetzung auch an vielen anderen Orten, auch im Norden. Die Sumpfschildkröte trägt an Fingern und Zehen Schwimmhäute. Ihr Schwanz ist halb bis zwei Drittel so lang wie der Panzer.

Wissenswertes: „Schildkrötenstraßen" verraten die Gegenwart dieser Art an einem Gewässer. Sie kommen dadurch zustande, daß die Tiere ihre Sonnenplätze immer wieder auf demselben Wege ansteuern. Die freilebenden Schildkröten sind sehr umsichtig und scheu. Sie fliehen vor dem Menschen schon auf große Entfernung und bleiben minutenlang untergetaucht. An sonnigen Stellen legt das Weibchen seine 3–12 Eier in eine bis zu 10 cm tiefe Grube. Je nach Witterung dauert es bis zu 100 Tage, bis die Jungen schlüpfen.

3 Kreuzotter
Vipera berus

L –80 cm   März–Okt.

Kennzeichen: Dunkles Zickzackband (Kreuzmuster, Name!) auf dem Rücken.

Vorkommen: Ähnlich wie Waldeidechse; vor allem in Heide- und Moorgebieten im Norden; nordwärts bis zum Polarkreis, in den Alpen bis zur Baumgrenze.

Wissenswertes: Die Kreuzotter, die einzige heimische Giftschlange, ist eine der Ursachen für die Schlangenfurcht vieler Menschen, auch jener, die sie niemals zu Gesicht bekamen. Eigentlich ist sie Einzelgängerin, doch den Winter können zahlreiche Tiere in Erdhöhlen oder unter Stubben oder Reisig dicht gedrängt gemeinsam verbringen. Wie alle wechselwarmen Tiere fallen die Kreuzottern in eine Winterstarre. Als Beute dienen ihnen vor allem Mäuse, seltener Frösche und Eidechsen. Das ihnen mit dem Biß injizierte Gift führt in Minutenschnelle zum Herzstillstand. Das Beutetier wird als Ganzes mit dem Kopf voran verschlungen. Auf Menschen wirkt der Biß nicht unbedingt tödlich, doch ist schnelle ärztliche Hilfe in jedem Falle wichtig! Verfolgung und Tötung von Kreuzottern sind unsinnig und obendrein gesetzeswidrig.

4 Aspisviper
Vipera aspis

L –80 cm   Apr.–Okt.

Kennzeichen: Gedrungener Körper; stärker abgesetzter Kopf; kontrastreiche, aber sehr variable Färbung.

Vorkommen: Früher im südlichen Schwarzwald; ansonsten in Südwest-Europa; gern auf sonnigen Felsen und Gesteinshalden.

Wissenswertes: Die Art ist neben der Kreuzotter die zweite Giftschlange in Mitteleuropa, die für den Menschen gefährlich werden kann. Die Aspisviper gilt allerdings als ziemlich träge und als weniger angriffslustig. Sie ist sowohl tags als auch nachts aktiv und ernährt sich vorzugsweise von Mäusen und Eidechsen. Der Name „Viper" (von lat. vivipara) kennzeichnet sie als lebendgebärende Schlangenart, die meistens zwischen 4 und 16 Junge zur Welt bringt.

1

Ringelnatter
Natrix natrix

L –150 cm   März–Okt.

Kennzeichen: Eine große, dunkle Schlange mit zwei gelben sichelförmigen Nackenflecken, als „Mondflecken" bezeichnet; bei der westlichen Unterart (Barrenringelnatter) weiße oder auch keine Mondflecken.

Vorkommen: In ganz Europa bis Mitte Skandinavien; unterschiedliche Biotope, vor allem Bruchwiesen und Auenwälder; häufigste Schlangenart in Deutschland.

Wissenswertes: Alle vier auf dieser Seite behandelten Nattern sind für den Menschen harmlos. Der Name „Natter" geht auf das lateinische „natrix" (Wasserschlange) zurück. Die Ringelnatter ist in der Tat eng an das Wasser gebunden und eine gute Schwimmerin. Auf ihrer Beuteliste stehen Fische, Frösche und Molche oben an. Zum „Aufheizen" sucht sie regelmäßig bestimmte Sonnenplätze auf. Das Weibchen legt meistens um die 20 Eier tief in verrottendes Pflanzenmaterial und nutzt dabei die Wärme von Kompost- und Laub-, sogar von Mist- und Sägemehlhaufen. Die Ringelnatter flieht vor dem Menschen. In die Enge getrieben zischt sie und scheidet ein stinkendes Sekret aus; manchmal stellt sie sich auch tot.

2

Würfelnatter
Natrix tessellata

L –100 cm   Apr.–Sept.

Kennzeichen: Grundfarbe grau oder braun; auf dem Rücken dunklere würfelartige Flecken (Name!).

Vorkommen: In Deutschland nur an klimatisch günstigen Orten am Mittelrhein mit seinen Zuflüssen, an der Donau bei Passau und an der Elbe bei Meißen; immer an Gewässern; sehr selten und vom Aussterben bedroht; in Südeuropa jedoch häufig.

Wissenswertes: Noch stärker an das Wasser gebunden als die Ringel- ist die Würfelnatter, die nur selten einmal außerhalb des Wassers angetroffen und deshalb auch „Seeschlange" genannt wird. Sie lauert im Wasser auf Beute, indem sie nur die weit vorn liegenden Nasenöffnungen und Augen über die

Wasserlinie streckt. Weil sie – ohnehin schon auf Wärmeinseln begrenzt – besonders naturnahe Gewässerabschnitte beansprucht, ist ihre Zukunft in Mitteleuropa höchst ungewiß.

3

Schlingnatter
Coronella austriaca

L –70 cm   Apr.–Okt.

Kennzeichen: Geringe Größe; Männchen oberseits braun, Weibchen grau; glatte Schuppen („Glattnatter"); dunkle Längsstreifen am Kopf; dunkler Nackenfleck.

Vorkommen: Weiter verbreitet, am häufigsten im Rhein–Main-Gebiet; vor allem an warmen, südexponierten Hängen mit einem Wechsel von Gebüsch und gebüschfreien Flächen; Waldränder und Säume.

Wissenswertes: Die Schlingnatter gehört wie die Kreuzotter, die Blindschleiche und die Waldeidechse zu den lebendgebärenden Reptilien. Sie flieht vor dem Menschen meistens nicht, sondern verharrt regungslos. Gegen das Ergreifen wehrt sie sich mit schmerzhaften, aber völlig ungefährlichen Bissen. Ihr Name nimmt auf eine Jagdmethode Bezug, bei der die Beutetiere mit dem Maul gepackt und durch Umschlingen mit dem Körper getötet werden.

4

Äskulapnatter
Elaphe longissima

L –160 cm   Apr.–Sept.

Kennzeichen: Größte Schlangenart Mitteleuropas; schlank; oberseits braune Schuppen; unterseits rahmfarben.

Vorkommen: In Deutschland nur bei Schlangenbad im Taunus, im südlichen Odenwald, bei Lörrach und bei Passau.

Wissenswertes: Mäuse und Jungvögel werden durch Umschlingen getötet. Die Äskulapnatter klettert geschickt in Bäumen und Sträuchern. Sie ist die heilige Schlange, das Symboltier des Äskulap, des Gottes der Heilkunst. In diesem Zusammenhang begegnet sie uns auch heute noch – sich dekorativ um einen Stab windend. Nach Ansicht anderer Forscher soll es sich dabei nicht um die Äskulapnatter, sondern um den parasitischen Medinawurm handeln.

Die **Schwanzlurche** haben wie alle Lurche eine schuppenfreie, drüsig-feuchte Haut. Die sechs in Mitteleuropa heimischen Arten gehören allesamt zur Familie „Molche und Salamander" (*Salamandridae*). Während bei den 4 Molcharten der Schwanz seitlich abgeflacht ist, sind bei den beiden Salamanderarten Körper und Schwanz drehrund.

1
Teichmolch
Triturus vulgaris

L –11 cm   Febr.–Nov.

Kennzeichen: Auf der hell- bis orangegelben Bauchseite beim Männchen (**1b**) größere runde, schwärzliche Flecken, beim Weibchen kleinere, bandartig angeordnete Tüpfel.

Vorkommen: Am weitesten verbreitete heimische Molchart; Gewässer aller Art, vor allem kleine und flache.

Wissenswertes: Voraussetzung dafür, daß der Teichmolch ein Gewässer zum Laichen nutzt, sind Unterwasserpflanzen, an deren Blättern die 100–200 Eier abgelegt werden. Bis um die Juni–Juli-Wende haben die erwachsenen Tiere meistens die Gewässer verlassen (**1c**); ein Teil allerdings überwintert auch dort. In neu angelegten Gartenteichen ist der Teichmolch oft einer der ersten Neusiedler. Selbst in wassergefüllten Radspuren auf Waldwegen ist er im Frühling und Frühsommer ziemlich regelmäßig anzutreffen.

2
Bergmolch
Triturus alpestris

L –12 cm   Febr.–Nov.

Kennzeichen: Bauchseite orangerot bis gelb; nur im Übergangsbereich zwischen Bauch und Rücken und im Kehlbereich kleine dunkle Flecken.

Vorkommen: Die häufigste Molchart in Mitteleuropa; anspruchsloser Nutzer selbst kleinster Gewässer, stärker als der Teichmolch auch im Bergland verbreitet; gern in kühleren Waldweihern.

Wissenswertes: Ab Juni sind Bergmolche oft mehrere hundert Meter weit von ihren Laichgewässern entfernt anzutreffen. Hier erbeuten sie Insekten und kleine Würmer, während sie zuvor überwiegend von Wasserflöhen

und Mückenlarven lebten. Den Winter verbringen sie an frostgeschützten Orten unter Laub oder Baumstubben, in Erdhöhlen und manchmal auch im Schlamm auf dem Grund von Gewässern.

3
Kammolch
Triturus cristatus

L –16 cm   Febr.–Nov.

Kennzeichen: Größe; dunkelbraune Färbung; schwarze Flecken; Männchen (**3a**) zeitweilig mit einem kammartigen Hautsaum über Rücken und Schwanz (Name!).

Vorkommen: Trotz weiter Verbreitung die seltenste heimische Molchart; stärker besonnte, wärmere Gewässer, die mindestens 50–100 cm tief sind; vor allem im Flachland.

Wissenswertes: Im Gegensatz zu den anderen Molcharten, die auch in kühleren und stärker beschatteten Gewässern bewaldeter und daher weniger chemiebelasteter Landstriche laichen, ist der Kammolch auf die offene Landschaft angewiesen. Seine Laichplätze liegen meist weiter voneinander entfernt. Jeder Verlust eines Laichgewässers wiegt daher beim Kammolch besonders schwer. Nur intensiver Schutz des Lebensraumes und des Wassers vor dem Eintrag von Bioziden und verschiedenen anderen Fremdstoffen kann den Fortbestand unserer stattlichsten Molchart auf Dauer gewährleisten.

4
Fadenmolch
Triturus helveticus

L –9 cm   Febr.–Nov.

Kennzeichen: Bauchseite mit einer ungefleckten gelben Mittelzone und weißlichen Seiten; beim Männchen Schwanz fadenförmig verlängert (Name!).

Vorkommen: Im westlichen Mitteleuropa; vor allem in den Mittelgebirgen, nur selten im Flachland.

Wissenswertes: Dieser kleinste heimische Molch tritt häufig zusammen mit dem Bergmolch in kühlen Quellmulden und beschatteten Waldtümpeln auf. Sein Bestand ist offenbar gesichert. Wie alle Molche legt auch der Fadenmolch seine zahlreichen Eier einzeln an Wasserpflanzen ab.

1 Feuersalamander
Salamandra salamandra

L –20 cm Febr.–Nov.

Kennzeichen: Schwarz-gelb gefleckt oder längs gestreift; größte und auffälligste heimische Lurchart.

Vorkommen: Weit verbreitet, vor allem in den Mittelgebirgen; in quellen- und bachreichen Laubwaldgebieten.

Wissenswertes: Feuersalamander sind individuell erkennbar, weil das Fleckenmuster keines Tieres vollständig dem eines anderen gleicht. Auch bleibt das Muster trotz der Häutungen lebenslang unverändert. So konnte man die Größe des Jahreslebensraumes und das mit über 20 Jahren enorm hohe Lebensalter einzelner Tiere ermitteln. Für den Salamander selbst ist die auffällige Färbung bedeutsam, weil sie es seinen Feinden erleichtert, aus unangenehmen Erfahrungen mit derart gefärbten Tieren zu lernen. Das Hautsekret verdirbt den Verfolgern den Appetit und verursacht nach Berührung auch beim Menschen – vor allem an den Schleimhäuten – starke Reizung. Von März bis Mai setzen die Weibchen bereits aus dem Ei geschlüpfte, ca. 3 cm lange Larven in das kühle Wasser kleiner Bäche und Waldtümpel. Nur bei Regen nach längerer Trockenperiode ist das sonst nur nachts aktive „Regenmännchen" auch noch morgens unterwegs.

2 Alpensalamander
Salamandra atra

L –15 cm Mai–Sept.

Kennzeichen: Ein schwarzer Salamander.

Vorkommen: In den Alpen; von hochgelegenen Berglaubwäldern bis zu Geröllhalden und Matten zwischen 2500 und 3000 m.

Wissenswertes: An die Bedingungen seines alpinen Lebensraumes ist der Alpensalamander in höchst bewundernswerter Weise angepaßt. Er ist nicht nur wie mehrere andere Lurche lebendgebärend (vivipar), sondern bringt sogar statt einer größeren Zahl ans Wasser gebundener Larven 2 (!) fast 5 cm lange, sofort an Land aktive Jungtiere zur Welt. Sie atmen wie die Erwachsenen sofort mit Hilfe ihrer Lungen und sind dadurch vom Was-

ser völlig unabhängig. Eine größere Zahl zuvor mit Kiemen ausgestatteter Larven wird dafür schon in frühem Entwicklungsstadium im Mutterleib resorbiert. Angesichts der niedrigen Wassertemperatur und der häufig reißend schnellen Wasserbewegung ist die vorgeburtliche Weiterentwicklung der Larven zu fertigen Jungtieren eine entscheidende Voraussetzung für die Besiedlung dieses extremen Lebensraumes.

3 Gelbbauchunke
Bombina variegata

L –5 cm Apr.–Sept.

Kennzeichen: Geringe Größe; oberseits bräunlich, unterseits gelb mit blauschwarzen Flecken.

Vorkommen: Weit verstreute Populationen zumeist in Sekundärbiotopen wie Steinbrüchen, Sand-, Kies- und Tongruben mit flachen, vegetationsarmen Gewässern.

Wissenswertes: Die Art hält sich überwiegend im Wasser auf und kann deshalb von Austrocknung ungefährdet tagaktiv sein. An Land nimmt sie bei Gefahr eine Schreckstellung ein, bei der die Schockfarbe der Bauchseite sichtbar wird. Als Laichbiotop werden auch kleinste Wasseransammlungen genutzt.

4 Rotbauchunke
Bombina bombina

L –5 cm Apr.–Sept.

Kennzeichen: Im Gegensatz zur vorigen Art Bauch meistens rot-schwarz gefleckt mit höherem Schwarzanteil; Übergänge zwischen beiden Arten.

Vorkommen: Im Gegensatz zur Gelbbauchunke (Berglandunke) vorzugsweise im Tiefland; in ähnlichen Biotopen; ebenfalls nur noch Einzelvorkommen.

Wissenswertes: Die Stimme dieser Art ist lauter als die ihrer Verwandten, im Klang und in der Tonfolge aber ähnlich. Der Name „Unke" wird leicht mit den im Sekundenintervall vernehmbaren „ung-ung-ung"-Rufen in Zusammenhang gebracht, wird aber im Althochdeutschen für „Schlange" verwandt und hat offensichtlich einen Bedeutungswandel durchgemacht.

1a

2

1b

3a

3b

4

3c

1 Geburtshelferkröte
Alytes obstetricans

L –4,5 cm März–Okt.

Kennzeichen: Geringe Größe; graubraune Grundfärbung; meistens mit dunkleren Flecken und rötlich getönten kleinen Warzen.

Vorkommen: Nur im Westen; gebietsweise recht zahlreich; vor allem in Steinbrüchen und Abgrabungen mit Flachgewässern und möglichst dicht benachbartem Gestein, Schotter, Fels- oder Mauerritzen.

Wissenswertes: Dieser kleinste heimische Froschlurch ist mit den Unken verwandt (Scheibenzüngler). Bekannt ist vor allem sein Ruf, der an den Klang eines mit dem Fingernagel angezupften Weinglases oder auch fernen Glockengeläuts („Glockenfrosch") erinnert. Der in Mauerfugen oder unter Steinen verborgene Rufer („Steinklinke") ist danach nur schwer zu orten. So bekommt man die nachtaktive Art nur selten zu Gesicht. – Der Name „Geburtshelferkröte" verweist auf die hochentwickelte Brutfürsorge dieses ausgeprägten Landbewohners. Selbst die Paarung vollzieht sich auf dem Lande. Dabei umklammert das Männchen das Weibchen zunächst in der Lendengegend, später weiter vorn, ja am Hals. Die aus der Kloake austretenden Laichschnüre mit meistens nur 20–50 Eiern legt sich das Männchen um die Hinterbeine und trägt sie 2–3 Wochen lang an Land mit sich umher. Erst kurz vor dem Schlüpfen der Larven sucht das Männchen das Wasser auf. Auf diese Weise ist der Laich optimal gegen Freßfeinde und sich ungünstig verändernde Umweltbedingungen geschützt. Die Weibchen setzen mehrmals im Laufe des Sommers Laichschnüre ab; die Paarungsrufe erklingen 3–4 Monate lang.

2 Knoblauchkröte
Pelobates fuscus

L –8 cm Apr.–Sept.

Kennzeichen: Oberseits hellbraune bis grünlich graue Grundfärbung; mit großen olivbraunen Flecken von individuell unterschiedlicher Ausdehnung und Verteilung.

Vorkommen: Nur regional in Sandgebieten des Flachlandes; in Dünen und Heideland-schaften, auch auf Kulturland, soweit Laichgewässer vorhanden.

Wissenswertes: Die Art ist recht scheu, lebt heimlich und nachtaktiv. Sie kann sich auf lockerem Boden schnell und manchmal bis zu 1 m tief eingraben (**2b**). Das erfolgt rückwärts mit Hilfe der Grabschaufeln an den Hinterfüßen. Wenn die Knoblauchkröte verfolgt wird, scheidet sie über die Haut ein knoblauchähnlich riechendes Sekret aus (Name!), bläht sich auf, erhebt sich auch manchmal auf die Hinterbeine und versucht ihren Verfolger anzuspringen. In das Wasser begibt sie sich nur zur Paarung.

3 Laubfrosch
Hyla arborea

L –5 cm März–Sept.

Kennzeichen: Kräftig grüne Färbung, die sich rasch in gelbliche, bräunliche oder graue Töne verwandeln kann; schwarzer Streifen von der Flanke zum Auge.

Vorkommen: Ursprünglich weit verbreitet, heute mit großen Verbreitungslücken; Waldränder, Gebüsche, Feuchtwiesen und Sümpfe.

Wissenswertes: Der Laubfrosch klettert als einzige heimische Lurchart geschickt an Hochstauden, Sträuchern und Bäumen empor und sitzt oft – farblich hervorragend angepaßt – kaum auffindbar auf Zweigen und Laub (Name!). Mit Haftscheiben an den Zehen kann er selbst auf der glattesten Unterlage senkrecht emporklettern. Von April bis Juni vernimmt man jeweils in der ersten Nachthälfte das kräftige „äpp äpp äpp ..." der Männchen, die sich in dieser Zeit in der Nähe der Laichgewässer aufhalten. Danach können sie sich mehrere hundert Meter weit davon entfernen. Die Weibchen setzen bis zu 10 kleine Laichklumpen ab, die in etwa die Form und die Größe einer Walnuß haben und jeweils um die 25 Eier beinhalten. Je Weibchen ist somit nur mit etwa 150–300 Eiern zu rechnen. – Die Zeiten, da Kinder Laubfrösche als Wetterpropheten in Einmachgläsern hielten, sind inzwischen vorbei: Einmal aus Gründen des Tierschutzes; zum anderen wegen des starken Rückgangs der Art, die heute strengen gesetzlichen Schutz genießt.

1 Erdkröte
Bufo bufo

L ♂ 8 cm, ♀ 14 cm März–Okt.

Kennzeichen: Oberseite in verschiedenen Brauntönen; Haut besonders warzig; große, nahezu halbmondförmige Drüsen über dem Ohrbereich.

Vorkommen: Räumlich und ökologisch weit verbreitet; auch in der Kulturlandschaft, sofern Teiche, Weiher, Gräben usw. vorhanden sind; häufigste Krötenart.

Wissenswertes: Die 3 auf dieser Seite behandelten Echten Kröten der Gattung *Bufo* unterscheiden sich von den Fröschen und der Knoblauchkröte durch die warzenförmigen Erhebungen auf ihrer Haut und von den Scheibenzünglern durch ihre querliegende spaltförmige Pupille. Die Erdkröte ist jedem Autofahrer schon einmal begegnet, zumindest auf den Warnschildern „Krötenwanderung" oder plattgefahren auf dem Asphalt. Neben der Verfüllung und Vergiftung von Gewässern stellt das dichte mitteleuropäische Straßennetz die größte Gefahr für die Erdkröte dar. Daß die Art bislang überlebt hat und noch immer recht häufig ist, verdanken wir außer deren Anspruchslosigkeit auch den verschiedenen Krötenschutzmaßnahmen: den Krötenzäunen, manchem Krötentunnel, vor allem aber den unermüdlichen Helfern, die die Kröten einsammeln und über die Straßen bringen. Erdkröten sind extrem ortstreu. Sie können sich zwar bis zu 4 km von ihrem Laichgewässer entfernen, kehren aber dennoch zum Ort ihrer Geburt zurück, auch wenn sie dabei viele Gefahren zu überwinden haben. Ab Mitte März verlassen sie ihre Winterverstecke in Erdhöhlen, unter Baumwurzeln und tiefem Laub und wandern zielstrebig auf ihr Laichgewässer zu. Weil die kleineren Männchen (**1c**) 4- bis 6mal zahlreicher sind als die Weibchen, versuchen sie schon unterwegs eine Partnerin zu ergattern. Sie umklammern die Weibchen und lassen sich von ihnen ein Stück des Wegs zum Laichgewässer tragen. Aus den bis 4 m langen und bis zu 6000 Eier bergenden Laichschnüren schlüpfen schwarze Kaulquappen. Sie entwickeln sich zu 1 cm langen Jungkröten, die im Juni oder Juli ihr Laichgewässer verlassen.

2 Kreuzkröte
Bufo calamita

L –8 cm Apr.–Okt.

Kennzeichen: Gelber Längsstreifen auf der Rückenmitte.

Vorkommen: Weit verbreitet, mit größeren Verbreitungslücken; auf leichten, vor allem sandigen Böden; Dünen, Sand- und Kiesgruben, Industriebrache.

Wissenswertes: Die Kreuzkröte lebt vorzugsweise in warmen, trockenen Biotopen mit lockerer und niedriger Vegetation. Sie hüpft nicht, sondern läuft wie eine Maus. In lockere Böden kann sich die Kreuzkröte überraschend schnell eingraben. In einer selbstgegrabenen Erdhöhle überdauert sie den Winter in einer Kältestarre, aus der sie etwas später erwacht als die· Erdkröte. Die Männchen (**2a**) suchen oft nur wenige Zentimeter tiefe Pfützen auf. Ihre knarrenden Rufe sind die lautesten Töne, die heimische Amphibien hervorbringen. Die Paarungszeit der Kreuzkröte beginnt im April und zieht sich manchmal bis in den Sommer hin. Die von den Weibchen oft in nur 10 cm tiefe Wasserlachen abgesetzten 1 bis 2 m langen Laichschnüre können 2000–3000 Eier enthalten. Wenn die Lachen nicht vorzeitig austrocknen, schlüpfen nach 6 bis 7 Wochen die Larven.

3 Wechselkröte
Bufo viridis

L –9 cm Apr.–Sept.

Kennzeichen: Auf hellgrauem Untergrund große grüne Flecken („Grüne Kröte").

Vorkommen: In Mitteleuropa nur regional auf leichten warmen Böden; in Weinbergen und Abgrabungen, vor allem im Südteil; in steppenartigen Landschaften Südosteuropas recht häufig.

Wissenswertes: Wie die vorige Art kann sich auch die Wechselkröte rasch eingraben. Anders als diese aber ist sie mit langen Hinterbeinen zu weiten Sprüngen fähig. Ihre Färbung macht sie zu einem der schönsten heimischen Lurche. Überraschend klangvoll ist die Stimme des Männchens (**3b**): ein lautes, hohes Trillern, das mehrere hundert Meter weit vernehmbar ist.

1

Grünfrösche

Rana esculenta = Wasserfrosch (Teichfrosch), **1a**
Rana lessonae = Tümpelfrosch (Kleiner Wasserfrosch), **1b**
Rana ridibunda = Seefrosch, **1c,d**

L –15 cm   Apr.–Nov.

Kennzeichen: Grasgrün bis braungrün mit dunklen Flecken; Schallblasen hinter den Mundwinkeln; Seefrosch bis 15 cm, Wasserfrosch bis 10 cm, Tümpelfrosch bis 7 cm.

Vorkommen: Weit verbreitet in vegetationsreichen Teichen, breiten Gräben, Abgrabungsgewässern; der Seefrosch vor allem in Altwassern, Seen und größeren Teichen.

Wissenswertes: Erst in neuerer Zeit hat sich herausgestellt, daß der Wasserfrosch ein Kreuzungsprodukt des Seefrosches mit dem Tümpelfrosch ist. Auch heute noch kommt es regelmäßig zur Bastardierung. Deshalb und wegen ihrer Gemeinsamkeiten im Aussehen und in der Lebensweise werden hier die 3 Formen gemeinsam vorgestellt. – Alle 3 Grünfrösche sind eng an Gewässer gebunden, weilen ganzjährig in deren Nähe und fliehen bei Gefahr mit einem Sprung ins Wasser. Nicht selten sieht man sie auf Teich- und Seerosenblättern oder unmittelbar unter der Wasseroberfläche, nur die vorgewölbten Augen über der Wasserlinie. Aus dieser Position können sie vorüberfliegende Insekten mit einem Sprung erbeuten. – Erst relativ spät kommen die Grünfrösche aus dem Schlamm der Gewässer an die Oberfläche. Ab Mai vernimmt man ihre lauten Rufkonzerte. Die Männchen – deutlich kleiner als die Weibchen – bieten mit ihren seitlichen hellgrauen Schallblasen (**1b**, **1d**) einen eindrucksvollen Anblick.

2

Grasfrosch
Rana temporaria

L –10 cm   Febr.–Nov.

Kennzeichen: Stumpfer Kopf; unterschiedliche Brauntöne; dunkler Fleck in der Ohrgegend; zusammen mit den beiden folgenden Arten den „Braunfröschen" zugeordnet.

Vorkommen: In kleinsten und größeren Gewässern aller Art; vor allem in Feuchtwiesen, an Gräben, in Laubwaldgebieten, aber auch in Gärten; häufigste Froschart in Mitteleuropa.

Wissenswertes: Die Häufigkeit und weite Verbreitung des Grasfrosches dürfen nicht darüber hinwegtäuschen, daß die Bestände auch dieser Art stark geschrumpft sind. Die Ursachen sind vielgestaltig: Austrocknung der Landschaft, Verfüllung und Verschmutzung von Wasserstellen, Vergiftung des Wassers mit Bioziden u.a.m. Schon ab Februar/März – also viel früher als die Grünfrösche – erwacht der Grasfrosch aus seiner Winterstarre. Das Männchen läßt zur Paarungszeit ein vergleichsweise leises, knurrend-grunzendes Quaken vernehmen. Ähnlich wie bei der Erdkröte gibt es beim Grasfrosch viel mehr Männchen als Weibchen und das Bestreben der Männchen, sich frühzeitig ein Weibchen durch Umklammern zu sichern. Nach dem Ablaichen verlassen zuerst die Weibchen, später bis Ende April die Männchen die Laichgewässer, um dann auf dem Land (Name!) unter Umständen kilometerweit umherzustreifen.

3

Springfrosch
Rana dalmatina

L –8 cm   Febr.–Nov.

Kennzeichen: Ähnlich dem Grasfrosch, aber spitze Schnauze und sehr lange Hinterbeine.

Vorkommen: In Mitteleuropa vor allem im Süden, sonst inselartige Verbreitung; gern in Laubmischwäldern; seltenste Art.

Wissenswertes: Mit seinen Hinterbeinen, die länger sind als die von Gras- und Moorfrosch, macht er bis zu 2 m weite Sprünge (Name!).

4

Moorfrosch
Rana arvalis

L –7 cm   März–Nov.

Kennzeichen: Ähnlich dem Grasfrosch, aber spitzerer Kopf; Männchen zur Paarungszeit oft hellblau gefärbt.

Vorkommen: In nicht zu stark versauerten Mooren und Sümpfen (Name!) sowie den sie umgebenden Feuchtwiesen; nur regional verbreitet.

Wissenswertes: Weitere Versauerung der Gewässer durch „sauren Regen" scheint die Entwicklung des Laichs zu gefährden.

1 Bachneunauge
Lampetra planeri

L –20 cm   LZ März–Juni

Kennzeichen: Wurmförmige Gestalt; bleistiftstark; endständiger Saugmund; miteinander verbundene Rücken- und Afterflosse als schmaler Saum.

Vorkommen: Oberlauf von Bächen und kleinen Flüssen im Nord- und Ostseebereich.

Wissenswertes: Die urtümliche Tiergruppe, zu der die Neunaugen gehören, wird heute als eigene Klasse (Rundmäuler, *Cyclostomata*) von den Knorpel- und Knochenfischen abgegrenzt. Zusammen mit zahlreichen fossilen Formen rechnet man sie zu den „Kieferlosen" (*Agnatha*), die statt des bei Fischen üblichen Kieferskeletts als erwachsene Tiere nur eine runde Saugscheibe mit Hornzähnchen ausbilden. „Neunaugen" werden sie wegen der 9 Punkte an jeder Körperseite genannt: 7 äußere Kiemenöffnungen, 1 Auge und die Nasengrube. Die zahn- und augenlosen Larven leben 3–5 Jahre im Schlamm und verwandeln sich dann zum geschlechtsreifen Neunauge, das niemals Nahrung aufnimmt und nach dem Ablaichen stirbt.

2 Lachs
Salmo salar

L –120 cm   LZ Okt.–Febr.

Kennzeichen: Strahlenlose „Fettflosse" zwischen Rücken- und Afterflosse als Kennzeichen aller Forellenverwandten; kleiner, spitzer Kopf mit bis hinter die Augen reichender Mundspalte; auffallend kleine Schuppen.

Vorkommen: Küstengewässer von Atlantik, Nord- und Ostsee; in den Flüssen aufsteigend; in Mitteleuropa heute nur noch sehr vereinzelt.

Wissenswertes: Gewässerverschmutzung und Flußverbauung haben den Lachs aus großen Teilen seines ehemals weiten Verbreitungsgebietes verdrängt. Die Ergebnisse jüngster intensiver Schutzmaßnahmen – z.B. am Rhein und seinen Nebenflüssen – lassen aber auf eine Trendwende hoffen. Die erwachsenen Lachse wandern nach 1- bis 3jähriger Wachstumsphase im Meer während des Spätsommers stromaufwärts und überwinden dabei mit erstaunlichen Sprüngen selbst Stromschnellen und Wehre. An den Laichplätzen, vor allem Kiesbänke im schnell fließenden Wasser des Oberlaufs, werden Gruben ausgehoben und die hineingelegten Eier wieder mit dem ausgehobenen Kies bedeckt. Die Jungtiere schlüpfen je nach Wassertemperatur nach 70–200 Tagen und wandern nach 2- bis 3jährigem Süßwasseraufenthalt ins Meer zurück. Die erwachsenen Lachse nehmen im Süßwasser keinerlei Nahrung auf; die meisten machen während ihres Lebens nur eine einzige Laichwanderung flußaufwärts.

3 Bach- und Regenbogenforelle
Salmo trutta und *S. gairdneri*

L –50 (70) cm   LZ Sept.–Febr. bzw. Dez.–Mai

Kennzeichen: Stumpfer Kopf mit weiter Mundspalte; Bachforelle (**3a**) meistens mit schwarzen und roten, Regenbogenforelle (**3b**) mit vielen schwarzen Tupfen.

Vorkommen: Kühle und sauerstoffreiche Fließgewässer und Seen; Regenbogenforelle Wirtschaftsfisch aus Nordamerika, in Europa erst seit 1880.

Wissenswertes: Beide Forellenarten werden häufig ausgesetzt. Sie fressen Kleintiere aller Art und springen auch nach Fluginsekten. Regenbogenforellen werden vor allem in Fischzuchtanlagen gehalten und nehmen auch totes Futter.

4 Äsche
Thymallus thymallus

L –50 cm   LZ März–Juni

Kennzeichen: Graugrüne Färbung mit wenigen schwarzen Flecken; auffallend hohe und lange Rückenflosse.

Vorkommen: Vor allem in sauerstoffreichen Fließgewässern; durch Verschmutzung und Verbauung der Flüsse im Bestand stark rückläufig.

Wissenswertes: Die „Äschenregion" schließt sich flußabwärts an die „Forellenregion" an. Die Äsche ist ein hervorragender Speisefisch. Die Bestände werden zum Teil durch in Fischzuchtanlagen herangezogene Setzlinge gestützt. Der thymianähnliche Geruch führte zum wissenschaftlichen Namen.

1 Karpfen
Cyprinus carpio

L –80 cm   LZ Mai–Juli

Kennzeichen: Hochrückiger Körper; 4 Bartfäden an der Oberlippe; große Schuppen; Schwanzflosse deutlich zweizipfelig.

Vorkommen: Ursprünglich aus Asien stammend; schon im späten Mittelalter wichtigster Teichfisch in ganz Europa; in warmen, vegetationsreichen Gewässern mit sandigem oder schlammigem Grund.

Wissenswertes: Man unterscheidet mehrere Zuchtformen, u.a. den Schuppenkarpfen mit normalem Schuppenkleid, den Spiegelkarpfen mit wenigen unregelmäßig verteilten Schuppen und den fast nackten Lederkarpfen mit höchstens wenigen Schuppen. Der Karpfen ist überwiegend Pflanzenfresser, nimmt aber auch Bodentiere auf.

2 Schleie
Tinca tinca

L –60 cm   LZ Mai–Juli

Kennzeichen: Gedrungener Körper; kaum gebuchtete Schwanzflosse; je ein Bartfaden in den Mundwinkeln; kleine Schuppen.

Vorkommen: In wärmeren, vegetationsreichen Gewässern; Beifisch in Karpfenteichen, weit verbreitet.

Wissenswertes: Tags hält sich die Schleie einzeln und sehr vorsichtig am Grund des Gewässers auf. Bodentiere und Pflanzen dienen ihr als Nahrung. Erst in der Dämmerung wird sie voll aktiv. Den Winter über verbirgt sie sich weitgehend bewegungslos im Schlamm des Gewässerbodens.

3 Karausche
Carassius carassius

L –50 cm   LZ Mai–Juni

Kennzeichen: Hochrückig mit kleinem Kopf; keine Bartfäden; dunkler Fleck auf der Schwanzwurzel.

Vorkommen: Weit verbreitet, vielerorts ausgesetzt; vor allem in flachen, warmen und vegetationsreichen Gewässern.

Wissenswertes: Die Karausche ist sehr anspruchslos und erträgt Wasserverschmutzung und Sauerstoffmangel in noch stärkerem Maße als andere anpassungsfähige Karpfenfische. Der Schlamm des Gewässerbodens ist ihr Rückzugsort sowohl im Winter als auch bei sehr niedrigen Wasserständen in Trockenzeiten.

4 Giebel
Carassius auratus gibelio

L –40 cm   LZ Mai–Juni

Kennzeichen: Der Karausche ähnlich, aber kein Fleck auf der Schwanzwurzel; Silberglanz.

Vorkommen: Ursprünglich in Asien beheimatet; heute in weiten Teilen Europas; ähnlich den Vorkommen der Karausche.

Wissenswertes: Wegen seiner Anspruchslosigkeit und seines im Vergleich zur Karausche schnelleren Wachstums wurde der Giebel vielerorts eingebürgert. Er breitet sich selbst weiter aus, kreuzt sich auch mit verwandten Arten und neigt zu Farbvarietäten. Eine nahe verwandte Unterart ist der aus China und Ostsibirien stammende Goldfisch (*Carassius auratus auratus,* **4b**), der sich als Bewohner von Zierteichen großer Beliebtheit erfreut, aber inzwischen – zumindest in Stadtrandbereichen – auch in alle möglichen freien Gewässer gelangt, wo ein Weibchen mehrere 100 000 Eier ablaichen kann.

5 Graskarpfen
Ctenopharyngodon idella

L –100 cm

Kennzeichen: Dunkelgrüne Färbung mit Netzzeichnung durch dunkle Umrandung der einzelnen Schuppen; gestrecktere Gestalt.

Vorkommen: Ursprünglich im Amur und in verschiedenen nordchinesischen Gewässern; heute auch in Europa.

Wissenswertes: Die Art nimmt mit sehr unterschiedlichen Wassertemperaturen und Gewässertiefen Vorlieb. Sie wird erst seit gut 30 Jahren auch in Mitteleuropa in Fischzuchtanlagen gehalten, u.a. mit Gras und Klee gefüttert und dabei bis zu 50 kg schwer. Die Verbreitung in naturnahe Gewässer muß unterbunden werden, weil durch sie die Vegetation stark geschädigt werden kann.

1 Plötze
Rutilus rutilus

L –30 cm   LZ Apr.–Mai

Kennzeichen: Grauer Rücken, zum Bauch hin silbriger werdend; rote Iris („Rotauge") als Unterscheidungsmerkmal gegenüber der sehr ähnlichen Rotfeder.

Vorkommen: In Mitteleuropa in den meisten stehenden und langsam fließenden Gewässern.

Wissenswertes: Die Plötze ist ein Schwarmfisch, der tags im tieferen Wasser, nachts mehr in Ufernähe steht, im Winter jedoch durchweg tieferes Wasser bevorzugt. Ein Weibchen legt bis über 100 000 Eier ab. Der Laich wird an Wasserpflanzen geklebt, wo auch die frisch geschlüpften Jungen mit Klebdrüsen einige Tage haften. Die Plötze ernährt sich als Allesfresser und dient ihrerseits den Raubfischen und zahlreichen fischjagenden Vögeln als Nahrung.

2 Rotfeder
Scardinius erythrophthalmus

L –30 cm   LZ Apr.–Mai

Kennzeichen: Färbung wie Plötze, einschließlich roter Rücken-, After- und Bauchflossen; allerdings Augen nicht rötlich, sondern goldglänzend.

Vorkommen: Wie die Plötze weit verbreitet; relativ anspruchslos.

Wissenswertes: Auch die Rotfeder ist ein Schwarmfisch. Sie hält sich vor allem oberflächennah an vegetationsreichen Ufern auf. Ebenso wie die Plötze wird sie von Anglern zwar häufig gefangen, wegen ihres grätenreichen Fleisches aber weniger geschätzt als andere Arten.

3 Moderlieschen
Leucaspius delineatus

L –10 cm   LZ Apr.–Juni

Kennzeichen: Ein Kleinfisch mit torpedoförmiger Gestalt; Maul steil nach oben gerichtet.

Vorkommen: Vom Rhein ostwärts vor allem in kleineren stehenden und langsam fließenden Gewässern.

Wissenswertes: In neuerer Zeit ist die Art vermehrt wieder in Gewässer zurückgebracht worden, die sie früher bereits besiedelte. Dieser kleine, gesellige Fisch klebt seine Eier ring- oder spiralförmig an die Stengel von Wasserpflanzen. Bis zum Schlüpfen der Brut nach etwa 10–12 Tagen werden die Eier vom Männchen bewacht.

4 Elritze
Phoxinus phoxinus

L –12 cm   LZ Apr.–Juni

Kennzeichen: Körper torpedoförmig, fast drehrund; Maul endständig; Färbung sehr variabel; Männchen zur Laichzeit dunkler gefärbt und mit rötlichem Bauch.

Vorkommen: Verbreitet in klaren, sauerstoffreichen Fließgewässern und Seen, vor allem mit kiesigem Untergrund.

Wissenswertes: Dieser kleine Schwarmfisch bevorzugt oberflächennahes Wasser. Zum Laichen wandert er oft ein Stück flußaufwärts. Er laicht häufiger an Steinen als an Pflanzen und zeigt auch dabei Vorliebe für Geselligkeit und flaches Wasser. Als Nahrung bevorzugt er Kleinkrebse.

5 Bitterling
Rhodeus sericeus

L –9 cm   LZ Apr.–Juni

Kennzeichen: Körper hochrückig, seitlich abgeflacht; Maul endständig; Männchen zur Laichzeit von der Kehle bis zum Bauch rötlich.

Vorkommen: In Teichen, Weihern und trägen Fließgewässern, nur soweit es dort Teich- oder Malermuscheln gibt.

Wissenswertes: Der Bitterling betreibt eine komplizierte Brutfürsorge und fällt damit vollends aus dem Rahmen seiner Karpfen-Verwandtschaft. Mit Hilfe einer 5 cm langen Legeröhre gibt das Weibchen jeweils 2, nach und nach bis zu 40 Eier zwischen die Kiemen einer der genannten Muschelarten. Auch die nach 3 Wochen schlüpfenden Jungfischchen bleiben zunächst noch – vor Feinden geschützt – in der Kiemenhöhle der Muschel, bis sie den Inhalt ihres Dottersacks aufgebraucht haben und sich selbständig ernähren müssen.

1 Blei
Abramis brama

L ~50 cm LZ Mai–Juli

Kennzeichen: Seitlich stark abgeflachter Körper; Hochrückigkeit; Körper nur 3mal so lang wie hoch; Oberseite bleigrau (Name!).

Vorkommen: Meistens in größeren stehenden Gewässern und in langsam fließenden Flüssen; nördlich der Alpen verbreitet.

Wissenswertes: Der Blei – auch Brachsen genannt – lebt während der Laichzeit als Schwarmfisch im flachen, vegetationsreichen Wasser in Ufernähe. Mit vorstülpbarem Mund durchwühlt er den schlammigen Gewässergrund nach Insektenlarven, Kleinkrebsen, Würmern und Weichtieren. Dabei hinterläßt er die sogenannten „Brachsenlöcher". Später im Jahr lebt er in kleineren Gruppen, um im Winter wieder größere Schwärme zu bilden und ins tiefere Wasser abzuwandern.

2 Gründling
Gobio gobio

L ~20 cm LZ Mai–Juni

Kennzeichen: Körper walzenförmig; 2 kurze Bartfäden; Flanken mit einer Längsreihe dunkler Flecken.

Vorkommen: Überwiegend in Fließgewässern, sowohl in schneller als auch in träge fließenden; auch in klaren Seen mit sandig-kiesigem Grund; weit verbreitet.

Wissenswertes: Als typischer Flußfisch geht der Gründling bis in die Äschen- und die Forellenregion. Sein Name kennzeichnet ihn als Bodenfisch. Er lebt in der Regel gesellig. Daß er kein zwingend auf sauerstoffreiche Fließgewässer angewiesener Spezialist ist, beweist die Tatsache, daß er vorübergehende Wasserverschmutzung und Sauerstoffarmut erträgt und sogar im Brackwasser der Ostsee leben kann.

3 Hasel
Leuciscus leuciscus

L ~25 cm LZ März–Mai

Kennzeichen: Langgestreckter, kaum seitlich abgeplatteter Körper; kleiner Kopf; Brust-, Bauch- und Afterflossen gelborange.

Vorkommen: In Europa nördlich der Alpen in schnell fließenden Gewässern; in Seen nur in der Nähe der Einflüsse.

Wissenswertes: Der Hasel fällt unter den Karpfenfischen als ausgezeichneter Schwimmer auf. Man sieht ihn in strömenden Bächen und Flüssen in Schwärmen meistens oberflächennah. Als Nahrung nimmt der Hasel Plankton und kleine Boden- und Wassertiere auf, vor allem auch Insekten, die auf das Wasser fallen.

4 Aland
Leuciscus idus

L ~60 cm LZ Apr.–Juni

Kennzeichen: Hochrückig und seitlich leicht abgeplattet; Oberseite grauschwarz, zu den Flanken und zum Bauch heller und silbriger werdend; Brust-, Bauch- und Afterflossen rötlich.

Vorkommen: Meistens in größeren Fließgewässern und Seen; nördlich der Alpen verbreitet.

Wissenswertes: Zur Laichzeit ziehen Aland-Schwärme in den Flüssen oft längere Strecken aufwärts. Sie laichen an sandigen und kiesigen Ufern, wo die Weibchen ihre Eier an Steinen und Pflanzen anheften. Danach wandern sie wieder abwärts in ruhigeres Wasser. Die Art wird auch als Orfe bezeichnet und in der Goldvarietät als Bioindikator in Schönungsteiche von Kläranlagen eingesetzt.

5 Döbel
Leuciscus cephalus

L ~50 cm LZ Apr.–Juni

Kennzeichen: Fast drehrunder Körper mit breitem, dickem Kopf („Dickkopf"); große graubraune Schuppen mit dunklerem Rand (Netzmuster).

Vorkommen: In fließenden, seltener in stehenden Gewässern; insgesamt sehr weit verbreitet.

Wissenswertes: Der Döbel, der auch als Aitel bekannt ist, entwickelt sich im Laufe seines Lebens vom planktonfressenden Schwarmfisch zum recht räuberischen Einzelgänger, der auch kleine Fische nicht verschmäht.

1 Schmerle
Noemacheilus barbartulus

L –15 cm   LZ März–Mai

Kennzeichen: Körper mit starkem Schleimüberzug; 4 Bartfäden vorn und 2 in den Mundwinkeln; Färbung graubraun mit dunklerer Marmorierung.

Vorkommen: In kleineren Fließgewässern mit klarem Wasser und kiesigem oder felsigem Grund; weit verbreitet.

Wissenswertes: 6 Bartfäden oder Barteln gehören zu den Artmerkmalen der Schmerle, die auch als Bachschmerle und als Bartgrundel bekannt ist. In ihnen sind Geschmacksnerven konzentriert. Die Schmerlen schwimmen langsam über den Gewässergrund und „tasten" dabei mit ihren Barteln die Umgebung ab. So können sie sich trotz kleiner Augen und eingeschränkten Sehvermögens zumindest geschmacklich ein gutes „Bild" von ihrer Umgebung machen. Die Barteln sind ein wichtiges Hilfsmittel bei der Nahrungssuche unter und zwischen den Steinen, wo sich dieser standorttreue Bodenfisch mit Vorliebe aufhält. Im übrigen teilt er seinen Lebensraum weitgehend mit der Bachforelle. Insektenlarven, Kleinkrebse und Fischlaich, nach denen die Schmerle im kalten, klaren Wasser oft länger suchen muß, bilden ihre Hauptnahrung. Daß man sie vergleichsweise selten zu sehen bekommt, ist darauf zurückzuführen, daß sie sich tags meistens versteckt hält und erst in der Dämmerung frei umherschwimmt.

2 Schlammpeitzger
Misgurnus fossilis

L –30 cm   LZ Apr.–Juni

Kennzeichen: Breites schwarzbraunes Längsband, von hellerem Untergrund flankiert; oben und unten begrenzt von dunklen Längsstreifen; am Oberkiefer 6, am Unterkiefer 4 Bartfäden.

Vorkommen: Meist in flachen, stehenden Gewässern mit schlammigem Grund.

Wissenswertes: Der Schlamm (Name!) spielt eine große Rolle im Leben dieser Art. Dorthin zieht sie sich über Tag zurück, darin vergräbt sie sich im Winter und bei Wassermangel. Dem Sauerstoffmangel begegnet der Schlammpeitzger dadurch, daß er an der Wasseroberfläche Luft schluckt, deren Sauerstoff im stark gefalteten Darm von den Blutgefäßen der Darmschleimhaut aufgenommen wird. Durch diese Darmatmung wird die übliche Kiemenatmung wirksam unterstützt. Vor Gewitter schnappt der Schlammpeitzger oder Schlammbeißer besonders intensiv nach Luft, weshalb er auch „Wetterfisch" genannt wird.

3 Steinbeißer
Cobitis taenia

L –12 cm   LZ Apr.–Juni

Kennzeichen: Fleckenreihen an den Körperseiten; sechs kurze Bartfäden.

Vorkommen: In stehenden und langsam fließenden Gewässern mit schlammigem oder sandigem Grund; nur regional verbreitet.

Wissenswertes: Der Steinbeißer gräbt sich gern über Tage bis auf den Kopf im Sand oder Schlamm ein. Nachts wird er dafür umso aktiver. Die Nahrung wird vor allem mit den Barteln ertastet.

4 Wels
Silurus glanis

L –200 cm   LZ Mai–Juli

Kennzeichen: Körper schuppenlos und schleimig; sehr breite Mundspalte; 2 lange Bartfäden auf dem Ober-, 4 kürzere auf dem Unterkiefer; besonders lange Afterflosse.

Vorkommen: In größeren Seen und tieferen Flüssen; durch Aussetzen heute weiter verbreitet als ursprünglich.

Wissenswertes: Der Wels, ein nachtaktiver Bodenfisch, hält gleich mehrere Rekorde: Mit dem Hausen (*Huso huso*) ist er die größte europäische Fischart mit Riesen von über 3 m Länge und 300 kg Gewicht. Altersangaben von mehreren hundert Jahren entspringen zweifelos der Phantasie der Angler. Daß er außer Fischen auch wasserbewohnende Vögel und Säugetiere frißt, ist vielfach belegt. Die Zahl der Eier ist zumindest tendentiell mit dem Körpergewicht der Weibchen korreliert. Man rechnet 30 000 Eier je kg. Sie werden zwischen dichter Vegetation in eine Bodenmulde abgesetzt und vom Männchen durch Fächeln mit Frischwasser versorgt.

1 Aal
Anguilla anguilla

L ♂ bis 50, ♀ bis 150 cm LZ Frühjahr

Kennzeichen: Bekannt; schlangenähnliche Gestalt mit langem Flossensaum.

Vorkommen: Weit verbreitet in fast allen Teilen Europas; im Küstenbereich und fast allen Flußgebieten.

Wissenswertes: Der fast 20jährige Lebensweg der Aale beginnt im Sargassomeer, doppelt soweit von den europäischen als von den amerikanischen Küsten entfernt. Als durchsichtige, weidenblattförmige „Glasaale" erreichen sie nach 3 Jahren Ostwanderung rund 6 cm groß die europäischen Küsten, beginnen sich zu pigmentieren und wandern soweit wie möglich in Flüssen und Bächen aufwärts. In den 7–10, manchmal bis 15 Jahren ihres Süßwasseraufenthaltes wachsen sie und legen Fettreserven an. Wenn sie danach flußabwärts wandern, sind sie die fettesten Fische, die in unseren Gewässern gefangen werden. Erstaunliche Leistungen vollbringen die Aale – überwiegend nachts – beim Überwinden von Hindernissen. Und doch setzen ihnen Wasserbauwerke und extreme Gewässerverschmutzung unnatürliche Grenzen. Deshalb werden Jungaale oft tief im Binnenland künstlich ausgebracht.

2 Hecht
Esox lucius

L –120 cm LZ Febr.–Mai

Kennzeichen: Entenschnabelförmige Schnauze mit kräftiger Bezahnung; weit nach hinten verlagerte Rückenflosse.

Vorkommen: In Seen und langsam fließenden Flüssen weit verbreitet; häufig ausgesetzt.

Wissenswertes: Der Hecht ist Inbegriff des Raubfisches. Er lauert dicht an der Wasseroberfläche unbeweglich auf seine Beute. Große Exemplare erbeuten außer Fischen auch Kleinsäuger und junge Schwimmvögel. Zum Ablaichen bevorzugt der Hecht Flachgewässer in überschwemmten Auenwiesen, die ihm aber infolge Flußeindeichung und -verbauung nicht mehr hinreichend zur Verfügung stehen.

3 Flußbarsch
Perca fluviatilis

L –40 cm LZ März–Juni

Kennzeichen: Hochrückig; 2 Rückenflossen; markante Färbung mit 6–9 dunkleren Querbändern und rötlichen Bauch- und Afterflossen.

Vorkommen: Weit verbreitet in trägen Flüssen, in Weihern und Seen.

Wissenswertes: Dieser sehr standorttreue Raubfisch bildet je nach Lebensraum – Freiwasser, Tiefenwasser oder Vegetationszone – deutlich unterscheidbare Farbtypen aus. Nicht selten jagen mehrere Barsche gemeinsam und treiben ihre Beutefische zu Pulks zusammen. Im Lauf ihres Lebens wandeln sie sich immer ausgeprägter von Schwarmfischen zu Einzelgängern.

4 Kaulbarsch
Gymnocephalus cernua

L –25 cm LZ März–Mai

Kennzeichen: Gedrungener Körper; dicker, stumpfer Kopf (Kaul = dick, kugelig, gerundet); lange, ungeteilte Rückenflosse.

Vorkommen: Tieflandflüsse, Seen und Haffe; weit verbreitet; gegenüber Wasserverschmutzung relativ unempfindlich.

Wissenswertes: Diese Barschart hält sich bevorzugt in tieferen Gewässern in Bodennähe auf, manchmal in großer Zahl.

5 Zander
Stizostedion lucioperca

L – über 100 cm LZ Apr.–Mai

Kennzeichen: Hechtähnlicher Barsch; Kiefer mit kleinen Bürsten- und großen Fangzähnen; allerdings zwei fast gleich lange Rückenflossen.

Vorkommen: In Flüssen, Seen, großen Weihern; heute durch künstlichen Besatz auch im Westen verbreitet.

Wissenswertes: Der Zander ist ein einzeln jagender Raubfisch der Freiwasserbereiche, der meistens erst in der Abenddämmerung richtig aktiv wird. Er jagt vor allem kleine Fische. Als Speisefisch ist der Zander sehr beliebt.

1 Groppe
Cottus gobio

L –15 cm LZ Febr.–Mai

Kennzeichen: Körper schuppenlos und keulenförmig; Kopf und Vorderkörper breit, leicht abgeplattet; große Brustflossen.

Vorkommen: In sauberen Forellenbächen mit sandig-kiesigem Untergrund; auch in klaren kühlen Bergseen; selten.

Wissenswertes: Die Groppe oder Koppe gehört zu den gefährdeten Fischarten der Forellenregion. Sie leidet nicht nur unter Gewässerverschmutzung, sondern auch unter der Versauerung der Gewässer durch bachnahen Fichtenanbau und durch sauren Regen. Auf ihrer Speisekarte stehen auch Laich und Jungfische der Forelle. Deshalb ist sie bei etlichen Anglern unbeliebt; allerdings wird ihr Schaden meistens übertrieben. Die vom Weibchen in Klumpen abgesetzten orangefarbenen Eier werden bis zum Schlüpfen der Larven vom Männchen bewacht und durch Fächeln mit den Brustflossen mit Frischwasser versorgt.

2 Quappe
Lota lota

L –100 cm LZ Nov.–März

Kennzeichen: Langgestreckter Körper, walzenförmig; ein langer Bartfaden am Unterkiefer, je ein kurzer an den Nasenöffnungen.

Vorkommen: In sehr unterschiedlichen fließenden und stehenden Gewässern; auch in Brackwasser; dennoch deutlicher Bestandsrückgang.

Wissenswertes: Unter den Dorschfischen ist die Quappe die einzige Süßwasserart. Sie ist nachtaktiv und bevorzugt den Gewässergrund. Zu ihren Laichplätzen unternehmen die Quappen meistens kürzere Wanderungen. Die bis zu 3 Millionen Eier, die ein einziges Weibchen produziert, enthalten Ölkugeln, die es ihnen gestatten, frei im Wasser zu schweben, aufgrund der winterlichen Laichzeit nicht selten unter dem Eis. Bei Wassertemperaturen von 0,5 bis 5 °C beläuft sich die Brutdauer auf 2 bis 2½ Monate. Regional sind für die Quappe auch die Namen Rutte und Trüsche gebräuchlich.

3 Dreistacheliger Stichling
Gasterosteus aculeatus

L –10 cm LZ März–Juli

Kennzeichen: Auf dem Rücken 3 bewegliche Stacheln (Name: Stichling!); After- und Bauchflossen mit je 1 Stachel; Rückenflosse weit nach hinten versetzt.

Vorkommen: Vom kleinen Wassergraben und Weiher bis zu den Küstengewässern; allgemein verbreitet.

Wissenswertes: Stichlinge kannten, fingen und hielten früher die Kinder überall in Mitteleuropa. Heute gibt es bereits stichlinglose Regionen: eine Folge zumindest zeitweiliger intensiver Wasserverschmutzung oder -vergiftung. – In der Schule dient der Dreistachelige Stichling als Paradebeispiel für angeborene Reaktionsketten. Das Männchen baut ein Bodennest aus Pflanzenfasern und Algenfäden und lockt mit seinem Zickzacktanz ein Weibchen hinein. Nach der Eiablage werden die Eier besamt. Der Vorgang wiederholt sich mit demselben und auch mit anderen Weibchen, bis schließlich um die 500 Eier im Nest sind. Von nun an betreut das Stichlingmännchen, dessen Kehle, Brust und Bauch zur Laichzeit hellrot leuchten, sein Gelege (**3b**), indem es Frischwasser herbeifächelt und Feinde vehement vertreibt. – Die in Küstengewässern lebenden Dreistacheligen Stichlinge wandern zum Laichen ins Süßwasser. Die Süßwasserbewohner dagegen sind sehr ortstreu.

4 Zwergstichling
Pungitius pungitius

L –8 cm LZ Apr.–Aug.

Kennzeichen: Ein Kleinfisch mit meist 9–10 kleinen, beweglichen Stacheln auf dem Rücken, deshalb vielfach auch Neunstacheliger Stichling genannt; Männchen zur Laichzeit mehr oder weniger durchgehend schwarz.

Vorkommen: Vor allem in kleinen Teichen und Weihern, Gräben und Wasserlöchern wie z.B. Bombentrichtern; seltener.

Wissenswertes: Diese Art ist scheuer und häufiger am Gewässerboden als ihre etwas größeren Verwandten. Denen ähnelt sie in ihrer Lebensweise. Die Jungen leben jedoch nicht wie bei der anderen Art in Schwärmen.

Die 4 auf dieser Tafel abgebildeten Arten (Haie und Rochen) gehören zu den Knorpelfischen (*Chondrichthyes*). Sie unterscheiden sich von den übrigen Fischen, die außer dem auf S. 194 abgebildeten Bachneunauge allesamt Knochenfische (*Osteichthyes*) sind, durch das Fehlen von Knochen als Skelettsubstanz. Haie und Rochen haben jeweils 5–7 Kiemenspalten und ein unterständiges Maul. Sie haben keine Schwimmblase.

1 Kleingefleckter Katzenhai
Scyliorhinus canicula

L –80 cm LZ Frühjahr
Kennzeichen: Körper langgestreckt und schlank; Nasenlappen und Maul auf der Kopfunterseite; 5 Paar kleine Kiemenspalten; Oberseite auffällig klein gefleckt.
Vorkommen: In der Nordsee; vor allem auf algenbewachsenen Sandbänken.
Wissenswertes: Beim Kleingefleckten Katzenhai gibt es – wie bei allen Haien – eine innere Besamung. Diese wird dadurch ermöglicht, daß die Bauchflossen zum Teil zum Penis umgewandelt sind. Zur Paarung wandern die Kleingefleckten Katzenhaie ins tiefere, zum Laichen ins flache Wasser. Dort legen die Weibchen in Meeresalgenrasen je 18–20 rund 6 cm lange Eier (**1b**) ab. Sie werden mit den 4 langen, biegsamen Haftfäden an Algen oder Steinen befestigt. Erst nach einer Brutdauer von 9–11 Monaten schlüpfen daraus die Junghaie, die sogleich 10 cm lang sind. – Der Kleingefleckte Katzenhai ist dämmerungs- und nachtaktiv und jagt vor allem am Meeresgrund. Schnecken, Muscheln, Krebse und Fische bilden seine Hauptnahrung.

2 Dornhai
Squalus acanthias

L –100 cm lebendgebärend
Kennzeichen: Langgestreckter Körper; spitzes Maul; Schwanzflosse mit großem, nicht eingekerbtem Oberlappen; Oberseite grau oder bräunlich, mit unregelmäßig verteilten weißlichen Flecken.
Vorkommen: Häufigste Haiart im Nordostatlantik; auch in der Nordsee; Grundfisch auf schlammigen Meeresböden.

Wissenswertes: Die Dornhai-Weibchen sind 18–22 Monate trächtig. In jedem Eileiter befindet sich eine durchsichtige Hornkapsel mit 1–6 Eiern, aus denen bereits im Mutterleib die Jungen schlüpfen. Ein Wurf umfaßt 4–8 Jungtiere, die zum Zeitpunkt der Geburt schon 20–30 cm lang sind. Während ihres Lebens legen sie auf ihren Wanderungen weite Strecken zurück. Dabei treten sie oft in Hunderte von Individuen starken Schwärmen auf und jagen – oft gemeinsam – Heringe und Dorsche.

3 Glattrochen
Raja batis

L –200 cm LZ Spätherbst/Winter
Kennzeichen: Größte einheimische Rochenart; spitzwinkliges Maul.
Vorkommen: Nordostatlantik mit Nordsee und westlicher Ostsee; auf Sand- und Schlammgrund, meist in 100–200 m Tiefe.
Wissenswertes: Glattrochen können bis zu 2,5 m lang und bis zu 100 kg schwer werden. Die außergewöhnlich großen Eierkapseln können 24 cm lang sein.

4 Sternrochen
Raja radiata

L –100 cm
Kennzeichen: Stumpfwinkliges Maul; Rückenseite mit 12 bis 19 großen Dornen; Körperumriß rautenförmig.
Vorkommen: Nordatlantik mit nördlicher Nord- und westlicher Ostsee; meist in 50 bis 100 m Tiefe.
Wissenswertes: Die Art bevorzugt Wassertemperaturen unter 10 °C. Ihre 5–6 cm langen und 4–5 cm breiten, leeren Eikapseln findet man an Flachstränden häufig angeschwemmt. Die Jungen sind beim Ausschlüpfen knapp 10 cm lang und werden bereits fortpflanzungsfähig, wenn sie eine Größe von etwa 30 bis 40 cm erreicht haben. Der Sternrochen lebt auf Meeresgründen sehr unterschiedlicher Beschaffenheit und wurde bereits in sehr großer Tiefe (1000 m) nachgewiesen. Als Nahrung bevorzugt er kleine Bodentiere, vor allem Würmer, Krabben und Garnelen, aber auch kleine Fische.

1 Hering
Clupea harengus

L –40 cm LZ unterschiedlich

Kennzeichen: Silbrige Färbung; Unterkiefer vorstehend; Kiemendeckel ohne Radiärstreifen.

Vorkommen: Nordatlantik; vor allem im Mischungsbereich von arktischer kalter Strömung und warmem Golfstrom.

Wissenswertes: Heringsschwärme können überwältigend groß sein und mehrere Millionen Tiere umfassen. Im gesamten Atlantik zwischen der amerikanischen Ost- und der europäischen Westküste werden alljährlich 2–3 Millionen Tonnen Heringe gefangen. Innerhalb des großen Verbreitungsgebietes unterscheidet man mehrere Rassen mit spezifischen Laichplätzen und -zeiten sowie entsprechenden Wanderbewegungen.

2 Dorsch
Gadus morhua

L –über 1 m LZ Frühjahr

Kennzeichen: Unterständiges Maul; langer Bartfaden am Kinn; helle Seitenlinie.

Vorkommen: Im gesamten Nordatlantik; weite Wanderungen zwischen Nahrungs- und Laichgebieten.

Wissenswertes: Der geschlechtsreife Dorsch wird Kabeljau genannt. Je nach Größe setzt ein Weibchen bis zu 5 Millionen Eier frei ins Wasser ab. Schwärme mit älteren Tieren folgen oft den Schwärmen der Heringe, die ihre wichtigste Beute darstellen. Ähnlich wie beim Hering gibt es mehrere Rassen mit unterschiedlichem Wander- und Laichverhalten.

3 Schellfisch
Melanogrammus aeglefinus

L –80 cm LZ März–Mai

Kennzeichen: Wie beim Dorsch 3 dicht benachbarte Rückenflossen, die erste spitz und am höchsten; schwarzer Fleck unterhalb der ersten Rückenflosse.

Vorkommen: Vor allem in der nördlichen Nordsee.

Wissenswertes: Die Eier, von denen die Schellfisch-Weibchen mehrere 100000 im tiefen Wasser ablaichen, steigen zur Oberfläche empor und wandern dann mit der Strömung. Nach 3 Wochen – je nach Wassertemperatur früher oder später – schlüpfen die 5 mm langen Larven.

4 Aalmutter
Zoarces viviparus

L –50 cm lebendgebärend

Kennzeichen: Schlangenförmig; großer, schuppenloser Kopf; durchgehender Saum aus Rücken-, Schwanz- und Afterflosse.

Vorkommen: Nordatlantik bis Nord- und westliche Ostsee; bis in Brackwasser der Flußmündungsbereiche.

Wissenswertes: Nach der Paarung im August/September kommt es zu einer inneren Befruchtung und zu einer 4monatigen Tragzeit. Das Weibchen bringt zwischen 30 und 400 Junge zur Welt, die bei der Geburt ca. 4 cm lang sind und an junge Aale erinnern (Name!).

5 Große Schlangennadel
Entelurus aequoreus

L –55 cm LZ Juni–Juli

Kennzeichen: Stabförmiger Körper; langes röhrenförmiges Maul; silbrige Querstreifen am gesamten Körper.

Vorkommen: Nordsee; zeitweilig küstennah zwischen Algen und Seegras.

Wissenswertes: Das Weibchen gibt den Laich bei der Paarung dem Männchen, das die Eier an seine Bauchseite heftet und bis zum Schlüpfen mit sich umherträgt.

6 Langschnauziges Seepferdchen
Hippocampus ramulosus

L –12 cm LZ Mai–Juli

Kennzeichen: Pferdeartiger Kopf (Name!) spitzwinklig abgebogen; Greifschwanz.

Vorkommen: Im Flachwasser zwischen Algen und Seegras; in der südlichen Nordsee nur selten angetroffen.

Wissenswertes: Die Männchen haben eine bis auf eine kleine Öffnung geschlossene Bruttasche. Darin entwickeln sich die Eier. Nach 4–5 Wochen bringt es voll entwickelte Junge zur Welt.

1 Roter Knurrhahn
Trigla lucerna

L –60 cm   LZ Frühsommer

Kennzeichen: Kegelförmiger Körper; großer Kopf, mit Hautknochen gepanzert; Färbung variabel: Kopf rötlich, Oberseite rot oder braun mit dunklen Querbinden.

Vorkommen: Nordsee; vor allem als Jungfisch in Küstennähe.

Wissenswertes: Die Art schwimmt gewandt und springt oft weit über die Wasseroberfläche hinaus. Seinen Namen verdankt der Knurrhahn dumpfen, knurrenden Geräuschen. Diese kommen dadurch zustande, daß mit Hilfe von Muskeln die Schwimmblase in Schwingungen versetzt wird. Die fingerförmigen Strahlen der Brustflossen werden als Tast- und als Schreitorgane benutzt.

2 Seeskorpion
Myoxocephalus scorpius

L –50 cm   LZ Okt.–März

Kennzeichen: Großer, breiter Kopf; kegelförmiger Körper; Brustflossen fächerartig vergrößert.

Vorkommen: Nordsee, bis in das Brackwasser der Flußmündungen; auch in der Ostsee.

Wissenswertes: Das Männchen bewacht die an Steinen oder Algen im Klumpen abgesetzten Eier rund 5 Wochen lang. Vorausgegangen ist eine innere Befruchtung, bei der das Männchen das Weibchen mit seinen großen, rauhen Brust- und Bauchflossen festhält.

3 Butterfisch
Pholis gunnellus

L –30 cm   LZ Nov.–März

Kennzeichen: Körper seitlich abgeflacht, schlank; Haut sehr schleimig; 9–13 dunkle, weiß gesäumte Flecken längs der Rückenlinie.

Vorkommen: Nord- und Ostsee; Bodenfisch auf Sand-, Schlamm- und Felsgrund.

Wissenswertes: Männchen und Weibchen bewachen gemeinsam die zu einem großen Klumpen zusammengeballten Eier rund 2 Monate lang und nehmen während dieser Zeit keine Nahrung zu sich.

4 Seehase
Cyclopterus lumpus

L –50 cm   LZ Febr.–Mai

Kennzeichen: Körper rundlich mit zwei Dornenreihen, schuppenlos; Rückenkamm; Bauchflossen zu einer breiten Saugscheibe umgebildet.

Vorkommen: Nord- und Ostsee; Bodenfisch über felsigem Grund.

Wissenswertes: Der Seehase kann sich mit Hilfe seiner Saugscheibe am Felsen verankern. Er frißt vor allem Kleinkrebse und Rippenquallen. Zwischen Februar und Mai wandern die laichbereiten Tiere in flache Küstengewässer, wo man sie paarweise antrifft. Die Weibchen setzen rund 200 000 Eier ab, die zunächst gelbrot, später grünlich sind, und wandern danach wieder ins tiefere Wasser zurück. Die Männchen beschützen die Laichklumpen und versorgen ihn mit herangefächeltem Wasser. Während die Männchen den Laich versorgen, nehmen sie keine Nahrung auf und sterben nach dem Ausschlüpfen der Jungfische. Deshalb findet man sie am Strand häufig angespült. Als Speisefisch ist der Seehase nicht sehr beliebt, dagegen kommt sein schwarzgefärbter, geräucherter Rogen als „Deutscher Kaviar" in den Handel.

5 Steinpicker
Agonus cataphractus

L –15 cm   LZ Febr.–Apr.

Kennzeichen: Körper langgestreckt, mit Buckel, vollständig mit gezähnten Knochenschildern gepanzert; Kopf breit, flach, unterseits mit vielen kurzen Bartfäden; Maul mit 2 Paar Stacheln.

Vorkommen: In der Nord- und der westlichen Ostsee über Schlamm- und Sandgrund.

Wissenswertes: Dieser typische Grundfisch gräbt sich gern im Boden ein oder versteckt sich zwischen Steinen und Geröll. Die Entwicklungszeit des Laichs ist extrem lang; sie beläuft sich auf 10–11 Monate. In den Wintermonaten dringt der Steinpicker nicht selten bis in den Mündungsbereich der großen Flüsse vor. Ansonsten bevorzugt er den tieferen (bis zu 500 m tiefen) Meeresboden.

Alle 5 auf dieser Seite behandelten Arten sind Plattfische, die als Larven zunächst normal im Wasser schwimmen. Erst im Laufe der Entwicklung beginnen sie sich auf eine Seite zu legen. Eine Körperseite wird zur pigmentierten Oberseite, zu der hin auch das zweite Auge wandert (Augenseite). Die andere Körperseite, die dem Boden aufliegt, ist die meist farblose Blindseite. Alle Plattfische sind Bodenbewohner, die sich von Krebsen, Würmern, Muscheln und kleinen Fischen ernähren.

1 Steinbutt
Psetta maxima

L –80 cm   LZ Apr.–Aug.

Kennzeichen: Körper seitlich zusammengedrückt, fast kreisrund; linke Seite als Oberseite mit großen Knochenhöckern.

Vorkommen: Küstennahe Bereiche der Nord- und der Ostsee.

Wissenswertes: Ein Steinbutt-Weibchen legt zwischen 10 und 15 Millionen Eier ab, die mit einem Öltropfen frei im Wasser schweben. Wenn sie etwa 2–3 cm lang sind, gehen die anfangs frei schwimmenden Jungfischchen zum Bodenleben über. Dann sind sie 4–6 Monate alt. Obwohl sie Flachwasser und in der Jugend die Küstennähe bevorzugen, gehen sie später gelegentlich auch in eine Tiefe von bis zu 50–80 m.

2 Scholle
Pleuronectes platessa

L –60 cm   LZ Nov.–Juni

Kennzeichen: Körper seitlich zusammengedrückt, oval; rechte Seite als Oberseite mit dem Untergrund angepaßter, variabler Grundfarbe und orangefarbenen Punkten; spitzes Maul.

Vorkommen: Nordsee, aber auch Brackwasser der Flußmündungen; westliche Ostsee; vor allem auf Sand- und Schillgrund.

Wissenswertes: Man unterscheidet verschiedene Rassen, die zu unterschiedlichen Zeiten laichen und auch bestimmte äußerliche Merkmale haben. Die Scholle kann sich nahezu unsichtbar machen, indem sie ihren Körper durch kräftige Flossenschläge mit Sand und Steinchen bedeckt.

3 Kliesche
Limanda limanda

L –30 cm   LZ Jan.–Aug.

Kennzeichen: Körper seitlich zusammengedrückt, oval; meistens rechte Körperseite als Oberseite mit brauner Grundfarbe und dunklen, seltener bräunlichen Punkten.

Vorkommen: Vor allem in küstennahen Bereichen der Nordsee einer der häufigsten Plattfische; auch in der Ostsee.

Wissenswertes: Die lange Laichperiode erklärt sich daraus, daß die Kliesche vor der französischen Küste schon im Januar, weiter im Norden aber erst viel später zu laichen beginnt. Die Kliesche ähnelt in Lebensweise und Nahrungsspektrum der Scholle.

4 Flunder
Platichthys flesus

L –40 cm   LZ Febr.–Mai

Kennzeichen: Der Scholle ähnlich; dornige Hautwarzen entlang der Seitenlinie.

Vorkommen: Nord- und Ostsee; stärkere Neigung zum Brackwasser und zum Aufstieg in die großen Flüsse (z.B. Rhein).

Wissenswertes: Die Flunder ist der sprichwörtliche Plattfisch. Bis zu einem Drittel der Individuen kann abweichend von der Norm abgeplattet sein ("Linksflundern"). Bastarde zwischen Schollen und Flundern kommen gelegentlich vor.

5 Seezunge
Solea solea

L –50 cm   LZ Apr.–Juli

Kennzeichen: Körper mit zungenförmiger Gestalt (Name!).

Vorkommen: Nord- und Ostsee; über Sand und Schlamm; im Sommer in Küstennähe und im Brackwasser der Flußmündungen.

Wissenswertes: Die Seezungen halten sich oft mehr oder weniger stark vergraben auf dem Meeresboden auf, um erst nachts auf die Jagd nach Bodentieren und kleinen Fischen zu gehen. Sie gehören mit einigen anderen Plattfischen zu den bedeutsamsten Speisefischen, zu deren Schutz die Nordseekonvention Mindestmaße für den Fang festsetzt.

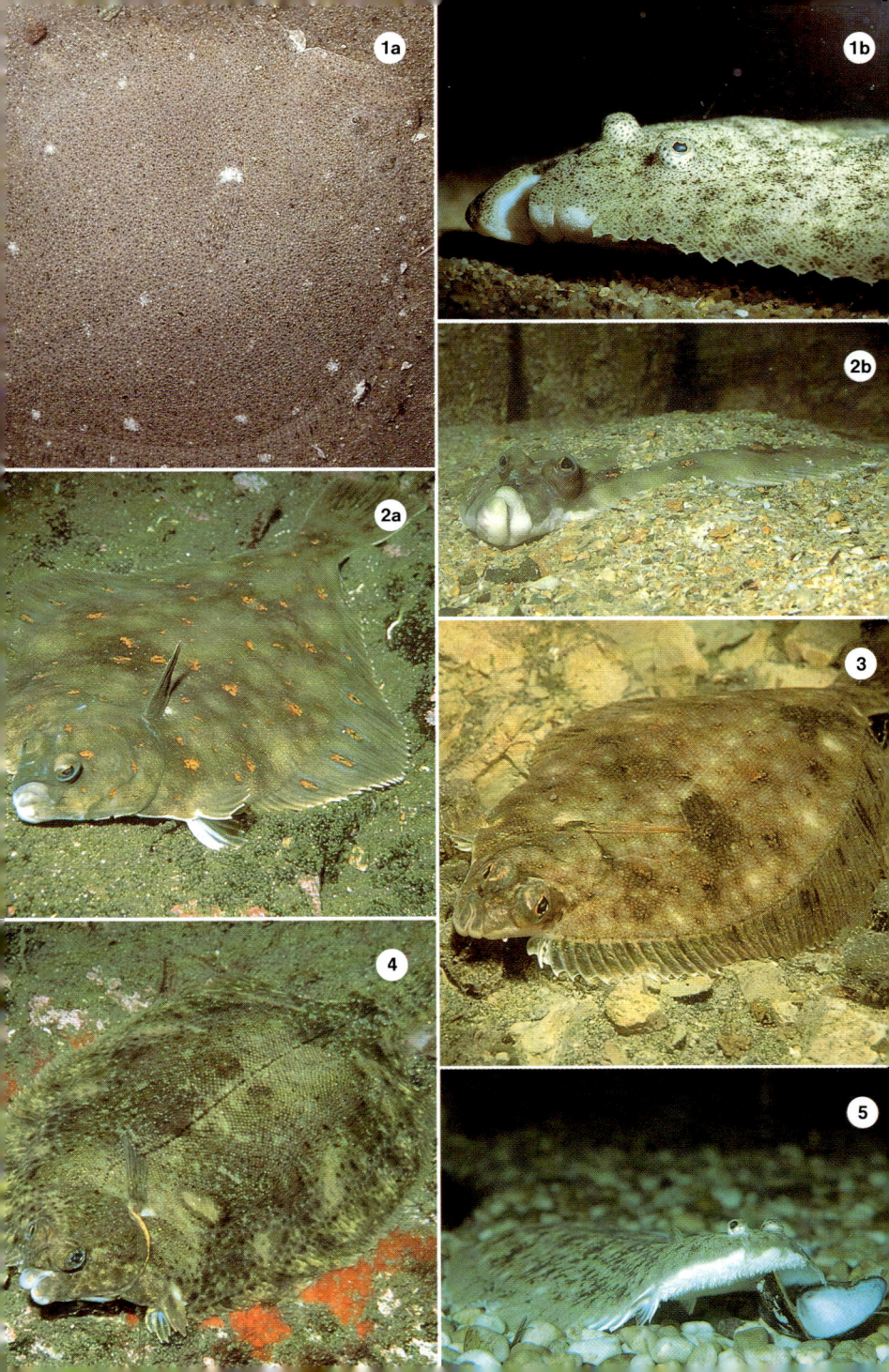

1 Wildkaninchen
(vgl. S. 40)

Die bekanntesten Säugetierbaue sind die Höhlen der Wildkaninchen, die selbst gelegentlich in Gärten, Parks und auf Friedhöfen anzutreffen sind. Von den Kaninchen bevorzugt werden trocken-warme, leichte Böden mit lockerem Strauchbewuchs in hügeligem Gelände. Dort bauen sie ihre oft weit verzweigten Gangsysteme, die bis über 2 m tief reichen können. Sie bestehen aus Haupt- und Nebenröhren, die zu Wohnkesseln führen.

2 Fuchs
(vgl. S. 34)

Die größeren Fuchsbaue, die manchmal über 20 Röhren aufweisen, gehen auf den Dachs als Baumeister zurück. Der Fuchs hat sie nur übernommen und meistens weiter ausgebaut. Solche Baue werden manchmal von Fuchs und Dachs gemeinsam bewohnt; dort herrscht offensichtlich „Burgfriede". Größere Bauanlagen ziehen immer wieder Füchse an, so daß manche über Jahrzehnte benutzt werden. Die vom Fuchs selbst gegrabenen Höhlen sind zunächst viel einfachere, kurze Gänge, die erst im Laufe der Jahre erweitert werden.

3 Biber
(vgl. S. 42)

Die intensivste Bautätigkeit aller Säugetiere entfaltet der Biber, der nicht nur Dämme und Kanäle errichtet und durch Aufstau von Fließgewässern ganze Tallandschaften umgestalten kann, sondern auch markante Burgen baut. Sie können bis 1,50 m hoch aus Ästen und Schilf aufgeschichtet und mit Schlamm abgedichtet sein. Die Zugänge befinden sich unter Wasser und steigen schräg nach oben zu den trocken liegenden Wohn- und Brutkammern an.

4 Bisamratte
(vgl. S. 42)

Den Biberburgen entfernt ähnliche Bauten gehen auf die Bisamratte zurück. Bisamburgen, die ebenfalls über 1 m hoch sein können, sind jedoch mehr kegelförmig und stets nur aus krautigem Pflanzenmaterial, meistens aus Schilf-, Binsen- und Seggenstengeln erbaut. Auch hier liegen die Eingänge unter Wasser. Bisamburgen werden vor allem im Winter bewohnt. Ansonsten nutzt die Art auch reine Erdbauten als Unterschlupf.

5 Zwergmaus
(vgl. S. 50)

Die knapp faustgroßen Sommernester der Zwergmaus findet man in bis zu 1,20 m Höhe im Getreide, in hohen Gräsern und Schilfbeständen. Als Nestgerüst dienen zersplissene Blätter, die noch mit der Pflanze verbunden sind, die das Nest trägt. Innen ist es mit zerkleinertem Pflanzenmaterial ausgepolstert. Die Schlafnester haben zwei seitliche Öffnungen, die etwas größeren Wurfnester nur eine. Im Winter sucht die Zwergmaus in Erdlöchern oder unter Reisighaufen Unterschlupf.

6 Eichhörnchen
(vgl. S. 44)

Sein rundes Nest, das einen Durchmesser von 30–40 cm hat und außen aus abgenagten Zweigen – meistens mit welken Blättern – besteht, wird im Volksmund als „Kobel" bezeichnet. Es ist innen mit Gräsern und Moosen ausgepolstert. Typisch ist der Standort der Eichhornkobel im oberen Drittel des Baumes in einer Astgabel in Stammnähe. Ein Tier hat in seinem Revier oft mehrere Nester, von denen eines im Zentrum des Territoriums gegen Artgenossen verteidigt wird.

7 Haselmaus
(vgl. S. 44)

Wenn das kunstvolle kugelige Nest der Haselmaus frei steht, ist es in dichtem Gestrüpp meistens nur 1 bis 2 m hoch über dem Boden angebracht. Bei Nutzung von Baumhöhlen oder Nistkästen klettert die Haselmaus jedoch gelegentlich auch über 10 m hoch. Die Schlafnester sind knapp, die Wurfnester über 10 cm groß; sie bestehen außen aus Gras, Blättern und Baststreifen und sind innen mit zerkleinertem Pflanzenmaterial ausgepolstert.

1 Fegestelle

Wenn Rehböcke im April ihr neu geschobenes Geweih vom Bast befreien, dann schlagen sie damit gegen federnde und biegsame Stämmchen junger Waldbäume und Sträucher. Während der Brunftzeit im Juli und August setzen sie beim Fegen und Schlagen Duftmarken mit Hilfe der Stirndrüsen und markieren so ihr Revier. Die an den Gehölzen in 1–2 m Höhe hervorgerufene Rindenablösung führt zu Wuchsanomalien, meistens zum Absterben der Pflanze.

2 Schälung

Schalschäden durch Ablösung der Rinde bis zum Holzkörper werden vor allem durch Rotwild, aber auch durch Dam-, Sika- und Muffelwild verursacht. Betroffen sind vor allem junge Bäume im Stangenholzalter. Die Rindenverletzungen ziehen bei der Fichte lebenslang nachwirkende Fäulnisschäden nach sich. Bei überhöhten Wildbeständen können aber auch Buchen- und Kiefernwälder stark geschädigt und zum Absterben gebracht werden.

3 Nagespuren

Neben den Hasen können auch Wildkaninchen und Mäuse glattrindigen Gehölzen arg zusetzen, indem sie die Rinde fleckenweise oder rund um den Stamm abnagen. Stammumfassende Nageschäden führen in der Regel zum Absterben der Pflanze.

4 Wildverbiß

Der Verbiß junger Forstplanzen, d.h. das Abäsen von Blättern, Nadeln, Knospen und Trieben durch Rotwild, aber ebenso auch durch Reh-, Dam-, Sika- und Muffelwild kann katastrophale Ausmaße annehmen, wenn der Wildbestand stark überhöht oder das Nahrungsangebot insgesamt zu gering ist. Durch Verbiß der Spitzentriebe wird nicht selten der Höhenwuchs der Gehölze unterbunden. Nadelgehölze wirken oft heckenartig geschoren.

5 Malbaum

Sogenannte Malbäume findet man in der Nachbarschaft von nassen, schlammigen Stellen, wo sich die Wildschweine suhlen und anschließend durch Scheuern an glatten Stämmen wieder reinigen. Auf diese Art treiben sie Körperpflege und entledigen sich dabei auch eines Teils ihrer Parasiten.

6 Baumfällung

Wenn der Biber einen Baum fällt, setzt er seine oberen Nagezähne quer zum Stamm wie einen Hobel an. Mit seinem kegelförmigen Anschnitt sieht der Stamm so aus, als hätte ihn ein Holzfäller mit der Axt bearbeitet. Bei den Bäumen, die bis zu einem Durchmesser von mehr als 20 cm gefällt werden, handelt es sich zumeist um Weichhölzer wie Weiden, Pappeln, Birken und Erlen.

7 Umbrochenes Grünland

Hier waren Wildschweine am Werk, die beim Wühlen nach Wurzeln und Bodentieren den Boden mit ihrem versteiften „Rüssel" aufgewühlt haben.

8 Plätzstelle

Das Scharren des Rehs mit den Vorderhufen wird als „plätzen" bezeichnet. Der Rehbock plätzt in der Brunftzeit, das Rehwild allgemein vor dem Hinlegen und bei der Nahrungssuche, vor allem wenn Schnee liegt.

9 Wildwechsel

Fast alle größeren Säugetiere bewegen sich keineswegs frei in ihrem Lebensraum, sondern fast immer nur auf bestimmten, häufig benutzten Pfaden, den Wildwechseln. Dieser Wildwechsel stammt von Rehen.

Die Amphibien (Lurche) sind nicht nur zum Schutz gegen Austrocknung an Wasser und Orte hoher Luftfeuchtigkeit gebunden, sie benötigen auch fast ausnahmslos das Wasser zur Fortpflanzung.

Die Männchen haben kein Begattungsorgan. Bei den Schwanzlurchen werden die Körperöffnungen gegeneinander gepreßt oder die Spermien in Form einer Kapsel (Spermatophore) vom Weibchen übernommen. Bei den Froschlurchen wird der Laich beim Austritt aus dem Körper des Weibchens vom Männchen besamt.

Die Schwanzlurche kleben ihre Eier einzeln an Blätter von Wasserpflanzen; bei den Salamandern erfolgt allerdings die Entwicklung bis zur Larve bzw. bis zum Jungtier im Körper des Weibchens. Die Froschlurche geben ihre Eier in der Regel als zusammenhängende Laichklumpen oder Laichschnüre ab. Die gallertig verquollenen Eihüllen sorgen für den Zusammenhalt.

Bei der **Erdkröte** (1) kann die Laichschnur bis zu 4 m lang sein und 4000–6000 Eier umfassen. Das Weibchen wickelt sie um Wasserpflanzen oder um Äste, die im Wasser liegen.

Der **Grasfrosch** (2) setzt im flachen Wasser einen etwa 10 cm großen, bis zu 4000 Eier enthaltenden Laichklumpen ab, der sein Volumen durch Wasseraufnahme deutlich vergrößert. Schon bald darauf steigt der Laichklumpen an die Wasseroberfläche empor. Hier ist das Wasser normalerweise wärmer, allerdings im Februar/März die Gefahr noch nicht auszuschließen, daß bei erneuter Eisbildung die oberflächennächsten Eier einfrieren und absterben.

Das **Kammolch**-Weibchen wickelt seine über 100 Eier einzeln in submerse Blättchen oder andere Pflanzenteile ein. In ihnen entwickeln sich – dank der Transparenz der Eihüllen gut sichtbar – relativ rasch die Embryonen (3).

Die als Kaulquappen bekannten Larven der Amphibien sehen, wenn sie die Eihüllen gesprengt haben, ganz anders aus als die erwachsenen Artgenossen. Sie haben keine Extremitäten, dafür aber einen Ruderschwanz mit hohem Flossensaum. Mit ihren Kiemen, die bei den Schwanzlurchen wie bei der **Molch-Larve** (4) außen sichtbar, bei den

Froschlurchen dagegen innen sind, erinnern sie eher an Fische als an die eigenen Eltern. In besonders kalten Gewässern und in Höhenlagen, in denen die Dauer der warmen Jahreszeit zur vollen Entwicklung und zur Umwandlung der Larven nicht ausreicht, können Amphibien als Larven überwintern und dabei sogar – wie z.B. im Falle des Bergmolchs – zur Geschlechtsreife gelangen. Dieses Phänomen wird in der Fachsprache als Neotenie bezeichnet.

Die Kaulquappen der **Erdkröte** (5) bilden dichte Schwärme. Sie sind schwarz und haben ein gerade nach hinten gerichtetes Kiemenloch auf der linken Körperseite.

Der Schwanz der **Grasfrosch**-Kaulquappe (6) nimmt höchstens zwei Drittel der Gesamtkörperlänge ein. Das Kiemenloch ist auf der linken Seite des Rumpfes und nach hinten und aufwärts gerichtet. Die Larven der eigentlichen Froscharten (Gattung *Rana*) sind einander recht ähnlich.

Lage und Ausrichtung des Kiemenlochs des **Laubfrosch** (7) entsprechen den *Rana*-Arten. Abweichend ist der vorn bis in die Höhe der Augen reichende Schwanz-Hautsaum.

Während sich bei den Froschlurchen zu Beginn der Umwandlung zum erwachsenen Frosch bzw. zur Kröte (Metamorphose) zuerst die Hinterbeine ausbilden, sind es bei den Schwanzlurchen zuerst die Vorderbeine.

Beim **Feuersalamander** (8) aber ist alles anders. Die Übergabe der Spermatophore erfolgt an Land oder im Wasser, die Geburt der 15–50 Larven – wie das Schlüpfen der Kaulquappen aus dem Ei – im Wasser. Die Feuersalamander-Larven tragen wie die Molch-Larven zahlreiche äußere Kiemen. Sie sind an einem gelben Fleck am Beinansatz und an ihren sofort gut ausgebildeten Gliedmaßen zu erkennen. Trotzdem bleiben sie noch 2–3 Monate im Wasser, bis sie sich verwandeln und an Land gehen.

Nimmt der Feuersalamander schon wegen seiner lebendgeborenen Larven (Viviparie) eine Sonderstellung unter den Amphibien ein, so legt der Alpensalamander noch eins drauf. Sein Weibchen gebiert nicht Larven, sondern zwei vollständig entwickelte und sogleich lungenatmende Jungtiere. Er ist praktisch vom Wasser unabhängig.

1 Flußregenpfeifer
(vgl. S. 146)

Sein Nest ist auf dem nackten Boden zwischen Steinen und meist nur spärlicher Vegetation nur schwer zu finden. Es ist eine flache Mulde, die manchmal mit einigen Halmen, Steinchen oder Muschelschalen ausgelegt wird. In der Regel umfaßt das Gelege 4 weißliche bis rostfarbene Eier mit kleinen Punkten und Flecken.

2 Kiebitz
(vgl. S. 146)

Der Kiebitz bevorzugt zur Brut kurzrasige Wiesen und Weiden, noch unbestellte Felder und Äcker mit gerade auflaufender Wintersaat. Als Nest dreht er eine flache Mulde in den Boden. Von Fall zu Fall verwendet er Nistmaterial oder verzichtet ganz darauf. Im Abstand von 1–2 Tagen legt der Kiebitz in der Regel 4 gelbbraune bis braunolive Eier mit dunkleren Punkten, Flecken oder Strichellinien. Sie sind durch Walzen und Abschleppen gefährdet.

3 Stockente
(vgl. S. 120)

Die Neststandorte der Stockente sind sehr unterschiedlich: einmal am Boden in dichter Vegetation, zum anderen in Baumhöhlen, in Kopfbäumen, Astgabeln und alten Baumnestern anderer Vögel. Das Weibchen baut eine Mulde aus Pflanzenmaterial und polstert sie mit Halmen, Dunen und Federn aus. Die 8–10 grünlichen Eier werden vor Brutbeginn und beim Verlassen des Nestes mit Dunen abgedeckt.

4 Haubentaucher
(vgl. S. 104)

Beide Partner schichten meistens im lockeren Röhricht oder in Schwimmblattrasen einen Haufen aus feuchtem Pflanzenmaterial auf, der oft frei schwimmt. Die faulen Pflanzenstoffe geben dem Nest Auftrieb und erhöhen möglicherweise auch die Nesttemperatur. In jedem Falle sorgen sie dafür, daß die anfangs nahezu weißen Eier, die beim Verlassen des Nestes zugedeckt werden, nach einiger Zeit bräunlich gefärbt und recht gut getarnt sind.

5 Teichhuhn
(vgl. S. 142)

Teichhuhnnester kann man sowohl in der Ufervegetation dicht über dem Wasser als auch etwas höher im Ufergebüsch antreffen. Sie sind aus verflochtenem Pflanzenmaterial recht stabil gebaut; die Nestmulde ist mit feinen Halmen ausgelegt. Das Gelege besteht aus 8–10 Eiern, die auf hellgrauem bis grünlichem Grund rotbraun getupft sind.

6 Singdrossel
(vgl. S. 74)

Als einen wohlgeformten Napf aus Gräsern, Würzelchen, Welklaub und Moosen, der innen mit Lehm oder Holzmulm gehärtet und geglättet ist, kann man das Singdrosselnest beschreiben. Man findet es auch noch im Winter gut erhalten in niedrigen Bäumen und Sträuchern. Die 4–6 Eier sind stahlblau und nur sparsam getupft.

7 Graureiher
(vgl. S. 108)

Reiherhorste haben oft einen Durchmesser von über 1 m und sind nur ausnahmsweise einzeln, in der Regel in Kolonien anzutreffen. Als Nistmaterial dienen Äste und Zweige, für den Innenausbau auch feineres Pflanzenmaterial. Im Laufe der Zeit wachsen die jährlich wiederbenutzten Horste durch ständigen Ausbau sowohl in die Höhe als auch in die Breite.

8 Habicht
(vgl. S. 132)

Hoch in Bäumen – meistens in Stammnähe – baut das Habicht-Pärchen seinen großen, groben Horst aus totem Geäst. Er wird mit belaubten bzw. benadelten Zweigen ausgelegt, die während der Brutzeit an den Horsträndern immer wieder erneuert oder ergänzt werden. Daran ist in der Regel ein besetzter Habichthorst zu erkennen.

1 Elster
(vgl. S. 92)

Elsternkobel gehören schon wegen ihrer runden Form und ihrer Größe zu den bekanntesten Vogelnestern. Sparrige Zweige bilden hier die Unterlage für eine haubenartige Überdachung aus lockerem Geäst, das meistens von Dornsträuchern stammt. Der eigentliche Brutnapf ist mit einer Lehmschicht ausgekleidet, in die feine Würzelchen, Pflanzenfasern und Haare eingearbeitet sind. Der seitliche Eingang des Elsternkobels ist vom Boden aus meistens nicht zu erkennen. Die Elstern brüten nur einmal im Jahr im April, haben aber gelegentlich noch relativ spät im Jahr Nachgelege.

2 Schwanzmeise
(vgl. S. 84)

Diese besonders kunstvoll gebauten Nester findet man meistens in dichtem Gebüsch nur wenige Meter über dem Boden. Ein solches geschlossenes, meist eiförmiges Nest hat immerhin einen Durchmesser von 10–12 cm und einen seitlichen Eingang. Als Nistmaterialien dienen Moose, wollige Pflanzenstoffe, Haare und Spinnweben, die zu einem dichten Gespinst miteinander verfilzt werden. Die helle, fast weiße äußere Verkleidung paßt das Nest hervorragend der Umgebung an. Die 8–10 Eier erscheinen weiß; nur bei näherem Hinsehen sind feine rostrote Flecken erkennbar.

3 Fitis
(vgl. S. 80)

Die Laubsänger gehören zu den Arten, die am oder dicht über dem Boden brüten. Die Nester sind überdacht und mit einem seitlichen Eingang versehen. Das Fitisweibchen baut allein und verwendet vor allem Gräser, Stengel und Moos, bringt aber auch morsche Holzstückchen und kleine Wurzeln mit ein.

4 Beutelmeise
(vgl. S. 84)

Das perfekteste Beutelnest unterscheidet sich vom Nest der Schwanzmeise schon dadurch, daß es an der äußersten Spitze eines dünnen Zweiges hängt. Oft handelt es sich um Weidenäste, die sich neigen, so daß das Nest nur noch 1–2 m von der Wasseroberfläche entfernt ist. Aus Fasern und Halmen fertigt das Beutelmeisen-Pärchen innerhalb von 2 Wochen zunächst eine hängende Schleife. Dann ergänzt es auf der einen Seite den birnenförmigen Beutel, auf der anderen Seite die schräg nach unten gerichtete Eingangsröhre. Mit Durchmessern von 12 und 20 cm übertrifft das Beutelmeisennest noch das große und kunstvolle Nest der Schwanzmeise. Die dicke Außenverkleidung besteht aus einem Filz u.a. aus der Pflanzenwolle von Weiden- und Pappelsamen.

5 Teichrohrsänger
(vgl. S. 78)

Der Teichrohrsänger brütet vorzugsweise in reinen Röhrichten. Er hängt sein Nest überaus geschickt zwischen 2–4 aufrecht stehenden Schilfhalmen auf, meistens nur 1 m über dem Wasserspiegel. Das etwa 6 cm tiefe, zylinderförmige Körbchen besteht aus Blättern und Halmen von Schilf, Binsen, Seggen sowie aus Moosen. Als Füllmaterialien dienen Samenhaare und Spinnweben. Wenn das Nest an jungen Schilfhalmen befestigt ist, kommt es vor, daß es von den wachsenden Halmen emporgehoben wird.

6 Mehlschwalbe
(vgl. S. 58)

Wie die Rauch- und die Felsenschwalben, so bauen auch die Mehlschwalben Nester aus Lehmerde, die mit Speichel vermischt und mit einigen Hälmchen durchsetzt ist. Das Besondere der viertel- bis halbkugeligen Mehlschwalbennester ist, daß sie oben immer an eine Wand stoßen und daß dadurch nur ein etwa 4 cm breites, ovales Einfluglochloch frei bleibt. Ursprünglich an Felsen und Klippen, sind inzwischen die „Kunstfelsen" unserer Kulturlandschaft der bevorzugte Neststandort. Im Gegensatz zu den Rauchschwalben, die in Gebäuden brüten, bauen die Mehlschwalben ihre Nester unter Dachvorsprüngen außen an Gebäuden.

1 Buntspecht
(vgl. S. 170)

Der Bauherr, in diesem Falle der Buntspecht, meißelt im Laufe der Jahre Bruthöhlen über den Eigenbedarf hinaus. Hier sind Fledermäuse die Nutznießer. Buntspechthöhlen findet man vor allem in kernfaulen Bäumen und in Weichhölzern. Sie haben ein rundes Einflugloch mit etwa 5 cm Durchmesser, einen kleinen Gang und eine bis zu 30 cm tiefe und bis zu 15 cm breite Brutkammer.

2 Kleiber
(vgl. S. 84)

Hier waren zuvor andere Mieter. Der Kleiber hat die Bruthöhle übernommen und das Einflugloch seinen Körpermaßen angepaßt, indem er es rundum mit lehmiger Erde verklebte (Kleiber = Kleber).

3 Steinkauz
(vgl. S. 176)

Der Steinkauz bevorzugt Baumhöhlen, vor allem solche in Kopfweiden und alten Obstbäumen, manchmal auch in Mauerlöchern, nimmt aber auch eigens für ihn konstruierte künstliche Nisthilfen an.

4 Kohlmeise
(vgl. S. 82)

Von Spechthöhlen bis zu Briefkästen und Löchern in Metallrohren von Ampelanlagen gibt es wohl kaum einen Typ von Hohlräumen, in dem nicht bereits Kohlmeisen gebrütet haben. Auch künstliche Nisthilfen wie dieser Holzbetonkasten werden gern angenommen. Das Einflugloch muß einen Mindestdurchmesser von etwa 32 mm haben.

5 Gartenbaumläufer
(vgl. S. 86)

Die beiden heimischen Baumläuferarten sind Spaltenbrüter. Sie nisten vorzugsweise hinter lockerer, abstehender Rinde oder in Holzspalten an durch Wind- oder Schneebruch geschädigten Bäumen. Nistkästen speziell für Baumläufer weisen einen Schlitz an der den Stamm berührenden Seite auf, so daß der stammaufwärts laufende Vogel leicht hineinschlüpfen kann.

6 Grauer Fliegenschnäpper
(vgl. S. 70)

Diese Art wählt sehr unterschiedliche Neststandorte. Nur etwas nischenartig müssen sie sein. So findet man Grauschnäppernester in weit geöffneten Asthöhlen, hinter Rindenspalten und an von Efeu oder Lianen dicht umwachsenen Stämmen ebenso wie an Hauswänden, Spalieren, auf Fensterbänken und in eigens für Halbhöhlenbrüter aufgehängten Nistkästen.

7 Hausrotschwanz
(vgl. S. 70)

Als typischer Halbhöhlenbrüter nimmt der Hausrotschwanz außer den für ihn aufgehängten Kunsthöhlen an Hauswänden auch Mauerlöcher an Gebäuden und natürliche Felsspalten als Nistplätze an.

8 Uferschwalbe
(vgl. S. 58)

Steilhänge an Prallufern von Bächen und Flüssen und in Sand- und Kiesgruben sind geeignete Orte für Brutkolonien der Uferschwalbe, die mit Schnabel und Füßen einen bis zu 80 cm tiefen Gang mit einem Durchmesser von etwa 5 cm in den Boden gräbt. An dessen Ende befindet sich in einer Mulde das mit Halmen und Federn ausgelegte Nest.

9 Eisvogel
(vgl. S. 168)

Vorzugsweise in Steilwänden unmittelbar am Bach- oder Flußufer, manchmal auch etwas davon entfernt, baut der Eisvogel seine Brutröhre, die etwa dieselben Maße aufweist wie die der Uferschwalbe. Kotflecken und Gewölle aus Gräten und Schuppen von Fischen unter dem Einflugloch und unter benachbarten Sitzplätzen weisen darauf hin, daß die Brutröhre besetzt ist.

1 Polypenlaus
Kerona polyporum

L –0,2 mm

Kennzeichen: Nierenförmiger Einzeller, mit vielen Wimpern.

Vorkommen: Lebt an verschiedenen Arten von Süßwasserpolypen.

Wissenswertes: Einer der wenigen Einzeller mit deutschem Namen. Er ist aber kein Parasit, sondern verzehrt Nahrungsreste der Polypen. Er gehört wie die Pantoffeltierchen zu den Wimpertierchen. Andere bekannte Gruppen der Einzeller sind z.B. die Amöben und die Sonnentierchen.

2 Bohrschwamm
Cliona celata

Jan.–Dez.

Kennzeichen: Goldgelb, manchmal orange gefärbt.

Vorkommen: In Schalen von Mollusken oder in Kalkgestein, zu finden am Spülsaum oder im Watt.

Wissenswertes: Meist wird man nicht die Bohrschwämme, sondern nur die Spuren ihrer Tätigkeit sehen, und zwar als bis zu 3 mm durchmessende Löcher in Schalen von Meeresmuscheln und -schnecken (**2b**). Der Schwamm schafft sich ein Höhlensystem, das er mit seinem Körper durchzieht. So braucht er kein eigenes Skelett herzustellen. Aus den Löchern ragen meist kleine Teile des Schwammes hervor. Von dort werden Nahrungspartikel und Atemwasser in den Körper gestrudelt.

3 Süßwasserschwamm
Spongilla lacustris

Jan.–Dez.

Kennzeichen: Meist verzweigt, in stark strömendem Wasser, krustig, starker Geruch.

Vorkommen: In Flüssen, Seen und Teichen auf Baumwurzeln und Steinen.

Wissenswertes: Im Süßwasser kommen im Vergleich zum Meer nur relativ wenige Schwammarten vor. Die Art lebt oft mit symbiontischen Algen zusammen und ist durch sie häufig grün gefärbt.

4 Milchweiße Planarie
Dendrocoelum lacteum

L –25 mm   Jan.–Dez.

Kennzeichen: Milchweiß gefärbt, abgestutztes Kopfende, 2 Augen.

Vorkommen: Lebt in stehenden und fließenden Gewässern.

Wissenswertes: Typischer Strudelwurm, mit wimpernbesetzter Unterseite. Die gleitende Fortbewegung kommt durch Wimpernschlag zustande. Sie können mit besonderen Drüsen Schleim produzieren, der von den über 150 heimischen Arten unterschiedlich genutzt wird, z.B. als Schutz vor Austrocknung, zum Beutefang oder zur Feindabwehr.

5 Fadenwurm
Klasse Nematodes

L je nach Art wenige mm bis > 1 m

Kennzeichen: Fadenartig, weißlich gefärbt.

Vorkommen: Im Erdboden und schlammigen Gewässergrund, sowohl im Süßwasser wie im Meer.

Wissenswertes: Extrem artenreiche Klasse mit mehr als 100 000 Arten, manche Schätzungen gehen sogar von mehreren Millionen Arten aus. Der Körper ist langgestreckt und ungegliedert. Viele Fadenwürmer leben auch parasitär. Zu den bekanntesten Parasiten beim Menschen gehören die Trichine *Trichinella spiralis* und der Spulwurm *Ascaris lumbricoides*. Ein häufiger Pflanzenparasit ist *Tylenchus tritici*, das Weizenälchen.

6 Rädertier
Asplanchna spec.

L 0,4–1,2 mm

Kennzeichen: Durchsichtig, blasenförmiger Körper.

Vorkommen: Im Plankton von Weihern und Seen.

Wissenswertes: Rädertiere sind mikroskopisch kleine Rundwürmer, die wegen ihrer geringen Größe oft für Einzeller gehalten werden. Es handelt sich aber um Vielzeller, deren Körper in Kopf, Rumpf und Fuß gegliedert ist und bei denen verschiedene Organsysteme ausgebildet sind.

1

Ohrenqualle
Aurelia aurita

D 10–40 cm   Jan.–Dez.

Kennzeichen: Um das Zentrum des Schirmes sind 4 halbkreisförmige Strukturen („Ohren"), die Geschlechtsorgane der Qualle, angeordnet.

Vorkommen: In Nord- und westlicher Ostsee häufig, auch im Mittelmeer.

Wissenswertes: Quallen lassen sich häufig im Meer treiben, oft in großen Schwärmen. Sie können aber auch aktiv mit der Glocke voran schwimmen. Dazu kontrahieren sie den Körper ruckartig und dehnen ihn genauso wieder aus. Die Nahrung besteht hauptsächlich aus Plankton, manchmal auch aus Krebsen und kleinen Fischen.

2

Kompaßqualle
Chrysaora hysoscella

D 15–30 cm   Jan.–Dez.

Kennzeichen: Unverkennbar durch 16 braune Winkel auf dem gelblichen Schirm.

Vorkommen: Nordsee, Atlantik und Mittelmeer.

Wissenswertes: Quallen sind die geschlechtliche Generation der Nesseltiere. Aus den Eiern schlüpfen die sogenannten Planula-Larven, die bewimpert sind. Sie schwimmen zunächst frei umher, heften sich dann aber auf einer festen Unterlage an. Aus ihnen wachsen dann Polypen mit Fangarmen als ungeschlechtliche Generation heran (ähnlich Süßwasserpolyp). Durch Querteilung entstehen aus diesen mehrere, zunächst winzige Quallen.

3

Feuerqualle
Cyanea capillata

D 20–50 (–100) cm   Jan.–Dez.

Kennzeichen: Schirm meist rötlich bis braun oder orange, über 1000 Tentakeln.

Vorkommen: Nordsee und Atlantik.

Wissenswertes: Als Feuerquallen werden mehrere stark nesselnde Quallenarten bezeichnet, die mit ihren Nesselzellen oft stundenlang brennenden Schmerz verursachen können, wenn man mit ihnen in Berührung kommt. Die Wahrscheinlichkeit ist nicht gering, denn die Fangfäden der Qualle durchdringen einen Wasserraum von mehreren Kubikmetern. Auch am Strand sind die Nesselzellen noch nach Stunden gefährlich. Eine weitere an der Nordseeküste sehr häufige, stark nesselnde Art ist die Blaue Nesselqualle (*Cyanea lamarcki*), die nur einen Durchmesser von 15–20 cm hat.

4

Blumenkohlqualle
Rhizostoma octopus

D –60 cm   Jan.–Dez.

Kennzeichen: Hochgewölbter Schirm, bläulich oder milchig weiß gefärbt. Keine Tentakeln am Rand. Unter dem Schirm krause, blumenkohlartige Lappen.

Vorkommen: In Nord- und Ostsee, vor allem im Herbst in Küstennähe.

Wissenswertes: Eine Art, die nicht nesselt. Sie gehört zur Familie der Wurzelmundquallen, die keine tentakelartigen Anhänge zwischen den Mundarmen besitzen. Sie wird auch Blaue Lungenqualle genannt. Durch feine Poren in den 8 teilweise verwachsenen Mundlappen wird bis zu 0,5 mm durchmessendes Plankton aufgesogen. Wie alle Quallen besteht sie zu ca. 98 % aus Wasser.

5

Meerstachelbeere
Pleurobrachia pileus

D –3 cm   Jan.–Dez.

Kennzeichen: Etwa weintraubengroß, durchscheinend, mit 8 Längsstreifen. 2 lange Fangfäden ohne Nessel-, aber mit Klebezellen.

Vorkommen: An den Küsten von Nord- und Ostsee manchmal massenhaft.

Wissenswertes: Häufigster bei uns zu beobachtender Vertreter der Rippenquallen (*Ctenophora*), auch Kugelrippenqualle oder Seestachelbeere genannt, die im Gegensatz zu den meisten der vorstehend aufgeführten Arten Zwitter sind und sich nur geschlechtlich fortpflanzen. Sie ernähren sich von Plankton, das an den klebrigen Fangfäden hängenbleibt. Die Längsstreifen werden durch wimpernbesetzte Plättchen gebildet, die der Fortbewegung dienen.

1a, 1b

1 Pferdeaktinie
Actinia equina

L –7 cm   Jan.–Dez.

Kennzeichen: Rot, an dunklen Standorten auch rotbraun bis grün, die bis zu 192 Tentakeln (bei jüngeren Tieren weniger) sind in 6 Kreisen angeordnet.

Vorkommen: Vor allem an Felsen in Nordsee und Atlantik, aber auch an Buhnen, Steinschüttungen, Hafenmauern usw. zu finden.

Wissenswertes: Bei Niedrigwasser ziehen sich die Tiere zusammen (**1a**) und überdauern halbkugelig die Trockenperiode. Bei entsprechender Luftfeuchtigkeit können sie mehrere Tage außerhalb des Wassers überleben. Sie sind nicht völlig bewegungsunfähig, sondern können sehr langsam kriechend ihren Standort verändern. Ihre Beute fangen sie ähnlich wie die Quallen mit Hilfe von Nesselzellen an den Tentakeln. Und wie diese gehören auch die Blumentiere *(Anthozoa)* zum Stamm der Nesseltiere. Viele Nesseltiere haben in ihrem Lebenszyklus ein den Quallen ähnliches Medusenstadium, die Blumentiere aber nicht. Sie können sich durch Teilung ungeschlechtlich vermehren. Bei geschlechtlicher Vermehrung verläuft die Entwicklung vom Ei über ein freischwimmendes Larvenstadium zum fertigen Tier. Die Pferdeaktinie bringt sogar lebende Nachkommen zur Welt.

2 Wachsrose
Anemonia viridis

D –12 cm

Kennzeichen: Meist graugrün, oft mit violetten Tentakelspitzen; die etwa 200 Tentakeln sind verglichen mit denen der Pferdeaktinie lang und dünn.

Vorkommen: Vor allem auf Steinen und Felsen, in Gezeitentümpeln.

Wissenswertes: Tiere, die in tieferem Wasser leben, wo es entsprechend dunkler ist, sind weiß gefärbt. Die Grünfärbung ist auf Grünalgen zurückzuführen, die im Unterhautgewebe der Wachsrosen leben. Hier haben wir es mit einer Symbiose zu tun. Die Algen stellen vor allem Kohlenhydrate her, die der Wachsrose als Zusatznahrung willkommen sind. Die Algen werden von der Wachsrose vor allem mit Kohlendioxid (aus der Atmung) versorgt. Mit ihren Tentakeln fängt die Wachsrose aber auch Fische und andere Tiere.

3 Grüner Süßwasserpolyp
Hydra viridis

L 1–1,5 cm

Kennzeichen: Schlauchförmiger, innen hohler Körper mit 6–12 Fangarmen (kürzer als der Körper), grün gefärbt.

Vorkommen: In Stillgewässern.

Wissenswertes: Die Fangarme oder Tentakeln enthalten Nesselkapseln, mit denen die Beutetiere, z.B. Wasserflöhe, gelähmt werden. Süßwasserpolypen vermehren sich oft ungeschlechtlich durch Knospung. Die Knospen wachsen zu kleinen Polypen heran, die sich dann vom Körper ablösen. Unter bestimmten Bedingungen vermehren sie sich auch geschlechtlich, wobei aus den Eiern fertig entwickelte, kleine Polypen schlüpfen. Mit ihrer Fußscheibe können sie auch langsam kriechen. Die grüne Farbe beruht auf symbiontischen Grünalgen (vgl. Wachsrose).

4 Seerinde
Membranipora membranacea

Einzeltier ca. 0,5 mm, Kolonie –20 cm

Kennzeichen: Grauweiße, dünne Krusten mit netzartiger Struktur.

Vorkommen: Auf festen Unterlagen wie Muschelschalen, Krebspanzern, Schiffsrümpfen und Tangen zu finden.

Wissenswertes: Die Seerinde gehört zu den Moostierchen *(Bryozoa)*. Was man zunächst mit bloßem Auge erkennt, ist eine Kolonie (**4a**) aus Tausenden von Einzeltieren (**4b**), die jeweils nur etwa einen halben Millimeter groß sind. Sie sitzen in nahezu rechteckigen Gehäusen. Mit Hilfe einer sogenannten Tentakelkrone filtrieren sie feinste Nahrungspartikel aus dem Wasser. Die Tentakeln können eingezogen und die Öffnung der Wohnkapsel mit einem Deckel verschlossen werden. Die Tiere können sich sowohl ungeschlechtlich durch Knospung als auch geschlechtlich fortpflanzen. Sie sind Zwitter, nach der Selbstbefruchtung reift die Larve zunächst im Elterntier heran.

1 Wandermuschel
Dreissena polymorpha

L 2–4 cm   Jan.–Dez.

Kennzeichen: Gelbbraun mit dunkelbraunen Streifen, Schalen mehr oder weniger dreieckig, deshalb auch Dreiecksmuschel genannt (wie auch das Sägezähnchen, s. nächste Seite).

Vorkommen: Ursprünglich heimisch im Einzugsbereich des Schwarzen und Kaspischen Meeres. Von dort aus wurden in den vergangenen Jahrzehnten weite Teile Europas besiedelt (Wandermuschel!), wohl vor allem durch den Transport mit Schiffen. Heute ist sie bei uns in vielen Flüssen, Seen und Kanälen zu finden.

Wissenswertes: Mit hornartigen Sekretfäden (Byssusfäden) aus einer Fußdrüse heften sich Wandermuscheln an Steinen, Pfählen und oft auch an den Spundwänden von Kanälen fest. Aus den im freien Wasser befruchteten Eiern schlüpfen Schwimmlarven, die sich nach einigen Wochen am Untergrund festsetzen. In vielen Gewässern spielen sie heute eine wichtige Rolle als Nahrung von Wasservögeln, insbesondere für Tauchenten wie die Reiher- und die Tafelente. Diese können über 2000 Wandermuscheln pro Tag fressen.

2 Erbsenmuschel
Pisidium spec.

L –10 mm   Jan.–Dez.

Kennzeichen: Klein, braun oder gelblichweiß gefärbt.

Vorkommen: Weit verbreitet in stehenden und fließenden Gewässern.

Wissenswertes: Die kleinen Muscheln kommen in den verschiedensten Gewässertypen vor, sind aber meist nur bei genauer Suche zu finden. Im Mitteleuropa leben etwa 20 verschiedene Arten, die nur sehr schwer zu bestimmen sind.

3 Fluß-Perlmuschel
Margaritifera margaritifera

L –15 cm   Jan.–Dez.

Kennzeichen: Schalen schwarz, langgestreckt, nierenförmig, mit flachem Wirbel.

Vorkommen: Weit verbreitet in Mittelgebirgsbächen und -flüssen in der gesamten Holarktis, heute aber vielerorts selten, in Deutschland nur noch Restvorkommen.

Wissenswertes: Fluß-Perlmuscheln sind heute überall stark gefährdet, in vielen Bereichen Mitteleuropas sogar schon ausgestorben. Ursachen sind Ausbau und Verschmutzung von Fließgewässern, der Bau von Fischteichen, Perlräuberei und der Saure Regen. Die Tiere können über 100 Jahre alt werden. Erst mit etwa 20 Jahren werden sie geschlechtsreif. Ein Weibchen kann in einer Fortpflanzungsperiode mehrere Millionen Larven absetzen. Die meisten gehen bald zugrunde, denn sie können nur überleben, wenn sie in die Kiemen von Forellen oder Lachsen gelangen. Dort entwickeln sie sich parasitisch zu winzigen, nur einen halben Millimeter großen Jungmuscheln. Nach einigen Wochen verlassen sie die Fische, die weitere Entwicklung erfolgt dann im Bachboden. Fluß-Perlmuscheln ummanteln Fremdkörper mit Perlmutt; nach mehreren Jahrzehnten können so schöne Perlen entstehen.

4 Große Teichmuschel
Anodonta cygnea

L –20 (–26) cm   Jan.–Dez.

Kennzeichen: Dünnwandige, bräunlich gefärbte Schale, Innenseite mit starkem Perlmuttglanz.

Vorkommen: In Stillgewässern Europas.

Wissenswertes: Die größten heimischen Muscheln sind Zwitter, die Brutpflege betreiben. Die Befruchtung findet anders als bei der Wandermuschel im Mantelraum statt. Die bis zu 600000 nur etwa 0,3 mm großen Larven leben anfangs zwischen den Brutkiemen und werden erst im folgenden Frühjahr ausgestoßen. Sie heften sich an Fische und leben zunächst parasitisch. Wie die Malermuscheln (Gattung *Unio*) dienen Teichmuscheln auch als Laichplatz des Bitterlings (s.S. 198). Ähnlich ist die Gemeine Teichmuschel *Anodonta anatina*, die vor allem in langsam fließenden Gewässern vorkommt. Wie alle Muscheln spielen sie eine bedeutende Rolle bei der Reinhaltung der Gewässer: Ein Tier kann pro Stunde mehr als 20 Liter Wasser filtrieren.

1 Miesmuschel
Mytilus edulis

L 6–8 (–11) cm   Jan.–Dez.

Kennzeichen: Schwarzblau bis braunoliv gefärbt, ungleichseitig dreieckige Form. Innenseite silberweiß mit dunkelblauem Rand.

Vorkommen: Weit verbreitet im Nordatlantik und Nordpazifik, von der Gezeitenzone bis etwa 50 m Tiefe.

Wissenswertes: Eine der bekanntesten Muschelarten überhaupt, u.a. auch deshalb, weil sie häufig gegessen wird. Miesmuscheln leben auf festem Untergrund wie Steinen, Pfählen (**1b**) und anderen Muschelschalen. Hier heften sie sich – wie schon bei den Wandermuscheln erwähnt – mit dem Byssus, einem in einer Drüse erzeugten Eiweißstoff, fest. Muschelbänke bestehen aus großen Mengen von Miesmuscheln, die sich gegenseitig mit ihren Byssusfäden festhalten. So können sie den Strömungen standhalten. Einzelne Muscheln werden oft an Land gespült oder versinken im Boden. Die Fortpflanzung erfolgt durch Abgabe von Eiern und Spermien direkt ins Wasser. Aus den befruchteten Eizellen entwickeln sich zunächst planktische Larven, die sich nach etwa 4 Wochen dann auf geeignetem Untergrund anheften. An günstigen Stellen können sich mitunter 10000 und mehr Tiere auf einem Quadratmeter ansiedeln. Das ist nicht weiter verwunderlich, denn ein Weibchen kann in jedem Jahr viele Millionen Eier erzeugen. Entsprechend groß ist allerdings auch die Anzahl der Freßfeinde, und nur ein winziger Bruchteil der Muscheln erreicht das Höchstalter von 10 Jahren. Im Wattenmeer werden in jedem Jahr mehrere 10000 Tonnen Miesmuscheln gefischt.

2 Islandmuschel
Arctica islandica

L –12 cm   Jan.–Dez.

Kennzeichen: Schalen dick, fast kreisrund, braunschwarz gefärbt, innen weiß, manchmal auch rosa getönt.

Vorkommen: Im Atlantik und in der Nord- und Ostsee.

Wissenswertes: Islandmuscheln leben abwechselnd auf dem Grund und einige Zentimeter in den Boden eingegraben. Sie können in einer Stunde bis zu 7 Liter Wasser filtern.

3 Scheidenmuschel
Ensis siliqua

L –23 cm   Jan.–Dez.

Kennzeichen: Sehr lange und schmale Schalen, leicht gebogen, Ober- und Unterrand nicht parallel.

Vorkommen: Von Norwegen bis ins Mittelmeer verbreitet, lebt vor allem in Feinsand; an der Nordsee relativ selten.

Wissenswertes: Größte der bei uns vorkommenden Arten der Gattung *Ensis* (Scheiden- oder Schwertmuscheln). Sie leben in Röhren im Boden nahe unter der Oberfläche, und zwar mit dem Hinterende nach oben. Sie können sich mit Hilfe ihres Fußes bei Beunruhigung tiefer in die Röhre zurückziehen. Fast genauso lang ist die seltenere Große Scheidenmuschel *(Ensis ensis)*. Sie unterscheidet sich von der Scheidenmuschel durch ihre stärker gebogene Schale.

4 Amerikanische Schwertmuschel
Ensis directus

L –17 cm   Jan.–Dez.

Kennzeichen: Langes und schmales Gehäuse ähnlich der vorigen Art, Ober- und Unterrand aber nahezu parallel.

Vorkommen: Ursprünglich vor der Ostküste Nordamerikas, seit 1979 auch in der Nordsee; Schalen heute oft massenhaft am Strand zu finden.

Wissenswertes: Vermutlich wurden 1978 Larven mit Ballastwasser aus Nordamerika in die Nordsee verschleppt. Offensichtlich gab es hier für die Art ideale Lebensbedingungen, denn die Tiere vermehrten sich nahezu explosionsartig und besiedeln heute das gesamte Wattenmeer von Dänemark bis Holland. Vielfach ist die Amerikanische Schwertmuschel heute die häufigste Art der Gattung. Da sie in flacherem Wasser als die heimischen Arten lebt, gab es offensichtlich keine Konkurrenten. Mit ihrem Fuß graben sich diese Muscheln bis zu 1 m tief in Sandböden ein. Dazu schieben sie zunächst den Fuß voran, dann ziehen sie die Schale nach.

1 Auster
Ostrea edulis

L –15 cm Jan.–Dez.

Kennzeichen: Sehr große, dickwandige Schalen mit blättriger Struktur, am Strand oft auch glattgeschliffen. Meist braun, oft auch mit rosa, grünen, roten oder violetten Flecken, Innenseite perlmuttartig glänzend.

Vorkommen: An allen europäischen Küsten außer im Norden und in der Ostsee, bei uns heute selten. Der Salzgehalt muß mindestens 19‰ betragen.

Wissenswertes: Austern haben als Nahrungsmittel eine erhebliche Bedeutung. Die meisten natürlichen Austernbänke sind längst ausgebeutet, deshalb werden sie schon seit langer Zeit gezüchtet. Dazu werden den Larven künstliche Anheftungsstellen (**1b**) geboten. Sie können auch trockenfallende Stellen besiedeln. Austern sind im Gegensatz zu den meisten anderen Muscheln Zwitter, sie können mehr als 2 Millionen Eier pro Jahr produzieren. Die Jungtiere werden nach einiger Zeit abgenommen und an günstigen Stellen zur weiteren Entwicklung ausgelegt. Austern können bis zu 30 Jahre alt werden, man erntet sie meist schon im Alter von 3 oder 4 Jahren.

2 Kammuschel
Pecten maximus

L –15 cm Jan.–Dez.

Kennzeichen: Sehr charakteristisch durch dreieckige Fortsätze vor und hinter dem Wirbel, Klappen ungleich – eine gewölbt, eine flach. Die obere, flache Klappe ist meist weiß mit rot-brauner Zeichnung, die untere Klappe ist braungelb.

Vorkommen: Häufig im Atlantik, in der Nordsee selten.

Wissenswertes: Kammuscheln können gut sehen; am Rand des Mantels sitzen zahlreiche Linsenaugen (**2b**), mit denen sie auch Feinde wie Seesterne erkennen können. Sie verlassen dann mit erstaunlicher Geschwindigkeit fluchtartig ihren Standort, indem sie Wasser aus der Schale pressen (Rückstoßprinzip). Im Mittelmeer findet man recht häufig die nahe verwandte Jakobs-Pilgermuschel *(Pecten jacobeus)*.

3 Sägezähnchen
Donax vittatus

L 2–4 cm Jan.–Dez.

Kennzeichen: Schale grünlich, gelblich oder braun, innen oft intensiv violett gefärbt. Auf der Innenseite ist der Unterrand der Schale fein gezähnt (Name!), ein Merkmal, das man leicht mit dem Fingernagel prüfen kann.

Vorkommen: In Sand- und Schlickböden von Nordsee, Atlantik und Mittelmeer, Schalen am Strand oft sehr häufig.

Wissenswertes: Wegen der charakteristischen Schalenform wird die Art oft auch Dreiecksmuschel genannt (nicht zu verwechseln mit der Wandermuschel, s.S.234). Als oberflächennah lebende Art passiert es den Tieren häufig, daß sie von der Strömung freigelegt werden. Mit ihrem großen Fuß können sie sich innerhalb weniger Sekunden wieder vollständig eingraben.

4 Pfeffermuschel
Scrobicularia plana

L –6 cm Jan.–Dez.

Kennzeichen: Recht dünne Schalen, grau, z.T. mit gelblicher Haut, am Strand meist weiß. Wirbel fast in der Mitte.

Vorkommen: Auf schlammigen Böden in Atlantik und Nordsee, auch in westlicher Ostsee und im Mittelmeer, meist in der Gezeitenzone.

Wissenswertes: Pfeffermuscheln wurden früher auch gegessen, der Name weist auf einen scharfen Beigeschmack hin. Sie leben etwa 5 bis 15 cm tief im Wattboden in kleinen, mit Wasser gefüllten Höhlen. Mit dem kräftigen Grabfuß können auch sie sich schnell wieder eingraben, wenn sie freigespült werden. Die Muscheln besitzen 2 Siphonen zum Ein- bzw. Ausströmen von Wasser mit Nahrungs- bzw. Abfallpartikeln. Der Einströmsipho wird über 30 cm lang und bei der Nahrungsaufnahme mehrere Zentimeter weit auf den Boden ausgefahren. Dabei entstehen typische sternförmige Muster, die z.B. im Watt auf das Vorkommen der Art hinweisen. Der Ausströmsipho mündet normalerweise mehrere Zentimeter vom Einströmsipho entfernt. Auf diese Weise wird das Einströmen von Abfallstoffen verhindert.

1 Eßbare Herzmuschel
Cerastoderma edule

L –5 cm   Jan.–Dez.

Kennzeichen: Schale weiß bis bräunlich mit bis zu 28 Rippen.

Vorkommen: Eine der häufigsten Arten an den Stränden von Nord- und Ostsee; lebt in Sand und Schlick bis etwa 10 m Wassertiefe.

Wissenswertes: Bei uns eine der dominierenden Arten, oft zu Hunderten auf nur einem Quadratmeter Wattboden. Erwachsene Herzmuscheln pumpen pro Tag etwa 10 l Wasser durch ihre Kiemen; nach Hochrechnungen filtrieren alle Herzmuscheln des Wattenmeeres zusammen mehrere hundert Milliarden Liter Wasser pro Tag! Herzmuscheln können bis zu 9 Jahre alt werden. Allerdings verhindert das meist eine Vielzahl von Feinden – von der Wellhornschnecke bis zur Silbermöwe. Austernfischer können pro Tag über 300 Herzmuscheln verzehren.

2 Teppichmuschel
Venerupis rhomboides

L –4,5 cm   Jan.–Dez.

Kennzeichen: Eckig wirkende Schale, mit feinen, vom Wirbel ausgehenden Radiärstrahlen und konzentrischen Ringen.

Vorkommen: Vor allem in Sandböden.

Wissenswertes: Eine schön gezeichnete Art, von der man aber nur vergleichsweise selten intakte Schalen am Strand findet.

3 Nußmuschel
Nucula nucleus

L – 13 mm   Jan. – Dez.

Kennzeichen: Umriß dreieckig, meist gelblich oder braun.

Vorkommen: In Sand und Schlickböden.

Wissenswertes: Eine von mehreren Nußmuschel-Arten der Nordsee, von denen einige in sehr großer Individuenzahl vorkommen und eine wichtige Nahrungsquelle für Bodenfische, z.B. Schollen, darstellen. Sie haben keine Siphonen, sondern strudeln Wasser mit Hilfe von Wimpern in die Mantelhöhle und zu den Kiemen. Zur Nahrungsaufnahme dienen vor allem mit Wimpern besetzte Fortsätze der Mundlappen, mit denen die Muscheln den Boden abtasten.

4 Rote Bohne
Macoma baltica

L –3 cm   Jan.–Dez.

Kennzeichen: Mit ihrer glänzend rot gefärbten Innenseite ist sie eine der attraktivsten Arten für Muschelsammler. Die Oberseite ist rot mit weißen Bändern, oft auch weiß oder gelblich gefärbt.

Vorkommen: Weit verbreitet in Atlantik, Nordsee und westlicher Ostsee.

Wissenswertes: Der wissenschaftliche Name und der ebenfalls gebräuchliche Name Baltische Tellmuschel weisen auf das Vorkommen in der Ostsee hin. Die Tiere leben meist in Tiefen bis zu 10 m dicht unter der Bodenoberfläche, oft mehrere Hundert auf einem Quadratmeter. Mit ihrem langen Sipho saugen sie Nahrungspartikel ein. Dabei entstehen sternförmige Fraßspuren ähnlich denen der Pfeffermuschel. Vermutlich fressen sie vor allem Bakterien und Wimpertierchen von der Bodenoberfläche. Oft werden Teile des Siphos von Krabben oder Plattfischen erbeutet. Auch für Meeresenten wie Eider- oder Trauerenten stellen Rote Bohnen eine wichtige Nahrungsquelle dar.

5 Bunte Trogmuschel
Mactra corallina

L 4–6 cm   Jan.–Dez.

Kennzeichen: Mit hellen, strahlenförmig vom Wirbel aus verlaufenden Streifen.

Vorkommen: In Sand- oder Schlickböden in Nordsee, Atlantik und Mittelmeer; Schalen oft in großer Zahl am Sandstrand.

Wissenswertes: Die strahlenförmigen Streifen haben der Art auch den Namen Strahlenkörbchen eingebracht. Da die Muscheln nur kurze Siphone haben, leben sie knapp unter der Bodenoberfläche. Die Befruchtung erfolgt außerhalb des Körpers. Aus den Eiern schlüpfen sogenannte Veliger-Larven. Diese ähneln den Muscheln zunächst nicht und schwimmen frei im Meer herum. Erst nach dem Festsetzen an einem günstigen Ort entwickeln sie sich zu Jungmuscheln.

1 Venusmuschel
Venus striatula

L –3,5 cm   Jan.–Dez.

Kennzeichen: Schalen gelblich bis braun mit vielen konzentrischen Rippen, Wirbel leicht nach vorn gebogen.

Vorkommen: In Sandböden von Atlantik und Nordsee bis zu 400 m Wassertiefe.

Wissenswertes: Venusmuscheln können ihre Schalen lange Zeit fest geschlossen halten. Sie sollen bis zu 18 Tage unversehrt im Magen von Seesternen überleben können und von diesen als unverdaulicher Brocken oft wieder ausgeschieden werden.

2 Artemismuschel
Dosinia exolata

L –6 cm   Jan.–Dez.

Kennzeichen: Schale fast kreisrund mit leicht nach vorn gebogenem Wirbel, weißlich oder gelblich gefärbt.

Vorkommen: Atlantik, Nordsee und Mittelmeer.

Wissenswertes: Ähnlich wie bei den folgenden Arten sind auch bei der Artemismuschel die Siphonen miteinander verwachsen. Sie graben sich tief in den Boden ein und leben vom Flachwasserbereich bis in 100 m Wassertiefe.

3 Sandklaffmuschel
Mya arenaria

L –10 (–15) cm   Jan.–Dez.

Kennzeichen: Schalen weiß, elliptisch mit konzentrischen Streifen. Im Wattenmeer die größten Muscheln.

Vorkommen: Weit verbreitet in schlammigen und sandigen Böden.

Wissenswertes: Die Tiere stecken bis zu 40 cm tief im Boden. Entsprechend lang ist der Siphonalschlauch, in dem Ein- und Ausströmsipho gemeinsam liegen. Der Schlauch ist so groß, daß er nicht komplett in das Gehäuse zurückgezogen werden kann. Bei ausgewachsenen Tieren sind Körper und Sipho so groß, daß sie nicht in die geschlossenen Schalen hineinpassen. Die Schalen klaffen deshalb auseinander.

4 Abgestutzte Klaffmuschel
Mya truncata

L –7,5 cm   Jan.–Dez.

Kennzeichen: Ähnlich der Sandklaffmuschel, Hinterende aber gerade abgestutzt. Die Schalenhinterränder klaffen bei der intakten Muschel auffällig auseinander.

Vorkommen: In Weichböden von Atlantik und Nord- und Ostsee, im Wattenmeer oft auch vergesellschaftet mit der Sandklaffmuschel.

Wissenswertes: Im Gegensatz zur Sandklaffmuschel können die Abgestutzten Klaffmuscheln ihren kürzeren Sipho vollständig einziehen.

5 Rauhe Bohrmuschel
Zirfaea crispata

L –9 cm   Jan.–Dez.

Kennzeichen: Gehäuse vorn spitz, hinten abgerundet, weiß. Der vordere Abschnitt ist stark strukturiert und dient beim Einbohren als Raspel.

Vorkommen: Im Nordatlantik und in Nord- und Ostsee.

Wissenswertes: Die Art bohrt in Ton, weicherem Gestein, in Torf und in Holz bis zu 15 cm lange Gänge. Diese entstehen, indem sich die Tiere um ihre Längsachse drehen und sich so in das betreffende Material einbohren (**5b**).

6 Amerikanische Bohrmuschel
Petricola pholadiformis

L –7 cm   Jan.–Dez.

Kennzeichen: Schalen langgestreckt und dünnwandig, mit strahligen Rippen.

Vorkommen: Atlantik, Nord- und Ostsee, Mittelmeer.

Wissenswertes: Eine weitere Art aus Nordamerika, die schon im letzten Jahrhundert Europa erreicht und sich seitdem sehr stark ausgebreitet hat. Die Tiere bohren sich durch Bewegung ihrer mit scharfen, dornigen Schuppen besetzten Schalen in toniges und kalkhaltiges Gestein, manchmal auch durch Holz. Die Verbindung zum freien Wasser wird über den Sipho gehalten.

1 Strandschnecke
Littorina littorea

H –2,5 (–4) cm   Jan.–Dez.

Kennzeichen: Gehäuse dickschalig mit großem letztem Umgang. Grau oder braun, Mündung innen braun, kein Nabel.

Vorkommen: Auf Felsen, Buhnen, Steinen, Muschelschalen und Seegras an den Küsten von Atlantik, Nordsee und westlicher Ostsee, auch im westlichen Mittelmeer.

Wissenswertes: Eine Art der Gezeitenzone, die sehr gesellig lebt; oft besiedeln mehrere hundert Tiere einen Quadratmeter. Sie können ihr Gehäuse mit einem Deckel fest verschließen und so tagelang auf dem Trockenen überleben. Sie ernähren sich überwiegend von Algen, die mit Hilfe der Radula („Raspelzunge") geraspelt werden. Strandschnecken dienen einer Vielzahl von Vögeln, vor allem Möwen, als Nahrung. Sie können bis zu 10 Jahre alt werden.

2 Wattschnecke
Hydrobia ulvae

H 6–8 mm   Jan.–Dez.

Kennzeichen: Sehr klein, braun mit spitzem, glattem Gehäuse, bis zu 7 Umgänge. Das Gehäuse ist mit einem Kalkdeckel verschließbar.

Vorkommen: Im Flachwasser in Nord- und Ostsee und im Atlantik.

Wissenswertes: Wattschnecken kommen im Wattenmeer oft in ungeheuren Mengen vor, oft sind es viele tausend, manchmal sogar zehntausende von Individuen auf nur einem Quadratmeter Boden. Um sie zu entdecken, muß man allerdings genau hinschauen, denn wenn ihr Lebensraum trockenfällt, graben sie sich etwa 1 cm tief ein. Bei der nächsten Flut kommen sie dann wieder heraus. Die Tiere ernähren sich vor allem von Kieselalgen, die vom Untergrund abgeweidet werden, daneben auch von Algen und Bakterien. Dabei hinterlassen sie typische Spuren (**2b**). Auch sie bilden eine wichtige Nahrungsgrundlage für viele Räuber im Watt. Oft werden Hunderttausende von Schnecken an den Strand gespült. Dort können sie in ihrem dicht verschlossenen Gehäuse bis zu 5 Tage auf dem Trockenen überleben.

3 Turmschnecke
Turritella communis

H –5 cm   Jan.–Dez.

Kennzeichen: Sehr schlankes, spitzes, turmförmiges Gehäuse mit bis zu 19 Umgängen, rötlich, gelblich oder braun; bei uns unverwechselbar.

Vorkommen: Nordsee, Atlantik und Mittelmeer, in Tiefen von 30–200 Meter.

Wissenswertes: Turmschnecken verbringen die meiste Zeit ihres Lebens eingegraben an einer Stelle. Im Gegensatz zu den vorher beschriebenen Arten strudeln sie ihre Nahrung ein; ihre Radula ist deshalb auch nur sehr klein ausgebildet. Die Tiere leben sehr gesellig, man hat schon mehr als 200 auf einem Quadratmeter gezählt.

4 Netzreusenschnecke
Hinia reticulata

H –3,5 cm   Jan.–Dez.

Kennzeichen: Dicke Schale, meist bräunlich gefärbt mit dunkleren Binden, Oberfläche mit netzartiger Struktur, Gehäuse spitz zulaufend.

Vorkommen: An europäischen Küsten verbreitet.

Wissenswertes: Auch der wissenschaftliche Name weist auf die interessant strukturierte Oberfläche hin (lat. reticulum = Netz). Die Tiere sind überwiegend Aasfresser und können ihre Nahrung aus bis zu 30 m Entfernung mit ihrem chemischen Sinn wahrnehmen. Manchmal fressen sie auch lebende Beute. Hauptfeinde der Netzreusenschnecke sind Seesterne.

5 Wendeltreppe
Epitonium clathrus

H –4 cm   Jan.–Dez.

Kennzeichen: Eine turmförmige Art mit markanten Rippen, meist rötlich gefärbt, am Strand allerdings weiß.

Vorkommen: Nordsee, Atlantikküsten und Mittelmeer.

Wissenswertes: Räuberische Art, die bei der Nahrungssuche auch im Boden wühlt. Die schönen Gehäuse sind ein begehrtes Sammelobjekt bei vielen Strandwanderern.

1 Pelikanfuß
Aporrhais pes-pelecani

H –5 cm Jan.–Dez.

Kennzeichen: Turmartiges, sehr dickschaliges Gehäuse. Mündung der ausgewachsenen Tiere mit sehr auffälligen, spitzen Fortsätzen, von denen sich sowohl der deutsche wie der wissenschaftliche Name ableitet.

Vorkommen: Atlantik, Nord- und westliche Ostsee, häufig im Mittelmeer.

Wissenswertes: Die Fortsätze am Schalenrand der Pelikanfüße variieren stark in Form und Größe. Bei Jungtieren fehlen sie ganz. Auch bei alten Fundstücken am Strand sind sie oft völlig abgeschliffen, so daß die Art nicht immer sofort richtig angesprochen wird.

2 Wellhornschnecke
Buccinum undatum

L –11 cm Jan.–Dez.

Kennzeichen: Sehr große Schnecke, Gehäuse meist bräunlich mit zahlreichen welligen Längs- (lat. unda = Welle) und spiraligen Querrippen. Kein Nabel, das Gehäuse kann mit einem Deckel verschlossen werden. Am Strand findet man häufig auch die charakteristischen Laichballen (**2b**), deren einzelne Kapseln bis zu 1000 Eier enthalten können.

Vorkommen: Nordatlantik, Nord- und westliche Ostsee, Mittelmeer, vom Flachwasser bis in Tiefen von über 1000 m.

Wissenswertes: Wellhornschnecken spielen als Aasfresser eine wichtige Rolle, ernähren sich aber auch zum großen Teil von Muscheln. Die Nahrung wird mit Hilfe des gut entwickelten Geruchssinns aufgespürt. Haben sie eine Muschel entdeckt, warten sie, bis diese ihre Schalen öffnet. Dann stoßen sie ihren scharfen Mündungsrand in den Spalt und zerschneiden dabei meist die Schließmuskeln der Muschel, die ihre Schalen nun nicht mehr schließen kann. Dann beginnt die Wellhornschnecke, die Muschel aufzufressen. Die Wellhornschnecke selbst steht auf dem Speiseplan verschiedener Fische. Aus diesem Grund wird sie auch sehr gern als Köder beim Fischfang benutzt. Die leeren Gehäuse dienen häufig größeren Einsiedlerkrebsen (siehe S. 266) als Unterkunft.

3 Glänzende Nabelschnecke
Lunatia alderi

L –1,8 cm Jan.–Dez.

Kennzeichen: Kugeliges Gehäuse mit engem Nabel, meist gelblich gefärbt.

Vorkommen: Von der Nordsee bis in das Mittelmeer verbreitet.

Wissenswertes: Viel häufiger als die Nabelschnecken selbst und ihre Gehäuse findet man Spuren, die auf ihr Vorkommen hindeuten – nämlich angebohrte Schalen von Muscheln und anderen Schnecken (**3b**). Glänzende Nabelschnecken und ihre Verwandten sind Räuber, die mit ihrem Fuß andere Weichtiere festhalten und manchmal sogar mit einem Band aus Schleim regelrecht fesseln. Dann bohren sie mit ihrer Radula ein Loch in deren Schale. Dazu brauchen sie mehrere Stunden. Durch das kreisrunde Bohrloch stülpen sie dann ihren rüsselartigen Mundbereich und fressen ihr Opfer aus. Dieser Vorgang kann je nach Größe des Beutetieres mehrere Tage dauern.

4 Sepia
Sepia officinalis

L –30 cm Jan.–Dez.

Kennzeichen: Zehnarmiger Tintenfisch mit 8 kürzeren und 2 langen Armen. Färbung sehr variabel; die Tiere können schnell ihre Farbe ändern und sich so der Umgebung anpassen. Große Augen, auffälliger Flossensaum, der beim Schwimmen wellenförmig geschlagen wird.

Vorkommen: Atlantik, Nordsee und Mittelmeer.

Wissenswertes: Eine lebende Sepia wird man wohl meist nur im Aquarium sehen. Häufig findet man am Strand aber den sogenannten Schulp (**4b**), eine Kalkschale, die auf dem Rücken unter der Haut liegt. Dieser wird häufig auch als Wetzstein für Wellensittiche und andere Stubenvögel verwendet. Seltener als den der Wellhornschnecke findet man gelegentlich auch den Laich der Sepia am Strand (**4c**). Die schwarzen Kapseln, die die Eier enthalten, werden vom Weibchen an Seegras oder Tang befestigt. Aus den Eiern schlüpfen vollständig entwickelte Jungtiere.

1
Weinbergschnecke
Helix pomatia

Gehäuse –50 mm   März–Okt.

Kennzeichen: Sehr großes, kugelförmiges Gehäuse mit meist 5 Umgängen, weißlich bis dunkelbraun, undeutlich gebändert.

Vorkommen: Als wärmeliebende Art in Mittel- und Südeuropa vor allem in Gebieten mit Kalkuntergrund.

Wissenswertes: Die Art gilt als Kulturfolger; sehr günstige Lebensräume sind z.B. Weinberge mit Lesesteinmauern. Durch Verschleppung kann man sie auch auf kalkärmeren Böden finden. Durch Flurbereinigung und Pestizideinsatz sind Weinbergschnecken heute bedroht. Die Tiere können sehr alt werden, in der Natur 5–8, in Gefangenschaft bis 30 Jahre! Sie sind Zwitter; die bis zu 60 Eier werden nach der Paarung (**1c**) in eine selbstgegrabene Erdhöhle abgelegt (**1b**). Die Haltung von Weinbergschnecken zu Speisezwecken ist schon seit der Römerzeit bekannt. Insgesamt werden heute ca. 15 Arten der Gattung *Helix* genutzt; die Tiere werden fast ausschließlich im Freiland gesammelt, da eine Massenzucht bisher nicht gelungen ist. Dies kann lokal zur Bedrohung zu stark genutzter Populationen führen.

2
Hain-Bänderschnecke
Cepaea nemoralis

Gehäuse –25 mm   März–Okt.

Kennzeichen: Gehäuse gelb mit variabler brauner Streifung, Mündung dunkel.

Vorkommen: Weit verbreitet in West- und Mitteleuropa, oft auch in Gärten. Besonders häufig in feuchteren Hochstaudenfluren mit Brennesseln.

Wissenswertes: Die außerordentliche Vielfalt an verschieden gefärbten Individuen einer Art nennt man Polymorphismus (= Vielgestaltigkeit). Hain- und Garten-Bänderschnecke gehören hinsichtlich ihrer Färbung zu den variabelsten Landschnecken überhaupt. Die unterschiedliche Färbung hat gewisse Vorteile: So werden von Drosseln (s.u.) im Frühjahr mehr hell gefärbte, im Sommer hingegen dunkel gefärbte Individuen erbeutet. Offensichtlich sind einzelne Formen auch unterschiedlich an klimatische Verhältnisse angepaßt. Da jeweils verschiedene Formen Vorteile haben, werden einerseits die Überlebenschancen der Art verbessert, andererseits auch der Polymorphismus erhalten.

3
Garten-Bänderschnecke
Cepaea hortensis

Gehäuse –25 mm   März–Okt.

Kennzeichen: Wie Hain-Bänderschnecke, Mündung aber hell. Bei beiden Arten kommen auch rosafarbene oder reingelbe Tiere vor.

Vorkommen: Wie Hain-Bänderschnecke, oft kommen beide Arten gemeinsam vor, deshalb ist bei der Bestimmung Sorgfalt geboten.

Wissenswertes: Hain- und Garten-Bänderschnecke sind neben anderen Arten eine wichtige Nahrung der Singdrossel. Oft findet man sogenannte „Drosselschmieden". Als Amboß wird ein Stein genutzt, an dem die Gehäuse aufgeschlagen werden. Dort kann man Dutzende von zerschlagenen Schneckenhäusern finden. Beide Arten werden häufig auch als „Schnirkelschnecken" bezeichnet. Sie ernähren sich von verschiedensten krautigen Pflanzen.

4
Bernsteinschnecke
Succinea putris

Gehäuse 13–30 mm   März – Okt.

Kennzeichen: Durchscheinendes, bernsteingelbes Gehäuse mit 3–4 Umgängen.

Vorkommen: Typische Art feuchter Hochstaudenfluren, oft in Gewässernähe.

Wissenswertes: Regelmäßig kommen Individuen mit stark angeschwollenen Fühlern vor, die auf den Befall von Fühlermaden, das sind parasitische Saugwürmer der Gattung *Leucochloridium*, zurückzuführen sind. Die Bernsteinschnecken dienen als Zwischenwirte für die Saugwürmer. Endwirte sind Singvögel, in deren Darm die Saugwürmer dann leben. Bernsteinschnecken können bis zu 2 Jahre alt werden. Nach der Befruchtung werden bis zu 150 Eier in gallertigen Laichballen abgelegt. Daraus schlüpfen die Jungschnecken nach etwa 2 Wochen. Verwandt ist die Schlanke Bernsteinschnecke *Oxyloma elegans*, die eng an Gewässer gebunden ist.

1 Spitzschlammschnecke
Lymnaea stagnalis

Gehäuse –60 mm   März–Nov.
Kennzeichen: Einfarbig braun, Gehäuse sehr spitz.
Vorkommen: In pflanzenreichen Stillgewässer jeder Größe.
Wissenswertes: Die größte und häufigste der bei uns vorkommenden Schlammschnekken gehört zu den Süßwasserlungenschnekken. Diese müssen immer wieder zur Sauerstoffaufnahme zur Wasseroberfläche auftauchen. Die Tiere können mit der Fußsohle nach oben auf einem Schleimband unter der Wasseroberfläche kriechen. Die Art wird sehr häufig auch in Gartenteichen angesiedelt, wo sie sich unter günstigen Bedingungen gut vermehrt. Die Schnecken legen Laichschnüre an Wasserpflanzen und Steine, aus denen nach ca. 3 Wochen der Nachwuchs schlüpft.

2 Posthornschnecke
Planorbarius corneus

Gehäuse –30 mm   März–Nov.
Kennzeichen: Gehäuse dunkelbraun bis schwarz, spiralig aufgerollt.
Vorkommen: In ganz Europa in Stillgewässern.
Wissenswertes: Bekannteste Art der Tellerschnecken, die als einzige unserer Schnekken durch Hämoglobin rot gefärbtes Blut besitzen. Dieser Blutfarbstoff ist auch wesentlicher Bestandteil des menschlichen Blutes. Da er eine hohe Sauerstoffbindefähigkeit hat, können die Tiere auch in recht sauerstoffarmen Gewässern überleben. Als Lungenschnecke holt auch sie regelmäßig an der Wasseroberfläche Luft. Überwintert im Schlamm.

3 Ohr-Schlammschnecke
Radix auricularia

L 25–30 mm
Kennzeichen: Der letzte Umgang des Gehäuses ist stark ohrförmig verbreitert. Dadurch ist das Gehäuse fast immer so breit wie hoch.
Vorkommen: Überwiegend in pflanzenreichen, stehenden Gewässern, seltener in Fließgewässern oder sogar Brackwasser. In fast ganz Europa.
Wissenswertes: Eine der häufigen Süßwasserlungenschnecken. Wie bei den meisten verwandten Arten variieren Form und Größe des Gehäuses in Abhängigkeit verschiedener Umweltfaktoren wie Wassertemperatur, Strömung, Wasserchemie usw. Mit ihrer Zunge, der sogenannten Radula, raspeln die Schlammschnecken Algen von Steinen, Holz und den Blättern von Wasserpflanzen ab. Auch weiche Pflanzenteile werden gefressen.

4 Tellerschnecke
Planorbis planorbis

L 14–20 mm   Jan.–Dez.
Kennzeichen: Flaches, dunkelbraunes bis gelbliches Gehäuse, an der Oberseite der Umgänge scharf gekielt. Mehrere ähnliche Arten.
Vorkommen: Eine häufige und verbreitete Art in stehenden, oft schlammigen Gewässern.
Wissenswertes: Die Tiere fressen Detritus und weiden Algen an der Unterseite des Wasserspiegels ab. Sie können auch zeitweiliges Trockenfallen der Gewässer überleben. Können sie im Winter in zugefrorenen Gewässern nicht zum Luftholen an die Oberfläche gelangen, gehen sie zur Wasseratmung über. Dabei arbeitet das Lungengefäßnetz dann ähnlich wie eine Kieme.

5 Sumpfdeckelschnecke
Viviparus viviparus

L 30–40 mm   Jan.–Dez.
Kennzeichen: Gehäuse braungelb bis oliv mit 3 dunkelbraunen Bändern, mit Deckel auf dem Fuß (**5b**).
Vorkommen: In Flüssen verbreitet, in Mitteleuropa aber gefährdet.
Wissenswertes: Die Tiere atmen im Gegensatz zu den meisten anderen heimischen Süßwasserschnecken nicht mit Lungen, sondern mit kammförmigen Kiemen. Mit Hilfe des Deckels können sie ihr Gehäuse fest verschließen (**5b**). Der wissenschaftliche Name weist auf die Tatsache hin, daß die Sumpfdeckelschnecken lebende Junge zur Welt bringen.

1 Rote Wegschnecke
Arion rufus

L –15 cm   März–Nov.

Kennzeichen: Rot, braun oder schwarz, sehr selten auch weiß gefärbt, Fußsaum meist rot bis bräunlich, großes Atemloch auf der rechten Seite, ohne Gehäuse.

Vorkommen: Sehr häufige und weit verbreitete Art, regelmäßig selbst in sehr kleinen Gärten anzutreffen.

Wissenswertes: Wohl die bekannteste heimische Nacktschnecke. Wie bei den Bänderschnecken (s. S. 248) findet man eine außerordentliche Variabilität in der Färbung. Der Name „Nacktschnecke" leitet sich von der Tatsache ab, daß sie kein Gehäuse trägt. Somit ist auch kein Eingeweidesack vorhanden, und der Körper besteht praktisch nur aus dem Fuß. Vorfahren der Nacktschnecken waren aber gehäusetragende Arten. Dies kann man daraus schließen, daß man bei der Familie der Wegschnecken noch Kalkkörner, bei den Schnegeln (s.u.) sogar noch eine dünne Kalkplatte unter dem Mantelschild findet. Werden die Tiere beunruhigt, ziehen sie sich zusammen (**1b**). Sie fressen überwiegend Pflanzen, aber auch frisches Aas und Kot. Bei der Paarung liegen die Partner halbkreisförmig zusammen. Die kugeligen Eier werden in die Erde abgelegt; man findet sie manchmal beim Umgraben im Garten.

2 Großer Schnegel
Limax maximus

L –20 cm   März–Nov.

Kennzeichen: Einfarbig grauer Fuß, Körper graugrün bis graubraun mit schwarzen Flecken und Streifen, manchmal sehr dunkel gefärbt, Fußsohle einfarbig weiß. Atemloch auf der rechten Seite.

Vorkommen: In Wäldern und Hecken, zunehmend auch in Parks und Gärten in West- und Südeuropa; manchmal auch in Kellern zu finden.

Wissenswertes: Die schönste heimische Nacktschnecke, die sich derzeit offensichtlich ausbreitet und im Bestand zunimmt. Oft wird sie auch als Große Egelschnecke oder Tigerschnegel bezeichnet. Die Tiere fressen Pilze

und Aas, jagen aber auch sehr erfolgreich andere Nacktschnecken. Sie können 2–3 Jahre alt werden. Ihre fast glasklaren Eier legen sie im Herbst ab. Ein Gelege kann bis zu 200 Eier umfassen.

3 Wurmnacktschnecke
Boettgerilla pallens

L –3–4 cm   Febr.–Nov.

Kennzeichen: Gräulichweiß, mit blaugrauem Kopf- und Schwanzende. Langgestreckt, von dünner, wurmförmiger Gestalt.

Vorkommen: Vor allem an feuchten Stellen in Wäldern, Parks und Gärten.

Wissenswertes: Die Art wurde 1957 erstmals in Deutschland entdeckt und stammt ursprünglich aus dem Kaukasus. Wahrscheinlich wurde sie unabsichtlich nach Mitteleuropa eingeschleppt und hat sich inzwischen weit ausgebreitet. Die Tiere ernähren sich von den Eiern anderer Schneckenarten, deren Legehöhlen sie ausfressen. Besonders mögen sie die Eier von Wegschnecken und sind somit – jedenfalls aus Sicht des Gärtners – eine sehr nützliche Art.

4 Genetzte Ackerschnecke
Deroceras reticulatum

L –4–6 cm   Febr.–Nov.

Kennzeichen: Hellbraun, beige oder grau, mit netzartiger, dunkler Zeichnung, die vor allem bei dunklen Tieren nicht immer deutlich hervortritt.

Vorkommen: Feuchtigkeitsliebende Art; weit verbreitet in Wäldern, Hecken und Gärten.

Wissenswertes: Eine bei Gartenbesitzern ganz und gar nicht beliebte Art. In feuchten Jahren kann es zur Massenentwicklung kommen, in deren Folge dann erhebliche Verluste an Kulturpflanzen in Gärten auftreten können. Die Tiere sind nachtaktiv und halten sich tagsüber unter Steinen, Holz oder Laub auf. Einer ihrer wichtigsten Freßfeinde ist der Igel. Sehr ähnlich, aber seltener sind die Einfarbige Ackerschnecke *Deroceras agreste* und die Verkannte Ackerschnecke *Deroceras lothari*. Letztere wurde erst 1971 beschrieben und ist nur durch anatomische Untersuchungen eindeutig bestimmbar.

1 Schlammröhrenwurm
Tubifex tubifex

L –8,5 cm   Jan.–Dez.

Kennzeichen: Durchscheinend, Blut und Darmtrakt meist gut erkennbar.

Vorkommen: Das Vorkommen der Art zeigt starke Wasserverschmutzung an. Lebensraum sind z.B. Abwasserkanäle und stark verschlammte Gewässerböden.

Wissenswertes: Die Art kann sich im Abwasser massenhaft vermehren. Man hat auf einem Quadratmeter Gewässerboden bis zu 1 Million Individuen gezählt! Die Tiere leben in Röhren, aus denen das Hinterende herausragt. Über den Darm nehmen sie Sauerstoff auf, ohne den sie sogar gewisse Zeit überleben können. Die Rotfärbung wird durch den auch beim Menschen vorkommenden Blutfarbstoff Hämoglobin bewirkt. Aquarianer nutzen *Tubifex* als Fischfutter.

2 Gemeiner Regenwurm
Lumbricus terrestris

L 8–30 cm   Jan.–Dez.

Kennzeichen: Typische Wurmgestalt, rotbraun gefärbt. „Gürtel" vom 32.–37. Segment.

Vorkommen: Weltweit verbreitete Art.

Wissenswertes: Der bekannteste Ringelwurm, der als einzige der fast 40 heimischen Arten regelmäßig auch tagsüber an der Oberfläche erscheint. Lebensraum ist der Boden, wo die Regenwürmer in bis zu metertiefen Gängen leben. Unter einem Hektar Bodenfläche können bis zu 500 000 Individuen vorkommen. Sie ernähren sich von abgestorbenen Pflanzenteilen, vor allem Fallaub. Ihr Kot, der in kleinen Haufen meist an den Öffnungen der Gänge ausgeschieden wird (**2b**), ist praktisch nichts anderes als Humus. So übernehmen Regenwürmer in unseren Ökosystemen eine sehr wichtige Rolle im Stoffkreislauf.

3 Kompostwurm
Eisenia foetida

L 5–8 cm   März–Okt.

Kennzeichen: Rot gestreift, Zwischensegmentfurchen hell, gelbliche Schwanzspitze, unangenehm riechend.

Vorkommen: Wärmeliebende Art, bei uns nur in Kompost- und Dunghaufen.

Wissenswertes: Kompostwürmer fressen pro Tag etwa die Hälfte ihres eigenen Körpergewichtes an frischen Kompostabfällen und sorgen so sehr intensiv für die Humusbildung. Deshalb werden sie gezielt in Komposthaufen angesiedelt (sogenannter Wurmkompost).

4 Blutegel
Hirudo medicinalis

L –15 cm   Jan.–Dez.

Kennzeichen: Rücken meist dunkel, z.T. mit bräunlicher Zeichnung, Bauchseite gelblich, dunkel gefleckt.

Vorkommen: In dicht bewachsenen Stillgewässern verbreitet, aber meist selten.

Wissenswertes: Der größte heimische Vertreter der Egel ist durch die Tatsache bekannt, daß er das Blut von Säugetieren saugt. In kurzer Zeit können Blutegel eine Blutmenge aufnehmen, die als Nahrungsvorrat für ein Jahr ausreicht. Früher wurden sie in der Medizin zum Aderlaß eingesetzt. Die Tiere sondern beim Biß ein gerinnungshemmendes Sekret ab, wodurch die Wunde lange nachblutet.

5 Fischegel
Piscicola geometra

L 1–5 cm

Kennzeichen:

Vorkommen: In Tümpeln, Seen und Flüssen.

Wissenswertes: Fischegel saugen Fischblut und können davon bis zu 150 mm^3 aufnehmen. Beim Befall durch mehrere Egel kann dies im Extremfall zum Tod des Fisches durch Blutverlust führen.

6 Pferdeegel
Haemopis sanguisuga

L –10 cm

Kennzeichen:

Vorkommen: Sehr häufig in verschiedensten Gewässern, oft auch in leicht verschmutztem Wasser zu finden.

Wissenswertes: Räuberisch; frißt u.a. Insektenlarven, Kaulquappen, Schnecken, Würmer.

1 Wattwurm
Arenicola marina

L 10–30 (–40) cm

Kennzeichen: Hellbraun bis schwarz gefärbt, mehr als 100 Segmente.

Vorkommen: Im Wattenmeer sehr häufig.

Wissenswertes: Der Wattwurm ist das Charaktertier des Watts – jeder Wattbesucher hat vielleicht nicht den Wurm, aber doch seine Kothäufchen (**1b**) schon einmal gesehen. Diese liegen an der Öffnung der U-förmigen Wohnröhre, die bis zu 30 cm tief in den Boden reicht. Zum Fressen streckt der Wurm bei Flut seinen Kopf aus dem Gang heraus. Er frißt Sand; die eigentliche Nahrung sind Mikroorganismen und organische Stoffe, die im Sand enthalten sind. Man hat ausgerechnet, daß Wattwürmer pro Jahr und Hektar etwa 4000 Tonnen Sand bewegen. Wattwürmer leben in unvorstellbarer Anzahl im Watt – bis zu 50 Tiere/m^2 oder bis 400 000 Würmer/ha. Damit sind sie die wichtigste Nahrungsgrundlage für die Millionen von Watvögeln, die alljährlich im Watt rasten. Auch Krebse und Fische fressen Wattwürmer. Ein weiterer Name – Köderwurm – weist auf seine Nutzung als Köder beim Angeln hin. An der Nordsee kann man ihn zu diesem Zweck in manchen Angelgeschäften kaufen, wo die Würmer in Aquarien gehalten werden.

2 Wattringelwurm
Autobytus prolifer

L –3 cm

Kennzeichen: Ein kleiner Borstenwurm mit 4 Augen und 5 Fühlern.

Vorkommen: In Nordsee, Atlantik und Mittelmeer in Tang oder am Boden.

Wissenswertes: Die Weibchen treiben mit ihren Laichballen oft im Plankton, auch die frisch geschlüpften Jungtiere tragen sie noch einige Zeit.

3 Seeringelwurm
Nereis virens

L 6–12 cm

Kennzeichen: Blaugrün bis Braun, stark schillernd.

Vorkommen: In Nord- und Ostsee, eine sehr häufige Art im Watt.

Wissenswertes: Ähnlich häufig wie der Wattwurm, allerdings ohne die auffälligen Kothäufchen. Während der Wattwurm eher an einen Regenwurm erinnert, ähneln Seeringelwürmer bei flüchtigem Hinsehen etwas einem Tausendfüßer, denn sie tragen auf beiden Körperseiten zahlreiche Stummelfüßchen (**3b**), sogenannte Parapodien. Die Tiere leben im Wattboden in verzweigten Gangsystemen mit mehreren Ausgängen. Von hier aus weiden sie die Bodenoberfläche ab und hinterlassen dabei ähnliche Spuren wie die Pfeffermuscheln.

4 Opalwurm
Nephthys hombergi

L –10 (–20) cm

Kennzeichen: Hell gefärbt, glänzend (Name).

Vorkommen: Atlantik, Nord- und westliche Ostsee, Mittelmeer; viel seltener als Watt- und Seeringelwurm.

Wissenswertes: Der Opalwurm hat kein ausgebautes Gangsystem, sondern kriecht auf der Suche nach Beute in 4–10 cm Tiefe durch den Wattboden. Er ernährt sich u.a. von Algenresten und anderen im Boden lebenden Würmern. Die Tiere haben keine Augen.

5 Kotpillenwurm
Heteromastus filiformis

L –10 cm

Kennzeichen: Sehr dünn, max. 1 mm, rot gefärbt.

Vorkommen: Nordseewatt.

Wissenswertes: Die Tiere fallen vor allem durch ihre kleinen, charakteristischen Haufen (**5b**) auf, von denen sich auch ihr Name ableitet. Auch diese Art lebt in einem Gangsystem; die Sandkörner der Wände sind durch Schleim verklebt. Kotpillenwürmer kommen vor allem im weichen Schlickwatt vor, wo mehrere tausend Tiere auf einem Quadratmeter leben können. Der erfahrene Wattwanderer wird durch ihr Massenauftreten vor Stellen gewarnt, an denen man leicht im Boden einsinken kann.

1

Pygospiowurm
Pygospio elegans

L 1–2,5 cm

Kennzeichen: Klein, blaßbraun gefärbt.

Vorkommen: In Nord- und Ostsee. Vor allem im Mischwatt verbreitete und stellenweise sehr häufige Art.

Wissenswertes: An günstigen Stellen kann die Art in ungeheuren Mengen auftreten; bis zu 20000 Individuen können einen Quadratmeter bewohnen. Die Tiere leben in Röhren mit einem Durchmesser von bis zu 1 mm (**1b**), die bis etwa 10 cm tief in den Boden reichen. Auch bei dieser Art sind die Sandkörner an den Röhrenwänden fest mit Schleim verklebt. Bei Massenauftreten erwecken freigespülte Röhrenenden den Eindruck eines Rasens. Am Kopf des Wurmes befinden sich zwei Tentakel, mit denen er bei der Nahrungsaufnahme den Wattboden abtastet. So muß er seine Wohnröhre nicht verlassen. Über Wimpern wird die Nahrung zur Mundöffnung transportiert. Auch bei der Fortpflanzung kommt der Röhre eine Bedeutung zu. Damit die Eier nicht verdriftet werden, werden sie in Paketen an die Innenwand geklebt. Die Larven leben nur kurze Zeit im freien Wasser. Dann leben auch sie im Boden.

2

Bäumchen-Röhrenwurm
Lanice conchilega

L –30 cm   Jan.–Dez.

Kennzeichen: Rötlich oder braun, Kopfbereich mit vielen Tentakeln.

Vorkommen: In sandigen Wattböden, Nordsee und Atlantik.

Wissenswertes: Die Tiere leben in selbstgebauten Wohnröhren (**2a**) aus Sandkörnern, Steinchen und kleinen Stücken von Schnecken- und Muschelschalen. Diese werden mit Hilfe der Tentakeln zum Kopf geführt, wo sie mit einem klebrigen Drüsensekret umgeben werden. Dann wird das Baumaterial an geeigneter Stelle eingefügt. Am Ende der Röhre wird schließlich aus Sandkörnern die „Baumkrone" angebracht. Sie steht senkrecht zur Strömung; in ihr können sich Nahrungspartikel verfangen, die dann vom Wurm mit Hilfe der Tentakeln abgelesen und zum Mund ge-

führt werden. Bäumchen-Röhrenwürmer leben meist in kleinen Kolonien; manchmal kann man auch einen richtigen „Wald" von Röhren entdecken. Vor allem nach Stürmen werden viele Röhren freigespült.

3

Dreikantwurm
Pomatoceros triqueter

L 1,5–5 cm   Jan.–Dez.

Kennzeichen: Kalkweiße Wohnröhre mit Grat (Name!), Filterapparat in vielen Farben, oft rot, blau oder gelb.

Vorkommen: An Schiffsrümpfen, auf Schalen von Weichtieren, Holzbauten, großen Tangen usw.

Wissenswertes: Die Tiere setzen sich nach Beendigung eines schwimmenden Larvenstadiums an geeigneter Unterlage fest und bauen aus Kalkausscheidungen ihre meist gewundene Wohnröhre (**3b**), die bis zu 12 cm lang sein kann. Sie strecken zur Nahrungsaufnahme nur ihren bunten Tentakelkranz aus der Röhre. Mit den Tentakeln wird die Planktonnahrung herbeigestrudelt. Ein Tentakel kann die Wohnröhre als Deckel verschließen.

4

Posthörnchenwurm
Spirorbis spirorbis

L –5 mm   Jan.–Dez.

Kennzeichen: Kalkweiß, klein, posthornartig gewunden (Name!).

Vorkommen: Atlantik, Nord- und Ostsee.

Wissenswertes: Am auffälligsten sind die kleinen Kalkröhren auf dunklen Tangen (**4b**). Sie werden aber auch auf Holz, Steinen, Muschelschalen und anderem festen Untergrund angelegt. Manchmal kommen sie in großen Mengen vor. Die Entwicklung verläuft ähnlich wie beim Dreikantwurm. Mit ihren Tentakeln, die nicht bunt pigmentiert sind, werden feine Nahrungspartikel aus dem Wasser gefiltert und dem Mund zugeführt. Auch Posthörnchenwürmer können ihre Wohnröhre mit einem deckelartigen Tentakel verschließen. Die Tiere sind Zwitter, die Eier werden in die Wohnröhre abgelegt. Die Larven bleiben nach dem Schlüpfen zunächst in der Röhre und setzen sich dann nach einiger Zeit auf geeignetem Untergrund fest.

1 Gemeiner Seestern
Asterias rubens

D –30 (–50) cm   Jan.–Dez.

Kennzeichen: 5 kräftige Arme, meist rötlich-braun gefärbt; es kommen aber auch grüne, gelbliche oder violette Tiere vor.

Vorkommen: In Nord- und Ostsee und im Atlantik, auf Hartböden bis 200 m Tiefe. Unmittelbar an der Küste nur auf Buhnen, Seezeichen u. ä.

Wissenswertes: Vielleicht der bekannteste Seestern, weil er regelmäßig am Spülsaum zu finden ist. Am Strand werden meist nur kleine Exemplare angeschwemmt. Ausgewachsene Tiere messen manchmal mehr als $\frac{1}{2}$ m im Durchmesser. Hauptnahrung der Seesterne sind Schnecken und Muscheln, vor allem Miesmuscheln. Mit ihren muskulösen, mit zahlreichen Saugfüßchen besetzten Armen können sie geschlossene Muschelschalen auseinanderziehen. In den entstehenden Spalt schieben sie ihren ausstülpbaren Magen und beginnen mit der Verdauung.

2 Gemusterter Schlangenstern
Ophiura textura

D –25 cm   Jan.–Dez.

Kennzeichen: Rötlich bis bräunlich gefärbt, runde Körperscheibe mit dünnen, bis 10 cm langen Armen.

Vorkommen: Auf Sandböden in Nordsee, Atlantik und Mittelmeer bis ca. 200 m Tiefe. Am Strand meist kleine Tiere.

Wissenswertes: Schlangensterne wandern auf dem Boden umher und weiden die Oberfläche regelrecht ab. Als Nahrung dienen Kieselalgen, auf den Boden abgesunkene Planktonorganismen, kleine Mollusken usw. Oft in großer Zahl auf engstem Raum zu finden. Ähnlich, aber mit dünneren, stärker bestachelten Armen ist der Zerbrechliche Schlangenstern *Ophiotrix fragilis*.

3 Strandseeigel
Psammechinus miliaris

D 25–45 mm   Jan.–Dez.

Kennzeichen: Schale grünlich oder bräunlich, Spitze der Stacheln violett.

Vorkommen: Nordsee und westliche Ostsee.

Wissenswertes: Lebende Strandseeigel (**3b**) findet man nur selten, regelmäßig aber die grünen oder braunen, aus zahlreichen Kalkplatten bestehenden Gehäuse (**3a**). Manchmal sind sie noch mit Stacheln besetzt. Die Tiere weiden vor allem Algen von Seegras und Tang ab, können aber auch Muscheln fressen, indem sie die Schalenbänder durchnagen. Die Befruchtung der Eier findet im freien Wasser statt. Zunächst schlüpfen Schwimmlarven, die sich nach einigen Wochen in Seeigel umwandeln.

4 Zwergseeigel
Echinocyamus pusillus

D 6–10 mm   Jan.–Dez.

Kennzeichen: Weiß, klein und flach, mit fünfstrahligem Sternmuster auf der Oberseite.

Vorkommen: Nordsee, westliche Ostsee, Atlantik und Mittelmeer. Am Spülsaum durch gezielte Suche im Schill zu finden.

Wissenswertes: Lebt im Sand dicht unter der Oberfläche unterhalb der Gezeitenzone. Die Tiere ernähren sich vor allem von Kieselalgen und kleinen Sandlückenbewohnern.

5 Herzseeigel
Echinocardium cordatum

L –50 mm   Jan.–Dez.

Kennzeichen: Panzer meist weiß, Stacheln bräunlichgelb.

Vorkommen: Nordsee, nordwestliche Ostsee, Atlantik und Mittelmeer.

Wissenswertes: Gehört wie die vorstehende Art zu den sogenannten irregulären Seeigeln, da ihr Körper nicht den typischen fünfstrahligen Aufbau der Stachelhäuter zeigt. Vielmehr kann man eine zweiseitige Symmetrie und auch ein Vorder- und Hinterende erkennen. Die Stacheln sind sehr kurz und fühlen sich pelzig an. Die Schalen sind recht dünn und zerbrechlich, so daß man nur selten vollständig unbeschädigte Stücke findet. Herzseeigel leben eingegraben in Weichböden. Sie können sich auch im Boden fortbewegen. Um atmen zu können, legen sie Röhren an, durch die mit Wimpern Wasser transportiert wird.

1 Gemeiner Wasserfloh
Daphnia pulex

L ♂ 1,8 mm, ♀ 4 mm   Apr.–Okt.

Kennzeichen: Rundlich, zart, durchscheinende Schale gelblich, bräunlich oder grünlich, lange Antennen.

Vorkommen: In stehenden Gewässern.

Wissenswertes: Einer der häufigsten Vertreter der bei uns mit mehr als 80 Arten vorkommenden Blattfußkrebse. Dieser Name leitet sich von den blattförmigen Extremitäten ab, die dazu dienen, Nahrung, z.B. Algen, heranzustrudeln. Zur Fortbewegung wird das 2. Antennenpaar genutzt. Der Name Wasserfloh kommt von den hüpfenden Bewegungen, die durch Schläge mit den Antennen erzeugt werden. Die meisten Wasserflöhe leben in kleinen Stillgewässern, aber auch in den Uferzonen größerer Seen. Sie pflanzen sich sowohl geschlechtlich als auch durch Jungfernzeugung fort. Nach der Befruchtung legen die Weibchen Dauereier, die überwintern.

2 Wasserassel
Asellus aquaticus

L ♂ –12 mm, ♀ –8 mm   Jan.–Dez.

Kennzeichen: Abgeflachter Körper, Grundfärbung grau, mit helleren Flecken.

Vorkommen: In allen Gewässertypen in Europa, mit Ausnahme der Iberischen Halbinsel.

Wissenswertes: Lebt in fast allen Gewässertypen. Wichtig ist das Vorhandensein von verrottendem Pflanzenmaterial. Man findet die Tiere meist am Gewässergrund zwischen Falllaub, zu dessen Abbau sie beitragen. Wasserasseln betreiben Brutpflege; die Jungtiere bleiben längere Zeit im Brutsack des Weibchens.

3 Kellerassel
Porcellio scaber

L –18 mm   Jan.–Dez.

Kennzeichen: Grauschwarz oder braun, 7 Laufbeinpaare, geknickte Antennen.

Vorkommen: Häufig an feuchten, dunklen Plätzen in ganz Europa.

Wissenswertes: Kellerasseln sind landbewohnende Krebse. Sie haben an den Hinterbeinen Kiemen, die ständig feucht gehalten werden müssen. Deshalb kommen sie auch meist an feuchteren Orten vor, z.B. in Fallaub, Komposthaufen und feuchten Kellern. Andere landbewohnende Asseln atmen mit Tracheen. Die Jungtiere entwickeln sich wie bei den Wasserasseln in einem Brutbeutel. Hauptnahrung sind verrottende Pflanzenteile.

4 Mauerassel
Oniscus asellus

L –18 mm   Jan.–Dez.

Kennzeichen: Grundfärbung dunkelgrau, mit hellen Rückenflecken.

Vorkommen: An feuchten, dunklen Orten, z.B. in Fallaub, unter Steinen oder unter gefällten Baumstämmen.

Wissenswertes: Ähnlich häufig wie die Kellerassel, oft gemeinsam mit dieser.

5 Kugelassel
Armadillidium vulgare

L 10–16 mm   Jan.–Dez.

Kennzeichen: Körper hochgewölbt, bei uns 5 ähnliche Arten.

Vorkommen: In Laubwäldern unter Steinen, Laub und im Moos.

Wissenswertes: Die Tiere werden häufig auch als Rollasseln bezeichnet. Beide Namen beziehen sich auf ein für diese Asseln typisches Verhalten. Bei Bedrohung rollen sie sich zu einer Kugel zusammen.

6 Bachflohkrebs
Gammarus pulex

L –15 (–20) mm   Jan.–Dez.

Kennzeichen: Körper seitlich abgeplattet, grau oder hellbraun.

Vorkommen: Häufig in Bächen und Flüssen, aber auch in Seen des Hügellandes.

Wissenswertes: Bachflohkrebse ernähren sich vor allem von zersetzenden Pflanzenteilen. Häufig findet man Männchen und Weibchen aneinandergeklammert. Die Weibchen legen bis zu 100 Eier in eine Brutkammer auf der Bauchseite ab, in der sich die Jungtiere entwickeln. Die Tiere gehören mit zur wichtigsten Nahrung bachbewohnender Fische.

1 Flußkrebs
Astacus astacus

L –20 (–25) cm

Kennzeichen: 1. Beinpaar mit kräftigen Scheren; lange Fühler, Färbung grau oder braun.

Vorkommen: In sauberen Bächen und Flüssen Mittel- und Nordeuropas.

Wissenswertes: Größter heimischer Süßwasserkrebs, auch Edelkrebs genannt. Früher in sauberen Fließgewässern weit verbreitet und häufig, heute aber sehr selten. Hauptursache für das Verschwinden ist die durch den Pilz *Aphanomyces astaci* verursachte „Krebspest". Heute sind auch viele ehemalige Krebsbäche verschmutzt. Früher wurde der Flußkrebs auch häufig als Delikatesse gefangen. Die Tiere sind Allesfresser und ernähren sich von Schnecken, Muscheln, Aas usw. Hauptsächlich sind sie dämmerungs- und nachtaktiv.

2 Hüpferling
Cyclops spec.

L 1,5–3 mm

Kennzeichen: Klein, mit auffälligen Fühlern und Schwanzanhängen.

Vorkommen: In unterschiedlichsten Stillgewässern.

Wissenswertes: Hüpferlinge oder Ruderfußkrebse sind bei uns mit mehr als 100 Arten verbreitet. Sie leben in allen Typen von Stillgewässern, einige Arten sogar in wassergefüllten Fahrspuren oder Baumlöchern. Die Arten der Gattung *Cyclops* bewegen sich mit ruckartigen Bewegungen fort, was der ganzen Ordnung den deutschen Namen „Hüpferlinge" gab. Die hüpfende Fortbewegung kommt durch das Schlagen der ersten Antennen zustande. Trotz der geringen Größe kann man anhand dieser typischen Fortbewegungsweise Hüpferlinge in Wasserproben mit Kleinkrebsen von anderen Artengruppen unterscheiden. Zur genauen Bestimmung ist vor allem der Bau der Fühler und Anzahl und Anordnung der Schwanzanhänge wichtig. Zur gleichen Ordnung *(Copepoda)* gehören daneben auch die Schwebekrebschen der Gattung *Diaptomus*. Ihre körperlangen ersten An-

tennen breiten sie seitlich aus, was ein Absinken in die Tiefe stark verlangsamt.

3 Amerikanischer Flußkrebs
Oronectes limosus

L –12 cm

Kennzeichen: Rote Querbinden auf dem Hinterleib; Körperfärbung braun-grünlich.

Vorkommen: Ursprünglich aus Nordamerika, heute in Flüssen und Kanälen, aber auch in Stillgewässern in Mitteleuropa weit verbreitet.

Wissenswertes: Die Art wurde seit 1890 eingebürgert und kommt auch in mäßig verschmutzten Gewässern vor. Zur Nahrung gehören u.a. Schnecken, Würmer und auch Aas. Im Gegensatz zur vorstehenden Art ist der Amerikanische Flußkrebs gegen die Krebspest immun. Eine weitere ausgesetzte Art ist der Sumpfkrebs (*Astacus leptodactylus*) aus Südosteuropa.

4 Wollhandkrabbe
Eriocheir sinensis

L –8 cm   Jan.–Dez.

Kennzeichen: Braun oder olivgrün, Scherenhand der Männchen (**4a**) mit dichter, pelziger Behaarung (Name!).

Vorkommen: Ursprünglich aus Ostasien, heute in vielen Flüssen eingebürgert, auch im Wattenmeer zu finden.

Wissenswertes: Wollhandkrabben leben in selbstgegrabenen Wohnröhren in Uferböschungen. Bei häufigem Auftreten können sie Uferabschnitte zum Einsturz bringen. Probleme können sie auch in Fischernetzen und Reusen bereiten. Häufig geraten sie dort hinein und fressen dann die mitgefangenen Fische. Besonders interessant ist das Fortpflanzungsverhalten der Art. Die Paarung findet im Bereich von Flußmündungen, die Eiablage im Meer statt. Die Eier werden vom Weibchen am Hinterleib befestigt und bis zum Schlüpfen der Larven umhergetragen. Danach sterben die Mütter. Die Jungtiere wandern von dort im Alter von 2 Jahren wieder flußaufwärts. Nach 4–5 Jahren werden sie geschlechtsreif, um dann zur Fortpflanzung wieder zum Meer zurückzuwandern.

1 Einsiedlerkrebs
Pagurus bernhardus

L –10 cm   Jan.–Dez.

Kennzeichen: Hinterleib spiralig gekrümmt, weichhäutig, deshalb nur in leeren Schnekkenhäusern zu finden.

Vorkommen: An europäischen Küsten von der Ostsee bis zum Mittelmeer.

Wissenswertes: Im Gegensatz zu den nachfolgenden Arten haben Einsiedlerkrebse einen ungeschützten, weichen Hinterleib. Deshalb leben sie in leeren Schneckenhäusern, aus denen nur der Vorderkörper mit Beinen und Scheren herausschaut. Bei Bedrohung ziehen sie sich ganz in das Haus zurück und verschließen die Öffnung mit ihren Scheren. Oft beziehen sie als Jungtiere zunächst ein nur wenige Millimeter großes Gehäuse, z.B. von der Wattschnecke. Mit zunehmender Größe müssen sie immer wieder in größere Schneckenhäuser „umziehen", bis schließlich nur noch das Gehäuse der Wellhornschnecke als Unterkunft ausreicht. Der Wechsel von einem zu klein gewordenen zu einem größeren Schneckenhaus gehört zu den gefährlichsten Momenten im Leben eines Einsiedlerkrebses, da sie dann leicht Feinden zum Opfer fallen.

2 Schlickkrebs
Corophium volutator

L 8–10 mm   Jan.–Dez.

Kennzeichen: Sehr kleiner Krebs, langgestreckt, mit kräftigem, stark verlängertem 2. Antennenpaar.

Vorkommen: Im Wattenmeer sehr häufig, auch an anderen europäischen Küsten.

Wissenswertes: Die Tiere leben in ungeheurer Zahl in 3–4 cm tiefen, U-förmigen Gängen im Wattboden, maximal 40000 Tiere/m^2. Im Winter graben sie sich tiefer in den Boden ein, um dem Frost zu entgehen. Charakteristische Spuren **2a**.

3 Schwimmkrabbe
Liocarcinus holsatus

L –4 cm   Jan.–Dez.

Kennzeichen: Grünlich, rötlich, grau oder braun gefärbt, Panzer sehr ähnlich dem der Strandkrabbe. Endglieder des letzten Beinpaares auffällig blattförmig verbreitert.

Vorkommen: Von der Nordsee bis ins Mittelmeer verbreitet, häufig angespült am Strand zu finden.

Wissenswertes: Mit Hilfe ihrer Ruderbeine können die Tiere auch schwimmen. Die Art kommt von der Gezeitenzone bis in 300 m Tiefe vor. Im Kutterbeifang ist sie oft sehr zahlreich zu finden.

4 Strandkrabbe
Carcinus maenas

L –6 cm   B –8 cm   Jan.–Dez.

Kennzeichen: Oberseite braun, gelblich oder grünlich, oft mit Flecken, Unterseite hell gefärbt. Der Panzer ist vorn deutlich breiter als hinten. Das erste der 5 Schreitbeinpaare trägt sehr große, das zweite Beinpaar deutlich kleinere Scheren.

Vorkommen: An allen europäischen Küsten, sowohl an felsigen Abschnitten wie auch auf Schlick- und Sandböden; sehr häufige Art.

Wissenswertes: Die Tiere leben räuberisch und erbeuten Schnecken, Krebse und Fische, öfter auch eigene Artgenossen. Aas wird ebenfalls regelmäßig gefressen. Sie selbst sind besonders nach der Häutung gefährdet, wenn der Panzer noch weich ist und kaum Schutz bietet. Sie werden in diesem Zustand auch als „Butterkrebse" bezeichnet. Strandkrabben können recht schnell laufen. Dabei bewegen sie sich meist seitlich fort. Daher auch der Name Dwarslöper (= Querläufer).

5 Taschenkrebs
Cancer pagurus

L –12 cm   B –30 cm   Jan.–Dez.

Kennzeichen: Oberseite braun oder rötlich, Unterseite gelblich gefärbt, queroval.

Vorkommen: Nordsee, Atlantik und Mittelmeer, vor allem an steinigen Felsküsten, auch auf Sandböden.

Wissenswertes: Auch diese Art lebt räuberisch. Mit ihren mächtigen Scheren können sie problemlos die Schalen von Muscheln, Schnecken und Krebsen knacken. Die Tiere können recht alt werden, erst nach 5–6 Jahren werden sie geschlechtsreif.

1 Hummer
Homarus gammarus

L –50 cm Jan.–Dez.

Kennzeichen: Größter heimischer Krebs, mit gewaltigen, ungleich großen Scheren am 1. Beinpaar. Färbung blauschwarz; die Rotfärbung entsteht erst beim Kochen.

Vorkommen: Lebt an Felsküsten von Nordsee, Atlantik und Mittelmeer in Spalten und kleinen Höhlen; in Deutschland nur bei Helgoland.

Wissenswertes: Mit seiner großen „Knackschere" kann ein Hummer problemlos Muschelschalen zerbrechen; mit der kleineren Schere werden dann Fleischstücke abgerissen und in die Mundöffnung gesteckt. Auch kleinere Krebse, Würmer und Aas gehören zu seinem Nahrungsspektrum. Hummern in Aquarien werden oft die Scheren mit Draht fixiert, damit sie sich und andere Aquarienbewohner nicht verletzen. Wie alle Zehnfußkrebse besitzt er zwei Fühlerpaare, die auch Antennen genannt werden. Mit ihnen ertastet er die Umgebung. Die Tiere werden in Hummerkörben gefangen und vermarktet.

2 Nordsee-Garnele
Crangon crangon

L ♂ –4,5 cm, ♀ –8,5 cm Jan.–Dez.

Kennzeichen: Körper langgestreckt, 2. Antennenpaar sehr lang und dünn, am Hinterende mit Schwanzfächer. Färbung variabel; die Tiere können ihre Farbe auch ändern.

Vorkommen: Nord- und Ostsee

Wissenswertes: Überall werden im Sommer an der Nordseeküste Krabben angeboten, doch wenn man es genau nimmt, werden hier überhaupt keine Krabben verkauft. Gemeint sind Nordseegarnelen, auch noch bekannt unter Namen wie Porre oder Granat. Die Tiere haben eine wirtschaftliche Bedeutung; in Deutschland werden ca. 20 000 Tonnen Nordseegarnelen pro Jahr gefangen. Dazu werden spezielle Schleppnetze, sogenannte Baumkurren, verwendet, die an beiden Seiten des Krabbenkutters ins Wasser gelassen werden. Die Garnelen ernähren sich von Algen, Würmern, Schnecken, Flohkrebsen und anderen Kleintieren.

3 Seepocke
Semibalanus balanoides

D 1–1,5 cm

Kennzeichen: Körper umgeben von 6 weißen, scharfkantigen Kalkplatten sowie zwei Paaren Verschlußplatten in der Mitte.

Vorkommen: Atlantik, Nordsee und westliche Ostsee, Mittelmeer. Die Tiere leben auf den unterschiedlichsten festen Untergründen, von Felsen, Holzpfählen (**3a**) und Bojen bis hin zu Muschelschalen, Krebspanzern und sogar Walen.

Wissenswertes: Seepocken gehören zu den Krebstieren, auch wenn sie äußerlich überhaupt keine Ähnlichkeit mit den vorher beschriebenen Krebsen haben. Da sie eine festsitzende Lebensweise entwickelt haben, wurden Kopf und Beine zum Teil zurückgebildet. Aus den Rumpfbeinen entwickelten sich fächerartige Organe, die die Nahrung aus dem Wasser filtern. Die hier beschriebene Art lebt an der oberen Gezeitenzone. Fallen die Tiere bei Ebbe trocken, schließen sie ihr Kalkgehäuse fest zu. So vermeiden sie Wasserverluste. Die Tiere sind Zwitter, die sich wechselseitig befruchten. Zur Paarung wird ein zum Begattungsorgan umgewandelter Rankenfuß zu einem benachbarten Artgenossen ausgestreckt.

4 Entenmuschel
Lepas anatifera

L –15 cm (davon 10 cm Stiel) Jan.–Dez.

Kennzeichen: Muschelartige Schale aus fünf Kalkplatten, weiß oder grau gefärbt.

Vorkommen: Auf Treibgut, Bojen, Tangen und anderem Untergrund in der offenen See. Es lohnt sich, z.B. am Strand angetriebenes Holz auf das Vorkommen der Art zu untersuchen.

Wissenswertes: Entenmuscheln sind nah mit den Seepocken verwandt; beide gehören zu den Rankenfüßern. Auch bei ihnen findet man eine stark abgewandelte Gestalt. Sie sitzen nicht direkt mit der Schale auf dem Untergrund, sondern auf einem ca. 10 cm langen Stiel. Mit Hilfe der Rankenfüße strudeln sie Wasser und darin enthaltene Nahrungspartikel herbei.

1 Gartenkreuzspinne
Araneus diadematus

L –17 mm Aug.–Okt.

Kennzeichen: Sehr variabel gefärbt, mit auffälligem, weißem Kreuz auf dem Hinterleib, Männchen deutlich kleiner als Weibchen.

Vorkommen: Sehr weit verbreitet an Waldrändern, in Hecken usw., oft auch in Gärten und manchmal in großen Gewächshäusern.

Wissenswertes: Mehr als 50 Arten von Radnetzspinnen leben bei uns; die Gartenkreuzspinne ist sicherlich die bekannteste von ihnen. Die großen Netze (**1a**) findet man meist in einer Höhe von 1,5–2,5 m in Sträuchern und Bäumen, manchmal auch in Gewächshäusern. Die Netze dienen dem Beutefang. Dabei lauert die Gartenkreuzspinne oft mitten im Netz, während die meisten anderen Arten in einem Versteck sitzen. Über einen Signalfaden bekommt sie die Information, wenn sich eine Beute im Netz verfängt.

2 Streckerspinne
Tetragnatha extensa

L –11 mm Mai–Aug.

Kennzeichen: Sehr schlank, mit großen, dornenbesetzten Cheliceren. Vorderkörper gelbbraun, Hinterleib gelbgrün. Mehrere ähnliche Arten.

Vorkommen: Lebt zwischen Gräsern in Bodennähe, fast immer in der Nähe von Gewässern.

Wissenswertes: Die Spinnen der Familie der Streckerspinnen (*Tetragnathidae*) sind nach ihrem Verhalten benannt: Sie strecken häufig die Vorder- und Hinterbeine lang nach vorn bzw. hinten, so daß man sie kaum entdecken kann. Die Netze unterscheiden sich von denen der Radnetzspinnen durch die offene Nabe, haben also quasi ein Loch in der Mitte. Die Weibchen stellen weiße, flockige Eikokons her, die an Grashalmen und Pflanzenstengeln befestigt werden.

3 Winkelspinne
Tegenaria atrica

L –18 mm Jan.–Dez.

Kennzeichen: Groß, mit langen Beinen, dunkelbraun mit schwarzen Winkelflecken auf dem Hinterleib.

Vorkommen: Weit verbreitete Art, vor allem in Häusern, Garagen und Ställen.

Wissenswertes: Die häufigste Spinne, die in Gebäuden vorkommt, wird wie 3 ähnliche Arten oft auch als Hausspinne bezeichnet. Die Beine können bis zu dreimal so lang wie der Körper sein, was den Tieren ein imposantes Aussehen verleiht. Sie bauen ein dichtes Gespinst mit Fangfäden in Zimmerecken, Nischen usw. Nachts streifen sie oft weit umher. Verirren sie sich dann z.B. in ein Waschbecken, an dessen glatten Wänden sie nicht emporlaufen können, sorgen sie beim Zähneputzen dann für den sprichwörtlichen „Schreck in der Morgenstunde". Ihr häufiges Vorkommen in Kellern und Wohnungen macht sie neben den Kreuzspinnen wohl zu den bekanntesten heimischen Spinnen. Sie sind ganzjährig aktiv und sollten in Häusern als nützliche Mitbewohner angesehen werden, denn sie ernähren sich vor allem von Fliegen und Mücken.

4 Wasserspinne
Argyroneta aquatica

L –15 mm Jan.–Dez.

Kennzeichen: Vorderkörper grau, Hinterleib braun gefärbt.

Vorkommen: Weit verbreitet im nördlichen Europa und Asien, aber nicht sehr häufig.

Wissenswertes: Einzige wasserbewohnende Spinne. Da sie keine Kiemen besitzt, muß Atemluft von der Oberfläche beschafft werden. Dazu streckt sie das Hinterleibsende aus dem Wasser und taucht ruckartig ab. Dabei bleibt eine Luftblase haften, die mit den Hinterbeinen festgehalten wird. Diese transportiert die Spinne entlang eines Wegfadens zu einem zuvor gesponnenen, engmaschigen Netz, unter dem die Luftblase freigelassen wird. Diesen Vorgang wiederholt sie einige Male, und das Netz wölbt sich durch die Luft glockenartig auf. So entsteht eine Art „Taucherglocke" (**4a**), in der die Spinne lebt. Von Zeit zu Zeit steigt sie nach oben, um ihren Luftvorrat zu ergänzen. Zu ihrer Nahrung gehören vor allem Kleinkrebse und Larven von Wasserinsekten.

1 Waldwolfspinne
Pardosa lugubris

L –10 mm   Mai–Nov.

Kennzeichen: Dunkelbraun mit hellem Streifen auf der Oberseite des Kopfbruststücks.

Vorkommen: Vor allem im Laub in Wäldern, Parks oder Hecken weit verbreitet. Häufigste von ca. 30 zum Teil sehr ähnlichen Arten.

Wissenswertes: Wolfsspinnen sind bodenbewohnende Spinnen, die gut sehen können und ihre Beute laufend blitzschnell überwältigen. Sie tragen den Kokon (**1a**) und dann ihre Jungen (**1b**) auf dem Rücken. Alle Spinnen besitzen 8 Beine, niemals aber Flügel. Am Kopf befinden sich meist 8 Punktaugen. Die kräftigen Kieferklauen (Cheliceren) bestehen aus einem Grundglied und einer kräftigen, zahnartigen Klaue zum Ergreifen der Beute. Die Kiefertaster (Pedipalpen) untersuchen die Beute und spielen auch eine wichtige Rolle bei der Balz. Die Beute wird mit den Kieferklauen gebissen, dabei wird lähmendes Gift injiziert. Dann geben die Spinnen Verdauungssaft ab, der das Opfer zersetzt. Der so entstandene Brei wird aufgesaugt; es bleiben nur Chitinreste zurück. Bei uns heimische Spinnen sind für Menschen harmlos.

2 Raubspinne
Pisaura mirabilis

L –14 mm   Mai–Juli

Kennzeichen: Variabel gefärbt, braun bis grau mit charakteristischer Rückenzeichnung (**2a**).

Vorkommen: An Waldrändern und Hecken, oft in Hochstaudenfluren.

Wissenswertes: Die langbeinigen Spinnen lassen sich oft beim Sonnenbad auf Brennnesseln beobachten. Die Art zeigt eine interessante Fortpflanzungsbiologie. Das Männchen bringt dem Weibchen ein „Brautgeschenk", z.B. in Form einer eingesponnenen Fliege, dar. Nimmt das Weibchen die Fliege an, nutzt das Männchen die Gelegenheit zur Kopulation. Das Weibchen trägt zwei Wochen einen kugelförmigen, weiß oder hellgrau gefärbten Eikokon mit sich herum (**2b**). Vor dem Schlüpfen der Jungtiere webt sie ein Gespinst, in das der Kokon abgelegt wird. Die Jungen werden bis zum Selbständigwerden vom Weibchen bewacht.

3 Gerandete Jagdspinne
Dolomedes fimbriatus

L –22 mm   Mai–Aug.

Kennzeichen: Groß und langbeinig, dunkelbraun mit charakteristischen hellen Streifen.

Vorkommen: Weit verbreitet in europäischen Feuchtgebieten, oft an Gewässerufern, manchmal auch auf Feuchtwiesen.

Wissenswertes: Eine der größten heimischen Spinnen; wie die verwandte Raubspinne eine Jagdspinne, die keine Netze baut. Die Tiere leben immer in der Nähe von Gewässern und können unter Nutzung der Oberflächenspannung auch auf der Wasseroberfläche laufen (**3a**). Bei Gefahr tauchen sie sogar unter. Jagdspinnen überwältigen auch größere Beutetiere und fangen sogar Jungfische und -frösche. Die Beute wird durch das Gift der Spinne in wenigen Sekunden getötet, an Land gebracht und dort gefressen.

4 Baldachinspinne
Linyphia spec.

L 5–7 mm   Aug.–Okt.

Kennzeichen: Dunkelbraun mit heller Rückenzeichnung, schlank und langbeinig. Sehr typische und auffällige Netze (**4b**).

Vorkommen: Sehr häufig an Wald- und Wegrändern, in Gärten.

Wissenswertes: Bei uns zahlreiche, oft sehr ähnliche Arten, die nur von Spezialisten zu bestimmen sind. Die Tiere lauern mit dem Rücken nach unten unter ihren im Spätsommer und Frühherbst sehr auffälligen Netzen. Diese werden meist in niedrigen Gebüschen, sehr häufig z.B. in Heidekraut und *Cotoneaster* angelegt. Fliegende Insekten werden durch die zahlreichen Fäden zum Absturz gebracht und fallen auf ein teppichartiges, dichtes Gewebe. Durch dieses greift die Spinne von unten ihre Beute. Die Färbung ist als Anpassung an dieses Verhalten zu deuten. Für Feinde erscheint die Spinne so vor dem hellen Himmel hell und vor dem dunklen Boden dunkel. Würde sie auf dem Netz sitzen, wäre sie jeweils sehr auffällig gefärbt.

1 Sektorenspinne
Zygiella x-notata

L 6–11 mm Juli–Dez.

Kennzeichen: Graubraun, Rücken schwarz, Hinterleib silbrig glänzend mit schwarzer, blattartiger Zeichnung.

Vorkommen: Weit verbreiteter Kulturfolger, oft auch an der Außenseite von Gebäuden zu finden. Die Art kommt häufig in Ortschaften vor. Dort webt sie ihr Netz in Fenstern, Zäunen usw.

Wissenswertes: Der Name leitet sich von dem typischen Netz mit 2 Sektoren ohne Fangfäden ab (**1b**). Von hier aus führt der Signalfaden zum Versteck in einer Spalte oder Mauerritze.

2 Zitterspinne
Pholcus phalangioides

L –11 mm Jan.–Dez.

Kennzeichen: Sehr lange dünne Beine, ähnlich einem Weberknecht, hellgrau oder -braun mit undeutlicher, dunkler Zeichnung.

Vorkommen: In Mittel- und Südeuropa verbreitet, bei uns nur in Gebäuden.

Wissenswertes: Zitterspinnen weben unregelmäßige Netze, die unter der Decke hängen. Ihr Name leitet sich von dem Verhalten ab, bei Gefahr durch Bewegungen das Netz zum Schwingen zu bringen. Dadurch wird die Spinne fast unsichtbar. Die Tiere hängen wie die Baldachinspinnen mit dem Rücken nach unten im Netz. Das Weibchen transportiert die etwa 20 hellrosa gefärbten Eier bis zum Schlupf der Jungen mit den Cheliceren. Damit sie keine Eier verliert, werden sie zuvor mit einigen Fäden zusammengesponnen. Nahe verwandt ist *Pholcus opilionides* mit sehr ähnlicher Lebensweise. Die Tiere sind aber nur etwa halb so groß wie Zitterspinnen, die Eier sind grau gefärbt.

3 Fensterspinne
Amaurobius fenestralis

L –11 mm Jan.–Dez.

Kennzeichen: Vorderkörper braun, Hinterleib braungelb mit schwarzem Fleck, Beine hellbraun, dunkel geringelt.

Vorkommen: Weit verbreitete Art, oft in Mauerspalten, unter Steinen und unter loser Baumrinde. Häufig in Wäldern.

Wissenswertes: Gespinste gelegentlich an Fenstern zu finden (Name!). Es handelt sich um ein Trichternetz mit daran anschließender Wohnröhre, in der sich die Spinne verbirgt. Die Weibchen spinnen sich nach der Befruchtung mit ca. 100 Eiern ein. Sie sterben nach dem Schlüpfen der Jungen und dienen diesen als erste Nahrung.

4 Zebraspringspinne
Salticus scenius

L –6 mm Apr.–Okt.

Kennzeichen: Charakteristisch schwarzweiß gezeichnet, sehr großes mittleres Augenpaar.

Vorkommen: Weit verbreiteter Kulturfolger. Jagt an sonnigen Hauswänden, Balkonen und Mauern. Manchmal kann man sie sogar im Winter in Häusern finden. Abseits von Gebäuden auf Mauern, größeren Steinen und an Felswänden.

Wissenswertes: Wohl die bekannteste von über 70 bei uns vorkommenden Arten von Springspinnen (*Salticidae*). Mit ihren im Vergleich zu anderen Spinnen sehr großen Augen – das vordere Paar wirkt geradezu wie ein Teleobjektiv – können sie sehr gut sehen, schleichen sich an ihre Opfer an, springen auf sie und lähmen sie durch einen Biß. Ein sackartiges Wohngespinst dient als Schutz für die Eier und vor schlechter Witterung. Die Tiere zeigen ein hochinteressantes Balzverhalten, bei dem regelrechte Tänze aufgeführt werden, die jeweils artspezifische Elemente enthalten. Die in Mitteleuropa vorkommenden Arten von Springspinnen zeigen alle ähnliche Verhaltensweisen wie die hier vorgestellte Art. Allerdings leben nur wenige an oder in Gebäuden; die meisten kann man in Wäldern und Wiesen finden. Erwähnenswert ist die Gattung *Pellenes*, von der einige Arten in Schneckenhäusern überwintern. Das machen auch die Ameisenspringspinnen (*Myrmarachne formicaria*), die Ameisen nachahmen und so wohl besser vor Freßfeinden geschützt sind, die schon einmal schlechte Erfahrungen mit Ameisen gemacht haben.

1 Veränderliche Krabbenspinne
Misumena vatia

L –10 mm   Mai–Juli

Kennzeichen: Weibchen weiß, gelb oder grün, Männchen braun mit braun-weiß gestreiftem Hinterleib, nur 4 mm lang.

Vorkommen: In blütenreichen Landschaften.

Wissenswertes: Die Weibchen können ihre Farbe ändern; sie lauern dann auf Blüten, die ihrer Körperfarbe gleichen. Dabei sind sie für anfliegende Insekten wie auch für Freßfeinde praktisch unsichtbar (**1b**). Der Farbwechsel geschieht durch die Verlagerung von Farbstoffen aus der Außenhaut in das Körperinnere und umgekehrt. Die Spinnen können die jeweilige Blütenfarbe sehen. Die Männchen können ihre Farbe nicht verändern. Zahlreiche verwandte Arten sind zum Teil sehr prächtig gezeichnet. Allen gemeinsam ist das krabbenähnliche Aussehen, bedingt durch die stark verlängerten vorderen Beinpaare. Wie Krabben können sie auch seit- und rückwärts laufen.

2 Röhrenspinne
Eresus niger

L –16 mm   Jan.–Dez.

Kennzeichen: Männchen (**2a**) prächtig gezeichnet, Kopfbruststück schwarz, Hinterleib leuchtend rot mit 4 großen und 2 kleinen schwarzen Flecken, Beine schwarz-weiß. Weibchen (**2b**) schwarz.

Vorkommen: Vor allem in Sandgebieten; wärmeliebende Art.

Wissenswertes: Röhrenspinnen leben gesellig. Ihr Gespinst endet in einer Röhre, die bis zu 10 cm in den Erdboden reicht. Hier leben die Weibchen; die Männchen verlassen die Röhren nach der Geschlechtsreife und suchen eine Partnerin. Die Weibchen, die viel größer sind als die Männchen, werden erst mit 3 Jahren geschlechtsreif. Sie bewachen den Eikokon in der Erdröhre. Dort überwintern auch die Jungspinnen. Das Weibchen stirbt und wird dann von den Jungen aufgefressen. Die Art ist bei uns sehr selten, im Mittelmeerraum hingegen verhältnismäßig häufig anzutreffen.

3 Wespenspinne
Argiope bruennichi

L ♂ –6 mm, ♀ –20 mm   Juli- Sept.

Kennzeichen: Weibchen durch die schwarzweiß-gelbe Zeichnung bei uns unverwechselbar; die viel kleineren Männchen sind unauffällig bräunlich gefärbt. Unterseite (**3b**) mit gelben Längsstreifen.

Vorkommen: Auf Wiesen, an Wegrainen, in Hochstaudenfluren und auch Gärten, wenn es reichlich Heuschrecken gibt.

Wissenswertes: Die manchmal auch als Zebraspinne bezeichnete Art stammt ursprünglich aus dem Mittelmeerraum und galt lange Zeit als wärmeliebend. In den letzten Jahren hat sie sich aber rasch ausgebreitet und kommt auch in klimatisch sehr rauhen Gebieten wie z.B. in den Hochlagen des Erzgebirges oder dem Alpenvorland vor. Im Ruhrgebiet kann man sie inzwischen sogar inmitten der Großstädte antreffen. Viel wichtiger als die Temperatur scheint das ausreichende Vorkommen von Heuschrecken zu sein, die zur Hauptbeute gehören. Sie werden in den dicht über dem Boden gespannten Netzen gefangen, die durch ein zickzackförmiges, weißes Gespinstband, das sogenannte Stabiliment (**3a**), auffallen. Dieses dient nicht der Stabilisierung des Netzes, sondern der Tarnung der Spinne.

4 Labyrinthspinne
Agelena labyrinthica

L –15 mm   Juli–Aug.

Kennzeichen: Grau mit bräunlicher Zeichnung auf Thorax und Abdomen, auffällig große Spinnwarzen.

Vorkommen: Weit verbreitet in trockener, niedriger Vegetation.

Wissenswertes: Das Trichternetz mit einem Labyrinth an Fangfäden wird dicht über dem Boden gebaut und kann bis zu einem halben Meter breit sein. Die Spinne lauert in ihrer Wohnröhre auf Beute. Dort wird auch der Eibeutel befestigt, der über 100 Eier enthalten kann (**4b**). Dieser wird vom Weibchen oft noch mit Laubstreu getarnt. Bei Gefahr kann sie die Wohnröhre durch einen „Hinterausgang" verlassen.

1 Weberknecht
Phalangium opilio

L –9 mm Juni–Nov.

Kennzeichen: Hellgrau mit dunkler Zeichnung, sehr lange Beine.

Vorkommen: Sehr weit verbreitet, hält sich meist in dichtem Pflanzenwuchs auf.

Wissenswertes: Weberknechte werden oft für Spinnen gehalten, unterscheiden sich aber in wesentlichen Merkmalen. Im Gegensatz zu den Spinnen besitzen sie einen einteiligen Körper und nur ein Augenpaar. Da sie keine Spinnwarzen haben, können sie auch keine Netze weben. Sie sind überwiegend nachtaktiv und Allesfresser, die weder Aas noch Pflanzenteile verschmähen. Die Beine sind sehr lang und zerbrechlich, bei Gefahr können sie von manchen Arten sogar leicht abgeworfen werden. Ähnlich wie abgeworfene Eidechsenschwänze zucken die Beine noch einige Zeit, um den Feind zu irritieren.

2 Weberknecht
Leiobunum limbatum

L –6 mm Juli–Dez.

Kennzeichen: Rötlich, Weibchen bunt gescheckt, sehr langbeinig (2. Beinpaar bis 50 mm).

Vorkommen: Meist an Mauern oder Felswänden in Wäldern.

Wissenswertes: Die Tiere leben gesellig. Bei Bedrohung führen sie mit dem Körper schwingende Bewegungen aus, ähnlich wie die Zitterspinnen.

3 Schneckenkanker
Ischyropsalis hellwigi

L –9 mm Juli–Okt.

Kennzeichen: Glänzend schwarz gefärbt, mit gewaltigen Kieferklauen, die mit einer Länge von ca. 10 mm größer sind als der gesamte Körper.

Vorkommen: Bevorzugt in feuchteren Wäldern der Mittelgebirgslagen.

Wissenswertes: Schneckenkanker fressen – wie ihr Name besagt – vor allem Gehäuseschnecken. Mit ihren kräftigen Kieferklauen zerbrechen sie die Gehäuse, um anschlie-

ßend die jetzt schutz- und wehrlose Schnecke aufzufressen.

4 Brettkanker
Trogulus tricarinatus

L –6 mm Jan.–Dez.

Kennzeichen: Eng mit dem Weberknecht verwandt, diesem aber recht unähnlich. Der Körper ist brettartig abgeflacht (Name), die Beine verglichen mit einem Weberknecht kurz und kräftig.

Vorkommen: Überwiegend Waldbewohner, lebt in der Streuschicht, häufiger auf kalkhaltigem Untergrund.

Wissenswertes: Aufgrund seiner Körperform kann der Brettkanker sich problemlos zwischen Blättern bewegen. Auch er ist ein Schneckenjäger und kann mit seinem nach vorn schmaler werdenden Körper auch in die engeren Windungen von Schneckenhäusern eindringen, die er vollständig leerfrißt, ohne sie zu beschädigen. Sein häufigeres Vorkommen auf Kalk ist möglicherweise mit dem dort größeren Schneckenreichtum zu erklären.

5 Bücherskorpion
Chelifer cancroides

L 2–4,5 mm Jan.–Dez.

Kennzeichen: Skorpionsähnlich, aber ohne den giftstachelbewehrten, schwanzförmigen Abschnitt des Hinterleibs.

Vorkommen: Fast weltweit verbreitet, meist in Vogelnestern oder unter trockener Baumrinde, aber auch in Häusern.

Wissenswertes: Da der Körper stark abgeflacht ist, können die Tiere sich auch in engen Spalten bewegen und so selbst zwischen Buchseiten Milben und Staubläuse jagen. Ähnliche Arten der Pseudoskorpione (ca. 30 in Mitteleuropa) leben in der Laubstreu oder in Moospolstern, wo sie Milben, aber auch Springschwänze und andere sehr kleine Insekten jagen. Diese werden mit den mit Giftdrüsen ausgestatteten Scheren gepackt. Manche Arten klammern sich an den Beinen von Fliegen fest und lassen sich so über weite Strecken transportieren. Viele Arten zeigen ein interessantes Balzverhalten, dabei werden sogar regelrechte Balztänze aufgeführt.

1 Holzbock
Ixodes ricinus

L –2,5 (♀ –4 mm; vollgesogen (**1b**) –12 mm)
Mai–Okt.

Kennzeichen: Dunkel rotbraun, 8 Beine.

Vorkommen: Weit verbreitet, besonders häufig in feuchteren Wäldern mit ausgeprägter Strauch- und Krautschicht.

Wissenswertes: Nur die Weibchen lauern auf Blättern oder Zweigspitzen auf Warmblüter, auf die sie sich in geeignetem Augenblick fallen lassen. Sie saugen 5–14 Tage lang Blut. Dieses ist zwar lästig, die wahren Probleme für die Menschen resultieren aber aus der Tatsache, daß diese Zecken dabei mit Frühsommer-Meningo-Encephalitis (FSME; eine Art von Hirnhautentzündung) und Borreliose (eine bakterielle Infektion) zwei gefährliche Krankheiten übertragen. Deshalb sollte man in Zeckengebieten möglichst geschlossene Kleidung tragen, sich mit Mückenschutzmitteln einreiben und z.B. nach einer Waldwanderung den Körper auf Zecken absuchen und diese gegebenenfalls entfernen. Hierzu gibt es detaillierte Informationen in allen Apotheken.

2 Samtmilbe
Eutrombidium spec.

L –2,5 mm (4 mm)   März–Okt.

Kennzeichen: Körper und Beine leuchtend rot gefärbt.

Vorkommen: Lebt auf unterschiedlichen Pflanzen, u.a. auf Obstbäumen.

Wissenswertes: Zu den größten und auffälligsten Raubmilben gehören die Samtmilben. Sie werden von Gärtnern als sehr nützlich angesehen, da sie u.a. Schadmilben, Larven von Fransenflüglern und sogar Blattläuse jagen. Sie laufen dabei recht schnell auf dem Boden und auf Blättern umher. Die Weibchen überwintern im Fallaub und legen im Frühjahr ihre Eier im Boden ab.

3 Wassermilbe
Piona spec.

L –3 mm

Kennzeichen: Bunt gefärbt, kugelige Gestalt mit 8 Beinen.

Vorkommen: In Stillgewässern.

Wissenswertes: Wassermilben leben räuberisch und erbeuten vor allem Insektenlarven und Kleinkrebse, die gepackt und ausgesogen werden. Die Larven parasitieren auf Wasserinsekten oder deren Larven.

4 Kugelwassermilbe
Hydrachna spec.

L –3 mm

Kennzeichen: Rotbraun mit hochgewölbtem Körper.

Vorkommen: Oft in kleinen Stillgewässern.

Wissenswertes: Die Tiere können gut schwimmen und sind nicht selten. Die zahlreichen, sehr schwer zu bestimmenden Arten von Wassermilben sind neben der Wasserspinne die einzigen Spinnentiere, die vollständig im Wasser leben. Sehr auffällig sind auch die leuchtend roten Arten der Gattung *Hydrodroma*.

5 Hausstaubmilbe
Dermatophagoides spec.

L –0,4 mm   Jan.–Dez.

Kennzeichen: Mikroskopisch klein; Arten nur von Spezialisten unterscheidbar.

Vorkommen: In Matratzen, Teppichen, Sofas.

Wissenswertes: Die Tiere fressen vor allem Pilze, die auf Haarschuppen wachsen. Ihre Körperausscheidungen können bei empfindlichen Personen allergische Reaktionen bis hin zu asthmatischen Anfällen auslösen.

6 Gallmilbe
Eriophyes spec.

L –0,2 mm

Kennzeichen: Mikroskopisch klein; auffällig sind die Gallen (s.u.).

Vorkommen: Auf den verschiedensten Blättern; die einzelnen Arten sind wirtsspezifisch.

Wissenswertes: Vor allem auf Laubbäumen findet man oft stiftförmige Wucherungen, die meist rot oder gelb sind. Diese Wucherungen werden durch Gallmilben hervorgerufen, die Pflanzenzellen aussaugen und dabei Enzyme abgeben, die die Gallbildung auslösen.

1

Brauner Steinläufer
Lithobius forficatus

L –32 mm   Jan.–Dez.

Kennzeichen: Dunkel rotbraun, 15 Beinpaare, lange Fühler.

Vorkommen: Häufig unter Steinen, Rinde und in der Laubstreu zu finden.

Wissenswertes: Junge Hundertfüßer haben nur 7 Beinpaare, die Zahl nimmt bei jeder Häutung zu. Alle Hundertfüßer haben nur 1 Beinpaar pro Körpersegment. Jagt Insekten, Regenwürmer usw., die mit einem Giftbiß gelähmt werden. Der verwandte, im Mittelmeerraum heimische Skolopender (*Scolopendra cingulata*) wird bis zu 10 cm lang und kann auch Menschen sehr empfindlich beißen. Die Giftigkeit des Bisses wird wie die eines Wespenstiches beurteilt, kann aber im Einzelfall auch heftigere Reaktionen hervorrufen.

2

Gemeiner Erdläufer
Geophilus longicornus

L –40 mm   Jan.–Dez.

Kennzeichen: Lang und dünn mit bis zu 57 Beinpaaren, gelblichbraun gefärbt.

Vorkommen: Überall am Erdboden zu finden, oft unter Steinen oder Holzstücken.

Wissenswertes: Lebt wie mehrere ähnliche Arten, die auch bei uns vorkommen, räuberisch. Zur Hauptbeute gehören Regenwürmer.

3

Gerandeter Saftkugler
Glomeris marginata

L 6–20 mm   Jan.–Dez.

Kennzeichen: Schwarz glänzend, Segmente mit gelblichem Hinterrand.

Vorkommen: In Laubwäldern in der Laubstreu oder unter Steinen.

Wissenswertes: Bei Gefahr rollen sich die Tiere zu einer Kugel zusammen; der Kopf befindet sich im Inneren der Kugel. Zusätzlich können sie ein Wehrsekret absondern.

4

Bunter Saftkugler
Glomeris conspersa

L 12–17 mm   Jan.–Dez.

Kennzeichen: Sehr variabel gefärbt,

schwarz mit unterschiedlicher, brauner, roter oder gelber Zeichnung.

Vorkommen: In lichten Wäldern, an Waldrändern und auch Trockenrasen unter Steinen; fehlt im Norden Mitteleuropas.

Wissenswertes: Verhalten wie vorige Art. Saftkugler ernähren sich von verrottenden Pflanzenteilen. Sie gehören wie die Tausendfüßer zu den Doppelfüßern mit zwei Beinpaaren pro Körpersegment.

5

Schnurfüßer
Schizophyllum rutilans

L –35 mm   Jan.–Dez.

Kennzeichen: Glänzend braunschwarz, zwei Beinpaare je Körpersegment.

Vorkommen: Vor allem im Fallaub in Wäldern sehr häufig.

Wissenswertes: Es gibt bei uns ca. 50 Arten von Schnurfüßern, die nur sehr schwer zu bestimmen sind. Sie sind die wahren „Tausendfüßer“, auch wenn sie nur maximal 130 Beinpaare besitzen. Sie ernähren sich vor allem von verrottendem Pflanzenmaterial.

6

Bandfüßer
Polydesmus angustus

L –20 mm   Jan.–Dez.

Kennzeichen: Braun, zwei Beinpaare je Körpersegment, Seitenränder der Rückenschilde deutlich nach außen verbreitert.

Vorkommen: Vor allem in der Laubstreu in Laubwäldern, oft unter Steinen oder größeren Holzstücken zu finden.

Wissenswertes: Bei uns 10 sehr ähnliche Arten. Die Weibchen bauen für die Eier ein Erdnest.

7

Zwergfüßer
Scutigerella immaculata

L –8 mm   Jan.–Dez.

Kennzeichen: Klein, weißlich gefärbt, 12 Segmente mit 12 Beinpaaren, keine Augen.

Vorkommen: In der Laubstreu, feuchtigkeitsliebende Art.

Wissenswertes: Die Tiere leben meist unter der Erdoberfläche und sind überwiegend Pflanzenfresser.

1

Silberfischchen
Lepisma saccharina

L –12 mm   Jan.–Dez.

Kennzeichen: Flügellos, silbrig-glänzend, drei Hinterleibsanhänge, Augen sehr klein.

Vorkommen: Kosmopolit, Kulturfolger.

Wissenswertes: Silberfischchen, wegen ihrer Vorliebe für Kohlenhydrate auch als Zuckergast bezeichnet, sind Kulturfolger, die bei uns nur in Häusern vorkommen, z.B. in Speisekammern, Badezimmern usw. Die Tiere sind völlig harmlos und nachtaktiv. Sie sind die bekanntesten Vertreter der sog. Ur-Insekten, die unter dem Namen *Apterygota* (= Flügellose) zusammengefaßt werden und zu denen auch die Springschwänze (s. u.) gehören.

2

Springschwanz
Isotoma spec.

L –3 mm

Kennzeichen: Winzig, grünlich-schwarz.

Vorkommen: Im Waldboden und in Moospolstern, auch auf Schnee.

Wissenswertes: Springschwänze gehören im Boden mit zu den wichtigsten Zersetzern von Laub und anderen abgestorbenen Pflanzenteilen. Obwohl flügellos sind zumindest die Arten der höheren Schichten der Laubstreu mit Hilfe ihrer sogenannten Sprunggabel sehr beweglich. Manche Arten leben im Winter auf Schnee und ernähren sich von kleinsten Pflanzenresten oder wie der berühmte Gletscherfloh von den Pollen der Nadelbäume. Einige Arten wie der Schwarze Wasserspringschwanz *Podura aquatica* (**2b**) leben auch auf der Oberfläche von Kleinstgewässern.

3

Gemeine Eintagsfliege
Ephemera danica

L –24 mm   Sp –45 mm   Mai–Aug.

Kennzeichen: Körper braun mit 3 bis zu 4 cm langen Anhängen, Flügel bräunlich mit dunklen Flecken, Vorderflügel mehr als doppelt so groß wie die Hinterflügel.

Vorkommen: Weite Teile Europas, vor allem in Mittelgebirgslagen.

Wissenswertes: Typische Vertreterin der Eintagsfliegen. Während die Larvalentwick-lung bis zu 3 Jahre dauern kann, leben die ausgewachsenen Tiere mancher Arten nur wenige Stunden, meist aber 2–4 Tage. Nach dem Schlüpfen schwärmen sie oft in großer Zahl in der Abenddämmerung. Dabei finden sich Männchen und Weibchen zur Paarung. Die Männchen sterben nach kurzer Zeit, die Weibchen nach der Eiablage. Die meisten Arten legen ihre Eier in Fließgewässer ab, die hier gezeigte Art kommt wie einige andere auch in Stillgewässern vor.

4

Eintagsfliegen-Larve
Ephemera spec.

Die Larven von *Ephemera* graben Gänge in den Gewässergrund. Sie tragen Tracheenkiemen am Hinterleib und besitzen von Ausnahmen abgesehen 3 Anhänge. Viele Arten reagieren empfindlich auf Gewässerverschmutzung, so daß sie als Zeigerorganismen zur Bestimmung der biologischen Gewässergüte von Fließgewässern herangezogen werden.

5

Steinfliege
Perlodes spec.

L –28 mm   Apr.–Juli

Kennzeichen: Bräunlich gefärbt, 4 fast gleich große Flügel, 2 Schwanzanhänge.

Vorkommen: Vor allem in Mittelgebirgen in und an Bächen weit verbreitet.

Wissenswertes: Die ausgewachsenen Tiere sind recht unauffällig; da sie meist in der Nähe von Fließgewässern vorkommen, bezeichnet man sie auch als Uferfliegen. Die mehr als 100 mitteleuropäischen Arten sind nur von Spezialisten zu unterscheiden, ein sehr wichtiges Bestimmungsmerkmal ist die Aderung der Vorderflügel.

6

Steinfliegen-Larve

Mit ihrer abgeflachten Gestalt sind sie gut an das Leben in schnellfließendem Wasser angepaßt. Im Gegensatz zu den Eintagsfliegen-Larven haben sie nur 2 Schwanzanhänge. Auch Tracheenkiemen findet man selten; sie nehmen den Sauerstoff über die Körperoberfläche auf.

1 Blauflügel-Prachtlibelle
Calopteryx virgo

L 35–40 mm Sp 60–70 mm Mai–Sept.
Kennzeichen: Körper blaugrün, metallisch glänzend, Männchen mit blaugrünen oder blauen Flügeln, Weibchen mit bräunlichen Flügeln.
Vorkommen: Nur in der Nähe von sauerstoffreichen, sauberen Fließgewässern, deshalb meist in den Mittelgebirgen anzutreffen.
Wissenswertes: Die Art ist durch die Verschmutzung von Fließgewässern bedroht. Das Verhalten ist ähnlich der folgenden Art.

2 Gebänderte Prachtlibelle
Calopteryx splendens

L –50 mm Sp –70 mm Juni–Sept.
Kennzeichen: Körper des Männchens blau, metallisch glänzend, Flügel mit breiter, blaugrüner Binde. Weibchen metallisch grün, Flügel grünlich.
Vorkommen: Im Gegensatz zur vorigen Art an langsam fließenden Bächen und Flüssen in ganz Europa.
Wissenswertes: Sitzen die Tiere in der Ufervegetation, sind sie nicht leicht zu entdecken. Im Flug fallen vor allem die Männchen sofort auf. Sie besetzen Reviere, die sie immer wieder mit einem eigenartigen Schwirrflug abgrenzen. Dringen fremde Artgenossen in das Revier ein, werden sie von den Revierinhabern angegriffen. Interessant ist auch das Paarungsverhalten. Die Männchen zeigen einfliegenden Weibchen zunächst die Unterseite des Hinterleibes. Dann führen sie im Flug einen Balztanz vor, an den die Paarung anschließt. Das Weibchen fliegt dann zum Eiablageplatz und legt die Eier in schwimmende Pflanzenteile ab. Dabei taucht es manchmal ganz unter. Die Männchen verteidigen inzwischen wieder ihr Revier.

3 Große Pechlibelle
Ischnura elegans

L –28 mm Sp 35–40 mm Mai–Sept.
Kennzeichen: Hinterleib schwarz, 8. Hinterleibssegment leuchtend blau gefärbt.
Vorkommen: Weit verbreitet in Europa und Nordasien. Eine unserer häufigsten Libellenarten, die an fast allen Gewässertypen vorkommt.
Wissenswertes: Oft sind Große Pechlibellen die ersten Libellen, die sich an neu angelegten Gartenteichen einfinden. Das Verhalten bei der Eiablage unterscheidet sich von den übrigen Schlankjungfern durch die Tatsache, daß das Weibchen die Eier ohne die Begleitung des Männchens in Wasserpflanzen ablegt.

4 Frühe Adonislibelle
Pyrrhosoma nymphula

L –35 mm Sp –45 mm Apr.–Aug.
Kennzeichen: Männchen (**4b**) mit überwiegend rotem Hinterleib, ab dem 7. Segment mit schwarzer Zeichnung. Weibchen mit mehr Schwarz. Beine immer schwarz gefärbt.
Vorkommen: In Europa weit verbreitet an vegetationsreichen Kleingewässern, oft auch an Gartenteichen.
Wissenswertes: Eine der bei uns am frühesten im Jahr erscheinenden Libellenarten. Trotz der auffälligen Färbung sind diese Libellen meist nur im Flug zu entdecken, da sie sich sonst in dichtem Pflanzenwuchs verstecken. Ihr Name bezieht sich auf das rot blühende Adonisröschen, das wiederum nach Adonis benannt ist. Adonis war nach der griechischen Mythologie ein Geliebter der Göttin Aphrodite. Deren Gemahl Ares verwandelte sich in einen Eber und tötete aus Eifersucht Adonis bei einer Jagd. Aus jedem Blutstropfen ist dann ein Adonisröschen geworden.

5 Späte Adonislibelle
Ceriagrion tenellum

L 30–35 mm Sp 40–45 mm Juni–Sept.
Kennzeichen: Ähnlich der Frühen Adonislibelle, aber beide Geschlechter leicht an den hellroten Beinen zu erkennen.
Vorkommen: Westeuropäische Art, vor allem in Moor- und Heidegewässern.
Wissenswertes: Die Art ist leider in weiten Teilen ihres Verbreitungsgebietes durch den Verlust ihrer Lebensräume stark gefährdet. Die Eier werden in Binsenstengel abgelegt, die Larven leben in Torfmoospolstern.

1 Weidenjungfer
Chalcolestes viridis

L –45 mm Sp –60 mm Juli–Okt.
Kennzeichen: Körper grünmetallisch bis kupferfarben, Flügelmal einfarbig hellbraun.
Vorkommen: Weit verbreitet in Mittel- und Südeuropa. Lebensraum sind von Erlen und Weiden gesäumte Weiher.
Wissenswertes: Bemerkenswert ist vor allem die Fortpflanzungsbiologie dieser Art. Die Eier werden in über die Wasseroberfläche reichende Zweige der Bäume eingebohrt (**1b**). Die Rinde schwillt an den Eiablagestellen meist leicht an. Die von Mitte August bis Mitte Oktober abgelegten Eier können auch sehr harte Fröste überstehen. Im Frühjahr schlüpft zunächst eine 2 mm lange sogenannte Prolarve, die sich ins Wasser fallen läßt und sich dort weiterentwickelt. Nach zehnmaliger Häutung schlüpfen die Weidenjungfern dann schließlich im Juli.

2 Gemeine Binsenjungfer
Lestes sponsa

L –35 mm Sp 40–45 mm Juni–Okt.
Kennzeichen: Grundfärbung grünmetallisch mit kupferfarbenem Glanz, Brust der Männchen sowie erstes und hintere Hinterleibssegmente hellblau.
Vorkommen: Vor allem an Gewässern mit dichtem Bewuchs an Binsen, Teichschachtelhalm usw., auch an Gewässern, die zeitweilig austrocknen.
Wissenswertes: Wie ihre Verwandten aus der Familie der Teichjungfern spreizen die Gemeinen Binsenjungfern ihre Flügel meist seitlich ab, wenn sie auf einem Zweig oder Schilfhalm ruhen (vgl. mit anderen Kleinlibellen).

3 Kleines Granatauge
Erythromma virens

L –30 mm Sp 35–40 mm Juni–Sept.
Kennzeichen: Augen rot, Brustseiten blau, 8. Hinterleibssegment beim Männchen (**3b**) seitlich blau (bei der folgenden Art schwarz), 9. blau und 10. blau mit schwarzer X-Zeichnung; Weibchen sehr ähnlich dem Großen Granatauge.

Vorkommen: Vor allem an Gewässern mit ausgeprägter Schwimmblatt-Vegetation (Hornblatt, Tausendblatt usw.).
Wissenswertes: Die Art hat ihr Verbreitungsgebiet in den letzten Jahren ganz erheblich vergrößert. Ein Zusammenhang mit Klimaveränderungen wird diskutiert, ist aber nicht gesichert. Die besten Chancen die Tiere zu beobachten hat man, wenn man mit einem Fernglas Schwimmblätter absucht. Die Eiablage erfolgt in schwimmende Pflanzenteile (**3a**).

4 Großes Granatauge
Erythromma najas

L –35 mm Sp 45–50 mm Mai–Sept.
Kennzeichen: Augen rot, Brustseiten beim Männchen (**4a**) blau, beim Weibchen grün, 9. und 10. Hinterleibssegment beim Männchen einfarbig blau.
Vorkommen: An Stillgewässern mit ausgedehnter Schwimmblattvegetation. Oft sitzen die Tiere auf Seerosenblättern.
Wissenswertes: Man unterscheidet 2 Unterordnungen der Libellen, die Großlibellen (*Anisoptera*) und die Kleinlibellen (*Zygoptera*). Das Große Granatauge ist eine typische Kleinlibelle. Diese kann man leicht am dünnen, streichholzartigen Hinterleib erkennen. Wenn die Kleinlibellen ruhen, legen sie ihre Flügel dachartig über dem Hinterleib zusammen. Eine Ausnahme machen die Teichjungfern (*Lestidae*), die ihre Flügel schräg nach hinten abspreizen. Wie alle Libellen hat auch das Große Granatauge im Vergleich zu anderen Insekten sehr große Augen (**4b**), die bei dieser Art durch die Färbung besonders auffallen. Diese Facettenaugen sind aus vielen tausend Einzelaugen zusammengesetzt, von denen jedes nur einen winzigen Teil der Umgebung abbildet. Die Teilbilder ergeben das Gesamtbild; man spricht auch von einem zusammengesetzten Auge. Große Granataugen legen ihre Eier bevorzugt in die Stengel von Teichrose, Weißer Seerose und Laichkräutern ab. Dazu landet das Paar auf einem Schwimmblatt und klettert dann rückwärts bis zu einem halben Meter unter Wasser. Dort können sie über 30 Minuten bleiben, wobei das Weibchen die Eier in den Stengel einsticht.

1 Hufeisenazurjungfer
Coenagrion puella

L 35–40 mm Sp –50 mm Mai–Sept.
Kennzeichen: Männchen (**1a**) hellblau und schwarz gefärbt, auf dem 2. Hinterleibssegment ein „U"- bzw. hufeisenförmiges schwarzes Mal (Name!). Weibchen überwiegend schwarz mit grünlicher, seltener bläulicher Zeichnung.

Vorkommen: An fast allen Gewässertypen mit Ausnahme von schnell fließenden Bächen und Flüssen, regelmäßig auch an Gartenteichen.

Wissenswertes: Die Hufeisenazurjungfer ist die häufigste der 6 heimischen Arten von Azurjungfern der Gattung *Coenagrion* und eine der bei uns häufigsten Libellen überhaupt. Die ausgewachsenen Tiere schlüpfen etwa Anfang Mai und haben eine Lebenserwartung von ca. 4 Wochen. Da aber nicht alle Tiere zeitgleich schlüpfen, kann man die Art bis Ende August beobachten. Zur Paarung greifen die Männchen die Weibchen hinter dem Kopf mit ihren Hinterleibszangen. Die Weibchen nehmen den Samen aus der vom Männchen vor der Paarungssuche gefüllten Samentasche. Dazu biegen sie den Hinterleib weit vor. Diese Haltung bezeichnet man als Paarungsrad. Die Weibchen stechen die Eier in verschiedene Wasserpflanzen ein (**1c**). Dabei werden sie ständig vom Männchen begleitet und nach wie vor mit den Hinterleibszangen festgehalten. So verhindern sie die Paarung des Weibchens mit anderen Männchen. Die Entwicklungszeit der Eier beträgt je nach den örtlichen Bedingungen zwischen 2 und 5 Wochen. Die Larven überwintern.

2 Fledermausazurjungfer
Coenagrion pulchellum

L 30–35 mm Sp –50 mm Mai–Juli
Kennzeichen: Männchen im Vergleich zu anderen Azurjungfern mit mehr Schwarz am Hinterleib.

Vorkommen: Weit verbreitet an stehenden Gewässer mit Schwimmblattvegetation, aber große Verbreitungslücken.

Wissenswertes: Namengebend ist eine – mit Phantasie betrachtet – fledermausartige Zeichnung auf dem 2. Hinterleibssegment, die aber in Form und Größe variiert.

3 Becherazurjungfer
Enallagma cyathigerum

L 30–35 mm Sp –45 mm Mai–Sept.
Kennzeichen: Männchen blau-schwarz gefärbt, auf dem 2. Hinterleibssegment mit schwarzer Zeichnung, die an einen gestielten Becher erinnert.

Vorkommen: An vielen Gewässertypen, bevorzugt an großen Stillgewässern.

Wissenswertes: Die Weibchen gehen bei der Eiablage oft unter Wasser, dabei koppeln sich die Männchen ab. Nach dem Auftauchen wird das Weibchen erneut vom Männchen gepackt; gemeinsam fliegen sie zum nächsten Eiablageplatz.

4 Gemeine Winterlibelle
Sympecma fusca

L –35 mm Sp –45 mm Juli–Mai
Kennzeichen: Hellbraun mit dunkelbrauner, kupfern glänzender Zeichnung.

Vorkommen: An Gewässer mit ausgedehnten Röhrichten, vor allem im Flachland.

Wissenswertes: Als einzige heimische Libellen überwintern Winterlibellen als voll entwickelte Tiere. Sie sitzen dann fern vom Wasser in Schlupfwinkeln. Oft werden sie schon an warmen Februartagen aktiv und kehren Anfang April zu ihren Brutgewässern zurück. Keine andere Art fliegt so früh im Jahr. Anfang Juni sterben die Tiere, doch schon im August schlüpfen die Tiere der nächsten Generation, die im Oktober ihr Winterquartier aufsuchen.

5 Kleinlibellenlarve
Hufeisenazurjungfer

Wissenswertes: Kleinlibellenlarven sind langgestreckt und schlank. Charakteristisch sind 3 verhältnismäßig große, blattförmige Fortsätze am Hinterende. Diese dienen der Fortbewegung und der Atmung. Die Entwicklung der Larven geht im Vergleich zu vielen Großlibellen recht schnell, denn im nächsten Frühjahr oder Frühsommer erfolgt die Umwandlung zum Imago.

1 Große Königslibelle
Anax imperator

L –80 mm   Sp –110 mm   Mai–Sept.

Kennzeichen: Brustseiten blaugrün, Hinterleib blau mit schwarzer Zeichnung.

Vorkommen: Weit verbreitet in Europa, vor allem an nährstoff- und pflanzenreichen Weihern und Altwässern.

Wissenswertes: Große Königslibellen sind tatsächlich die größten heimischen Libellen und die „Herrscher der Lüfte" über unseren Gewässern. Das besagt auch der wissenschaftliche Name (lat. anax = Herr, imperator = Herrscher). An warmen Sommertagen kann man die Männchen oft stundenlang über dem Wasser fliegen sehen, ohne daß sie sich einmal niedersetzen. Großlibellen sind wesentlich kräftiger gebaut als die Kleinlibellen, die Flügel werden in der Ruhe im allgemeinen waagerecht ausgebreitet. Die Weibchen werden bei der Eiablage nicht von den Männchen festgehalten. Die Weibchen setzen sich auf Wasserpflanzen wie Hornblatt-, Laichkraut- oder Tausendblatt-Arten und stechen die Eier in dicke Stengel ein. Dabei tauchen sie mit dem Hinterleib unter Wasser. Mit den Flügeln balancieren sie Bewegungen der schwankenden Wasserpflanzen aus.

2 Großlibellenlarve
Anax imperator

Wissenswertes: Die Larven der Großlibellen sind viel kräftiger gebaut als die Kleinlibellenlarven. Sie tragen keine blattförmigen Hinterleibsanhänge. Die Fortbewegung erfolgt bei ihnen nach dem Rückstoßprinzip, indem sie Wasser aus dem Enddarm herauspressen. Libellenlarven leben räuberisch. Mit ihrer Fangmaske, die blitzartig nach vorn geschleudert werden kann, erbeuten sie alle möglichen Wasserlebewesen. Die Larven der großen Libellenarten können selbst kleine Fische, Molche und Kaulquappen überwältigen.

3 Blaugrüne Mosaikjungfer
Aeshna cyanea

L –80 mm   Sp –110 mm   Juni–Nov.

Kennzeichen: Sehr groß, Männchen charakteristisch blau-grün-schwarz gefärbt, Weibchen ohne Blau.

Vorkommen: Weit verbreitet an allen Stillgewässern, bevorzugt aber an kleineren Gewässern, oft auch an Gartenteichen.

Wissenswertes: Die häufigste der 8 bei uns vorkommenden Arten der Gattung *Aeshna*. Nach dem Schlupf ab Mitte Juni zunächst mehrere Wochen fernab von Gewässern jagend, oft in Wäldern. Ab August zur Fortpflanzung wieder am Wasser. Die Larvalentwicklung dauert 2 Jahre.

4 Braune Mosaikjungfer
Aeshna grandis

L –80 mm   Sp –105 mm   Juli–Okt.

Kennzeichen: Einzige heimische Großlibelle mit goldbraun gefärbten Flügeln, Körper braun, Brust mit gelben Seitenstreifen, Männchen mit hellblauen, Weibchen mit gelblichen Seitenflecken am Hinterleib.

Vorkommen: An größeren Weihern und Seen, Verbreitung sehr ungleichmäßig, in Norddeutschland häufiger.

Wissenswertes: Die Eier werden in abgestorbene Pflanzenteile oder sogar morsches Holz abgelegt, wo sie zunächst überwintern. Die Entwicklung bis zur ausgewachsenen Libelle dauert bis zu 3 Jahre.

5 Herbst-Mosaikjungfer
Aeshna mixta

L –64 mm   Sp –85 mm   Juli–Nov.

Kennzeichen: Kleinste bei uns vorkommende Mosaikjungfer, Brust braun mit gelben Seitenstreifen, Hinterleib schwarz, beim Männchen mit blauen, beim Weibchen mit gelben Seitenflecken.

Vorkommen: An allen möglichen Stillgewässern vom Fischteich bis zum Moorsee, wenn ein gewisser Pflanzenreichtum gegeben ist.

Wissenswertes: Die Art erscheint als letzte der Mosaikjungfern und fliegt bis weit in den Herbst hinein. Die Tiere fliegen oft sehr hoch über ihrem Gewässer und werden dabei wie andere Großlibellen auch oft Beute von Baumfalken, die mit blitzschnellen und artistischen Flugmanövern auf die Libellen hinabstoßen.

1 Vierfleck
Libellula quadrimaculata

L –50 mm Sp –85 mm Mai–Juli

Kennzeichen: Eindeutig gekennzeichnet durch einen dunklen Fleck an jedem Flügelvorderrand (Name!).

Vorkommen: Holarktisch verbreitet, im Mittelmeerraum nur sehr lokal vorkommend. Lebt an pflanzenreichen Stillgewässern, ist aber in Mooren besonders häufig.

Wissenswertes: Einer der häufigeren Vertreter der Familie der Segellibellen (*Libellulidae*). Zur Namensgebung haben die Flecken am Vorderrand der Flügel beigetragen. Kommt es zur Massenentwicklung, können Wanderschwärme aus Tausenden von Tieren entstehen, die Hunderte von Kilometern fliegen. Die entkräfteten Libellen werden dann häufig von Vögeln gefressen. Als Auslöser für die Wanderungen wird ein parasitischer Saugwurm (*Prostogonimus oratus*) vermutet, für den die Libellen Zwischenwirt, die Vögel aber Endwirt sind.

2 Plattbauch
Libellula depressa

L 40–50 mm Sp 70–80 mm Mai–Aug.

Kennzeichen: Hinterleib auffallend breit, bei Männchen (**2a**) hellblau, bei Weibchen (**2b**) braun gefärbt. An der Hinterflügelbasis großer, schwarzbrauner Fleck.

Vorkommen: Bevorzugt an Gewässern mit wenig Pflanzenbewuchs, deshalb häufig Erstbesiedler von neu angelegten Kleingewässern.

Wissenswertes: Als Ansitzjäger sind Plattbäuche leicht zu beobachten. Immer wieder setzen sich auch auf denselben Stein, Schilfhalm oder Ast am Ufer, von wo aus sie ihre Jagdflüge starten. Beutetiere werden im Flug mit den Beinen ergriffen und sofort verzehrt.

3 Großer Blaupfeil
Orthetrum cancellatum

L 45–50 mm Sp 75–90 mm Mai–Sept.

Kennzeichen: Männchen (**3a**) mit hellblauem Hinterleib, letzte Segmente schwarz, Weibchen (**3b**) gelb- bis braunschwarz.

Vorkommen: Eine häufige Art, die bevorzugt an Gewässern mit vegetationsarmen Ufern lebt.

Wissenswertes: Wegen der Färbung auf den ersten Blick dem Plattbauch ähnlich, aber viel schlanker und mit ungefleckten Hinterflügeln. An offenen Stellen in Ufernähe kann man die Männchen häufig auf dem Boden sitzen sehen, oft auch auf Wegen. Sie verteidigen Reviere von 10–50 m Uferlänge. In Deutschland wurden drei weitere Arten der Gattung nachgewiesen, alle sind aber sehr selten.

4 Zweigestreifte Quelljungfer
Cordulegaster boltoni

L –85 mm Sp –125 mm Juni–Okt.

Kennzeichen: Auffällig schwarz-gelb gefärbt, Augen grün.

Vorkommen: Vor allem an sauberen Mittelgebirgsbächen verbreitet.

Wissenswertes: Die Weibchen sind die größten heimischen Libellen, noch größer als die Großen Königslibellen. Durch Gewässerverschmutzung ist die Art bei uns vielerorts schon verschwunden. Die Tiere fliegen vergleichsweise langsam. Sie setzen sich häufig auf Pflanzen und lassen sich dann gut beobachten. Die Larven leben eingegraben im Bachgrund, nur die Fangmaske ragt heraus. Ihre Entwicklung dauert 3–5 Jahre.

5 Kleine Moosjungfer
Leucorrhinia dubia

L –30–40 mm Sp 50–60 mm Mai–Aug.

Kennzeichen: Männchen schwarz mit roten Flecken auf Thorax und Abdomen, Weibchen mit gelben Flecken. Pterostigmen (das sind die gefärbten Zellen an der Flügelvorderkante) schwarz.

Vorkommen: Hochmoorbewohner; verbreitet in Nord- und Mitteleuropa und Nordasien.

Wissenswertes: Im Frühjahr die häufigste Libelle der Hochmoore und saurer, nährstoffarmer Stillgewässer. Ähnlich ist die im gleichen Lebensraum vorkommende Nordische Moosjungfer (*Leucorrhinia rubicunda*) mit roten Pterostigmen. Wie alle Moorlibellen durch Zerstörung der Lebensräume gefährdet.

1 Gemeine Keiljungfer
Gomphus vulgatissimus

L –55 mm   Sp 60–70 mm   Mai–Juli
Kennzeichen: Schwarz mit gelblichen bzw. grünlichen Flecken, Hinterleib keilförmig verbreitet, Beine einfarbig schwarz.
Vorkommen: In sauberen Bächen und Flüssen, auch an Brandungsufern von Seen; heute überall sehr selten.
Wissenswertes: Der wissenschaftliche Name dieser Art deutet darauf hin, daß sie einst viel häufiger gewesen sein muß. Die Tiere sind gegen Gewässerverschmutzung äußerst empfindlich, und so verwundert es nicht, daß die Gemeine Keiljungfer bei uns heute in der Roten Liste in der Kategorie „vom Aussterben bedroht" geführt wird. Häufiger ist die Westliche Keiljungfer (*Gomphus pulchellus*) mit viel weniger Schwarz und ohne keilförmigen Hinterleib. Die Art hat sich in den letzten 50 Jahren in Mitteleuropa ausgebreitet und besiedelt bevorzugt Kiesgruben.

2 Glänzende Smaragdlibelle
Somatochlora metallica

L –60 mm   Sp –75 mm   Juni–Sept.
Kennzeichen: Körper leuchtend grün mit metallischem Glanz; einige ähnliche Arten. Besonders leicht mit der Gemeinen Smaragdlibelle (*Cordulia aenea)* zu verwechseln, mit der sie auch gemeinsam vorkommt. Bestes Unterscheidungsmerkmal bei den Männchen ist die Verbreiterung des Hinterleibes, bei der Glänzenden Smaragdlibelle in der Mitte, bei der Gemeinen im letzten Drittel.
Vorkommen: Vor allem an stehenden Gewässern mit baumbestandenen Ufern.
Wissenswertes: Das Weibchen biegt bei der Eiablage die beiden letzten Hinterleibssegmente senkrecht nach oben und schlägt im Flug den Hinterleib in Algenwatten. Dabei werden die Eier abgestreift.

3 Blutrote Heidelibelle
Sympetrum sanguineum

L 35–40 mm   Sp 50–60 mm   Juni–Okt.
Kennzeichen: Männchen leuchtend rot, Weibchen gelbbraun gefärbt, ähnlich anderen Heidelibellen, die Beine einheitlich schwarz.
Vorkommen: An Stillgewässern aller Art, auch an Gartenteichen; in Europa und Kleinasien.
Wissenswertes: Eine der häufigsten der insgesamt 11 europäischen Arten der Heidelibellen. Mit Ausnahme der Schwarzen Heidelibelle (s. u.) ist der Hinterleib bei den Männchen immer rot gefärbt. Die Weibchen sind gelbbraun und nur schwer voneinander zu unterscheiden. Die Eier werden ins Wasser oder über feuchtem Boden am Ufer abgelegt und überwintern.

4 Gebänderte Heidelibelle
Sympetrum pedemontanum

L –35 mm   Sp 45–55 mm   Juli–Okt.
Kennzeichen: Bei uns unverwechselbar (s. Foto). Männchen mit rotem, Weibchen mit braunem Hinterleib.
Vorkommen: In Mitteleuropa sehr lückenhaft an flachen, vegetationsreichen Stillgewässern.
Wissenswertes: Diese bei uns ursprünglich sehr seltene Art breitet sich in den letzten Jahren langsam aus. Trotz ihrer auffälligen Färbung sind die Tiere am Boden oder in dichter Vegetation nur schwer zu entdecken.

5 Schwarze Heidelibelle
Sympetrum danae

L –35 mm   Sp –55 mm   Juli–Nov.
Kennzeichen: Männchen ganz schwarz gefärbt, Weibchen ähnlich anderen Heidelibellen.
Vorkommen: In den gemäßigten Zonen der Paläarktis weit verbreitet.
Wissenswertes: Die Art kommt an den verschiedensten Stillgewässern vor, besonders häufig aber an pflanzenreichen Moorgewässern. Hier löst sie im Spätsommer und Herbst die Kleine Moosjungfer als häufigste Großlibellen-Art ab. Die Tiere kann man sehr gut beobachten, wenn sie sich z.B. auf Steinen sonnen. Nach dem Schlüpfen halten sich die Tiere erst abseits vom Wasser auf. Nach etwa 2 Wochen kehren sie dorthin zurück, um sich zu paaren. Die Eier werden in unter dem Wasserspiegel flutende Pflanzen „geworfen".

1 Grünes Heupferd
Tettigonia viridissima

L 30–40 mm   Juli–Okt.

Kennzeichen: Grasgrün mit langen Fühlern, kräftigen Sprungbeinen, langen Flügeln.

Vorkommen: Weit verbreitet und örtlich sehr häufig; lebt vor allem in Gebüschen.

Wissenswertes: Typische Langfühlerschrecke (Ordnung *Ensifera*). Bei diesen sind die Fühler mindestens so lang wie der Körper, die Gehörorgane liegen in den Vorderbeinen. Die Männchen (**1a**) zirpen mit Hilfe des Stridulationsorgans, das vom basalen Teil der Deckflügel gebildet wird. Zur Lauterzeugung werden die Flügel aneinander gerieben. Die Weibchen (**1c**) besitzen eine lange Legeröhre. Grüne Heupferde leben in Gebüsch, höherem Gestrüpp und Baumkronen. Sie können gut klettern, springen und fliegen. Die Nahrung besteht vor allem aus Insekten, die mit kräftigen Kiefern gepackt werden. Vom großen Kopf (**1b**) leitet sich der Name Heu„pferd" ab. Die Männchen rufen in milden Sommernächten sehr ausdauernd und sind 50 m weit zu hören. Das ähnliche Zwitscherheupferd (*T. cantans*) ersetzt das Grüne Heupferd in feuchteren Bereichen und im Bergland. Beide Arten können aber auch gemeinsam vorkommen. Ihr Gesang ist sehr verschieden.

2 Gewöhnliche Strauchschrecke
Pholidoptera griseoaptera

L 13–18 mm   Juli–Nov.

Kennzeichen: Meist graubraun, Bauch gelb. Seitenlappen des Halsschildes mit sehr schmalem, weißem Rand. Weibchen **2b**.

Vorkommen: An Waldrändern, in Gebüschen, Hecken, auch in Parks und Gärten.

Wissenswertes: Lebt sehr versteckt und fällt vor allem durch die scharfen „zrit"-Rufe auf, die man auch nachts hören kann. Allesfresser, die neben Pflanzen auch Raupen, Blattläuse und andere Insekten verzehren.

3 Roesels Beißschrecke
Metrioptera roeselii

L –20 mm   Juli–Okt.

Kennzeichen: Grünlich oder bräunlich, Seitenlappen des Halsschildes mit breitem weißen oder hellgrünen Rand.

Vorkommen: In dichtem Grasbewuchs stellenweise sehr häufig.

Wissenswertes: Die Tiere leben sehr versteckt und fallen meist durch ihren hohen, sirrenden Gesang auf. Bei Annäherung eines Menschen lassen sie sich auf den Boden fallen und sind dann im Gras nur schwer zu finden.

4 Gemeine Eichenschrecke
Meconema thalassinum

L 10–17 mm   Juli–Okt.

Kennzeichen: Wie eine kleine Ausgabe des Grünen Heupferds, Flügel nur halb so lang wie der Hinterleib. Weibchen mit säbelförmig gebogener Legeröhre.

Vorkommen: Weit verbreitet in Laubwäldern, auch in Gärten und Parks.

Wissenswertes: Obwohl recht häufig, bekommt man sie selten zu Gesicht, da sie nachtaktive Baumbewohner sind. Am ehesten sind die Weibchen im Herbst bei der Eiablage an Baumstämmen zu beobachten. Manchmal findet man sie in Waldnähe auch in Balkonkästen der höheren Etagen von Wohnhäusern. Die Männchen besitzen kein Stridulationsorgan. Sie locken die Weibchen an, indem sie mit den Hinterbeinen auf einem Blatt trommeln. Das Trommeln ist nur etwa 1 m weit hörbar. Auch sie fressen Insekten wie Blattläuse und kleine Raupen.

5 Punktierte Zartschrecke
Leptophyes punctatissima

L 10–17 mm   Juli–Okt.

Kennzeichen: Grün mit dunkelroter Punktierung.

Vorkommen: Kulturfolger, vor allem in Gebüschen in Gärten und Parks.

Wissenswertes: Diese Art hat in den letzten Jahren ihr Verbreitungsgebiet weit ausgedehnt, und das, obwohl die Tiere flugunfähig sind. Während sie im Gebüsch sehr schwer zu entdecken sind und ihr Gesang wegen der hohen Frequenzen für Menschen auch nicht hörbar ist, kann man sie doch leicht mit einem Ultraschalldetektor ausmachen.

1 Warzenbeißer
Decticus verrucivorus

L 25–40 mm Juli–Okt.

Kennzeichen: Grün, mit schwarzen Flecken auf den langen Flügeln.

Vorkommen: Weit verbreitet in Wiesen, Heiden und an Waldrändern.

Wissenswertes: Eine große, tagaktive Art, lebt überwiegend auf dem Boden oder in sehr niedriger Vegetation. Wie viele andere Heuschrecken-Arten durch Intensivierung der Landwirtschaft bedroht und enorm im Bestand zurückgegangen. Die Weibchen (**1a**) legen mit Hilfe der langen Legeröhre etwa 50 Eier einzeln im Boden ab. Früher ließ man die Tiere mit ihren kräftigen Kiefern Warzen abbeißen und die Wunden durch den Magensaft verätzen – mit dieser Methode sollen gute Erfolge erzielt worden sein.

2 Feldgrille
Gryllus campestris

L 20–25 mm Mai–Juni

Kennzeichen: Glänzend schwarz mit massigem Kopf, Deckflügel mit gelblicher Binde.

Vorkommen: Lebt in trockenen Gegenden an sonnigen Hängen, Feldrainen usw. In den letzten Jahren leider immer seltener.

Wissenswertes: Die Feldgrille ist die früheste Heuschrecke im Jahr. Die Männchen fallen durch ihren lauten Gesang auf. Dabei sitzen sie vor ihrer selbstgegrabenen Erdhöhle, die etwa 40 cm lang ist und bis zu 30 cm unter die Erdoberfläche führen kann. Feldgrillen reagieren sehr empfindlich auf Erschütterungen; die Männchen verstummen bei Annäherung eines Menschen sofort. Bei Gefahr verschwinden sie in ihren Höhlen. Sie sind überwiegend nachtaktive Einzelgänger, die sich bevorzugt von Pflanzen ernähren.

3 Maulwurfsgrille
Gryllotalpa gryllotalpa

L –50 mm Mai–Okt.

Kennzeichen: Groß, braun, Vorderbeine zu Grabschaufeln umgebildet, Halsschild groß, lange Hinterleibsanhänge.

Vorkommen: Früher selbst in Gärten verbreitet, heute nur noch in Südeuropa häufig.

Wissenswertes: Maulwurfsgrillen graben Gänge in lockeren Böden. Zur Brutzeit gräbt das Weibchen eine Höhle, die mit Speichel verfestigt wird. Es bewacht die Eier und zunächst auch die Jungtiere. Die Entwicklungsdauer in Mitteleuropa beträgt 2 Jahre. Maulwurfsgrillen ernähren sich außer von Wurzeln auch von im Boden lebenden Wirbellosen; deshalb sind sie nicht, wie früher angenommen, als schädlich anzusehen. Die Art spielt in Südeuropa eine wichtige Rolle als Nahrung des Wiedehopfs und anderer Tiere.

4 Heimchen
Acheta domestica

L 15–20 mm Jan.–Dez.

Kennzeichen: Wie eine kleine Feldgrille, aber überwiegend braun gefärbt, mit langen Hinterleibsanhängen.

Vorkommen: Ursprünglich in Nordafrika und Südwestasien, heute in ganz Europa.

Wissenswertes: Heimchen oder Hausgrillen sind Kulturfolger, die man bei uns ganzjährig in Gebäuden antreffen kann, vor allem in Schwimmbädern, Heizungskellern usw. Sie sind leicht zu züchten und werden in Zoofachgeschäften als Nahrung z.B. für Vögel und Reptilien angeboten. Häufig entkommen einzelne Tiere. Im Sommer können sie auch bei uns im Freien überleben. Nachts können die Männchen stundenlang singen, was vielen Menschen lästig ist. Heimchen fressen alle möglichen organischen Substanzen.

5 Gemeine Dornschrecke
Tetrix undulata

L 8–11 mm Jan.–Dez.

Kennzeichen: Meist graubraun oder braungelb, mit von der Seite deutlich gewölbtem Rückenschild.

Vorkommen: Auf Waldwiesen und -lichtungen, auch auf grasbewachsenen Halden.

Wissenswertes: Dornschrecken (bei uns 6 ähnliche Arten) zeichnen sich durch ein auffälliges, nach hinten verlängertes Halsschild aus, das über das Ende des Hinterleibs hinausragen kann. Sie singen nicht; ihnen fehlen sowohl Hör- wie Lauterzeugungsorgane.

1 **Nachtigall-Grashüpfer**
Chorthippus biguttulus

L 13–22 mm   Juli–Nov.
Kennzeichen: Überwiegend graubraun, aber sehr variabel; es kommen auch grüne oder rote Tiere vor.
Vorkommen: Weit verbreitet auf Wiesen, Weiden, Böschungen und sogar in Gärten.
Wissenswertes: Früher wurden Nachtigall-, Brauner und Verkannter Grashüpfer zu einer Art zusammengefaßt. Erst 1920 wurden sie als 3 Arten erkannt, die sich vor allem durch den Gesang unterscheiden. Für besonders Interessierte empfiehlt sich der Kauf einer CD mit Heuschreckenstimmen.

2 **Gemeiner Grashüpfer**
Chorthippus parallelus

L 13–22 mm   Juli–Okt.
Kennzeichen: Sehr variabel gefärbt, meist grün mit Brauntönen.
Vorkommen: Gemeine Grashüpfer stellen nur geringe Ansprüche an ihren Lebensraum; man kann sie praktisch auf allen Wiesentypen bis über 2000 m Höhe antreffen. Wie die oben beschriebene Art können auch sie auf wenig gemähten Wiesen in Hausgärten überleben.
Wissenswertes: Bei uns eine der häufigsten Kurzfühlerschrecken (*Caelifera*), die, wie der Name besagt, wesentlich kürzere Fühler als der Körper haben. Sie erzeugen ihr Zirpen mit Deckflügel und Hinterschenkel, vergleichbar mit der Tonerzeugung bei einer Geige (vgl. Langfühlerschrecken). Das Tympanalorgan, das Gehörorgan der Kurzfühlerschrecken, liegt auf den Seiten des ersten Hinterleibssegmentes.

3 **Bunter Grashüpfer**
Omocestus viridulus

L ♂ –17 mm, ♀ –24 mm   Juni–Okt.
Kennzeichen: Variabel gefärbt; die Tiere können grün, braun, rötlich oder gelblich, oft auch bunt gescheckt sein.
Vorkommen: Eine sehr weit verbreitete Art, die auf Wiesen von der Küste bis in 2500 m Höhe vorkommt.
Wissenswertes: Am einfachsten ist die Art

am Gesang zu erkennen, der an einen schnell tickenden Wecker erinnert. Das hat ihr in Holland den Namen „Wekkertje" eingebracht.

4 **Alpine Gebirgsschrecke**
Miramella alpina

L ♂ –23 mm, ♀ –31 mm   Juni–Sept.
Kennzeichen: Glänzend grün gefärbt, mit schwarzen Längsstreifen auf den Seiten des Halsschildes. Hinterschenkel unterseits rot.
Vorkommen: In Mitteleuropa in den Alpen und im Schwarzwald in Höhen zwischen etwa 1000 m und 2800 m.
Wissenswertes: Bevorzugter Lebensraum der Art sind feuchte Wiesen und Quellfluren mit Beständen der Pestwurz, auf deren großen Blättern die Heuschrecken leben und die sie auch fressen.

5 **Blauflügel-Ödlandschrecke**
Oedipoda caerulescens

L 16–28 mm   Juli–Okt.
Kennzeichen: Braun oder grau mit dunkler Bänderung, Hinterflügel himmelblau mit schwarzer Binde.
Vorkommen: Weit verbreitet auf Trockenrasen, in Heiden und Steppen. Bei uns geht die Art wegen der Zerstörung ihrer Lebensräume leider stark zurück.
Wissenswertes: Diese trockenheitsliebende Art ist wegen ihrer Tarnfärbung fast nur beim Auffliegen (**5b**) zu entdecken. Sie erzeugt kein Fluggeräusch.

6 **Schnarrheuschrecke**
Psophus stridulus

L 23–28 mm   Juli–Okt.
Kennzeichen: Körper graubraun mit helleren Flecken, Hinterflügel leuchtend rot mit schwarzer Spitze.
Vorkommen: Vor allem in Trockenrasen in Südeuropa, im Norden meist selten.
Wissenswertes: Die Männchen fliegen im Gegensatz zu den Weibchen sehr gut; im Flug erzeugen sie ein schnarrendes Geräusch. Beim Abflug (**6b**) leuchten die roten Hinterflügel auf. Beides dient wohl dazu, Feinde zu erschrecken.

1

Gottesanbeterin
Mantis religiosa

L ♂ –55 mm, ♀ –70 mm   Juli–Sept.
Kennzeichen: Groß, schlank, mit kleinem, dreieckigen Kopf. Einfarbig hellgrün, oder auch gelbbraun (**1a**) gefärbt.
Vorkommen: Wärmeliebende Art; im Mittelmeerraum weit verbreitet, nördlich der Alpen nur in klimatisch bevorzugten Gegenden (z.B. Kaiserstuhlgebiet). Dort in sehr warmen Wiesen und Ödland, durch Intensivlandwirtschaft und Flurbereinigung stark gefährdet.
Wissenswertes: Bei uns einzige Art der ca. 1800 Arten umfassenden, vor allem in den Tropen verbreiteten Familie der Fangschrekken. Gottesanbeterinnen sind Tagtiere, die sich rein optisch orientieren. Die Vordergliedmaßen sind zu dornenbewehrten Fangbeinen umgebildet und werden vor der Brust zusammengelegt (Name!). Sie werden blitzartig nach vorn geschnellt, wenn ein Beutetier in Reichweite kommt. Messungen haben ergeben, daß dieses nur ca. 20 Millisekunden dauert. Die Flügel werden nur bei Gefahr benutzt. Gottesanbeterinnen sind dadurch bekannt geworden, daß Weibchen die Männchen nach der Paarung auffressen sollen. Dies macht biologisch keinen Sinn; Freilandbeobachtungen bestätigen das Überleben der Männchen. Wahrscheinlich werden sie nur bei ungünstigen Haltungsbedingungen (zu kleine Terrarien) gefressen. Die Eier werden in sogenannten Ootheken abgelegt und durch ein schaumiges, aushärtendes Sekret geschützt.

2

Ohrwurm
Forficula auricularia

L –16 mm   März–Okt.
Kennzeichen: Braun gefärbt, mit kurzen Vorderflügeln, unter denen die kompliziert gefalteten Hinterflügel nur wenig hervorragen, kräftige Hinterleibszangen.
Vorkommen: Nahezu überall, sehr häufig.
Wissenswertes: Ohrwürmer waren gefürchtet, weil man ihnen nachsagte, ins menschliche Ohr zu kriechen und das Trommelfell zu durchbeißen. Das ist aber ein Märchen. Die gefährlich aussehenden Hinterleibszangen dienen wohl der Verteidigung. Ohrwürmer

sind Allesfresser; im Garten kann man ihnen mit einem mit Stroh vollgestopften Blumentopf ein Versteck anbieten. Sie gehören zu den wenigen Insekten, die Brutpflege betreiben. Die Weibchen (**2b**) bewachen und wenden die Eier, auch die Larven werden eine Zeitlang bewacht.

3

Orientalische Küchenschabe
Blatta orientalis

L 19–30 mm   Jan.–Dez.
Kennzeichen: Dunkelbraun bis schwarz, Weibchen nur mit Stummelflügeln.
Vorkommen: Weltweit verschleppt.
Wissenswertes: Diese Art ist die ungeliebte Kakerlake, die bei uns nur in Gebäuden vorkommt. Die lichtscheuen Tiere sind nachtaktiv. Sie sind Allesfresser, die Nahrungsmittel verderben und Krankheiten übertragen können. Da sie Stinkdrüsen haben, wird man ihre Anwesenheit bald am Geruch bemerken.

4

Deutsche Schabe
Blatella germanica

L –15 mm   Jan.–Dez.
Kennzeichen: Bräunlich, Halsschild mit 2 schwarzen Längsstreifen.
Vorkommen: Weltweit verschleppt.
Wissenswertes: Die Art, auch als Küchenschabe, Russe, Franzose oder Schwabe bezeichnet, stammt trotz ihrer Namen vermutlich aus Asien. Man findet die Tiere trotz intensiver Bekämpfung weltweit, bei uns vor allem in Heizungskellern, Backstuben, Küchen usw. Sie sind Allesfresser, die sehr schnell laufen und klettern, aber nicht fliegen können.

5

Asiatische Großschabe
Periplaneta austral-asiae

L –40 mm   Jan.–Dez.
Kennzeichen: Braun, Halsschild gelblich mit schwarzem Rand und schwarzem Fleck.
Vorkommen: Bei uns nur in Gebäuden.
Wissenswertes: Noch größer wird die Riesenschabe (*Blaberus cranifer* – 60 mm), die wie die Asiatische Großschabe als Tierfutter und Labortier gezüchtet wird und gelegentlich entweicht.

1 Punktierte Ruderwanze
Corixa punctata

L 13–15 mm   Jan.–Okt.

Kennzeichen: Länglich-ovaler Körper, Halsschild mit bis zu 20 Querlinien, Deckflügel gelb-braun gesprenkelt.

Vorkommen: In Stillgewässern.

Wissenswertes: Die Hinterbeine tragen kräftige Borsten und dienen als Ruder. Die Männchen vieler Arten können durch das Reiben der Vorderbeine über die Kopfkante zirpende Laute erzeugen. Das hat ihnen den Namen „Wasserzikade" eingebracht.

2 Rückenschwimmer
Notonecta glauca

L 14–17 mm   Jan.–Okt.

Kennzeichen: Langgestreckt mit aufgewölbtem Rücken und flacher, behaarter Bauchseite. Hinterbeine verlängert, mit Schwimmborsten, schwimmt auf dem Rücken.

Vorkommen: In Stillgewässern, oft die ersten Tiere, die Gartenteiche besiedeln.

Wissenswertes: Der Luftvorrat wird im Gegensatz zu den Ruderwanzen am Bauch transportiert. Die Tiere können sehr schmerzhaft stechen und werden deshalb auch als „Wasserbienen" bezeichnet.

3 Wasserskorpion
Nepa rubra

L –38 mm   Jan.–Dez.

Kennzeichen: Körper breit und flach, mit langem Atemrohr, braun gefärbt.

Vorkommen: Weit verbreitet in stehenden Gewässern, meist im Bodenschlamm.

Wissenswertes: Der Name leitet sich von den zu Fangbeinen umgebildeten Vorderbeinen ab; mit Skorpionen sind sie nicht verwandt. Sie lauern in Stillgewässern auf dem Grund zwischen Pflanzen auf Beute.

4 Stabwanze
Ranatra linearis

L –70 mm   Jan.–Dez.

Kennzeichen: Langgestreckter, stabförmiger braungelber Körper. Sehr langes Atemrohr, Vorderbeine zu Fangbeinen umgewandelt.

Vorkommen: In pflanzenreichen Stillgewässern.

Wissenswertes: Wegen der Körperform auch Wassernadel genannt. Lauert zwischen Wasserpflanzen kopfunter auf vorbeischwimmende Beute, die mit den blitzartig vorschnellenden Fangbeinen ergriffen wird. Die Fangtechnik der Gottesanbeterin. Sie schwimmen nur selten; zum Ortswechsel klettern sie zwischen den Wasserpflanzen oder laufen mit den hinteren Beinpaaren über den Grund.

5 Schwimmwanze
Ilyocoris cimicoides

L 12–15 mm   Jan.–Dez.

Kennzeichen: Körper oval, abgeflacht, Deckflügel dunkelbraun oder oliv gefärbt.

Vorkommen: In Stillgewässern.

Wissenswertes: Gute Schwimmer, mit langen Borsten vor allem an den Hinterbeinen; Vorderbeine zu Fangbeinen umgewandelt. Kein Atemrohr, schwimmen sie zum Luftholen an die Oberfläche. Stechen empfindlich.

6 Teichläufer
Hydrometra stagnorum

L 9–12 mm

Kennzeichen: Dünner, langgestreckter Körper mit langen dünnen Beinen und Fühlern.

Vorkommen: Am Ufer stehender Gewässer.

Wissenswertes: Die Tiere stelzen meist langsam auf der Wasseroberfläche zwischen Wasserpflanzen auf Beutesuche umher.

7 Wasserläufer
Gerris lacustris

L –13 mm   März–Nov.

Kennzeichen: Langgestreckt mit 4 langen Beinen, Vorderbeine kürzer, dunkelbraun.

Vorkommen: Auf der Wasseroberfläche stehender Gewässer.

Wissenswertes: Durch Ausnutzung der Oberflächenspannung des Wassers können die Tiere auf dem Wasser laufen. Den Antrieb liefert das mittlere Beinpaar, die Hinterbeine steuern. Mit den Vorderbeinen wird die Beute, ins Wasser gefallene Insekten, festgehalten.

1 Rote Mordwanze
Rhinocoris iracundus

L 14–18 mm Mai–Sept.

Kennzeichen: Auffallend schwarz-rot gefärbt, langer, säbelartig gebogener Rüssel.

Vorkommen: Eine wärmeliebende Art, die in Mitteleuropa vor allem im Süden in Wiesen, Gebüschen usw. vorkommt.

Wissenswertes: Beute der Mordwanzen sind Insekten, die mit den Vorderbeinen festgehalten und mit Hilfe des langen Rüssels ausgesaugt werden. Mit dem Rüssel können sie durch Reiben über eine Rinne zwischen den Vorderhüften auch zirpende Laute erzeugen. Mordwanzen gehören zu der großen Familie der Raubwanzen mit über 3000 Arten. Die meisten kommen in den Tropen vor. Die Gattung *Rhinocoris* ist bei uns mit 3 weiteren Arten vertreten, die sich vor allem in der Schwarz-Rot-Färbung voneinander unterscheiden.

2 Gemeine Feuerwanze
Pyrrhocoris apterus

L 10–12 mm Apr.–Okt.

Kennzeichen: Körperumriß oval, auffällig schwarz-rot gezeichnet, Flügel meist nicht voll entwickelt.

Vorkommen: In Europa, Nordafrika, Nordasien und Mittelamerika weit verbreitete Art.

Wissenswertes: Die sehr geselligen Tiere (**2 b**) leben in großer Zahl an Linden, seltener auch an Robinien. Sie ernähren sich vor allem von den Früchten der Linde, saugen aber auch Baumsäfte und oft auch an toten Insekten. Die Weibchen sondern Sexuallockstoffe ab, die von den Männchen erkannt werden. Eine Feuerwanzenpaarung kann einen ganzen Tag dauern. Die ausgewachsenen Tiere überwintern. Bei uns kommen nur 2 Arten aus der Familie der Feuerwanzen vor; es gibt allerdings einige recht ähnlich gezeichnete Bodenwanzen.

3 Ritterwanze
Lygaeus equestris

L 11–12 mm Apr.–Sept.

Kennzeichen: Eine weitere überwiegend schwarz-rot gefärbte Art, aber mit weißen Flügelflecken.

Vorkommen: In sonnigen, warmen Wiesen, im Norden recht selten.

Wissenswertes: Lebt vor allem an Schwalbenwurz, aber auch an Löwenzahn und Kratzdisteln. Läuft wie die meisten übrigen Arten häufig am Boden herum und saugt Pflanzensäfte. Die Paarung erfolgt wie bei vielen Wanzen in entgegengesetzter Stellung.

4 Spitzling
Aelia acuminata

L 8–10 mm

Kennzeichen: Auffallend langgestreckter, zugespitzter Kopf (Name!). Gelblichweiß mit braunen Streifen auf der Oberseite.

Vorkommen: Vor allem auf Wiesen an verschiedenen Gräsern.

Wissenswertes: Früher galt die Art als Getreideschädling, deshalb auch der ebenfalls gebräuchliche Name Getreidespitzwanze. Die Tiere besitzen Dornen an den Hinterschienen, die über Riefen am Hinterleib gerieben werden. So können sie Laute erzeugen. Heute kommt es offensichtlich nicht mehr zu massenhaftem Auftreten.

5 Streifenwanze
Graphosoma lineatum

L –10 mm Mai–Aug.

Kennzeichen: Rot mit schwarzen Streifen, in Mitteleuropa unverwechselbar.

Vorkommen: Süd- und Mitteleuropa, Westasien. Die Tiere sind vor allem im Mittelmeerraum sehr häufig. Bei uns bevorzugen sie warme Böschungen und Wiesen an Südhängen, wo sie meist auf blühenden Doldenblütlern wie Wiesenkerbel und Bärenklau zu finden sind.

Wissenswertes: Die farbenprächtigste der bei uns vorkommenden Baumwanzen signalisiert mit ihrer auffälligen Färbung ihre Ungenießbarkeit. So ist die Art vor Freßfeinden geschützt. Sie saugt an den oben genannten Pflanzen. Den Larven fehlt die rote Farbe, das Streifenmuster ist aber schon zu erkennen. Sie werden nach dem Schlüpfen zunächst für einige Zeit von der Mutter bewacht.

1 Rotbeinige Baumwanze
Pentatoma rufipes

L 13–15 mm   Juni–Nov.

Kennzeichen: Dunkelbraun mit rötlichen Beinen, Hinterleib mit schwarz-weiß-rot gezeichnetem Saum. Spitze des Schildes mit orangefarbenem Fleck.

Vorkommen: Eine häufige Baumwanze; fast überall in Wäldern, Hecken, Parks und Gärten.

Wissenswertes: Die Tiere leben auf den verschiedensten Baumarten wie Ahorn, Linde usw., in Gärten auch auf Obstbäumen. Hier saugen sie gerne an Früchten. Daneben ernähren sie sich auch von toten Insekten. Sie werden vom Licht angelockt und fliegen nachts gelegentlich in Häuser. Die Larven überwintern im Unterschied zu anderen Baumwanzen, bei denen die voll entwickelten Tiere den Winter überdauern. Bei uns zahlreiche weitere der mit weltweit 6000 Arten sehr großen Wanzenfamilie.

2 Lederwanze
Coreus marginatus

L 10–16 mm   Apr.–Okt.

Kennzeichen: Dunkelbraune, kräftige Wanze mit 4gliedrigen Fühlern, das letzte Fühlerglied ist schwarz gefärbt.

Vorkommen: Auf feuchteren Böden, oft auf Ampferarten.

Wissenswertes: Die Art wird auch als Saum- oder Randwanze bezeichnet. Der Name leitet sich von den breiten Hinterleibsrändern ab. Die Tiere leben vor allem auf Ampfer und Brombeeren, an deren Früchten sie saugen.

3 Weichwanze
Stenodema laevigatum

L 8–9 mm   Apr.–Okt.

Kennzeichen: Langgestreckter Körper, bräunlich oder grünlich; viele ähnliche Arten.

Vorkommen: Weit verbreitet, vor allem auf Gräsern.

Wissenswertes: Eine sehr häufige Vertreterin der mit weltweit über 6000 Arten größten Wanzenfamilie, der Weich- oder Blindwanzen

(*Miridae*). Der Name Weichwanzen bezieht sich auf die sehr dünne und weiche Panzerung der Tiere, der Name Blindwanzen auf das Fehlen der Punktaugen (Ocellen). Die Wanzen sind aber nicht blind, denn die Komplexaugen sind voll funktionsfähig. Weichwanzen leben auf den unterschiedlichsten Pflanzen und saugen deren Säfte.

4 Gemeine Wiesenwanze
Lygus pratensis

L 5,8–7,3 mm   Mai–Okt.

Kennzeichen: Rötlich, gelblich oder braun, Schildchen ungezeichnet.

Vorkommen: Weit verbreitet und häufig.

Wissenswertes: Eine sehr häufige Weichwanze, die u. a. auf Brennesseln lebt und unter Baumrinde überwintert.

5 Grüne Stinkwanze
Palomena prasina

L 12–14 mm   Apr.–Nov.

Kennzeichen: Im Frühjahr und Sommer grün, verfärbt sich im Herbst braun.

Vorkommen: Auf Wiesen, in Hecken, an Waldrändern usw.

Wissenswertes: Eine häufige Art, die unter Baumrinde oder in der Laubstreu überwintert. Die Weibchen legen im Juni und Juli bis zu 100 Eier in mehreren Gelegen auf der Oberseite von Blättern ab. Zur Paarungszeit können sie tiefe Laute erzeugen. Die Stinkdrüsen dienen wie bei vielen anderen Wanzen zur Feindabwehr.

6 Kohlwanze
Eurydema oleraceum

L 5–7,5 mm   Mai–Okt.

Kennzeichen: Sehr vielgestaltig, überwiegend schwarz mit roten, gelben oder weißen Flecken unterschiedlicher Ausdehnung.

Vorkommen: Weit verbreitet und häufig.

Wissenswertes: Die Tiere leben vor allem an Kreuzblütlern, regelmäßig auch an Kohlpflanzen in Gärten. Oft werden an den Blättern die Eier abgelegt (**6a**). Im Herbst verschwindet die farbige Zeichnung, nach der Überwinterung wirken die Tiere fast schwarz.

1 Blutzikade
Cercopis vulnerata

L 8–10 mm Apr.–Okt.

Kennzeichen: Stromlinienförmig, Vorderflügel schwarz-rot, Augen klein, Fühler kurz.

Vorkommen: Auf Wiesen, an Waldrändern, Hecken und in Gärten.

Wissenswertes: Auffällige Schaumzikade, deren Schaumnester man nicht so leicht findet wie bei der folgenden Art, denn sie befinden sich unter der Erde an Wurzeln von krautigen Pflanzen. Dort überwintern auch die Larven. Sie durchlaufen während ihrer Entwicklung 5 verschiedene Larvenstadien. Ausgewachsene Tiere kann man häufig auf Gräsern und Sträuchern antreffen. Es gibt 3 ähnliche Arten, die sich von der Blutzikade durch die nicht so stark geschwungene rote Binde am Flügelende unterscheiden. Alle sind bei uns viel seltener als die Blutzikade. Wie die meisten Zikaden können sie mit Hilfe ihrer Hinterbeine recht weit springen.

2 Wiesenschaumzikade
Philaenus spumarius

L 5–7 mm Juli–Okt.

Kennzeichen: Kleiner als die vorige Art, aber mit ähnlichem Körperbau, sehr variabel gefärbt, rötlich, bräunlich, grünlich, oft mit dunkler Zeichnung.

Vorkommen: Weit verbreitet auf Wiesen, Hochstaudenfluren usw. Die Art hat keine speziellen Ansprüche und wurde schon auf mehr als 170 Pflanzenarten nachgewiesen.

Wissenswertes: Die bekannteste heimische Zikade, vor allem wegen des Schaumes (**2a**), der als Kuckucksspeichel bezeichnet wird. Diesen erzeugen die Larven (**2b**), indem sie eine aus dem After austretende Flüssigkeit mit Luft „aufblasen". Der Schaum dient als Schutz vor Austrocknung und vor Feinden.

3 Erlenschaumzikade
Aphrophora alni

L –12 mm Apr.–Okt.

Kennzeichen: Bräunlich oder grau, am Vorderflügelrand dunkel begrenzte, helle Flekken.

Vorkommen: Weit verbreitet, besonders häufig vor allem in der Nähe feuchterer Wälder auf Bäumen, in Hochstaudenfluren, Wiesen usw.

Wissenswertes: Der wissenschaftliche Gattungsname leitet sich vom griechischen Wort für Schaum (= aphros, Aphrodite = die Schaumgeborene) ab. Die Art ist keineswegs an Erlen gebunden, sondern frißt an vielen verschiedenen Pflanzenarten.

4 Büffelzirpe
Stictocephalus bisonia

L 6–8 mm Juli–Sept.

Kennzeichen: Leuchtend grün gefärbt, kräftige, seitlich gerichtete Halsschilddornen (Name) und breiter, nach hinten gerichteter Fortsatz; bei uns unverwechselbar.

Vorkommen: Noch lokal in Mitteleuropa, in Ausbreitung begriffen.

Wissenswertes: Die Art stammt ursprünglich aus Nordamerika und wurde nach Europa verschleppt. Sie gehört zur Familie der Buckelzirpen (*Membracidae*), die mit über 3000 Arten vor allem in den Tropen verbreitet ist. Kennzeichnend ist ein hoch aufgewölbtes Halsschild, das bei den tropischen Formen oft kompliziert gebaute und sehr bizarre Anhänge trägt. Sehr auffällige Anhänge trägt auch die Larve (**4a**).

5 Rhododendronzikade
Graphocephala fennahi

L 8–9 mm Juli–Okt.

Kennzeichen: Sehr auffällig gefärbt, Körper und Flügel oberseits intensiv grün mit roten Streifen, Unterseite und Kopf gelb-grün, schwarzer Streifen am Kopf.

Vorkommen: Weit verbreitet in Nordamerika, eingebürgert in Teilen Europas. Die Tiere leben bevorzugt auf verschiedenen Rhododendron-Arten und sind deshalb vor allem in Gärten und Parks anzutreffen.

Wissenswertes: Die ersten Exemplare dieses Neubürgers in unserer Fauna wurden vermutlich um 1930 nach Südengland eingeschleppt. Seit etwa 1970 kommt die Art auch auf dem europäischen Festland vor und hat sich seitdem sehr weit verbreitet.

1 Schwarze Bohnenlaus
Aphis fabae

L 2–3 mm   Apr.–Okt.

Kennzeichen: Klein, birnenförmiger Körper, Färbung schwarz oder grün.

Vorkommen: Typische und sehr häufige Blattlaus, regelmäßig auch in Gärten.

Wissenswertes: Es kommen eine grüne und eine schwarze Farbvariante vor. Blattläuse zeigen oft komplizierte Lebenszyklen mit geflügelten und ungeflügelten Tieren. Schwarze Bohnenläuse überwintern als Eier auf Sträuchern; im Sommer leben sie auf Bohnen, Rüben und anderen Pflanzen. Die Frühjahrsgeneration besteht aus flügellosen Weibchen, die durch Jungfernzeugung (Parthenogenese) viele Nachkommen haben. Diese Weibchen sind lebendgebärend. Blattläuse saugen Pflanzensäfte. Die Wirtspflanzen können bei starkem Befall extrem geschädigt werden. Ein weiteres Problem ist die Übertragung von Pflanzenviren. Allerdings sorgen zahlreiche Feinde, vor allem von Marienkäfern und Schlupfwespen, aber auch Blattlauslöwen (s. S. 318) dafür, daß sich ihre Vermehrung in Grenzen hält. Die Siphonen der Blattläuse sondern wachsumhüllte Blutzellen ab, die möglicherweise die Mundwerkzeuge der Räuber verkleben. Häufig sondern die Blattläuse überschüssigen Zucker als Honigtau ab, der einigen Ameisenarten als Nahrung dient. Sie „melken" Blattläuse, indem sie den Hinterleib betrillern. Als Gegenleistung verteidigen sie die Blattläuse gegen Freßfeinde. Selbst Menschen verzehren den Zuckersaft von Blattläusen als sogenannten Tannenhonig (Nadelbäume erzeugen keinen Nektar!), der von Tannenblattläusen abgeschieden und von Honigbienen gesammelt wird. Häufiger kommen Autofahrer mit Honigtau in Berührung, und zwar als klebrige Tröpfchen auf Lack und Scheiben des Autos, wenn es an einem Sommertag unter befallenen Bäumen stand.

2 Blutlaus
Eriosoma lanigerum

L 2–3 mm   Apr.–Okt.

Kennzeichen: Purpurbraun gefärbt, Körper mit weißer, wachsartiger Wolle bedeckt.

Vorkommen: Weit verbreitet, oft in Gärten.

Wissenswertes: Sie befallen oft Apfelbäume, dort, wo Baumsäfte austreten. Sie überwintern an den Wurzeln der Bäume.

3 Fichtengallaus
Sacchiphantes viridis

L 2 mm   Apr.–Okt.

Kennzeichen: Schwarzbraun, ohne Siphonen.

Vorkommen: Auf Nadelgehölzen.

Wissenswertes: Die Art gehört zu einer auf Nadelbäume spezialisierten Familie. Die Tiere erzeugen zapfenartige Gallen an den Trieben, die wegen ihres Aussehens als Ananasgallen bezeichnet werden (**3a**). Sie sind anfangs grün und öffnen sich im Sommer, um die Läuse (**3c**) zu entlassen. Dann färben sie sich braun und verholzen. Die folgenden Generationen erzeugen keine Gallen und leben auf verschiedenen Nadelhölzern.

4 Reblaus
Viteus vitifolii

L –0,8 mm

Kennzeichen: Sehr klein, gelbgrün; selten geflügelte Tiere.

Vorkommen: Ursprünglich aus Nordamerika, heute in Europa verbreitet.

Wissenswertes: Kommt in 2 Erscheinungsformen, den Gall- und Wurzelläusen, vor. In Mitteleuropa fast nur als Wurzelläuse. Gefährlicher Rebenschädling.

5 Kommaschildlaus
Lepidosaphes ulmi

L 1,8–3,5 mm   Apr.–Okt.

Kennzeichen: Die braunen, flügel- und beinlosen Weibchen sind kaum als Tiere zu erkennen, die weißen, mückenähnlichen Männchen besitzen nur 2 Flügel.

Vorkommen: Kosmopolitisch verbreitet.

Wissenswertes: Als Schildläuse werden verschiedene Familien von Blattläusen mit ausgeprägtem Geschlechtsdimorphismus zusammengefaßt. Die Weibchen scheiden harte oder wachsartige Strukturen ab, die den Tieren den Namen gaben.

1 Staublaus
Ordnung Psocoptera

L -5 mm   Jan.–Dez.
Kennzeichen: Klein, breiter Kopf, Flügel (wenn vorhanden) mit reduzierter Aderung, meist braun gefärbt.
Vorkommen: Auf Baumrinde, in Gebäuden.
Wissenswertes: Von der Ordnung der Staubläuse sind weltweit über 2000 Arten bekannt. Viele leben als Rindenläuse auf Baumrinde, einige in Häusern, so die bekannte Bücherlaus. Diese winzigen, bis maximal 1,4 mm langen, in beiden Geschlechtern flügellosen Tiere leben zwischen Buchseiten. Dort werden sie vom Bücherskorpion gejagt.

2 Fransenflügler
Parthenothrips dracenae

L –1,5 mm   Mai–Sept.
Kennzeichen: Dunkel gefärbt, Flügel mit langen, borstenförmigen Haaren, letztes Fußglied mit Haftorgan.
Vorkommen: Nahezu überall.
Wissenswertes: Die Fransenflügler oder Blasenfüße sind eine Ordnung kleiner Insekten mit zum Teil stark reduzierten Flügeln. Sie können relativ schlecht fliegen, werden aber durch den Wind weit verfrachtet. Da sie Pflanzensäfte saugen, können sie bei Massenauftreten schädlich werden, auch übertragen einige Arten Pflanzenkrankheiten. Hierher gehören auch die Getreideblasenfüße (*Limothrips cerealium*), bekannt als „Gewitterfliegen" oder „Gewitterwürmchen", die im Hochsommer oft in riesiger Zahl erscheinen.

3 Hundefloh
Ctenocephalides canis

L –2 mm   Jan.–Dez.
Kennzeichen: Braun, seitlich stark abgeflacht, flügellos, mit langen Sprungbeinen.
Vorkommen: Weltweit verbreitet auf verschiedenen Säugetieren, auch Menschen.
Wissenswertes: Flöhe sind Parasiten, die sich vom Blut ihrer Wirte ernähren. Dabei können sie Krankheiten übertragen. Tropische Rattenflöhe sind Überträger der Pest. Auch auf den ebenfalls warmblütigen Vögeln, vor allem auf Schwalben, kommen oft viele Flöhe vor (im Bild **3b** Vogelfloh *Ceratophyllus* spec.).

4 Kopflaus
Pediculus humanus

L –4 mm   Jan.–Dez.
Kennzeichen: Klein, flügellos, abgeplattet. Klammerfüße mit einer einklappbaren Kralle.
Vorkommen: Weltweit verbreitet.
Wissenswertes: Dieser Blutsauger ist einer der unangenehmsten Parasiten beim Menschen. Offensichtlich nimmt der Kopflausbefall in letzter Zeit auch bei uns wieder zu. Die Einstichstellen jucken stark; die Tiere können auch gefährliche Krankheiten übertragen. Ein Weibchen kann bis zu 300 Eier (sogenannte Nissen) ablegen, aus denen schon nach 6 Tagen die Larven schlüpfen.

5 Karpfenlaus
Argulus foliaceus

L –8,5 mm   Jan.–Dez.
Kennzeichen: Abgeflacht; der rundliche Panzer verbirgt Antennen und Augen.
Vorkommen: In Stillgewässern, vor allem auf Karpfen-, seltener auf anderen Fischen.
Wissenswertes: Bei dieser Art handelt es sich trotz des Namens nicht um eine Laus, sondern um einen parasitischen Krebs! Sie wird hier wegen der analogen Lebensweise abgehandelt. Als Blutsauger schädigen sie den Wirt kaum; allerdings werden die Saugstellen oft mit Pilzen infiziert.

6 Federlinge
Ordnung Mallophaga

L –8 mm   Jan.–Dez.
Kennzeichen: Klein, flügellos, mit Klammerbeinen. Färbung oft der Farbe des Wirtes entsprechend.
Vorkommen: Auf Vögeln.
Wissenswertes: Turmfalken-Federling (*Laemobothrion tinnunculi*, **6a**) und Tauben-Federling (*Columbicola columbae*, **6b**) repräsentieren hier die Gruppe der Beißläuse, die größtenteils auf Vögeln leben und Federn und Hautschuppen fressen. Einige Arten auf Säugetieren werden als Haarlinge bezeichnet.

1 Gemeine Florfliege
Chrysopa perla

L –10 mm Sp 25–30 mm Mai–Okt.

Kennzeichen: Grün gefärbt, Augen goldglänzend, lange, dünne Fühler. Der Name Flor„fliege" ist etwas irreführend, denn die Tiere haben 2 Flügelpaare und nicht nur eines wie die Fliegen.

Vorkommen: Weit verbreitet in Europa; in Wäldern, Gärten, Parks usw. Bei uns ca. 20 zum Teil sehr ähnliche Arten.

Wissenswertes: Die Florfliegen, wegen ihrer schönen Augen oft auch Goldaugen genannt, sind sicherlich die bekanntesten Netzflügler, da sie häufig in Häusern, vor allem auf Dachböden, überwintern. Sie sind dann durch den Farbstoff Karotin rötlich verfärbt. Im Frühjahr werden sie wieder grün. Die Tiere sind meist in der Dämmerung aktiv. Mit ihren langen Fühlern tasten sie nach Nahrung. Florfliegen sind ausgeprägte Blattlausjäger. Ihre Eier legen sie auf dünnen Stielen in der Nähe von Blattlauskolonien ab (**1b**). Die Larven (**1c**), die oberflächlich an die Larven von Marienkäfern erinnern, ernähren sich von Blattläusen und werden oft auch als Blattlauslöwen bezeichnet. Häufig tarnen sich die Blattlauslöwen mit den Überresten ihrer Opfer, so daß sie wie ein kleiner Abfallhaufen wirken. Dieses Verhalten scheint sie vor allem vor den Ameisen zu verbergen, die die Blattlauskolonie betreuen. Neuerdings werden Florfliegen auch zur biologischen Schädlingsbekämpfung gezüchtet.

2 Ameisenjungfer
Myrmeleon formicarius

L –35 mm Sp –80 mm Mai–Aug.

Kennzeichen: Schlank mit großen, ungefleckten Flügeln, Körper braun gefärbt. Fühler kurz, an der Spitze verdickt.

Vorkommen: In weiten Teilen Europas, häufiger im Mittelmeerraum. Man findet die Tiere an Sandstränden, Binnendünen, Sandheiden usw.

Wissenswertes: Auf den ersten Blick ähneln ausgewachsene Ameisenjungfern (**2a**) Libellen. An den kurzen, keulenförmigen Fühlern kann man sie aber leicht erkennen. Auch ihre langsame Flugweise unterscheidet sie von den Libellen. Dabei legen sie nur selten große Strecken zurück. Wenn die Tiere irgendwo ruhen, werden die Flügel dachförmig über dem Hinterleib zusammengelegt. Sie ernähren sich von Blattläusen und anderen kleineren Insekten. Sie sind vor allem in der Dämmerung und auch nachts aktiv und werden deshalb auch als „Nachtlibelle" bezeichnet. Bemerkenswert ist die Lebensweise der Larven, der Ameisenlöwen (**2b**). Diese leben nur in Sandböden. Darin bauen sie kleine Trichter (**2d**), an deren Grund sie sich eingraben und auf Beute lauern. Nur die kräftigen Zangen ragen etwas heraus. Geraten Ameisen über den Rand des Trichters, fallen sie hinein und können im nachrutschenden Sand nicht mehr herausklettern. Falls sie doch zu entkommen versuchen, schleudern die Ameisenlöwen Sand in die Höhe, so daß sie erneut abrutschen. Die Ameisenlöwen ergreifen sie mit ihren Zangen, injizieren zunächst ein lähmendes Gift, dann ein Verdauungssekret und saugen ihre Opfer aus (**2c**). Die leere Hülle wird dann vom Ameisenlöwen aus dem Trichter geschleudert.

3 Bachhaft
Osmylus chrysops

L 12–17 mm Sp 40–50 mm Mai–Aug.

Kennzeichen: Flügel mit dunklen Flecken, zahlreiche Flügeladern, in Ruhe ähnlich wie bei der Florfliege dachförmig über dem Körper zusammengelegt.

Vorkommen: In Gewässernähe, nicht häufig.

Wissenswertes: Die Tiere sind dämmerungsaktiv und leben räuberisch. Ihre Hauptbeute sind andere Insekten. Tagsüber sitzen sie auf Pflanzen, an Brücken usw. Das Weibchen legt die Eier an Blättern ab. Nach ca. 3 Wochen schlüpfen die Larven, die sich immer in Ufernähe aufhalten. Sie werden bis zu 20 mm groß und besitzen am Hinterleib ein ausstülpbares, mit Haken versehenes Haftorgan. Sie sind ebenfalls Räuber. Mit ihren kräftigen, nach außen gebogenen Saugzangen packen sie vor allem Mückenlarven. Sie überwintern an Land und verpuppen sich im darauffolgenden Frühjahr in einem Gespinstkokon. Nach etwa 2 Wochen schlüpfen die Bachhafte.

1 Libellen-Schmetterlingshaft
Libelloides coccajus

L 20–25 mm   Sp 45–55 mm   Juni–Juli

Kennzeichen: Flügel mit auffällig schwarzgelber Zeichnung, Körper schwarz, Fühler lang, geknöpft (**1b**). Männchen mit auffälligen Hinterleibsanhängen. Beim ähnlichen Schmetterlingshaft *Libelloides longicornis* (**1a**) ist die Flügeladerung gelb statt wie bei der erstgenannten Art schwarz. Ein weiteres Unterscheidungsmerkmal ist der runde Fleck auf den Hinterflügeln.

Vorkommen: Sehr wärmeliebende Art, die in Mitteleuropa nur an wenigen Orten vorkommt.

Wissenswertes: Schmetterlingshafte sind kräftiger gebaut als die Ameisenjungfern und meist tagaktiv. Sie sind gute Flieger und ernähren sich von Insekten, die sie im Flug fangen. Setzen sie sich in die Sonne, breiten sie ihre Flügel meist aus (**1b**). In der Ruhestellung werden diese aber dachziegelartig über dem Körper zusammengelegt (**1a**). Die Larven haben Ähnlichkeit mit Ameisenlöwen, bauen aber keine Trichter. Sie leben am Boden, oft unter Steinen, und jagen dort Wirbellose. Im Mittelmeerraum gibt es mehrere verwandte Arten, wo man sie oft recht häufig antreffen kann.

2 Schneehaft
Boreus westwoodi

L 3–4 mm

Kennzeichen: Flügellos, mit schnabelartig ausgezogenem Kopf, lange Hinterbeine.

Vorkommen: Auf Gletschern und ewigem Schnee.

Wissenswertes: Der Schneehaft, auch Winterhaft oder Schneefloh genannt, gehört wie die Skorpionsfliegen zu den Schnabelfliegen oder Schnabelhaften. Mit den langen Hinterbeinen, mit denen sie sich auch springend fortbewegen, erinnern die Tiere an Heuschrecken. Die Schneehafte suchen auf Schnee und Eis nach toten Insekten, die sie mit einem Verdauungssekret zunächst auflösen und dann aufsaugen. Auch Moos wird von ihnen gefressen. Ein naher Verwandter ist der Gletscherfloh *Boreus hyemalis*.

3 Skorpionsfliege
Panorpa communis

L –20 mm   Sp –32 mm   Mai–Sept.

Kennzeichen: Auf den ersten Blick schnakenähnlich, mit schnabelartig ausgezogenem Kopf und nach oben gebogenem Hinterleib. Flügel stark schwarzbraun gefleckt.

Vorkommen: Weit verbreitet in Wäldern, Hecken usw., manchmal auch in Gärten.

Wissenswertes: Die lang ausgezogenen Mundwerkzeuge gaben der Ordnung den deutschen Namen Schnabelhafte. Die Art hat ihren Namen vom nach oben gekrümmten Hinterleib der Männchen mit dicken Greifzangen (**3a**). Sie können damit aber nicht stechen. Mit den Zangen werden die Weibchen (**3b**) bei der Paarung gegriffen. Um das Weibchen „gefügig" zu machen, sondert das Männchen einen Sekrettropfen ab, der vom Weibchen gefressen wird – quasi ein Brautgeschenk. Die Eier werden ins Erdreich abgelegt; hier leben auch die raupenähnlichen Larven. Imago und Larven leben räuberisch und ernähren sich von kleineren Insekten.

4 Kamelhalsfliege
Raphidia notata

L –30 mm   Sp –30 mm   Apr.–Aug.

Kennzeichen: Braunschwarz mit stark geäderten Flügeln, Vorderbrust stark verlängert, 2 Adern im dunklen Pterostigma.

Vorkommen: In Nord- und Mitteleuropa an Waldrändern, Hecken, Gebüschen usw. 11 ähnliche Arten in Mitteleuropa.

Wissenswertes: Ihren Namen verdanken die Tiere der stark verlängerten Vorderbrust (Insekten haben keinen Hals!) und der typischen Kopfhaltung. Sie sitzen im Sommer häufig auf der Rinde von Bäumen, wo sie schnell umherlaufen. Sie leben räuberisch und fressen Insekteneier und -larven, Blattläuse, Rüsselkäfer und andere Insekten. Die Larven sind langgestreckt und abgeflacht. Sie leben in Spalten und Käfergängen in der Baumrinde und können gut rückwärts laufen. Sie vertilgen dort viele Insekten sowie deren Eier und Larven und werden als nützlich im Sinne der biologischen Schädlingsbekämpfung angesehen.

1 Federgeistchen
Pterophorus pentadactyla

L –17 mm   Sp –34 mm   Mai–Aug.

Kennzeichen: Schneeweiß, unverkennbar.

Vorkommen: Überall in der offenen Landschaft, auch in Gärten.

Wissenswertes: Das Federgeistchen gehört zu den auffälligsten Kleinschmetterlingen. Die Vorderflügel sind 2-, die Hinterflügel 3 fach gespalten (pentadactylus = „Fünffinger"). Die so entstehenden Zipfel sind noch einmal stark gefiedert. So wirken sie wie Vogelfedern (Name!). Die Raupen ernähren sich vor allem von Acker- und Zaunwinde, aber auch von Klee, Rosen, Schlehen u.a. Bei uns weitere verwandte Arten, die auch Federmotten genannt werden.

2 Kleidermotte
Tineola bisselliella

L –8 mm   Sp 12 mm   Mai–Sept.

Kennzeichen: Goldglänzend, fadenförmige Fühler.

Vorkommen: Weltweit verbreitet in Textilien.

Wissenswertes: Die Weibchen legen bis zu 100 kleine weiße Eier auf Wolle oder Pelzen ab, aus denen nach etwa 2 Wochen die madenähnlichen Raupen schlüpfen. Diese können Gewebe großflächig zerstören. Unter günstigen Bedingungen entwickeln sie sich innerhalb von 3 Monaten zu ausgewachsenen Faltern (inklusive Puppenstadium). So kann bei lange hängender Kleidung ein Massenbefall auftreten, der nicht bemerkt wird. Die Falter nehmen keine Nahrung auf.

3 Nesselzünsler
Pleuroptya ruralis

L –19 mm   Sp –40 mm   Juni–Aug.

Kennzeichen: Flügel und Körper hellbraun mit dunkelbrauner und grauer Zeichnung.

Vorkommen: Weit verbreitet in Europa.

Wissenswertes: Sehr häufige Art, gelegentlich auch am Tag zu beobachten. Nachts kommen sie oft zu Lichtquellen. Wie alle Zünsler besitzen sie an der Basis des Abdomens ein paariges Hörorgan (Tympanalorgan), mit dem sie die Ortungsrufe von Fledermäusen wahr-

nehmen können. So sind sie in der Lage, jagenden Fledermäusen zu entkommen. Weltweit soll es über 30000 Zünslerarten geben; die meisten davon in den Tropen. Damit sind sie eine der größten Familien der sog. Kleinschmetterlinge.

4 Brennesselzünsler
Eurrhypara hortulata

L –10 mm   Sp 18 mm   Juni–Aug.

Kennzeichen: Körper gelb mit dunklen Flecken, Flügel weiß mit zahlreichen schwarzen Flecken, Basis der Vorderflügel gelb.

Vorkommen: Häufig vor allem an Hecken und Waldrändern in Brennesselbeständen und Gebüschen.

Wissenswertes: Die zunächst grünlich und später gelbrosafarbene Raupe (**4b**) frißt in zusammengerollten Blättern von Brennesseln, Ziest und anderen Lippenblütlern.

5 Holunderzünsler
Phlyctaenia coronata

L –11 mm   Sp 26 mm   Mai–Aug.

Kennzeichen: Graubraun mit goldenem Schimmer; auffällige weiße Flügelflecken.

Vorkommen: In Hecken, Gärten, an Wegrainen usw.

Wissenswertes: Die weißlichen Raupen mit grünen Längsstreifen fressen vor allem an Holunder, Flieder, Liguster und anderen Sträuchern.

6 Laichkrautzünsler
Nymphula nymphaeata

L –10 mm   Sp –25 mm   Mai–Aug.

Kennzeichen: Weiß mit abwechslungsreicher brauner Bänderung der Flügel, fadenförmige Fühler.

Vorkommen: An langsam fließenden oder Stillgewässern mit Laichkräutern.

Wissenswertes: Interessant ist die aquatische Lebensweise der Raupen (**6b**), die unter Wasser an Laichkrautblättern fressen. Sie atmen in jungen Stadien ausschließlich über die Haut, erst später mit Hilfe der Tracheen. Die Verpuppung erfolgt in einem luftgefüllten Köcher unter Wasser.

1 Weidenbohrer
Cossus cossus

L –40 mm Sp –80 mm Mai–Aug.

Kennzeichen: Grauweiß mit schwarzer Strichelung; Weibchen größer als Männchen.

Vorkommen: Weit verbreitet in Europa, in Auwäldern, an Waldrändern, aber auch in Gärten.

Wissenswertes: Der Name dieses Falters bezieht sich auf die großen Raupen (**1b**), die in Weiden, aber auch in Pappeln und Kastanien meterlange Fraßgänge erzeugen. Dadurch können Bäume so stark geschädigt werden, daß sie umknicken. Ihre Entwicklung dauert 2, manchmal sogar 4 Jahre. So gehören Weidenbohrer zu den Schmetterlingen mit dem höchsten Alter. Auffällig ist ein von den Raupen ausgehender Essiggeruch, der ein sicherer Hinweis auf das Vorkommen der Tiere ist. Die Raupe galt im alten Rom als besondere Delikatesse. Der Weidenbohrer gehört zu den Kleinschmetterlingen (s. vorige Seite) und ist der größte Vertreter dieser Gruppe.

2 Hopfenwurzelbohrer
Hepialus humuli

L –35 mm Sp –60 mm Mai–Aug.

Kennzeichen: Brauner Körper; Männchen (**2b**) mit weißen, Weibchen (**2a**) mit gelblichbraunen Flügeln, Weibchen deutlich größer als Männchen.

Vorkommen: In feuchteren Wäldern in weiten Teilen der Paläarktis.

Wissenswertes: Die Art wird auch als Geistermotte, Hopfenmotte oder Hopfenspinner bezeichnet. Die Männchen führen eine Art Balzflug vor, um die Weibchen zur Paarung anzuregen. Nach der Befruchtung streuen sie die Eier im Flug regelrecht aus. Als Futterpflanze der unterirdisch lebenden Raupen dienen nicht nur die Wurzeln von Hopfen, sondern auch die von Sauerampfer, Huflattich, Löwenzahn und vielen anderen Kräutern. In Hopfenkulturen können die Raupen bei Massenentwicklung gelegentlich Schäden anrichten. Sie leben länger als 2 Jahre und verpuppen sich in der Erde in einem röhrenartigen Gespinst.

3 Blutströpfchen
Zygaena filipendulae

L –18 mm Sp –38 mm Juni–Aug.

Kennzeichen: Flügel glänzend blauschwarz mit 6 paarweise angeordneten, blutroten Flecken.

Vorkommen: Auf unterschiedlichsten Wiesentypen in ganz Europa; häufigste Art dieser Gattung.

Wissenswertes: Der Name bezieht sich auf die Flecken auf den Vorderflügeln. Auch die Hinterflügel sind intensiv rot gefärbt. Eine Reihe ähnlicher Arten, die sich vor allem durch Anzahl und Anordnung der Flecken unterscheiden, werden mit dem Blutströpfchen zur Familie der Widderchen (*Zygaenidae*) zusammengefaßt. Dieser Name bezieht sich auf die keulenförmig verdickten Fühler. Die Tiere sind tagaktiv. Bei Bedrohung durch Feinde sondern sie ein übelriechendes Sekret ab. Die auffällige Färbung ist als Warntracht aufzufassen. Die grüne, schwarz gefleckte Raupe (**3b**) lebt an krautigen Pflanzen, vor allem an Schmetterlingsblütlern; bei uns gehört Hornklee zur bevorzugten Nahrung. Die gelbe, pergamentartige Puppenhülle kann man an Grashalmen finden. Die Falter saugen vor allem an Disteln, Kletten, Dost und Flockenblumen. Auf Blüten sitzen die Falter mit nach vorn gestreckten Fühlern und dachförmig gehaltenen Flügeln.

4 Grünwidderchen
Procris statices

L –14 mm Sp –28 mm Mai–Aug.

Kennzeichen: Vorderflügel grün mit metallischem Glanz, Hinterflügel grau. Einige ähnliche Arten.

Vorkommen: Eine Art der Waldlichtungen und feuchten Wiesen, wo sie sehr häufig auftreten kann.

Wissenswertes: In der Ruhestellung legen die Falter die Flügel wie alle Widderchen dachartig zusammen. Sie sind wie ihre Verwandten tagaktiv und besuchen Blüten. Die Raupen ernähren sich vor allem von Sauerampfer und anderen Ampferarten. Sie überwintern und verpuppen sich in einem weichen Gespinst auf der Erde.

1 Traubenkirschen-Gespinstmotte
Yponomeuta evonymella

L –10 mm   Sp –25 mm   Mai–Aug.

Kennzeichen: Schneeweiß mit vielen kleinen schwarzen Flecken. Mehrere verwandte Arten sind äußerlich kaum unterscheidbar, die Raupen leben aber auf anderen Futterpflanzen.

Vorkommen: Häufig in Gärten, an Waldrändern, in Parks und in Hecken.

Wissenswertes: Viel auffälliger als die Falter, die sich tagsüber verstecken und dabei die Flügel dachförmig anlegen, sind die Raupen (**1b**), die im Mai und Juni in dichten Gespinsten vor allem auf Traubenkirschen leben. Die schleierartigen Gespinste (**1c**) können bei Massenvermehrung einen ganzen Baum überziehen, der dann meist auch völlig kahlgefressen wird. Auch die Verpuppung der Raupen erfolgt im Gespinst.

2 Apfelwickler
Cydia pomonella

L 7–9 mm   Sp 14–24 mm   Mai–Okt.

Kennzeichen: Mit gelbbraunen und schwarzen Querbinden auf den grauen Vorderflügeln, Hinterflügel bräunlich.

Vorkommen: Sehr häufig in Obstgärten, Streuobstwiesen usw.; heute weltweit in allen Apfelanbaugebieten zu finden.

Wissenswertes: Die Raupe (**2b**) lebt im Fruchtfleisch von Äpfeln, aber auch von Birnen, Quitten, Pfirsichen, Kirschen und einigen anderen Obstarten. Das Vorkommen der Art wird vor allem durch klimatische Faktoren und Parasiten beeinflußt. Ernsthafte wirtschaftliche Schäden durch Massenvermehrung sind nur selten. Die Raupen verpuppen sich in Ritzen in der Baumrinde, am Boden oder sogar in Apfelkisten. Die Falter fliegen in 2 Generationen im Jahr.

3 Grüner Eichenwickler
Tortrix viridana

L –11 mm   Sp 18–25 mm   Mai–Aug.

Kennzeichen: Grüne Vorder- und graubraune Hinterflügel, jeweils mit weißem Saum.

Vorkommen: Weit verbreitet in den Laubwäldern mit Eichenbeständen in Europa und Kleinasien.

Wissenswertes: Während es recht schwierig ist, die Falter zu beobachten – sie halten sich meist in den Baumwipfeln auf und schwärmen erst in der Dämmerung –, sind die Fraßspuren der Raupen bei Massenentwicklung unübersehbar. Dann können ganze Bestände kahlgefressen werden. Die Raupen fressen zunächst Knospen und dann Blätter. Sie verpuppen sich zwischen zusammengesponnenen Blättern. Bei Massenauftreten stehen nicht genug Blätter zur Verfügung, dann findet die Verpuppung an der Rinde oder am Boden statt. Eichenwicklerraupen sind ein wichtiger Bestandteil der Aufzuchtnahrung von Meisen und anderen Vogelarten. Auch viele andere Feinde wie Laufkäfer, Waldameisen, Schlupfwespen und Raupenfliegen ernähren sich von ihnen.

4 Hornissenschwärmer
Sesia apiformis

L –20 mm   Sp –45 mm   Mai–Juli

Kennzeichen: Körper wespenähnlich schwarz-gelb gefärbt, Flügel glasig durchsichtig.

Vorkommen: Vor allem in Auwäldern und Pappelalleen in weiten Teilen Europas und Nordasiens, meist nicht häufig.

Wissenswertes: Der deutsche Name ist etwas verwirrend, da es sich hier nicht um einen Schwärmer, sondern um einen Glasflügler handelt. Der Hornissenschwärmer oder vielleicht besser Hornissenglasflügler ist der größte heimische Vertreter dieser Gruppe. Mit der Körperfärbung und den unbeschuppten Flügeln ähneln die Falter Wespen. So sind sie vor Freßfeinden, z.B. Vögeln, gut geschützt. Der schnelle Flug erinnert allerdings an Schwärmer. Die Falter sind tagaktiv, aber leicht zu entdecken. Die Raupen leben in Bohrgängen unter der Rinde von Pappeln und überwintern zweimal. Bei uns kommen eine Reihe weiterer, deutlich kleinerer Glasflügler-Arten vor, die nicht leicht zu bestimmen sind. Einige von ihnen, wie der Johannisbeerglasflügler, kommen auch in Gärten vor und können Beerensträucher schädigen.

1 Großer Gabelschwanz
Cerura vinula

L –30 mm   Sp 55–75 mm   Apr.–Juli

Kennzeichen: Gelbweiß mit grauschwarzer Linienzeichnung.

Vorkommen: Paläarktisch verbreitet, vor allem in Pappel- und Weidenbeständen.

Wissenswertes: Besonders auffällig sind die großen, bis zu 70 mm langen grünen Raupen mit schwarzer Zeichnung (**1b**). Am Hinterende haben sie eine „Schwanzgabel", der Kopf trägt einen purpurroten Rand und schwarze Augenflecken. Bei Gefahr wird der Kopf zur Abschreckung von Feinden angehoben. Aus einer Drüse können sie eine Flüssigkeit versprühen, die Ameisensäure enthält. Als Nahrung dienen ihr Blätter von Weiden und Pappeln. Wenn die Falter tagsüber an einem Ast ruhen, strecken sie oft die Vorderbeine nach vorn („Streckfuß", **1a**).

2 Mondvogel
Phalera bucephala

L –32 mm   Sp –60 mm   Mai–Juli

Kennzeichen: Vorderflügel grau mit silbernen Schuppen, an der Spitze mit hellbraunem Fleck, Hinterflügel einfarbig beigeweiß. Kopf ebenfalls hellbraun.

Vorkommen: Weit verbreitet in der Paläarktis in Laubwäldern und Parks vom Flachland bis etwa 1600 m Höhe.

Wissenswertes: Die Färbung von Kopf und Flügelspitzen bewirkt eine hervorragende Tarnung, gleicht der Mondvogel in Ruhestellung doch einem abgebrochenen Zweigstückchen, wobei die hellen Flecken die Bruchstellen vortäuschen. Manchmal wird die Art auch Mondfleck genannt. Die Falter fliegen in der Nacht häufig Lichtquellen an und gelangen so manchmal auch in Häuser. Sie nehmen keine Nahrung auf. Die auffälligen Raupen kann man häufig auf Hasel, Weiden, Birken und vielen anderen Laubgehölzen finden. Sie werden bis zu 6 cm lang, der Kopf ist schwarz und trägt ein gelbes V. Der Körper ist schwarz-gelb gefärbt und weiß behaart. Die Raupen leben in Gruppen zusammen, die auch gemeinsam den Futterplatz wechseln. Sie verpuppen sich im Herbst in der Erde.

3 Kleines Nachtpfauenauge
Saturnia pavonia

L –45 mm   Sp –60 mm   Apr.–Mai

Kennzeichen: Weibchen (**3b**) grau mit brauner Zeichnung, Männchen (**3a**) gelbbraun mit brauner Zeichnung, beide mit je einem Augenfleck auf allen 4 Flügeln.

Vorkommen: In weiten Teilen der Paläarktis in Heidegebieten und lichten Kiefernwäldern.

Wissenswertes: Starke Geschlechtsunterschiede. Mit ihren federartigen Fühlern können die Männchen wie andere Arten auch die von den Weibchen abgegebenen Sexuallockstoffe (Pheromone) über eine Entfernung von mehreren Kilometern wahrnehmen. Die Raupen (**3c**) sind zunächst grün, dann schwarzgrün gemustert und ausgewachsen grün mit gelben Warzen mit schwarzen Borsten. Sie fressen vor allem an Besenheide und Heidelbeere, aber auch an vielen anderen Sträuchern. Sie verpuppen sich im Herbst in einem großen, flaschenförmigen Kokon an ihrer Futterpflanze. Die Falter schlüpfen im folgenden Frühjahr und fressen nicht.

4 Eichenprozessionsspinner
Thaumetopoea processionea

L –18 mm   Sp 29–35 mm   Juli–Sept.

Kennzeichen: Unscheinbar graubraun gefärbt, mit braunen Linien auf den Flügeln.

Vorkommen: Mittel- und Westeuropa, in Wäldern mit Eichenbeständen.

Wissenswertes: Die Eier werden auf der Rinde von Eichen abgelegt; die Eier überwintern. Die giftig behaarten Raupen (**4a**) leben tagsüber in Gespinsten und wandern in der Dämmerung in langen Reihen zum Fressen (**4b**). Am nächsten Morgen kehren sie in gleicher Weise zu ihrem Gespinst zurück. Die Haare sind mit Widerhaken versehen und brechen leicht ab; sie können bei Menschen Hautausschlag oder sogar schmerzhafte Entzündungen hervorrufen. Zahlreiche abgebrochene Haare im Gespinst dienen als Schutz vor Feinden. Sehr bekannt sind auch die Gespinste des vor allem im Mittelmeerraum überall verbreiteten Kiefernprozessionsspinners (*Thaumetopoea pinivora*). Seine Raupen überwintern auch im gemeinsamen Nest.

1 Birkenspinner
Endromis versicolora

L –39 mm Sp –90 mm März–Mai
Kennzeichen: Lebhaft gezeichnete, braun-weiß-schwarz gefärbte Flügel.
Vorkommen: In Laubmischwäldern; lebt bevorzugt in lichten Birkenwäldern.
Wissenswertes: Eine Art mit deutlichem Geschlechtsdimorphismus, die Weibchen sind viel größer als die Männchen. Die Falter nehmen keine Nahrung auf. Die Männchen fliegen auch tagsüber auf der Suche nach Weibchen, die dann meist im Wipfelbereich der Bäume sitzen. Sie sondern einen Lockstoff ab, den die Männchen über große Entfernungen wahrnehmen können. Die Raupen leben vor allem auf Birken, aber auch auf Erlen und Linden. Sie verpuppen sich in einem schwarzen Gespinst auf der Erde. Die Puppe überwintert, die Falter schlüpfen sehr früh im Jahr.

2 Kupferglucke
Gastropacha quercifolia

L –43 mm Sp –82 mm Mai–Sept.
Kennzeichen: Bräunlich mit violettem Schimmer, im Süden gelbbraun. Weibchen fast doppelt so groß wie die Männchen.
Vorkommen: Europa und nördliches Asien bis nach Japan, in der Kulturlandschaft.
Wissenswertes: Die Falter tarnen sich durch eine ungewöhnliche Ruhestellung: Die Vorderflügel werden dachartig über dem Körper zusammengelegt, die Hinterflügel treten seitlich darunter hervor. So wirken sie wie ein trockenes Buchenblatt, was durch die Färbung verstärkt wird. Die Raupen leben an Obstbäumen und Salweiden. Früher galten sie als Schädlinge in Obstplantagen, heute ist die Art aber recht selten geworden. Die Eier werden einzeln oder in kleinen Gruppen an Blattunterseiten abgelegt. Die graubraunen Raupen überwintern und verpuppen sich in einem schwarzen Kokon auf der Baumrinde.

3 Ringelspinner
Malacosoma neustria

L –20 mm Sp –82 mm Mai–Sept.
Kennzeichen: Hellbraun mit dunklen Linien auf den Flügeln, Färbung aber sehr variabel.
Vorkommen: In Laubwäldern, Gärten usw.
Wissenswertes: Die Weibchen legen die Eier in ringförmigen Gelegen um Zweige, worauf sich der Name bezieht. Die gesellig lebenden Raupen (**3b**) sind sehr bunt, mit hellblauen, orangefarbenen, schwarzen und weißen Streifen. Sie ernähren sich vom Laub verschiedener Obstbäume, wo sie manchmal großen Schaden anrichten können, fressen aber auch an Schlehen, Weiden u.a.

4 Eichenspinner
Lasiocampa quercus

L –37 mm Sp –80 mm Mai–Aug.
Kennzeichen: Männchen (**4b**) kastanienbraun mit gelbem Flügelband, Weibchen (**4a**) heller ockergelb, Zeichnung nicht so deutlich, viel größer als die Männchen.
Vorkommen: Laubwälder, Heiden, Moore.
Wissenswertes: Nach der Kupferglucke die größte der bei uns vorkommenden Glucken. Auch bei dieser Art fliegen die Männchen tagsüber im Zickzack hin und her, um die Sexuallockstoffe der Weibchen wahrzunehmen. Die schwarzbraunen, gelblich behaarten Raupen werden bis zu 75 mm lang. Sie sind polyphag, d.h., sie ernähren sich von vielen verschiedenen Pflanzen, u.a. von Heidekraut, Brombeeren und Heidelbeeren. Ihre Entwicklung verläuft langsam; in klimatisch ungünstigen Gebieten überwintern sie zweimal.

5 Sichelspinner
Drepana falcataria

L –18 mm Sp –36 mm Apr.–Aug.
Kennzeichen: Grundfarbe bräunlich oder grau, Hinterflügel oft sehr hell, Spitzen der Vorderflügel sichelartig nach außen gebogen.
Vorkommen: Wälder, Parks, Hecken usw.
Wissenswertes: Häufigster Vertreter der Sichelspinner (*Drepanidae*). Wegen der oft sehr hellen Färbung wird er auch als Weißer Sichelflügel, wegen einer der Hauptfutterpflanzen auch als Birkensichler bezeichnet. Sie haben ein zugespitztes Hinterende und sind grün mit braunem Rücken. Charakteristisch ist ihre Ruhehaltung mit erhobenem Vorder- und Hinterende.

1 Goldafter
Euproctis chrysorrhoea

L –22 mm   Sp –38 mm   Juni–Aug.
Kennzeichen: Schneeweiß, Hinterleib überwiegend braungelb.
Vorkommen: In Laubwäldern, Gärten usw.
Wissenswertes: Eine der häufigsten Arten der Familie der Schadspinner, die alle auffällige, bunte und stark behaarte Raupen haben. Oft stehen die Haare in bürstenartigen Büscheln. Häufig sind sie wie beim Goldafter giftig. Deshalb werden sie von Vögeln mit Ausnahme des Kuckucks gemieden. Die Raupen (**1b**) sind gesellig und leben in Obstbäumen, Eichen und anderen Laubbäumen. Sie spinnen gemeinsam feste Nester an Zweigenden, in denen sie überwintern. Als Schutz vor Feinden spinnen sie ihre giftigen Haare mit ein.

2 Nonne
Lymantria monacha

L –27 mm   Sp –55 mm   Juli–Sept.
Kennzeichen: Weiß; Vorderflügel mit schwarzen Zickzackbändern, Hinterflügel grau.
Vorkommen: Vor allem in Nadelwäldern.
Wissenswertes: Die Raupen sind schwarz mit einem großen, hellgrauen Fleck auf dem Rücken. Hauptnahrung sind Fichtennadeln, die meist nachts gefressen werden. Als Jungraupen leben sie gesellig, später einzeln. Vor allem in Fichtenmonokulturen können sie bei Massenentwicklung enorme Schäden verursachen. Auch andere Nadel- und Laubbäume können als Futterpflanzen dienen.

3 Saat-Eule
Agrotis segetum

L –21 mm   Sp –40 mm   Mai–Okt.
Kennzeichen: Sehr variabel gezeichnet; Grundfarbe der Vorderflügel braun, Hinterflügel perlmuttartig glänzend.
Vorkommen: Sehr weit verbreitet.
Wissenswertes: Eine sehr häufige Art aus der Familie der Eulenfalter (*Noctuidae*). Die Raupen sind polyphag und ernähren sich von den Wurzeln krautiger Pflanzen. In Gärten und auf Feldern können sie erhebliche Ernteausfälle verursachen.

4 Gamma-Eule
Autographa gamma

L –20 mm   Sp –40 mm   Mai–Okt.
Kennzeichen: Vorderflügel braun, variabel gezeichnet, charakteristisch ist das Gammaförmige Mal. Hinterflügel graubraun gefärbt.
Vorkommen: Nahezu überall.
Wissenswertes: Eine der wenigen am Tag fliegenden Eulen. Alljährlich wandern sie aus den Subtropen in großer Zahl nach Norden und legen dabei mehrere tausend Kilometer zurück. Im Sommer vermehren sie sich hier, im Herbst fliegen die Nachkommen wieder nach Süden. Die Falter saugen an vielen Blütenpflanzen, z.B. Disteln. In Gärten besuchen sie Sommerflieder und Blumen in Balkonkästen. Auch die bis zu 40 mm langen Raupen sind nicht wählerisch und kommen an den unterschiedlichsten krautigen Pflanzen vor.

5 Weiden-Kahneule
Earis chlorana

L –8 mm   Sp –20 mm   Mai–Aug.
Kennzeichen: Vorderflügel grün, Hinterflügel weiß.
Vorkommen: In der Nähe von Feuchtgebieten.
Wissenswertes: Die Raupen fressen in zusammengesponnen Zweigspitzen verschiedener Weidenarten.

6 Zweipunkt-Schilfeule
Archanara geminipunctata

L –16 mm   Sp 27–33 mm   Mai–Sept.
Kennzeichen: Hellbraun oder rötlichbraun gefärbter Falter; 2 weiße Punkte auf den Vorderflügeln.
Vorkommen: Verbreitet in Feuchtgebieten.
Wissenswertes: Die Raupen leben in den Stengeln des Schilfes (**6a**) und ernähren sich vom Mark. Sie können in Gegenden mit großen Schilfflächen sehr häufig sein, treten aber nur lokal auf. Verwandte Arten ernähren sich z.B. von Rohr- und Igelkolben, Sumpfschwertlilie und Seggen. Oft sind die Raupen auf eine Pflanzenart spezialisiert. Leider werden die meisten Schilfeulen mit der Zerstörung kleiner Feuchtgebiete immer seltener.

1 Kieferneule
Panolis flammea

L -21 mm Sp -38 mm März–Juni

Kennzeichen: Vorderflügel rötlich oder grau mit weißem Makel, Hinterflügel braun.

Vorkommen: In lichten Kiefernwäldern.

Wissenswertes: Dieser Falter wird oft auch als Forleule bezeichnet. Die Falter erscheinen früh im Jahr und fliegen manchmal auch tagsüber. Die Raupen fressen Kiefernnadeln im Wipfelbereich. Alle Eulen zeichnen sich durch ein besonderes Hörorgan, das Tympanalorgan, aus. Von allen Schmetterlingen haben nur noch Zünsler und Spanner ein solches Organ entwickelt. Sie können damit die Ultraschallrufe von Fledermäusen, ihren größten Feinden, wahrnehmen. Haben sie einen Ortungsruf von Fledermäusen registriert, lassen sie sich einfach fallen und haben so eine Chance zu entkommen.

2 Hausmutter
Noctua pronuba

L -30 mm Sp -60 mm Mai–Okt.

Kennzeichen: Vorderflügel braun, variabel gezeichnet, Hinterflügel gelb mit schmalem, schwarzem Band.

Vorkommen: Paläarktisch verbreitet und häufig, nahezu überall zu finden.

Wissenswertes: Da sich diese Art oft in Häuser verfliegt, hat sie den Namen Hausmutter erhalten. Vom wissenschaftlichen Gattungsnamen *Noctua* leitet sich der Name für die Familie der Eulenfalter (*Noctuidae*) ab. Die bis zu 55 mm langen Raupen leben an den verschiedensten krautigen Pflanzen. Regelmäßig kann man sie auch in Gärten antreffen, wo sie in Gemüsekulturen nicht so gern gesehen sind.

3 Blaues Ordensband
Catocala fraxini

L -48 mm Sp -95 mm Juli–Okt.

Kennzeichen: Grau mit schwarzer und weißer Zeichnung. Die schwarzen Hinterflügel mit breitem, blaßblauem Band.

Vorkommen: In weiten Teilen der Paläarktis, vor allem in der Nähe von Pappelbeständen.

Wissenswertes: Größter heimischer Eulenfalter und einer der größten bei uns vorkommenden Schmetterlinge überhaupt. Heute leider sehr selten. Die Raupen entwickeln sich auf Pappeln, Eschen (darauf weist der wissenschaftliche Artname hin: *Fraxinus* = Esche), Birken u.a. Die Falter schlüpfen je nach geographischer Lage von Juli bis Oktober.

4 Rotes Ordensband
Catocala nupta

L -40 mm Sp -78 mm Juli–Okt.

Kennzeichen: Eine große Eule; Vorderflügel dunkelbraun mit schwarzen und braunen Linien. Hinterflügel rot mit 2 schwarzen Bändern.

Vorkommen: Weit verbreitet.

Wissenswertes: Eine häufige Art, die man tagsüber auch an Hauswänden finden kann. Allerdings sind die Tiere gut getarnt, da sie die auffälligen Hinterflügel unter den mit einer Tarnzeichnung versehenen Vorderflügeln verbergen. Bei Störungen breiten sie die Vorderflügel aus. So kommt die auffällige Rotfärbung plötzlich zum Vorschein, was Freßfeinde irritieren dürfte. Diesen Moment nutzen die Falter zum Entkommen. Rote Ordensbänder kommen selten zum Licht; man kann sie aber auf gärendem Fallobst, an dem sie gern saugen, beobachten. Die Raupen (**4b**) leben auf Weiden und Pappeln.

5 Messingeule
Diachrysia chrysitis

L -20 mm Sp -36 mm Mai–Sept.

Kennzeichen: Grundfarbe braun, Vorderflügel mit 2 breiten, grünlich glänzenden Bändern, Hinterflügel einfarbig braun.

Vorkommen: Weit verbreitet; in Parks, an Waldrändern, Lichtungen, in Gärten usw.

Wissenswertes: Die meisten dieser mit 40000 Arten größten Schmetterlingsfamilie sind eher unscheinbar braun oder grau gefärbt. In Europa kommen ca. 1000 Arten vor. Vielfach sehen sich die Arten sehr ähnlich; zu einer genauen Bestimmung sind manchmal sogar anatomische Untersuchungen notwendig. Die Raupen fressen an Lippenblütlern wie Taubnessel und Hohlzahn, aber auch an Natternkopf, Wegerich, Löwenzahn u.a.

1 Zimtbär
Phragmatobia fuliginosa

L 13–19 mm Sp 27–40 mm Mai–Aug.
Kennzeichen: Zimtbraune Vorderflügel (Name!), Hinterflügel leuchtend rot mit schwarzer Zeichnung.
Vorkommen: Weit verbreitet und häufig, u.a. auf Wiesen und Brachland bis 3000 m Höhe.
Wissenswertes: Wird oft auch Rostbär genannt. Die Zeichnung gilt als Warnfärbung, die Tiere werden von Vögeln wegen ihres offensichtlich schlechten Geschmacks wieder ausgespuckt. Es gibt 2 Generationen von April bis Juni und Juli bis September. Raupen der 2. Generation überwintern. Sie verpuppen sich unter Steinen, in Spalten und auf dem Boden.

2 Gelbe Tigermotte
Spilarctia lutea

L 17–24 mm Sp 38–45 mm Mai–Juli
Kennzeichen: Flügel und Hinterleib gelb mit schwarzen Flecken.
Vorkommen: Fast überall anzutreffen.
Wissenswertes: Wird wegen einer der Hauptfutterpflanzen der Raupen auch als Holunderbär bezeichnet. Bei Gefahr präsentieren die Tiere wie die folgende Art ihren gelbenschwarzen Hinterleib, der Feinde vor der Ungenießbarkeit warnen soll (s.o.).

3 Weiße Tigermotte
Spilosoma menthastri

L 18–24 mm Sp 36–46 mm Mai–Juli
Kennzeichen: Wie Gelbe Tigermotte, aber Flügel weiß mit schwarzen Flecken.
Vorkommen: Fast überall anzutreffen.
Wissenswertes: Die Art wird auch als Minzenbär (wissenschaftlicher Artname *Mentha* = Minze) bezeichnet. Die dunkelbraunen, lang behaarten Raupen sind aber polyphag und fressen z.B. an Brennesseln, Löwenzahn und Taubnesseln. Auch in Gärten anzutreffen.

4 Purpurbär
Rhyparia purpurata

L –26 mm Sp –54 mm Juni–Juli
Kennzeichen: Sehr variabel gefärbt; Vorderflügel gelb mit braunschwarzen Flecken, Hinterflügel rot mit schwarzen Flecken, Körper braun; **4b** von unten.
Vorkommen: Auf Waldwiesen und Heiden.
Wissenswertes: Eine östliche und südliche Art, relativ selten. Die Raupen fressen an Labkraut, Beifuß, Wegerich sowie verschiedenen Sträuchern. Sie sind dunkelgrau mit grauen und rostfarbenen Haaren.

5 Brauner Bär
Arctia caja

L 22–37 mm Sp 50–68 mm Juni–Aug.
Kennzeichen: Vorderflügel sehr variabel braunweiß gemustert, Hinterflügel orangerot mit blauen Flecken.
Vorkommen: Nahezu überall anzutreffen.
Wissenswertes: Sehr markant mit auffälliger Warntracht. Die Raupen (**5b**) sind wie bei allen Bärenspinnern zottelig behaart (Name!). Bei vielen Arten gibt es als Schutz giftige Haare. Bei Gefahr rollen die Raupen sich ein. Ein Weibchen kann über 1000 Eier legen. Die Raupen leben auf verschiedenen Sträuchern wie Himbeere, Heidelbeere und Schlehe. Sie überwintern und verpuppen sich erst im nächsten Frühjahr. Die Falter sind variabel gefärbt; die größten Abweichungen zeigt die Form *lutescens*, bei der das Rot der Hinterflügel durch Gelb ersetzt ist.

6 Schönbär
Callimorpha dominula

L 21–28 mm Sp 46–58 mm Juni–Juli
Kennzeichen: Vorderflügel schwarz mit metallischem Glanz, gelben und weißen Flecken, Hinterflügel rot mit schwarzen Flecken.
Vorkommen: Sehr lokal, feuchte Wälder.
Wissenswertes: Einer der wenigen Bärenspinner mit voll ausgebildeten Mundwerkzeugen. Wegen seiner Färbung wird er auch als Spanische Fahne bezeichnet. Dieser Name wird häufig auch für den ähnlichen Russischen Bären (*Euplagia quadripunctaria*) verwendet. Er ist berühmt wegen der Massenansammlungen von Faltern in einigen Tälern Südeuropas, z.B. dem „Tal der Schmetterlinge" (Petaloudes) auf der griechischen Ägäis-Insel Rhodos.

1 Purpurspanner
Lythria purpurata

L –15 mm Sp –30 mm Apr.–Aug.
Kennzeichen: Vorderflügel olivbraun mit meist 3 purpurrot gefärbten Bändern. Hinterflügel gelb mit dunkler Basis.
Vorkommen: Überwiegend in Gebieten mit kalkarmen, sandigen Böden.
Wissenswertes: Spanner sind meist kleine bis mittelgroße Schmetterlinge, die mit ausgebreiteten Flügeln wie Tagfalter ruhen. Zahlreiche Spanner sind bunt gefärbt, andere sehr unscheinbar und einander so ähnlich, daß nur eine Genitalpräparation Aufschluß über die Artzugehörigkeit liefert. Ihren Namen trägt die Familie von der Fortbewegungsweise der Raupen. Deren mittlere Bauchfüße sind fast völlig zurückgebildet; die Fortbewegung erfolgt nur mit den 3 Beinpaaren an der Brust und den 2 Beinpaaren am Hinterende. Wenn die Raupe langgestreckt ist, zieht sie die Hinterbeine an die vorderen heran, der Körper bildet einen Halbkreis. Dann erfolgt das „Spannen", die Raupe streckt den Körper soweit, wie es nur geht. Dann werden die hinteren Beinpaare wieder herangezogen usw.

2 Großer Frostspanner
Erannis defoliaria

L –26 mm Sp –41 mm Sept.–Dez.
Kennzeichen: Sehr variabel, Vorderflügel weiß- oder braungelb mit schwarzem Mittelfleck und dunklen Querbändern, Hinterflügel grauweiß.
Vorkommen: Fast überall zu finden.
Wissenswertes: Der Große Frostspanner gehört mit einigen verwandten Arten zu den wenigen Schmetterlingen, die im Winter selbst bei Schneelage fliegen. Die flügellosen Weibchen (**2b**) klettern auf Bäumen umher. Die Art ist als Obstbaumschädling gefürchtet, da die Raupen (**2c**) bei Massenentwicklung ganze Bestände kahlfressen können.

3 Stachelbeerspanner
Abraxas grossulariata

L –21 mm Sp –45 mm Juli–Aug.
Kennzeichen: Weiß mit schwarzer Fleckung

und gelben Bändern. Zeichnung ist variabel.
Vorkommen: Paläarktisch verbreitet; auch in Gärten und Obstplantagen.
Wissenswertes: Die Art galt früher als Schädling an Stachel- und Johannisbeeren; heute selten. Die Raupen zeigen ein ähnliches Färbungsmuster wie die Falter, die Puppen sind schwarz mit gelbweißen Streifen.

4 Harlekin
Calospilos sylvata

L –16 mm Sp 30–38 mm Mai–Aug.
Kennzeichen: Körper gelb mit schwarzen Punkten, Flügel weiß mit grauen, schwarzen und gelbbraunen Flecken.
Vorkommen: Meist in feuchteren Wäldern.
Wissenswertes: Die Falter sitzen tagsüber auf Stämmen, Blättern usw. Ihre Färbung erinnert an Vogelkot, dadurch sind sie gut geschützt. Von der Färbung leitet sich auch der Name „Vogeldreck" ab, der jedoch der Schönheit des Schmetterlings nicht gerecht wird.

5 Holunderspanner
Ourapteryx sambucaria

L –30 mm Sp –50 mm Mai–Aug.
Kennzeichen: Gelblichweiß mit zarten braunen Linien auf den Flügeln, Hinterflügel schwalbenschwanzähnlich ausgezogen.
Vorkommen: An Waldrändern, Hecken usw.
Wissenswertes: Einer der größten heimischen Spanner, wegen seiner Hinterflügel auch Nachtschwalbenschwanz genannt.

6 Birkenspanner
Biston betularia

L –32 mm Sp –60 mm Mai–Aug.
Kennzeichen: Flügel weiß mit schwarzer Zeichnung oder dunkel rußschwarz gefärbt.
Vorkommen: In Wäldern, Gärten usw.
Wissenswertes: Bekannt geworden ist dieser Falter wegen seiner schwarzen Form, die im vergangenen Jahrhundert in englischen Industriegebieten zum erstenmal erschien und sehr häufig wurde. Die Zunahme wurde als Anpassung an eine rußverschmutzte Umwelt gedeutet und ging als Paradebeispiel der Evolution in Schulbücher ein.

1 Windenschwärmer
Agrius convolvuli

L –50 mm Sp –120 mm Mai–Okt.
Kennzeichen: Ähnlich wie der Ligusterschwärmer gefärbt, aber ohne die rosafarbenen Hinterflügel.
Vorkommen: Tropische Art, weit verbreitet in Afrika, Südasien und Australien.
Wissenswertes: Windenschwärmer wandern in jedem Jahr in unterschiedlicher Zahl nach Norden. Sie sind hervorragende Flieger mit im Vergleich zu anderen Schmetterlingen sehr langen, schmalen Flügeln. In der Ruhe werden die Flügel nach hinten gelegt, was ihnen ein pfeilartiges Aussehen gibt. Durch die Tarnfärbung kann man sie nur schwer entdecken. Die Falter haben einen sehr langen Rüssel (etwa 10 cm) und können dementsprechend an Blüten mit den längsten Röhren saugen, z.B. an Tabak. In Gärten besuchen sie gern Phlox. Die Raupen (**1a**) leben bevorzugt an Ackerwinde. Sie sind braun oder grün gefärbt mit schwarzen Seitenflecken. Die bis zu 60 mm großen Puppen (**1c**) liegen in einer Kammer unter der Erde.

2 Kiefernschwärmer
Hyloicus pinastri

L –45 mm Sp –80 mm Mai–Juli
Kennzeichen: Vorderflügel grau mit schwarzer Zeichnung, Hinterflügel dunkelgrau, Bruststück mit 2 schwarzen Längsstreifen.
Vorkommen: Weit verbreitet in Europa; in trockenen Nadel-, insbesondere Kiefernwäldern; recht häufig.
Wissenswertes: Die Art wird auch Tannenpfeil genannt. Die Raupen sind grün mit weißen Längsstreifen und leben an verschiedenen Nadelbäumen. Sie fressen auch tagsüber. Die Falter suchen mit Einbruch der Dämmerung stark duftende Blüten auf. Sie ruhen tagsüber gut getarnt auf Rinde, manchmal auch an Hauswänden.

3 Totenkopf
Acherontia atropos

L –60 mm Sp –120 mm Juni–Okt.
Kennzeichen: Sehr groß, Hinterleib gelb-schwarz mit blauem Mittelstreif, unverkennbar.
Vorkommen: Tropisches Afrika mit Madagaskar; wandert bis nach Mitteleuropa und Asien, manchmal bis zum Polarkreis.
Wissenswertes: Einer der spektakulärsten bei uns vorkommenden Schmetterlinge. Sie wandern alljährlich in wechselnder Zahl aus den Tropen bei uns ein, überstehen den Winter aber nicht. Namengebend ist die totenkopfähnliche Zeichnung auf dem Bruststück. Die Raupe (**3b**) ist bis zu 90 mm lang, gelb oder braun mit grünlichen Streifen und einem S-förmig gebogenen Hinterleibsanhang. Sie lebt auf Nachtschattengewächsen, vor allem Bocksdorn und Kartoffeln. Die Falter dringen manchmal in Bienenstöcke ein und stechen mit ihrem kräftigen Rüssel die Waben an, um Nektar zu saugen. Oft werden sie dabei von den Bienen getötet. Bei Gefahr können sie zirpende Töne erzeugen.

4 Ligusterschwärmer
Sphinx ligustri

L –50 mm Sp –120 mm Mai–Juli
Kennzeichen: Vorderflügel dunkelbraun mit schwarzer Zeichnung, Vorderrand oft grau, Hinterflügel und -leib rosa mit schwarzer Bänderung.
Vorkommen: Paläarktisch verbreitet, oft in Gärten.
Wissenswertes: Bei uns häufigster großer Schwärmer. Öfter als den Falter sieht man die auffälligen Raupen (**4b**). Sie sind grün gefärbt und tragen an den Seiten rote und weiße Streifen. Am Hinterende befindet sich ein gebogener Dorn. Da zu ihren Hauptfutterpflanzen Liguster und Flieder gehören, trifft man sie häufig in Gärten auch, selbst in ständig gestutzten Ligusterhecken der Vorgärten. Die Eier werden auf der Blattunterseite abgelegt. Leider werden die Raupen von manchen Gartenbesitzern völlig grundlos getötet. Da sie meist einzeln auftreten, besteht kein Grund für eine Bekämpfung. Charakteristisch für viele Schwärmerraupen ist die aufrechte Haltung des Oberkörpers in Ruhestellung (wie bei einer Sphinx, daher der wissenschaftliche Gattungsname). Die Puppe überwintert tief in der Erde.

1 Abendpfauenauge
Smerinthus ocellata

L –44 mm Sp –80 mm Mai–Aug.

Kennzeichen: Vorderflügel grau mit ausgedehnter, brauner Zeichnung, Hinterflügel gelbrot mit großem, schwarz und weiß eingefaßten blauen Augenfleck.

Vorkommen: Weit verbreitet in Laubwäldern, Gärten und Parks.

Wissenswertes: Die Flügel werden in Ruhehaltung nicht wie bei den meisten Schwärmern über dem Körper zusammengelegt, sondern seitlich abgestreckt. Die Augenflecken bleiben verborgen. Wird der Falter z.B. durch einen Vogel gestört, zieht er die Vorderflügel rasch nach vorn und zeigt die Augenflecken. Außerdem bewegt er den Hinterleib auf und ab. Der Rüssel ist bei dieser Art verkümmert. Die Raupen leben auf verschiedenen Laubgehölzen wie Weiden und Pappeln als auch auf Obstbäumen. Sie werden bis zu 80 mm lang, sind grün mit weißen Schrägstreifen an den Seiten. Das für Schwärmerraupen charakteristische Horn ist blaugrün gefärbt.

2 Pappelschwärmer
Laothoe populi

L –45 mm Sp –90 mm Mai–Aug.

Kennzeichen: Graubraun mit dunkelbrauner Zeichnung. Basis der Hinterflügel rostrot gefärbt.

Vorkommen: Überall in Pappelbeständen.

Wissenswertes: Auch Pappelschwärmer nehmen keine Nahrung auf. Verglichen mit anderen Schwärmern sind sie eher schlechte Flieger. Oft kommen sie zum Licht. Wenn sie ruhen, spreizen auch sie die Flügel seitlich ab, die Hinterflügel ragen vorn unter den Vorderflügeln hervor. Bei Gefahr wird der rote Fleck auf den Hinterflügeln präsentiert. Die Raupe ähnelt der Raupe des Abendpfauenauges, hat aber ein grünes Horn und lebt auf verschiedenen Pappel- und Weidenarten.

3 Wolfsmilchschwärmer
Hyles euphorbiae

L –35 mm Sp –75 mm Mai–Aug.

Kennzeichen: Vorderflügel braungrün mit gelbem Band, Hinterflügel rot mit schwarzen Bändern und einem weißen Basalfleck.

Vorkommen: Weit verbreitet in Mittel- und Südeuropa, in Asien bis nach Indien; vor allem in warmen Sandgebieten.

Wissenswertes: Eine früher häufige Art, deren auffällig schwarz-weiß-rot gefärbte Raupe (**3b**) an verschiedenen Wolfsmilcharten, vor allem aber der Zypressenwolfsmilch, zu finden ist. Die Färbung ist als Warntracht aufzufassen. Als Falter sehr ähnlich ist der Labkrautschwärmer (*Hyles gallii*), dessen Raupe aber anders gefärbt ist.

4 Mittlerer Weinschwärmer
Deilephila elpenor

L –32 mm Sp –60 mm Mai–Aug.

Kennzeichen: Vorderflügel und Körper oliv und weinrot gefärbt, Hinterflügel rot, an der Basis schwarz.

Vorkommen: Paläarktisch verbreitet.

Wissenswertes: Ein bei uns häufiger und weit verbreiteter Schwärmer, der durch seine schöne Färbung auffällt. Die Falter fliegen oft schon in der Dämmerung und besuchen mit Vorliebe Geißblattblüten. Die Raupen (**4b**) fressen vor allem an Labkraut, Weidenröschen, Fuchsien und Wein. Sie sind meist braun und haben an den Seiten der Brust auffällige Augenflecken. Das Horn am Hinterende ist recht kurz. Die Verpuppung findet in der Erde statt, die Puppe überwintert. Manchmal findet man Schwärmerpuppen beim Umgraben im Garten.

5 Taubenschwänzchen
Macroglossum stellatarum

L –24 mm Sp 40–50 mm Mai–Okt.

Kennzeichen: Vorderflügel braun, Hinterflügel gelblich, charakteristische Hinterleibszeichnung.

Vorkommen: Weit verbreitet, oft in Gärten.

Wissenswertes: Die Art wandert alljährlich aus dem Süden ein und gelangt dabei bis zum Polarkreis. Häufig tagsüber zu beobachten, saugt gern auch an Balkonblumen wie Verbenen, Geranien usw. „Steht" mit rasend schnellem Flügelschlag (**5a**) vor den Blüten und kann sogar rückwärts fliegen.

1 **Ockergelber Dickkopffalter**
Thymelicus sylvestris

L – 15 mm   Sp – 30 mm   Juni–Aug.
Kennzeichen: Flügel oberseits rostbraun mit schmalem, schwarzem Rand, Flügelunterseite ockergelb.
Vorkommen: Auf Wiesen, Böschungen, Waldlichtungen mit vielen Blumen.
Wissenswertes: Die Tiere schwirren ständig in Bodennähe von Blüte zu Blüte, nur sehr selten ruhen sie einmal auf einem Blatt. Die Eier werden an den Blattscheiden von Gräsern abgelegt; die Raupen leben an Gräsern in tütenartigen, aus Blättern zusammengesponnenen Verstecken. Die Familie der Dickkopffalter (*Hesperiidae*) erinnert an Nachtfalter, ist aber tagaktiv und wird deshalb in fast allen Schmetterlingsbüchern mit den Tagfaltern behandelt. Bestimmte anatomische Merkmale der Raupen weisen allerdings auf eine Verwandtschaft mit den Kleinschmetterlingen hin.

2 **Kommafalter**
Hesperia comma

L – 16 mm   Sp – 30 mm   Juni–Sept.
Kennzeichen: Flügel braun, auf den Vorderflügeln ein kommaförmiger Fleck. Die Flügelunterseite ist olivgrün mit silbrigen Flecken.
Vorkommen: Eine weitverbreitete Art, die lokal auf Kalkböden vorkommt.
Wissenswertes: Die Raupen leben an den verschiedensten Grasarten. Sie verbergen sich in Röhren aus zusammengesponnenen Grashalmen. Sehr ähnlich ist der häufigere Rostfarbige Dickkopffalter (*Ochlodes venatus*).

3 **Großes Ochsenauge**
Maniola jurtina

L – 28 mm   Sp – 55 mm   Juni–Sept.
Kennzeichen: Oberseite (**3a**) dunkelbraun, an der Spitze der Vorderflügel ein schwarzer Augenfleck mit hellem Zentrum. Die Weibchen haben auf dem Vorderflügel eine breite, gelblichbraune Binde.
Vorkommen: Von den Kanaren über Nordafrika und Europa bis nach Mittelasien ver-

breitet. Die Falter kommen auf allen Wiesentypen außer auf ständig gemähten Rasenflächen vor.
Wissenswertes: Einer der häufigsten Vertreter der artenreichen Familie der Augenfalter (*Satyridae*). Fast alle sind bräunlich gefärbt und besitzen einen oder mehrere Augenflecken. Dieser Flecken sollen Vögel vom empfindlichen Körper der Schmetterlinge ablenken. Die Raupen ernähren sich von Rispengräsern.

4 **Mauerfuchs**
Lasiommata megera

L – 20 mm   Sp 40–52 mm   Apr.–Sept.
Kennzeichen: Flügel leuchtend orange und braun, mit schwarzen, weißgekernten Augenflecken; Augenfleck auf der Unterseite des Vorderflügels auffallend groß (**4b**).
Vorkommen: Eine Art der offenen Landschaft, wärmeliebend.
Wissenswertes: Der Name leitet sich von dem Verhalten der Falter ab, die sich gern auf Steinen oder Mauern sonnen. Die Männchen fliegen ein Revier ab, das gegen Artgenossen verteidigt wird. Die grüne Raupe mit hellen Seitenstreifen ernährt sich von verschiedenen Gräsern. Die Puppe ist ebenfalls grasgrün gefärbt.

5 **Kleiner Heufalter**
Coenonympha pamphilus

L – 16 mm   Sp – 34 mm   Mai–Okt.
Kennzeichen: Oberseite gelborange, Unterseite der Hinterflügel mit schwarzem Augenfleck mit weißem Zentrum.
Vorkommen: Paläarktisch verbreitet.
Wissenswertes: Dieser kleine Augenfalter kommt fast immer mit dem Ochsenauge zusammen vor. Da auch die Arten der Gattung *Colias* als Heufalter bezeichnet werden, sollte man für die hier vorgestellte Art vielleicht besser den auch gebräuchlichen Namen Wiesenvögelchen verwenden. Die kleinen, grünen Raupen besitzen eine Schwanzgabel und fressen an verschiedenen Gräsern. Drei ähnliche, allerdings bei uns deutlich seltenere Arten tragen mehrere Augenflecken auf der Unterseite der Hinterflügel.

1 Mohrenfalter
Erebia medusa

L 23–24 mm Sp 40–48 mm Mai–Aug.
Kennzeichen: Oberseite dunkelbraun; an den Flügelrändern orange umrandete, schwarze Augenflecken mit weißem Punkt in der Mitte. Flügelunterseite ähnlich.
Vorkommen: Auf Wiesen in Waldnähe, vor allem in den Mittelgebirgen.
Wissenswertes: Die dunkle Färbung der Mohrenfalter-Arten, die meist in Gebirgen oder in Skandinavien vorkommen, wird als Anpassung gedeutet, besser Sonnenenergie speichern zu können. Die Sonnenstrahlen werden auf den dunklen Flügeln kaum reflektiert und können so gut zum Erwärmen des Tieres genutzt werden.

2 Schachbrett
Melanargia galathea

L 23–28 mm Sp 45–55 mm Mai–Aug.
Kennzeichen: Schachbrettartig schwarzweiß gefleckte Flügeloberseite. Unterseite mit augenförmigen Flecken.
Vorkommen: An Waldlichtungen und -wegen, aber auch auf blumenreichen Wiesen anzutreffen, vor allem in den Mittelgebirgen.
Wissenswertes: Die Art wird oft auch als Damenbrett bezeichnet. Die Färbung ist variabel, manche Tiere habe eine mehr gelbliche Grundfarbe. Die grünen Raupen fressen an verschiedenen Gräsern, z.B. an Honiggras, Lieschgras, Knäuelgras oder Schwingel.

3 Trauermantel
Nymphalis antiopa

L –45 mm Sp –75 mm Juni–Okt.
Kennzeichen: Schwarzbraune Flügel mit gelbem Rand, davor eine Reihe schwarz eingefaßter blauer Flecken.
Vorkommen: An Waldrändern, Lichtungen und Schneisen; in weiten Teilen der Nordhalbkugel.
Wissenswertes: Der Trauermantel gehört wie die folgenden Arten zur weltweit verbreiteten Familie der Edelfalter (*Nymphalidae*), von denen ca. 70 Arten in Europa vorkommen. Trauermäntel findet man eher in höheren Lagen. Von Baumsäften, überreifen Früchten und scharfriechenden Stoffen werden sie angelockt. Die Männchen patrouillieren an Waldwegen oft auf der Suche nach Weibchen auf und ab. In den letzten Jahrzehnten wurde der Bestand dieser schönen Schmetterlinge bei uns immer kleiner; erst in den letzten Jahren deutet sich eine langsame Bestandserholung an. Die Raupen leben auf Weiden und Birken.

4 C-Falter
Polygonia c-album

L –25 mm Sp –52 mm Mai–Okt.
Kennzeichen: Oberseite braunorange mit dunkelbraunen Flecken (**4a**). Auf der Unterseite der Hinterflügel das namengebende weiße, C-förmige Zeichen (**4b**), Flügelränder erscheinen ausgefranst.
Vorkommen: Eine Art der Auwälder und Waldränder, wo die Hauptfutterpflanzen der Raupen – Brennnesseln, Johannisbeeren und Hopfen – häufig sind.
Wissenswertes: In den letzten Jahren häufiger auch in Gärten, wo sie z.B. an Sommerflieder und Fetthenne oder auch an überreifem Obst saugen. Mit zusammengelegten Flügeln erinnern sie an ein trockenes Blatt.

5 Tagpfauenauge
Inachis io

L –35 mm Sp –65 mm Jan.–Dez.
Kennzeichen: Rötlich braun, alle 4 Flügel mit großen, rot-gelb-blauen Augenflecken.
Vorkommen: Überall häufig.
Wissenswertes: Einer der häufigsten heimischen Tagfalter, der auch in Gärten oft zahlreich anzutreffen ist. Die Falter ruhen mit zusammengelegten Flügeln und präsentieren die Augenflecken bei Störungen. Die Weibchen legen die Eier (**5c**) oft zu mehreren Hundert an Brennnesseln ab. Die schwarzen Raupen (**5b**) leben gesellig. Sie zeigen sich frei, denn sie sind durch ihre Stacheln und die Brennnesseln geschützt. Die Stürzpuppen (**5d**) sind entweder grün oder graubraun gefärbt. Die Falter überwintern oft in Kellern oder auf Dachböden. In beheizten Räumen gehen sie meist zugrunde, da ihr Energievorrat wegen größerer Aktivität schnell aufgebraucht ist.

1

Kleiner Fuchs
Aglais urticae

L –28 mm   Sp –55 mm   Mai–Okt.
Kennzeichen: Flügel rotbraun mit blau-schwarzer Binde, Vorderflügel schwarz-weiß-gelb gefleckt, Hinterflügel an der Basis mit ausgedehnter Schwarzfärbung.
Vorkommen: Nahezu überall von der Meeresküste bis in 3000 m Höhe.
Wissenswertes: Erscheint im Frühling als einer der ersten Schmetterlinge. Sie überwintern als Kulturfolger wie die Tagpfauenaugen in großer Zahl in Gebäuden und sind auch in Großstädten sehr häufig anzutreffen. Die Raupen leben ebenfalls gesellig auf Brennesseln. Der gelbe Längsstreifen unterscheidet sie von den Raupen der Landkärtchen und Tagpfauenaugen. Die Stürzpuppe ist graubraun mit goldenen Flecken. Nördliche Populationen wandern; man kann an günstigen Tagen beim Urlaub auf einer Nordseeinsel Hunderte von Kleinen Füchsen zusammen mit Distelfaltern und Admiralen niedrig über die Wellen der Nordsee fliegen sehen. Der überall viel seltenere Große Fuchs (*Nymphalis polychloros*) ist ähnlich gefärbt, ihm fehlt aber die schwarze Basis der Hinterflügel. Er ist nahe mit dem Trauermantel verwandt.

2

Admiral
Vanessa atalanta

L –30 mm   Sp –60 mm   Mai–Okt.
Kennzeichen: Braunschwarz mit leuchtend rotem Band auf den Vorderflügeln und gleichfarbigem Hinterflügelrand; an der Spitze der Vorderflügel weiße Flecken. Unterseite (**2a**).
Vorkommen: Überall in der westlichen Paläarktis sowie in Nord- und Mittelamerika.
Wissenswertes: Ein ausgeprägter Wanderfalter, der alljährlich aus dem Mittelmeerraum bei uns einfliegt. Einige Tiere erreichen sogar den Polarkreis. Die Nachkommen der „Einwanderer" ziehen im Herbst wieder nach Süden, wo sie auch überwintern. Bei uns gelingt ihnen eine Überwinterung aus klimatischen Gründen nur äußerst selten. Die Raupen fressen an Brennesseln, sind dort aber kaum zu beobachten, da sie einzeln zwischen zusammengesponnenen Blättern leben. Die Falter

saugen neben Blütennektar auch an Fallobst und austretenden Baumsäften.

3

Distelfalter
Vanessa cardui

L –31 mm   Sp –60 mm   Mai–Okt.
Kennzeichen: Oberseite (**3b**) gelbbraun mit weißgefleckter, schwarzer Flügelspitze. Unterseite der Hinterflügel mit Augenflecken (**3a**).
Vorkommen: Mit Ausnahme von Südamerika weltweit verbreitet. Außer im Waldesinneren nahezu überall anzutreffen.
Wissenswertes: Ein weiterer ausgesprochener Wanderfalter, der wie der Admiral in jedem Jahr aus dem Mittelmeerraum und Nordafrika nach Mittel- und Nordeuropa einfliegt und dessen Nachkommen im Herbst wieder zurückziehen. Nachweise auf Island zeigen, daß dabei auch das offene Meer überflogen wird. Die Raupen fressen einzeln, bevorzugt an Disteln, aber auch an Kletten und Brennesseln. Auch sie fressen in zusammengesponnenen Blättern. Auch die Falter bevorzugt an Disteln, wo sie ausgiebig an den Blüten saugen. Man kann sie aber auch an vielen anderen Blüten und an Fallobst antreffen.

4

Landkärtchen
Araschnia levana

L –19 mm   Sp –40 mm   Apr.–Aug.
Kennzeichen: Frühjahrsgeneration gelbbraun mit weißen Flecken, Sommergeneration braunschwarz mit weißgelber und roter Zeichnung. Beide Formen zeigen auf der Flügelunterseite das namengebende „Landkarten-Muster" (**4c**).
Vorkommen: In weiten Teilen der Paläarktis; gern in der Nähe feuchter Wälder.
Wissenswertes: Die Art zeigt einen ausgeprägten Saisondimorphismus (unterschiedliches Aussehen der Frühjahrs- **4a**, und Sommergeneration, **4b**). Die Raupen fressen vor allem an Brennesselbeständen in feuchteren Wäldern. Die Entwicklung der beiden Formen wird durch die Tageslänge beeinflußt. Im Laborversuch kann man durch künstliche Veränderung der Tageslänge aus den Puppen auch im Frühjahr die Sommerform und im Sommer die Frühjahrsform schlüpfen lassen.

1 **Großer Schillerfalter**
Apatura iris

L –41 mm Sp –80 mm Juni–Aug.
Kennzeichen: Braun mit weißen Flecken und Binden. Die Oberseite der Männchen schillert bei bestimmtem Lichteinfall blauviolett (**1a**), Flügelunterseite mit großem Augenfleck (**1b**).
Vorkommen: In Laubmisch- und Auwäldern bis ca. 1500 m Höhe, oft in Wassernähe.
Wissenswertes: Fliegt meist auf Höhe der Baumwipfel, deshalb nur selten zu sehen. Die besten Beobachtungschancen hat man auf feuchten Waldwegen, wo die Falter an nasser Erde, an Exkrementen und an Aas saugen. Die Asphaltierung von Waldwegen kann für sie schädlich sein. Die Weibchen saugen Honigtau und austretende Baumsäfte. Die grünen Raupen haben durch zwei Kopffortsätze ein schneckenartiges Aussehen. Sie fressen vor allem an Salweiden, seltener auch an anderen Weiden- und Pappelarten. Vom nah verwandten Kleinen Schillerfalter (*Apatura ilia*), gibt es auch eine rotschillernde Form. Das Schillern wird durch Strukturfarben erzeugt. Je nach Lichteinfall unterschiedliche Farben.

2 **Großer Eisvogel**
Limenitis populi

L –38 mm Sp –75 mm Juni–Aug.
Kennzeichen: Oberseite braun mit orangeroten, weißen und schwarzen Flecken, beim größeren Weibchen (**2b**) deutlicher ausgeprägt als beim Männchen (**2a**). Unterseite lebhaft schwarz, weiß, grau und gelblich.
Vorkommen: In Laubwäldern, nicht häufig.
Wissenswertes: Bewohnt ähnliche Lebensräume und zeigt ähnliches Verhalten wie der Große Schillerfalter. Hat man das Glück, eine der beiden Arten zu sehen, kann man auch auf die andere hoffen. Die Männchen vertreiben Artgenossen mit heftigen Angriffen.

3 **Kleiner Eisvogel**
Limenitis camilla

L –33 mm Sp 50–60 mm Juni–Aug.
Kennzeichen: Oberseite schwarz-braun mit weißer Binde, Unterseite ähnlich voriger Art.

Vorkommen: Vor allem in feuchten Laub- und Auwäldern.
Wissenswertes: Eine Art, die häufiger Blüten besucht und deshalb leichter als die vorher beschriebenen zu beobachten ist. In Südeuropa kommt recht häufig der ähnliche Blauschwarze Eisvogel (*Limenitis reducta*) vor.

4 **Kaisermantel**
Argynnis paphia

L –39 mm Sp –80 mm Juni–Aug.
Kennzeichen: Männchen rotbraun, Weibchen gelbbraun gefärbt. Zahlreiche dunkle Flecken und Bänder auf den Flügeln.
Vorkommen: Vor allem in den Laubwäldern der Mittelgebirge auf Wiesen und Lichtungen.
Wissenswertes: Größter heimischer Perlmuttfalter (allerdings ohne die typischen Perlmuttflecken auf den Flügelunterseiten). Die Falter saugen an Disteln, Wasserdost, Zwergholunder und anderen Blütenpflanzen, die Männchen auch auf nassen Waldwegen und Tierkot. Die Raupen fressen an Veilchenarten.

5 **Veilchen-Scheckenfalter**
Euphydryas canthia

L –24 mm Sp 35–45 mm Mai–Aug.
Kennzeichen: Oberseite weiß mit braunen und rötlichen Binden und Flecken.
Vorkommen: In den Alpen und Voralpen.
Wissenswertes: Lebt vor allem auf Bergwiesen, aber auch in lockeren Latschenbeständen.

6 **Gemeiner Scheckenfalter**
Mellicta athalia

L –22 mm Sp –38 mm Mai–Aug.
Kennzeichen: Rotbraun mit ausgedehnter, dunkelbrauner Zeichnung.
Vorkommen: Vor allem auf Waldwiesen oder Wiesen in Waldnähe zu finden.
Wissenswertes: Wegen der Raupennahrung auch Wachtelweizen-Scheckenfalter genannt. Einer der häufigsten heimischen Scheckenfalter, die sich sehr ähnlich sehen und nicht leicht zu bestimmen sind. Erschwerend kommt eine große Variabilität der Zeichnung hinzu.

1 Schwalbenschwanz
Papilio machaon

L –45 mm Sp –80 mm Apr.–Aug.

Kennzeichen: Grundfarbe gelb, mit schwarzen Binden und Flecken; Hinterflügel laufen in Schwanzfortsätzen aus (Name!) und tragen ein blaues Band und rötliche Flecken. Bei uns unverwechselbar, ähnliche Arten im Mittelmeerraum.

Vorkommen: Europa ohne den hohen Norden, bevorzugt auf blütenreichem Ödland oder Magerwiesen. In Mitteleuropa heute fast überall selten oder verschwunden, in den letzten Jahren aber offensichtlich leicht positive Bestandsentwicklung.

Wissenswertes: Wie der Segelfalter ein Vertreter der vor allem in den Tropen weit verbreiteten und artenreichen Familie der Ritterfalter (*Papilionidae*). Viele Arten sind ausgezeichnete, schnelle und ausdauernde Flieger. Schwalbenschwänze legen ihre Eier an Doldenblütlern ab, gelegentlich auch an Gewürzpflanzen oder Möhren in Gemüsegärten. Leider werden die auffälligen Raupen (**1a**) dann immer wieder als „Schädlinge" getötet, was jeder Vernunft entbehrt und bei dieser geschützten Art auch einen Gesetzesverstoß darstellt. Da die Eier einzeln abgelegt werden, treten die Raupen nie massenhaft auf. Neben der auffälligen Färbung besitzt die Schwalbenschwanz-Raupe wie alle Raupen der Ritterfalter eine Nackengabel (Osmaterium), die bei Gefahr ausgestülpt wird und Feinde erschrecken soll. Drüsen an der Nackengabel produzieren unangenehm riechende Stoffe.

2 Segelfalter
Iphiclides podalirius

L –45 mm Sp –80 mm Mai–Juli

Kennzeichen: Neben dem Apollo größter heimischer Tagfalter, unverkennbar.

Vorkommen: Vor allem in Südeuropa; in Mitteleuropa nur an Wärmeinseln, z.B. Frankenalb.

Wissenswertes: In Mitteleuropa heute selten. Segelfalter bevorzugen sonnige, felsige, trockene Hänge mit Schlehe, Felsenbirne und Obstbäumen. Die Männchen versammeln sich zur Paarungszeit an Hügelkuppen und warten dort auf die Weibchen. Die Eier werden vor allem auf krüppelige Schlehen und Weichselkirschen abgelegt. Die Raupen verpuppen sich im Herbst und überwintern in einem Gespinst am Zweig. Bei uns nur eine Generation, am Mittelmeer zwei. Die Falter können unter Ausnutzung der Thermik minutenlang ohne Flügelschlag segeln (Name).

3 Apollofalter
Parnassius apollo

L –50 mm Sp –90 mm Juni–Sept.

Kennzeichen: Vorderflügel mit schwarzen Flecken, Hinterflügel mit auffälligen, schwarz-weiß-roten Augenflecken.

Vorkommen: In den meisten europäischen Gebirgen bis über 3000 m Höhe.

Wissenswertes: Die Art bekam ihren wissenschaftlichen Namen nach dem Parnaß-Gebirge in Griechenland und dem griechischen Gott Apoll. Nur eine Generation; die Raupen fressen überwiegend die Weiße Fetthenne (*Sedum album*). Die Raupe ist schwarz mit orangefarbenen Flecken und besitzt ebenfalls die typische Nackengabel. Die langsam fliegenden Falter suchen gern violette Blüten auf. In weiten Teilen des Verbreitungsgebietes, insbesondere außerhalb der Alpen, ist die Art heute bedroht.

4 Schwarzer Apollo
Parnassius mnemosyne

L –32 mm Sp –60 mm Mai–Juli

Kennzeichen: Kleiner als Apollo, ohne Rot, deshalb mehr an einen Weißling erinnernd, insgesamt aber deutlich dunkler gefärbt.

Vorkommen: Europäische Gebirge und südliches Skandinavien, sehr lokal auch in einigen Mittelgebirgen wie Harz und Schwäbische Alb.

Wissenswertes: Die Art steigt im Gebirge nicht so hoch hinauf wie der Apollo und der nahe verwandte Hochalpen-Apollo (*P. phoebus*). Die Raupe frißt bei schönem Wetter an Lerchensporn (*Corydalis*). Sie sieht der Raupe des Apollo sehr ähnlich. Die Puppe ist bemerkenswert, denn der Schwarze Apollo ist der einzige Tagfalter, der sich oberirdisch in einem dichten, festgesponnenen Kokon verpuppt.

1 Großer Kohlweißling
Pieris brassicae

L –34 mm Sp –70 mm Apr.–Okt.

Kennzeichen: Oberseite weiß mit schwarzen Vorderflügelspitzen, Vorderflügel der Weibchen zusätzlich mit 2 schwarzen Flecken, Unterseite gelblichweiß.

Vorkommen: Überall anzutreffen.

Wissenswertes: Einer der bekanntesten Schmetterlinge. Besonders häufig in Gärten, da die Raupen (**1a**) an verschiedenen Kreuzblütlern fressen. Dazu gehören auch die kultivierten Kohlsorten, wo sie bei Massenauftreten große Schäden anrichten können. Die Raupen werden häufig von Schlupfwespen (*Apanteles glomeratus*) parasitiert. Diese fressen die Raupe von innen her auf und verpuppen sich in gelben Kokons außen an ihrem Körper. Diese Kokons werden oft als „Raupeneier" bezeichnet.

2 Aurorafalter
Anthocharis cardamines

L –25 mm Sp –45 mm Apr.–Juni

Kennzeichen: Männchen durch orangefarbene und weiße Vorderflügel unverwechselbar. Hinterflügel beider Geschlechter unterseits gelbgrün gezeichnet.

Vorkommen: Besonders häufig auf Wiesen mit viel Wiesenschaumkraut anzutreffen.

Wissenswertes: Der Name leitet sich von der Flügelfärbung der Männchen ab: Aurora ist die Göttin der Morgenröte. Die Raupen fressen an verschiedenen Kreuzblütlern.

3 Goldene Acht
Colias hyale

L –27 mm Sp 44–50 mm Mai–Okt.

Kennzeichen: Männchen hellgelb, Weibchen weißgelb; Flügel mit schwarzer Randbinde, Vorderflügel oberseits mit schwarzem Fleck, Hinterflügel unterseits mit 2 goldgelben, aneinanderstoßenden Ringen (Name!).

Vorkommen: Weit verbreitet in offenem Gelände mit Wiesen und Weiden; bei uns im Süden und Osten häufiger.

Wissenswertes: Die auch Heufalter genannte Art fliegt gern über Klee- und Luzernefeldern. Diese Pflanzen sind bevorzugte Nahrung der Raupen.

4 Postillon
Colias crocea

L -28 mm Sp 45–52 mm Apr.–Nov.

Kennzeichen: Ähnlich der vorigen Art, Flügeloberseite aber orangerot gefärbt.

Vorkommen: Überall in offenem Gelände, bei uns nicht bodenständig.

Wissenswertes: Eine wärmeliebende Art, die unregelmäßig weit nach Norden wandert; daher auch der weitere Name Wandergelbling.

5 Zitronenfalter
Gonepteryx rhamni

L –30 mm Sp –60 mm Jan.–Dez.

Kennzeichen: Männchen (**5a**) zitronengelb, Weibchen (**5b**) gelbgrün gefärbt. In der Flügelmitte bei beiden Geschlechtern orangefarbener Fleck.

Vorkommen: Weit verbreitet, vor allem an Waldrändern, Feldgehölzen u.ä.

Wissenswertes: Die Falter fliegen sehr früh im Jahr. Sie setzen sich schon im Juli zur Ruhe, fliegen dann aber teilweise noch einmal im Herbst. Sie überwintern frei an Sträuchern und erinnern in Ruhestellung an Blätter. Die Raupe lebt vor allem am Faulbaum (*Rhamnus*), worauf der wissenschaftliche Artname hinweist.

6 Baumweißling
Aporia crataegi

L –35 mm Sp –68 mm Mai–Juli

Kennzeichen: Flügel weiß mit deutlich hervortretenden, braun oder schwarz beschuppten Adern.

Vorkommen: In offenem Gelände, Auen und Gärten, wärmeliebende Art.

Wissenswertes: Früher kamen Baumweißlinge manchmal massenhaft in Obstplantagen vor und galten sogar als schädlich. Heute sind sie bei uns nur noch selten zu beobachten. Zu den Hauptfutterpflanzen der Raupen gehören Schlehen, Kirschen und Weißdorn, manchmal auch Birne, Apfel und Vogelbeere.

1 Dukatenfalter
Heodes virgaureae

L –20 mm Sp –42 mm Juni–Aug.

Kennzeichen: Männchen leuchtend rotgold mit schwarzen Flügelrändern, Weibchen orange mit schwarzen Flecken und weitgehend dunklen Hinterflügeln.

Vorkommen: Weit verbreitet, vor allem in trockeneren Wiesen und an Waldrändern der Mittelgebirge bis in den subalpinen Bereich.

Wissenswertes: Ein Bläuling aus der Gruppe der Feuerfalter, deren Männchen mehr oder weniger rot gefärbt sind. Die Eier werden an Ampfer abgelegt. Daran fressen auch die nachtaktiven, grünen Raupen. Ähnlich sieht der Große Feuerfalter (*Lycaena dispar*) aus.

2 Gemeiner Bläuling
Polyommatus icarus

L –18 mm Sp –35 mm Mai–Sept.

Kennzeichen: Männchen (**2a**) mit auf der Oberseite hellblauen Flügeln mit dünnem, schwarzen, von weißen Fransen gesäumtem Rand. Weibchen (**2b**) braun mit orangefarbenen Flecken auf den Hinterflügeln.

Vorkommen: Einer der häufigsten Tagfalter auf fast allen Wiesentypen.

Wissenswertes: Oft wird er auch als Hauhechelbläuling bezeichnet, wobei aber auch andere Schmetterlingsblütler wie Klee-, Hornklee-, Schneckenklee- und andere Arten als Raupenfutterpflanzen dienen. Die Familie der Bläulinge (*Lycaenidae*) ist vielgestaltig und umfaßt neben den eigentlichen Bläulingen auch die Zipfel- und Feuerfalter. Typisch ist ein Geschlechtsdimorphismus, bei dem die Männchen meist sehr bunt, die Weibchen aber unscheinbar gefärbt sind. In Europa kommen ca. 100 verschiedene Arten vor; ihre Unterscheidung ist manchmal sehr schwierig.

3 Zwergbläuling
Cupido minimus

L -7 mm Sp 10–16 mm Mai–Sept.

Kennzeichen: Dunkelbraune Oberseite, beim Männchen blau bestäubt, Unterseite mit schwarzen Flecken.

Vorkommen: Weit verbreitet, vor allem auf Magerrasen mit Wundklee.

Wissenswertes: Die früher recht häufige Art ist durch Lebensraumverluste, vor allem durch Überdüngung, heute gefährdet.

4 Faulbaumbläuling
Celastrina argiolus

L –12 mm Sp –28 mm Apr.–Sept.

Kennzeichen: Beide Geschlechter oberseits himmelblau, Weibchen mit dunklem Rand.

Vorkommen: An Waldrändern und Waldwegen in feuchteren Wäldern.

Wissenswertes: Die Raupen fressen vor allem an Faulbaum, auch an Efeu, Pfaffenhütchen und anderen Sträuchern. Die Jungraupen fressen Blüten und Blütenknospen, die älteren vor allem Blätter.

5 Enzian-Ameisenbläuling
Maculinea alcon

L –11 mm Sp –20 mm Juli–Aug.

Kennzeichen: Oberseite beim Männchen blau mit schwarzen Flügelrändern, beim Weibchen graubraun. Unterseite bräunlich mit schwarzen Flecken.

Vorkommen: In Trockenrasen, Pfeifengraswiesen und Feuchtheiden mit Enzian.

Wissenswertes: Die Jungraupen fressen zunächst an den Blüten verschiedener Enzian-Arten. Nach der ersten Häutung sondern sie ein Sekret ab, das Ameisen anlockt. Von diesen werden sie in die Nester getragen und gefüttert.

6 Brombeerzipfelfalter
Callophrys rubi

L –17 mm Sp –28 mm März–Aug.

Kennzeichen: Unverwechselbar durch die leuchtend grüne Unterseite.

Vorkommen: Weit verbreitet, vor allem an Waldrändern und -lichtungen.

Wissenswertes: Trotz der scheinbar auffälligen Färbung schwer zu entdecken, wenn die Falter mit zusammengelegten Flügeln im Blattwerk sitzen. Die Raupen fressen an Blaubeeren, Stechginster, Ginster, Geißklee und Kreuzdorn, aber nicht an Brombeeren.

1 Köcherfliege
Limnephilus spec.

L 9–15 mm Sp 22–40 mm Mai–Nov.
Kennzeichen: Erscheinen nachtfalterähnlich, meist bräunlich oder grau, mit langen Fühlern. Körper und Flügel dicht behaart.
Vorkommen: Weit verbreitet in Europa und Asien; in der Nähe von Gewässern.
Wissenswertes: Die Köcherfliegen sind eine gut abgegrenzte Insektenordnung, von der etwa 300 Arten in Mitteleuropa vorkommen. 30 Arten gehören zur Gattung *Limnephilus*. Äußerlich ähneln sie den Kleinschmetterlingen, einige Arten können mit diesen verwechselt werden. Den Köcherfliegen fehlt jedoch der aufgerollte Saugrüssel. Die Flügel sind nicht beschuppt, sondern behaart. Die Haare lassen sich von den Flügeln nicht so leicht abwischen wie die Schuppen der Schmetterlinge. Die Vorderflügel sind vergleichsweise schmal, die Hinterflügel breiter und weniger behaart. Die Flügel werden in Ruhestellung meist dachartig über dem Körper zusammengelegt. Die Fühler sind oft so lang wie der Körper, manchmal sogar noch länger. Viel bekannter als die ausgewachsenen Tiere sind die Köcherfliegenlarven **(1b)**. Je nach Art bauen sie ihre Köcher aus Sand, kleinen Steinchen, Holzstücken, Pflanzenresten oder Muschel- und Schneckenschalen. Während manche Arten auf bestimmte Baumaterialien spezialisiert sind, nutzen viele *Limnephilus*-Arten die unterschiedlichsten Baustoffe. Die Larven erzeugen ein klebriges Gespinst, an dem die Baumaterialien befestigt werden. Wenn sie wachsen, wird der Köcher entsprechend vergrößert. Er ist an beiden Seiten offen, damit Wasser hindurchfließen kann und die Larve so mit Hilfe feiner Tracheenkiemen am Hinterleib Sauerstoff aufnehmen kann. Die Larven verpuppen sich im Köcher, der vorher am Boden oder an Steinen befestigt wird.

2 Köcherfliege
Hydropsyche spec.

L 12–14 mm Sp –35 mm Mai–Okt.
Kennzeichen: Unscheinbar hellbraun gefärbt, mit langen Fühlern; mehrere schwer unterscheidbare Arten.

Vorkommen: Weit verbreitet in Europa und Asien, in der Nähe von Fließgewässern.
Wissenswertes: Die ausgewachsenen Tiere schwärmen im Gegensatz zu den meisten anderen Köcherfliegen am Tag. Die bis zu 20 mm langen Larven (**2b**) leben am Grund von schnell fließenden Gewässern. Sie bauen keine Köcher, sondern Gespinste zwischen Steinen. Arten ohne Köcher verpuppen sich im Gewässergrund. Eine Besonderheit sind die selbstgesponnenen Fangnetze, die zum Nahrungserwerb dienen. Die Larven fressen die im Netz haftenden Nahrungspartikel.

3 Köcherfliege
Chaetopteryx villosa

L –5–10 mm Sp 13–26 mm Sept.–Jan.
Kennzeichen: Bräunlich, kurze, breite Flügel.
Vorkommen: In schnellfließenden Bächen, vor allem im Bergland.
Wissenswertes: Meist halten sich Köcherfliegen in Gewässernähe auf, da sie nacht- oder dämmerungsaktiv sind, bekommt man sie selten zu sehen. Nachts werden viele Arten vom Licht angelockt.

4 Köcherfliege
Halesus tesselatus

L –11–18 mm Sp 36–50 mm Sept.–Okt.
Kennzeichen: Flügel mit dunklen, hell gesäumten Streifen.
Vorkommen: Pflanzenreiche Gewässer.
Wissenswertes: Die ausgewachsenen Tiere schwärmen in oft großer Zahl über der Wasseroberfläche. Dort werden sie häufig von Fledermäusen und Vögeln erbeutet. Die Larven dienen vor allem Fischen als Nahrung.

5 Große Wassermotte
Phryganea grandis

L –25 mm Sp 40–60 mm Mai–Aug.
Kennzeichen: Flügel grau, braun gefleckt.
Vorkommen: In stehenden Gewässern.
Wissenswertes: Die Larven bauen den Köcher aus auf gleiche Länge gebissenen Pflanzenteilen. Mit einem Haken am Hinterende halten sie sich im Köcher fest. Räuberisch.

1 Kohlschnake
Tipula oleracea

L –25 mm Sp –50 mm Apr.–Okt.
Kennzeichen: Schlank, sehr lange Beine, Flügel farblos mit brauner Vorderkante.
Vorkommen: Überall in offenem Gelände mit Wiesen, Weiden usw., auch in Gärten.
Wissenswertes: Sehr häufige Schnakenart, einer der größten bei uns vorkommenden Zweiflügler. Die Tiere nehmen keine Nahrung zu sich, da die Mundwerkzeuge zurückgebildet sind. Deshalb können sie auch nicht stechen und Blut saugen, wie ihnen oft nachgesagt wird. Vom Licht angelockt, verfliegen sie sich in Häuser und werden dann oft aus unbegründeter Angst getötet.

2 Gemeine Stechmücke
Culex pipiens

L 6–8 mm Apr.–Okt.
Kennzeichen: Sehr langbeinig, Weibchen mit langem Stechrüssel.
Vorkommen: Weltweit verbreitet.
Wissenswertes: Es gibt weit über 1000 Arten von Stechmücken oder Moskitos. Nur die Weibchen saugen Blut (**2a**). Die Männchen, an den gefiederten Fühlern leicht zu erkennen, braucht man nicht zu fürchten. Sie saugen nur Pflanzensäfte und Wasser. Die Weibchen legen floßartige Eipakete (**2b**) in kleinste Gewässer, selbst in Eimern und Blechdosen, ab. Die Larven (**2c**) sind langgestreckt und strudeln mit den Haarbüscheln am Kopf Nahrung heran. Während die bei uns vorkommenden Stechmücken-Arten zwar lästig, aber doch ungefährlich sind, sind sie in nordischen Ländern eine wahre Plage und in den Tropen eine ernsthafte Bedrohung. Erwähnt werden soll hier die Anopheles-Mücke, die in den Tropen die Fieberkrankheit Malaria überträgt. Die Erreger sind Blutparasiten der Gattung *Plasmodium*. Der Malaria fallen alljährlich mehrere Millionen Menschen zum Opfer.

3 Gelbe Kammschnake
Ctenophora ornata

L –20 mm Sp –40 mm Mai–Juli
Kennzeichen: Männchen mit auffälligen Fühlern, Hinterleib mit wespenähnlicher, schwarz-gelber Zeichnung.
Vorkommen: Weit verbreitet in Wäldern.
Wissenswertes: Die Weibchen bohren die Eier mit ihrem kräftigen Legebohrer in zerfallendes Holz, von dem die Larven fressen.

4 Gnitze
Culicoides spec.

L –4 mm Juli–Sept.
Kennzeichen: Sehr klein, buckliger Thorax.
Vorkommen: Überall, in Nordeuropa oft massenhaft.
Wissenswertes: Blutsauger, die bei massiertem Auftreten zur Plage werden. Die Larven entwicklen sich in feuchten Böden.

5 Kriebelmücke
Simulium spec.

L –4 mm Apr.–Okt.
Kennzeichen: Mit bucklligem Thorax, auffällig breite Flügel, bei uns ca. 30 Arten.
Vorkommen: Überall, häufiger im Bergland.
Wissenswertes: Die Weibchen saugen Blut, ihr Stich ist ziemlich schmerzhaft. Die Larven entwickeln sich in Fließgewässern.

6 Zuckmücke
Chironomus spec.

L 11–13 mm Apr.–Okt.
Kennzeichen: Typische Mückengestalt, Männchen mit gefiederten Antennen, Hinterleib stark behaart.
Vorkommen: Weltweit verbreitet, meist in Gewässernähe.
Wissenswertes: Zuckmücken sind eine artenreiche Familie (*Chironomidae*), mit über 1000 schwer unterscheidbaren Arten in Mitteleuropa. Charakteristisch ist das buckelige Bruststück, das bei vielen Arten so groß ist, daß die Tiere in Aufsicht kopflos erscheinen. Sie können nicht stechen. Die bekannteren Larven (**6b**) leben im Schlamm stehender und fließender Gewässer und können Indikator für deren Verschmutzung sein. Sie stecken in Gespinströhren, in denen sie durch Körperbewegungen Atemwasser und Nahrungspartikel einströmen lassen.

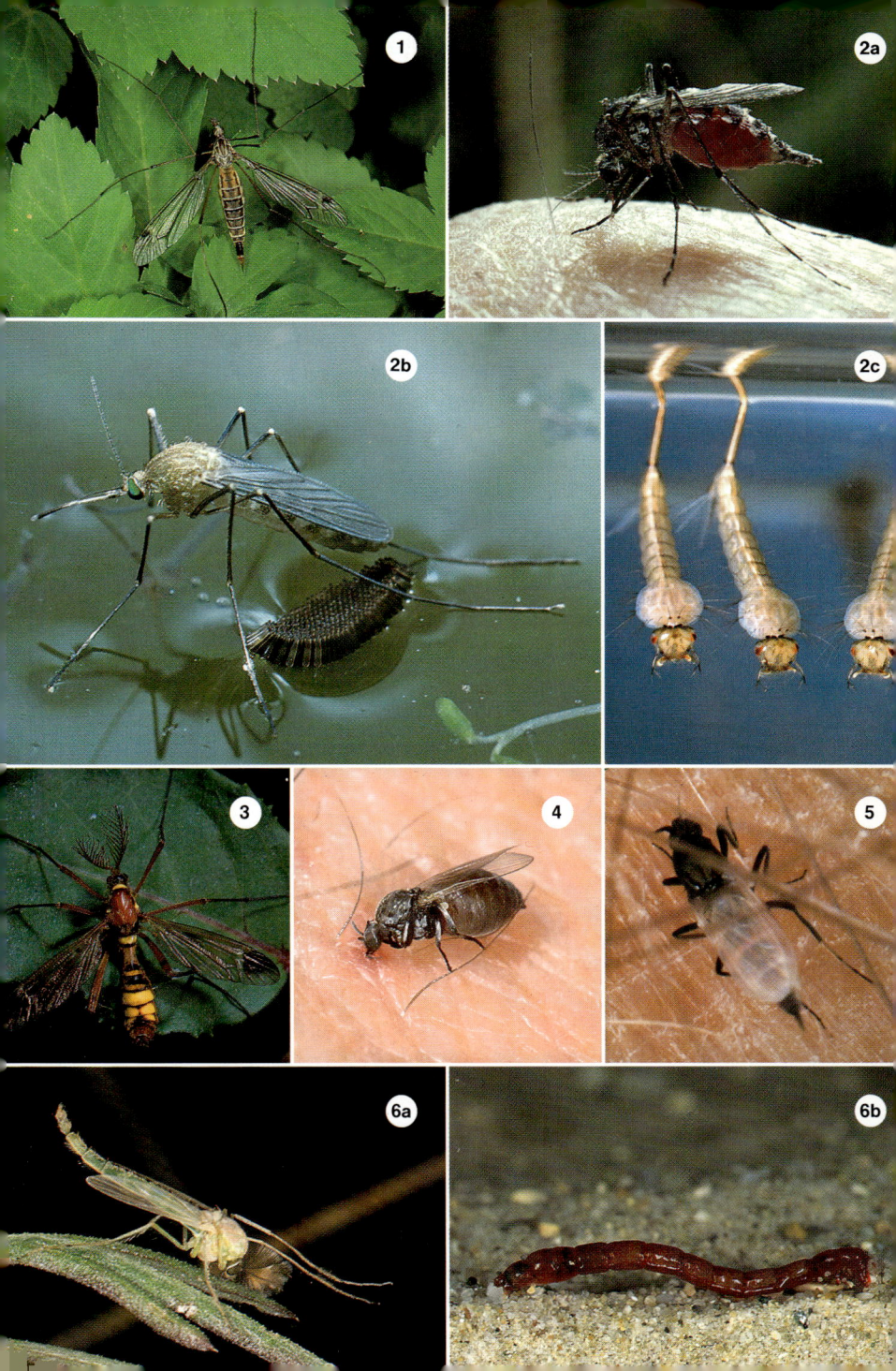

1 Chamäleonfliege
Stratiomys chamaeleon

L 14–16 mm Mai–Sept.

Kennzeichen: Hinterleib breit und flach, schwarz-gelb gefärbt, Fühler deutlich gekniet.

Vorkommen: Auf Wiesen, an Wald- und Wegrändern.

Wissenswertes: Eine an Schwebfliegen erinnernde Art aus der Familie der Waffenfliegen (*Stratiomyidae*). Wie diese ahmt sie mit ihrer Körperfärbung Wespen nach. Die Weibchen legen die Eier an Wasserpflanzen ab. Die spindelförmigen, etwa 4 cm langen, grauen Larven leben räuberisch im Wasser und ernähren sich vor allem von verschiedenen Einzellern. Ihr Hinterende ist zu einem Atemrohr umgewandelt, an dessen Ende zwei Stigmen liegen. Ein Kranz von feinen Härchen, die auf der Wasseroberfläche ausgebreitet werden, ermöglicht es den Larven, kopfunter unter dem Wasserspiegel zu hängen.

2 Waffenfliege
Chloromyia formosa

L –9 mm Mai–Aug.

Kennzeichen: Blaugrün oder violett glänzend, Augen stark behaart (Lupe!).

Vorkommen: Vor allem an Waldrändern, Hecken und Gebüschen.

Wissenswertes: In Ruhe legen die Fliegen die Flügel flach auf dem Rücken zusammen. Die Larven entwickeln sich in feuchter Erde und in verrottendem Pflanzenmaterial.

3 Schnepfenfliege
Symphoromyia immaculata

L -14 mm

Kennzeichen: Schlank und langbeinig.

Vorkommen: Vor allem an Waldrändern.

Wissenswertes: Schnepfenfliegen (Familie *Rhagionidae*) kommen bei uns mit ca. 30 Arten vor. Sie sitzen häufig mit aufgerichtetem Körper kopfabwärts an Baumstämmen. Während die ausgewachsenen Tiere an Raubfliegen erinnern, ähneln die Larven denen der Bremsen. Sie leben im Falllaub und fressen Regenwürmer und Insekten. Ein bemerkenswerter Verwandter aus dem Mittelmeerraum ist der Wurmlöwe (*Vermiles vermiles*), dessen Larve einen ähnlichen Fangtrichter wie der Ameisenlöwe (s. S. 318) baut.

4 Rinderbremse
Tabanus bovinus

L 19–24 mm Mai–Sept.

Kennzeichen: Kräftige Fliege mit bräunlichem Hinterleib und großen Facettenaugen (**4b**) mit schönen farbigen Streifenmustern.

Vorkommen: Eine weltweit verbreitete Art, die besonders häufig in der Nähe von Weidevieh auftritt.

Wissenswertes: Während die Männchen von Nektar leben, saugen die Weibchen das Blut von Säugetieren, besonders von Kühen und Pferden. Auch Menschen werden regelmäßig angefallen; und jeder hat wohl schon einmal den schmerzhaften Stich gespürt. Da die Tiere lautlos und schnell fliegen, nimmt man ihre Annäherung häufig nicht wahr. Wegen des gerinnungshemmenden Speichels kann die Wunde nachbluten. Ein Weibchen kann bis zu 3500 Eier legen. Die Larven leben im Schlamm oder im Vegetationsrand an Gewässerufern und leben räuberisch, vor allem von Mückenlarven und Schnecken. Die Tiere werden manchmal auch als Blindfliegen bezeichnet, da man früher irrtümlich annahm ihre Stiche machten blind.

5 Goldaugenbremse
Chrysops caecutiens

L 7–11 mm Mai–Sept.

Kennzeichen: Hinterleib schwarz-gelb gefärbt, Flügel mit dunkler Binde. Die Augen sind leuchtend grün und schillern (**5b**); vergleichsweise lange Fühler.

Vorkommen: Paläarktisch verbreitet.

Wissenswertes: Eine der schönsten heimischen Fliegenarten. Auch bei ihr ernähren sich die Weibchen von Säugerblut, ihr Stich kann ebenfalls sehr schmerzhaft sein. Vor allem beim Weidevieh versuchen häufig andere Fliegenarten, die Blutreste aufzusaugen, die nach dem Bremsenstich ausgetreten sind. Sehr lästig kann auch die Regenbremse *Chrysozona pluvialis* (= Blinde Fliege) werden.

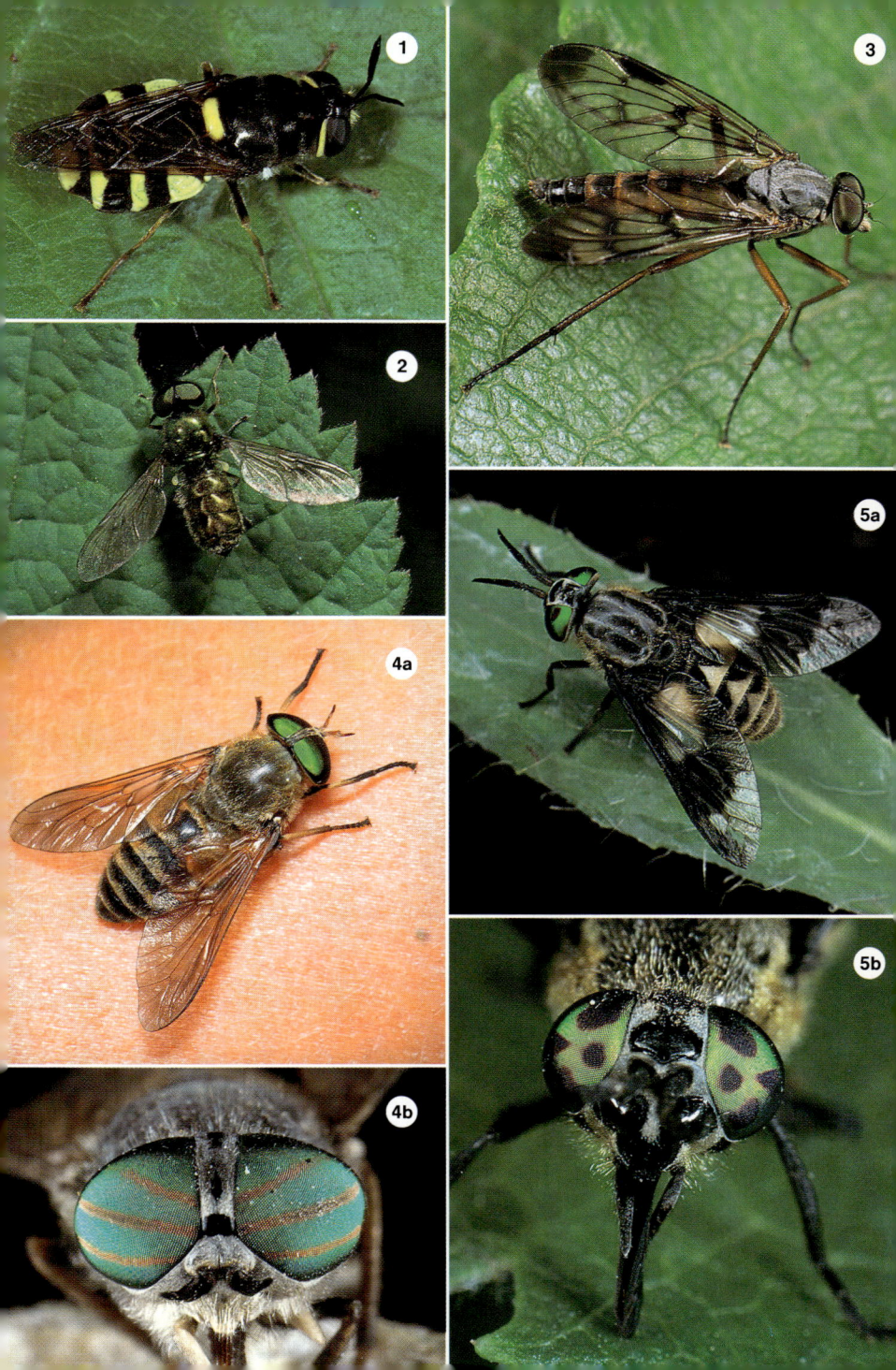

1　　**Buchengallmücke**
Mikiola fagi

L 4–5 mm　März–Mai
Kennzeichen: Klein, unscheinbar.
Vorkommen: Weite Teile Europas im Wuchsgebiet der Rotbuche.
Wissenswertes: Bekannter als die ausgewachsenen Tiere sind die kegelförmigen, rot gefärbten Gallen, die oft in Gruppen auf der Oberseite von Buchenblättern sitzen. Darin leben die Larven (**1b**). Die Mücken schlüpfen Ende März. Verwandte Arten bilden ähnliche Gallen auf Blättern anderer Baumarten.

2　　**Großer Hummelschweber**
Bombylius major

L 8–12 mm　Apr.–Juli
Kennzeichen: Dicht pelzartig behaart, langer Saugrüssel.
Vorkommen: Sehr wärmeliebend; bei uns nur an klimatisch günstigen Plätzen.
Wissenswertes: Die Art trägt ihren Namen wegen der Behaarung sowie ihrer Flugweise. Sie schwirren mit einem hohen Summton vor Blüten. Mit ihrem langen Rüssel saugen sie Nektar. Der Saugrüssel sieht gefährlich aus, doch die Tiere sind harmlos. Die Larven leben parasitisch in den Nestern solitär lebender Bienen an deren Larven. Die Weibchen lassen die Eier in der Nähe der Bienennester fallen. Nach dem Schlüpfen kriechen die Larven in das Nest, fressen erst den Futterbrei und befallen dann die Bienenlarven selbst.

3　　**Hornissen-Raubfliege**
Asilus crabroniformis

L 18–26 mm　Juli–Sept.
Kennzeichen: Hinterleib lang zugespitzt, auffällig gelb-schwarz gezeichnet.
Vorkommen: Heiden, sandige Plätze.
Wissenswertes: Größte bei uns vorkommende Art. Fliegt mit lautem Summton.

4　　**Raubfliege**
Machimus atricapillus

16–23 mm　Juni–Sept.
Kennzeichen: Groß, dunkel gefärbt.

Vorkommen: Paläarktisch verbreitet; oft an Wald- und Wegrändern.
Wissenswertes: Eine größere Art der Raubfliegen (*Asilidae*). Diese räuberischen Tiere sitzen z.B. auf Holzstößen an Waldlichtungen und lauern auf Beute. Dazu gehören andere Fliegen, Heuschrecken sowie kleinere Bienen und Wespen. Die Tiere werden mit dem Rüssel angestochen und ausgesaugt.

5　　**Johannisbeer-Schwebfliege**
Scaeva pyrastri

L 14–19 mm　Apr.–Okt.
Kennzeichen: 6 weiße, halbmondförmige Flecken auf dem Hinterleib.
Vorkommen: Weit verbreitet; oft in Gärten.
Wissenswertes: Wie alle Schwebfliegen zeigen sie den typischen Schwirrflug. Sie können auf der Stelle und sogar rückwärts fliegen. Die Larven ernähren sich von Blattläusen. Die Weibchen legen die ca. 1 mm großen Eier in der Nähe von Blattlauskolonien ab.

6　　**Gemeine Winter-Schwebfliege**
Episyrphus balteatus

L 11–12 mm　März–Nov.
Kennzeichen: Hinterleib auffällig schwarzgelb gezeichnet.
Vorkommen: Sehr häufige Art; regelmäßig in Gärten und an Blumenkästen.
Wissenswertes: Wenig spezialisiert; kommt auf fast allen Blüten vor. Die Larven ernähren sich von Blattläusen. Wie viele Schwebfliegen ahmen sie Wespen nach (Mimikry), sind aber harmlos. Die Weibchen überwintern und fliegen manchmal an warmen Wintertagen.

7　　**Gemeine Waldschwebfliege**
Volucella pellucens

L 12–16 mm　Mai–Aug.
Kennzeichen: Groß, besonders auffällig ist das gräulich-weiße 2. Hinterleibssegment.
Vorkommen: Bei uns sehr häufig an Waldrändern, Waldwegen und Lichtungen.
Wissenswertes: Die ausgewachsenen Tiere besuchen bevorzugt die Blüten von Sträuchern, aber auch einige Kräuter. Die Larven leben in Nestern der Gemeinen Wespe.

1 Mistbiene
Eristalis tenax

L 15–20 mm März–Nov.
Kennzeichen: Große, bienenähnliche Schwebfliege mit 2 auffälligen gelben Flecken am Hinterleib. Sonst überwiegend braun gefärbt.
Vorkommen: Weltweit verbreitete Art.
Wissenswertes: Diese Art, die zur Familie der Schwebfliegen (*Syrphidae*) gehört, kommt fast überall vor und stellt keine speziellen Ansprüche an ihren Lebensraum. Die ausgewachsenen Fliegen sind auf fast allen Blüten zu finden. Oft werden sie als Schlammfliegen bezeichnet. Die Namen beziehen sich auf die Tatsache, daß die Larven (sogenannte Rattenschwanzlarven, **1b**) in schlammigen, oft verschmutzten Gewässern, ja sogar in Jauchegruben und in Misthaufen leben. Sie sind grau gefärbt und von walzenförmiger Gestalt. Am Körperende besitzen sie ein bis zu 3 cm langes Atemrohr, das zum Luftholen bis an die Wasseroberfläche ausgestreckt wird.

2 Distel-Bohrfliege
Urophora cardui

L 5–7 mm Mai–Aug.
Kennzeichen: Kleine, schwarz gefärbte Fliege mit auffällig lang zugespitztem Hinterleib. Flügel schwarz gebändert.
Vorkommen: Häufig, fast überall im offenen Gelände anzutreffen.
Wissenswertes: Auffälliger als die Fliegen sind die harten, eiförmigen, oft rötlich überlaufenen Gallen (**2a**) an den Stengeln von Disteln, vor allem Ackerkratzdisteln. Wie alle Fliegen und Mücken besitzt die Art nur ein Flügelpaar. Das hintere Flügelpaar ist zu den sogenannten Schwingkölbchen oder Halteren umgewandelt. Diese dienen als Gleichgewichtsorgan.

3 Gemeine Essigfliege
Drosophila melanogaster

L 2–3 mm Mai–Okt.
Kennzeichen: Klein, Hinterleib dunkel gebändert, Weibchen mit zugespitztem Hinterleib.

Vorkommen: Kosmopolitisch verbreitet, sehr oft in Komposthaufen und auch in Häusern.
Wissenswertes: Die kleinen Fliegen werden auch Taufliegen und wegen ihrer Vorliebe für überreifes Obst und gärende Fruchtsäfte auch Fruchtfliegen genannt. Bei günstigen Bedingungen finden sich ganze Schwärme ein. Die Art hat besondere Berühmtheit als „Haustier" der Genetiker erlangt. Die Tiere sind einfach und kostengünstig in großer Zahl auf engem Raum zu halten und vermehren sich schnell. Ein Weibchen kann bis zu 400 Eier legen. Die Generationsdauer beträgt nur 2–3 Wochen. Häufig treten Mutationen, z.B. weiße Augen, Stummelflügel oder ein einfarbig schwarzer Körper auf, oft auch in Kombination. Schon 3mal wurden Nobelpreise für an *Drosophila* gewonnene Erkenntnisse vergeben.

4 Marcusfliege
Bibio marci

L –11 mm März–Mai
Kennzeichen: Schwarz, stark behaart, fliegt oft mit hängenden Beinen. Mehrere ähnliche Arten.
Vorkommen: Fast überall in der offenen Landschaft, lokal sehr häufig.
Wissenswertes: In Verballhornung des wissenschaftlichen Namens wird die Art oft auch Märzfliege genannt. Tatsächlich handelt es sich aber um eine fliegenähnliche Haarmücke. Ganz falsch ist der Name nicht, denn die Tiere erscheinen bei entsprechenden Witterungsbedingungen schon früh im Jahr.

5 Tangfliege
Coelopa frigida

L –6 mm Juni–Okt.
Kennzeichen: Klein, dunkel, Beine lang behaart, ca. 12 ähnliche Arten an den Küsten Europas.
Vorkommen: Bei uns an den Küsten von Nord- und Ostsee, oft massenhaft.
Wissenswertes: Sehr spezialisierte Fliegen mit flachem Körper; bei starkem Wind drücken sie sich auf den Untergrund oder graben sich sogar ein. Die Larven entwickeln sich in Ablagerungen von Algen und Tang am Spülsaum.

1 Graue Fleischfliege
Sarcophaga carnaria

L 13–15 mm Apr.–Okt.

Kennzeichen: Groß, rotäugig, mit abwechselnd dunkel- und hellgrau quergestreifter Brust und längsgestreiftem Hinterleib.

Vorkommen: Beinahe überall.

Wissenswertes: Lebendgebärend; legt ihre Larven direkt an Aas, aber auch an Frischfleisch ab. Unter günstigen Bedingungen verpuppen diese sich bereits nach einer Woche. Wie viele Fliegen können sie Krankheitserreger verbreiten.

2 Blaue Schmeißfliege
Calliphora vicina

L 8–11 mm Apr.–Okt.

Kennzeichen: Stahlblau gefärbter Körper, rötlichbraune Facettenaugen.

Vorkommen: Nahezu weltweit verbreitet in fast allen Lebensräumen.

Wissenswertes: Die hellen Eier werden an Fleisch abgelegt, egal ob es sich um einen toten Vogel oder ein Schnitzel handelt. Daraus schlüpfen die länglichen Maden. Sie haben weder einen deutlich abgesetzten Kopf noch Augen oder Beine. Nahrung nehmen sie mit der Körperoberfläche auf. Nach wenigen Tagen verpuppen sie sich als Tönnchenpuppe. Nach ca. einer Woche sprengt die Fliege den Deckel des Tönnchens mit Hilfe einer aufpumpbaren Stirnblase ab. Der Name Schmeißfliege ist damit zu erklären, daß die Fliegen ihre Eier (Geschmeiß) regelrecht an die Nahrungsquelle „schmeißen".

3 Stubenfliege
Musca domestica

L 8–9 mm März–Okt.

Kennzeichen: Körper und Beine mit dunkelgrauer Behaarung, Augen groß, rotbraun gefärbt.

Vorkommen: Kosmopolitisch verbreitet, sehr oft in Häusern und Stallungen.

Wissenswertes: Die Weibchen legen bis zu 150 Eier auf Aas, Dung oder Kompost ab. Sie leben von Nahrungsresten, die mit dem hochkompliziert gebauten, stempelförmigen Saug-

rüssel aufgenommen werden. Der Rüssel enthält ein Saug- und ein Speichelrohr. Flüssige Nahrung wird direkt aufgenommen, feste Nahrung, z. B. Zucker, mit Speichel verflüssigt und dann eingesaugt. Fliegen können hervorragend auf jedem Untergrund laufen, wozu sie besonders gebaute Füße befähigen. Mit 2 krallenartigen Klauen können sie sich auf rauher Unterlage fortbewegen, mit den dazwischenliegenden Haftballen können sie z. B. auf Glasscheiben laufen. Im Herbst geht ein großer Teil der Stubenfliegen durch Pilzbefall zugrunde. Die Pilzfäden des Fliegenschimmels durchziehen den Körper der Fliege und zehren ihn regelrecht aus.

4 Raupenfliege
Tachina fera

L 11–14 mm Mai–Sept.

Kennzeichen: Borstig behaart, Beine und Fühler gelblich, Hinterleib in der Mitte schwarz und an den Seiten gelb gefärbt.

Vorkommen: Überall, wo es Raupen gibt.

Wissenswertes: Eine der häufigsten bei uns vorkommenden Arten der Familie der Raupenfliegen (*Tachinidae*). Wegen der borstigen Behaarung wird sie manchmal auch als Igelfliege bezeichnet. Die Larven leben als Innenparasiten in Raupen. Die Weibchen suchen geeignete Raupen, an die ein Ei abgelegt wird. Die ausschlüpfenden Larven bohren sich dann in die Raupe und fressen sie von innen auf. Erst zur Verpuppung verlassen sie den Wirt (**4b**). Es gibt mindestens 500 Arten von Raupenfliegen in Mitteleuropa, viele mit hochspezifischen Verhaltensweisen. Sie werden als Nützlinge angesehen.

5 Gelbe Dungfliege
Scatophaga stercoraria

L 5–10 mm Mai–Okt.

Kennzeichen: Gelb; Rücken goldglänzend, stark behaart.

Vorkommen: Kulturfolger, oft in großen Mengen auf Kuhfladen.

Wissenswertes: Die Larven entwickeln sich im Dung und überwintern im Boden. Die Dungfliegen selbst jagen kleine, weichhäutige Insekten.

1 Pferdelausfliege
Hippobosca equina

L 7–8 mm Mai–Okt.

Kennzeichen: Schwarzbraun gefärbt, mit gelber Fleckung am Bruststück.

Vorkommen: Weltweit verbreitet auf verschiedenen Säugetieren.

Wissenswertes: Trotz ihres Namens halten sich Pferdelausfliegen meist auf Rindern auf. Seltener findet man sie auch auf anderen Säugern wie Pferden und Hunden. Die Lausfliegen ernähren sich vom Blut ihrer Wirte. Sie setzen sich an solchen Stellen fest, wo sie das befallene Tier nicht entfernen kann. Im Gegensatz zu verwandten Arten sind die Pferdelausfliegen geflügelt.

2 Mauersegler-Lausfliege
Crataerhina pallida

L 8–10 mm Mai–Sept.

Kennzeichen: Braun; Körper stark abgeflacht.

Vorkommen: Lebt im Gefieder von Mauerseglern.

Wissenswertes: Ein blutsaugender Parasit, der ausschließlich auf Mauerseglern lebt. Er hat einen abgeplatteten Körper, der das Laufen zwischen den Federn ermöglicht. Die Weibchen legen keine Eier, sondern voll entwickelte Maden ab, die sich sofort verpuppen. Ähnliche Arten auf anderen Vögeln und Säugern.

3 Hirschlausfliege
Lipoptena cervi

L 3–5 mm Jan.–Dez.

Kennzeichen: Länglich, mit kleinem Hinterleib und recht großen Flügeln.

Vorkommen: Vor allem auf Hirschen, Rehen und Wildschweinen.

Wissenswertes: Die Art greift bei Gelegenheit auch Menschen an.

4 Schafbremse
Oestrus ovis

L 10–12 mm Mai–Juni

Kennzeichen: Braun behaart, Hinterleib schwarzweiß gefleckt; die Beine sind gelblich.

Vorkommen: Weltweit verbreitet; überall dort, wo es Schafe gibt.

Wissenswertes: Die schon geschlüpften Larven werden vom Weibchen an die Nüstern von Schafen gelegt. Von dort aus dringen sie zunächst in die Nasen- und später dann in die Stirnhöhle ein. Dadurch werden die Schleimhäute gereizt und zu einer vermehrten Schleimproduktion angeregt. Vom Schleim ernähren sich die Larven. Die Schafe müssen häufig niesen, wirken kränklich und magern oft ab. Wenn die Larven ausgewachsen sind, kriechen sie wieder in die Nasenhöhle und lassen sich regelrecht „herausniesen". Dann verpuppen sie sich im Boden.

5 Rinderdasselfliege
Hypoderma bovis

L -19 mm Juni–Juli

Kennzeichen: Brust vorn gelb, hinten schwarz, Hinterleib grau-schwarz-gelb gebändert.

Vorkommen: Vor allem auf Viehweiden.

Wissenswertes: Diese auch als Rinderbiesfliege bezeichnete Art wird wegen der von ihr verursachten wirtschaftlichen Schäden intensiv bekämpft. Die Weibchen legen ihre Eier an die Hinterbeine von Rindern. Die Larven bohren sich in die Haut, wandern im Körper umher und setzen sich schließlich unter die Rückenhaut, wo sie die bis taubeneigroßen „Dasselbeulen" verursachen. Durch ein Loch verlassen sie schließlich den Wirt, um sich in der Erde zu verpuppen.

6 Rehrachenbremse
Cephenomya stimulator

L 13–15 mm Juni–Sept.

Kennzeichen: Brust schwarz, Hinterleib gelblich behaart.

Vorkommen: Befällt Rehe, Rothirsche und Elche.

Wissenswertes: Das Weibchen spritzt Eier und bereits geschlüpfte Larven in Maul und Nüstern der genannten Tiere. Die Larven entwickeln sich in Rachen und Nasenraum. Wenn sie in die Lungen gelangen, können sie den Tod des Wirtes verursachen.

1 Riesenholzwespe
Urocerus gigas

L 10–40 mm   Mai–Okt.

Kennzeichen: Weibchen schwarz mit gelbem Legebohrer; Männchen kleiner, mit rötlichem Hinterleib und ohne Legebohrer.

Vorkommen: Vor allem in Nadelwäldern verbreitet.

Wissenswertes: Die Weibchen gehören zu den größten europäischen Hautflüglern. Trotz ihres sehr bedrohlich wirkenden Legebohrers (bzw. der Legebohrerscheide) sind sie völlig harmlos. Obwohl weit verbreitet, sind sie selten zu sehen, da sie sehr heimlich sind. Die Männchen fliegen meist im Wipfelbereich der Bäume, die Weibchen kann man gelegentlich bei der Eiablage beobachten. Sie legen mit Hilfe ihres langen Legebohrers die Eier etwa 1 cm tief fast immer in Nadelholz ab, meist in Kiefernholz. Dazu bevorzugen sie Bruchholz oder frisch gefällte Stämme. Die Larven benötigen zu ihrer Entwicklung bis zu 3 Jahre. Das kann dazu führen, daß Riesenholzwespen plötzlich in Neubaugebieten erscheinen, wohin sie mit Bauholz verschleppt wurden. Dort sorgen sie dann für erhebliches Aufsehen. Oft findet man in Begleitung der Riesenholzwespe auch die Riesen-Holzschlupfwespe (*Rhyssa persuasoria*; s. S.374), deren Larven in den Larven von Holzwespen als Hyperparasiten schmarotzen.

2 Gemeine Holzwespe
Sirex juvencus

L 14–30 mm   Mai–Okt.

Kennzeichen: Weibchen glänzend blaugrün mit gelben Beinen und Fühlern und dunklem Legebohrer; Männchen ähnlich dem Männchen der Riesenholzwespe.

Vorkommen: In Nadelwäldern weit verbreitet.

Wissenswertes: Die Eier werden meist in Kiefern und Fichten abgelegt. Auch diese Art wird immer wieder mit Bauholz in Wohngebiete verschleppt. Legebohrer nicht ganz so lang wie bei anderen Arten der Holzwespen (*Siricidae*). Durch den Legebohrer und ihre recht schlanke Körperform erinnern Holzwespen oft an Schlupfwespen.

3 Rote Kiefernbuschhorn-Blattwespe
Neodiprion sertifer

L 5–10 mm

Kennzeichen: Fühler beim Weibchen (**3c**) gesägt, beim Männchen gefiedert (**3b**), ohne „Wespentaille".

Vorkommen: In Nadelwäldern.

Wissenswertes: Die Weibchen geben einen Lockstoff ab, der von den Männchen mit den Fühlern wahrgenommen wird. Die raupenähnlichen Larven (**3a**, vgl. u.) leben vor allem auf Kiefern, deren Nadeln sie fressen.

4 Keulhornblattwespe
Cimbex femorata

L 22–26 mm   Mai–Juni

Kennzeichen: Bienenähnlich, oft sehr hell behaart, Fühler keulenartig verdickt.

Vorkommen: Verbreitet in Europa, vor allem an Hecken, Gebüschen und Waldrändern.

Wissenswertes: Keulhornblattwespen (Fam. *Cimbicidae*) gehören zu den Pflanzenwespen. Sie sind durch die an der Spitze keulig verdickten Fühler klar charakterisiert. Die Larven leben auf Birken und erinnern sehr an Schmetterlingsraupen, mit denen sie wie auch die Larven anderer Blattwespen häufig verwechselt werden. Letztere haben aber immer mindestens 6 Bauchfußpaare. Schmetterlingsraupen besitzen höchstens 5 Paare dieser Bauchfüße. Die Larven der Blattwespen fertigen einen festen Kokon an Zweigen, in dem sie sich verpuppen. Bei uns kommen mehrere schwer unterscheidbare Arten vor.

5 Marienkäfer-Schlupfwespe
Perilitus coccineus

L –7 mm

Kennzeichen: Klein, schwarz gefärbt. Wie die meisten Schlupfwespen nur von Spezialisten bestimmbar.

Vorkommen: Meist in der Nähe von Blattlauskolonien mit Marienkäfern.

Wissenswertes: Diese Art hat sich auf Siebenpunkt-Marienkäfer spezialisiert, die wie im Bild zu sehen angestochen werden. Die Larven entwickeln sich in den Käfern.

1 Eichengallwespe
Cynips quercusfolii

L 2,5–4 mm   Dez.–Febr./Mai–Juli
Kennzeichen: Sehr klein; schwarz mit hellen, über das Körperende hinausragenden Flügeln.
Vorkommen: Auf Eichenarten.
Wissenswertes: Eine typische Gallwespe (Familie *Cynipidae*) mit bemerkenswerter Fortpflanzung: Die Weibchen stechen im Mai oder Juni Eier in Eichenblätter. Aus ihnen schlüpfen Larven, die chemische Wachstumsstoffe absondern. Diese regen die Pflanze zur Gallbildung an. Die 2–3 cm durchmessenden grünen, oft rot überlaufenen Galläpfel (**1a**, **b**) sind im Herbst auf den Eichenblättern sehr auffällig. Im Dezember schlüpfen daraus ausschließlich Weibchen, die ihre Eier in Winterknospen der Eichen legen. Ihre Nachkommen entstehen durch Jungfernzeugung (Parthenogenese). Diese schwarzen Gallen sind recht unscheinbar. Im Mai und Juni schlüpfen Männchen und Weibchen aus den Gallen. Sie paaren sich, und die Weibchen legen die befruchteten Eier wiederum an Eichenblättern ab.

2 Rosengallwespe
Diplolepis rosae

L 3–6 mm   Apr.–Juni
Kennzeichen: Schwarz mit rotbraunem Hinterleib und gelbroten Beinen.
Vorkommen: Weite Teile Europas; auf Rosen.
Wissenswertes: Bei dieser Art kommen Männchen nur sehr selten vor. Nachkommen werden fast nur parthenogenetisch erzeugt. Während die Tiere sehr unauffällig sind, gehören ihre großen, moosartig wirkenden Gallen (**2a**) zu den auffälligsten Gallen überhaupt. Sie werden auch als Schlafäpfel oder Rosenschwämme bezeichnet. Sie sind innen verholzt und enthalten mehrere Kammern; in jeder lebt eine Larve (**2b**). Häufig schlüpfen daraus nicht Rosengallwespen, sondern verschiedene parasitierende Hautflügler. Erbsenartige Gallen auf der Unterseite von Rosenblättern werden von *Diplolepis eleganteria* erzeugt. Ähnliche, bestachelte Gallen sind auf die eng verwandte Art *Diplolepis nervosus* zurückzuführen.

3 Riesen-Holzschlupfwespe
Rhyssa persuasoria

L 18–35 mm   Juni–Sept.
Kennzeichen: Dunkel mit weißlichen Flekken und braunroten Beinen, Weibchen mit sehr langem Legebohrer.
Vorkommen: Verbreitet in Nadelwäldern.
Wissenswertes: Mit dem Legebohrer erreichen die Weibchen eine Gesamtlänge von 80 mm und gehören damit zu den längsten bei uns vorkommenden Insekten. Besonders interessant ist es, die Eiablage zu beobachten. Sie können tief in das Holz bohren und treffen mit einer faszinierenden Zielgenauigkeit dort lebende Larven von Holzwespen, z.B. der Riesenholzwespe (s. S. 372). An diesen entwikkeln sich dann die Holzschlupfwespenlarven. Der Bohrvorgang kann 30 Minuten dauern.

4 Sichelwespe
Ophion luteus

L 15–20 mm   Juli–Okt.
Kennzeichen: Mückenartige Gestalt; mit Ausnahme von Kopf und Brust überwiegend gelborange gefärbt.
Vorkommen: In Wäldern verbreitet.
Wissenswertes: Im Gegensatz zu anderen Schlupfwespen können die Weibchen ihren Legebohrer auch als Wehrstachel verwenden. Die bei uns vorkommenden Arten der Gattung *Ophion* parasitieren Raupen. Im Gegensatz zur Holzschlupfwespe wird je ein Ei in die Raupe abgelegt. Um den Wirt nicht frühzeitig zu töten, werden die lebenswichtigen Organe von der Schlupfwespenlarve zunächst nicht angegriffen. Meist ist das Wachstum und die Beweglichkeit des Wirtes stark eingeschränkt. Wenn die Schlupfwespenlarve fast ausgewachsen ist, tötet sie den Wirt durch Auffressen wichtiger Organe. Sie verpuppt sich in einem kleinen Kokon im Innern oder an der leeren Körperhülle des Wirtes. Da sie die Massenvermehrungen bestimmter Schadinsekten stoppen können, gelten Schlupfwespen als nützlich und werden zur biologischen Schädlingsbekämpfung eingesetzt.

1 Erzwespe
Leucospis gigas

L –12 mm   Mai–Juli
Kennzeichen: Auffällig schwarz-gelb gefärbt; eine der größten Erzwespen.
Vorkommen: Vor allem in Südeuropa.
Wissenswertes: Erzwespen treten in einer unglaublichen Formenfülle auf. Die kleinsten werden nur 0,2 mm „groß" und gehören damit zu den kleinsten Insekten überhaupt. Sie leben alle parasitisch, manche als Hyperparasiten, d. h., sie parasitieren an Parasiten. Die hier gezeigte, ziemlich seltene Art legt ihre Eier in Nester von Mörtelbienen.

2 Feuergoldwespe
Chrysis ignita

L 4–12 mm   Apr.–Sept.
Kennzeichen: Kopf und Brust grünlichblau, oft goldglänzend. Hinterleib kupferrot.
Vorkommen: Weite Teile der Paläarktis.
Wissenswertes: Eine der häufigsten der etwa 60 mitteleuropäischen Arten der Familie der Goldwespen (*Chrysididae*), die sich durch eine prächtige Färbung auszeichnen. Auch die Goldwespenlarven leben parasitisch an den verschiedensten Bienenlarven. Deshalb kann man Goldwespen am besten in der Nähe von Wildbienennestern entdecken. Die Weibchen dringen in die Nester ein und legen dort ihre Eier ab. Dabei werden sie häufig angegriffen, sind aber durch ihren besonders harten Panzer gegen Stiche gut geschützt. Zudem können sie sich auch einrollen. Die Goldwespenlarven fressen dann die Bienenlarven auf. Ausgewachsene Goldwespen ernähren sich von Pollen.

3 Sandgoldwespe
Hedychrum nobile

L 7–9 mm   Juli–Aug.
Kennzeichen: Kopf grün, Brust vorn kupferrot, hinten grün, Hinterleib kupferrot glänzend.
Vorkommen: Vor allem in Sandgebieten.
Wissenswertes: Die Art parasitiert vor allem die nachfolgend beschriebene Knotenwespe. An deren Nestern kann man am ehesten Sandgoldwespen entdecken.

4 Knotenwespe
Cerceris arenaria

L 8–17 mm   Mai–Sept.
Kennzeichen: Schwarz-gelb gefärbt, ähnlich den Faltenwespen. Hinterleibssegmente stark eingeschnürt, besonders das erste, knotig abgesetzte Segment (Name).
Vorkommen: Weite Teile Europas; in Sandgebieten.
Wissenswertes: Als Larvennahrung werden Rüsselkäfer eingetragen. Die Knotenwespenlarven werden wiederum oft von Larven der Sandgoldwespe (s. o.) parasitiert, man spricht auch hier von Hyperparasitismus.

5 Ameisenwespe
Mutilla europaea

L 11–16 mm   Juli–Sept.
Kennzeichen: Vorderkörper rotbraun, Hinterleib blauschwarz mit weißen Binden.
Vorkommen: Weite Teile der Paläarktis.
Wissenswertes: Größte heimische Art der Familie der Spinnenameisen (*Mutillidae*); bei uns nur lokal verbreitet. Auffällig ist der Geschlechtsdimorphismus: Die Weibchen sind stets flügellos. Die Ähnlichkeit mit Ameisen ist aber nur oberflächlich; beide Gruppen sind nicht sehr nahe verwandt. Ameisenwespen leben parasitisch in Hummelnestern. Die Weibchen ernähren sich vom eingetragenen Honig und legen ihre Eier an Hummellarven ab. Diese werden von den Ameisenwespenlarven allmählich aufgefressen. Oft können sich die Hummellarven gerade noch verpuppen. Ihr Kokon umschließt dann den Kokon der Parasitenlarve.

6 Rollwespe
Tiphia femorata

L 5–15 mm   Juli–Aug.
Kennzeichen: Schwarz; Schenkel und Schienen der beiden hinteren Beinpaare rotbraun.
Vorkommen: Auf Trockenrasen; oft sehr häufig.
Wissenswertes: Oft auf Doldenblüten zu beobachten. Die Larven entwickeln sich vor allem an den Larven des Junikäfers.

1 Rote Waldameise
Formica rufa

L 4–11 mm Apr.–Okt.

Kennzeichen: Kopf und Hinterleib schwarz, Rücken rotbraun gefärbt.

Vorkommen: Weit verbreitet in Europa, im Süden aber selten; in Wäldern.

Wissenswertes: Eine der bekanntesten der weltweit ca. 15 000 Ameisenarten, die alle mehr oder weniger große Staaten bilden. In den bis zu 1,50 m hohen Haufen (**1e**) der Roten Waldameise können mehr als 100 000 Individuen leben. Dabei ist der Haufen, der aus Zweigen, Nadeln usw. aufgeschichtet wird, nur ein Teil des Ameisennestes, das auch noch bis zu 2 Meter unter die Erdoberfläche reichen kann. Der Haufen dient als Wetterschutz, zur Durchlüftung des ganzen Nestes und speichert Wärme. Die Eier werden von der Königin (**1d**) zunächst im Innern des Nestes unter der Erde abgelegt. Dann setzt die sehr aufwendige Brutpflege ein. Die Eier werden beleckt, um Verpilzung zu verhindern. Die geschlüpften Maden werden aus den Kröpfen der Betreuerinnen gefüttert. Um Unterkühlung oder Überhitzung zu vermeiden, werden sie ständig im Ameisenbau hin und her getragen. Zur Verpuppung werden die Larven in Erdkammern (**1c**) getragen, und auch die Puppen werden wieder nach Bedarf transportiert. Fälschlicherweise werden sie oft als „Ameiseneier" bezeichnet. Eine Ameisenkönigin kann bis zu 20 Jahre alt werden. Mit bis zu 6 Jahren erreichen auch die Arbeiterinnen (**1a**, **1b**) ein für Insekten sehr hohes Alter. Rote Waldameisen ernähren sich überwiegend von Insekten und deren Larven. Sie überwältigen zu mehreren auch sehr große Beute wie Heuschrecken, größere Raupen usw. Gegen Feinde wehren sie sich durch Verspritzen von Ameisensäure. Sehr nützlich. Geschützt!

2 Gelbe Wiesenameise
Lasius flavus

L –4,5 mm Apr.–Okt.

Kennzeichen: Gelbbraun bis blaßgelb gefärbt; einige ähnliche Arten.

Vorkommen: Weit verbreitet auf Wiesen, Trockenrasen usw.

Wissenswertes: Die Tiere leben fast ausschließlich unterirdisch. Auffallend sind vor allem die Hügel, die bis zu einem halben Meter hoch werden können. Diese Hügel haben keine Ausgänge. Oft werden die Nester auch unter Steinen gebaut. Die Ameisen leben von den Ausscheidungen von Wurzelläusen, die von ihnen regelrecht gehegt werden. Die Ameisen tragen die Eier der Läuse im Winter in das Ameisennest. Dort schlüpfen die Wurzelläuse. Im Frühjahr werden sie von den Ameisen wieder an die Wurzeln der Nahrungspflanzen transportiert.

3 Schwarze Wegameise
Lasius niger

L 2–10 mm Apr.–Okt.

Kennzeichen: Einfarbig schwarzbraun.

Vorkommen: Weite Teile der Paläarktis; überall in der offenen Landschaft, auch in Gärten und selbst unter Platten auf viel begangenen Bürgersteigen.

Wissenswertes: Diese Ameisen leben in unterirdischen Nestern, oft z.B. unter Steinplatten von Gartenwegen. An schwülwarmen Sommertagen schlüpfen wie auf ein Kommando in einer ganzen Region Hunderttausende von geflügelten Ameisen und vollführen hoch in der Luft ihren Hochzeitsflug. Die Paarung erfolgt normalerweise in der Luft. Danach kehren die Ameisen auf den Erdboden zurück; die Männchen sterben nach kurzer Zeit. Die Weibchen (**3a**) werfen die Flügel ab und suchen einen geeigneten Ort zum Nestbau. Die allermeisten der schwärmenden Ameisen werden von Vögeln gefressen. Eine der Hauptnahrungsquellen der Schwarzen Wegameisen ist der von Blattläusen (**3b**) abgeschiedene Honigtau. Dieses süße Sekret wird durch den After abgegeben und enthält bis zu 25 % Zucker aus den von den Blattläusen aufgenommenen Pflanzensäften. Als Gegenleistung für die gelieferte Nahrung werden die Blattläuse von den Ameisen vor Feinden bewacht. Einige Ameisenarten pflegen Blattläuse sogar in ihren Nestern, wo die Blattläuse zum Teil auch überwintern. Andere Ameisenarten setzen Blattläuse in den Nestern oder in Nestnähe an Wurzeln, so daß die Transportwege für den Honigtau wesentlich kürzer werden.

1 Bienenwolf
Philanthus triangulum

L 12–18 mm Juni–Sept.

Kennzeichen: Schwarz-gelb gefärbt, kurze, dicke Fühler, ähnelt einer Faltenwespe.

Vorkommen: Weite Teile der Paläarktis. Wärmeliebende Art; bei uns nur an günstigen Orten mit offenen, sandigen Stellen.

Wissenswertes: Diese Grabwespe hat sich auf den Fang von Arbeiterinnen der Honigbiene spezialisiert. Diese werden auf Blüten blitzartig überfallen und durch einen Stich gelähmt (**1a**). Dann werden die Bienen im Flug in die bis zu 1 m langen Brutröhren transportiert und in die bis zu 7 seitlich abzweigenden Bruthöhlen abgelegt (**1b**). In jede dieser Höhlen werden bis zu 6 Bienen eingetragen. Auf die letzte wird ein Ei gelegt, aus dem schon nach 3 Tagen eine Larve schlüpft. Nach wenigen Tagen hat sie den Bienenvorrat verzehrt. Der deutsche Name wird auch für einen Käfer (s. S. 412) benutzt, der sich in Bienennestern entwickelt.

2 Sandwespe
Ammophila sabulosa

L 18–28 mm Juni–Okt.

Kennzeichen: Groß und dünn; Hinterleib rötlich mit schwarzbraunem Ende.

Vorkommen: Weite Teile der Paläarktis, vor allem in Sandgebieten weit verbreitet.

Wissenswertes: Eine Art der solitär lebenden Grabwespen (*Sphecidae*). Die Sandwespen zeigen ein kompliziertes Verhalten bei der Brutpflege. Die Weibchen graben bis zu 5 cm lange Gänge in die Erde, an dessen Ende eine Brutzelle angelegt wird. Dann fliegt die Sandwespe zur Beutesuche in der Umgebung umher. Hat sie eine größere Schmetterlingsraupe entdeckt, setzt sie sich auf ihr nieder (**2b**), hebt den Kopf der Raupe an und sticht mit ihrem Giftstachel in das Bewegungszentrum des Bauchmarks der Raupe, die dadurch völlig gelähmt wird. Dann wird die Raupe in manchmal äußerst mühevoller Arbeit zum Nest gezerrt und in der Nähe des Eingangs abgelegt. Die Sandwespe inspiziert noch einmal die Bruthöhle und trägt dann die Raupe ein. Dann legt sie ein Ei an die Raupe ab, die

somit als lebender Nahrungsvorrat für die Larve dient. Die Sandwespe verläßt die Brutröhre und verschließt den Nesteingang mit kleinen Steinchen (**2c**). Auch die Umgebung wird eingeebnet, so daß der Eingang hervorragend getarnt ist. Diese komplexe Handlungskette, die instinktiv abläuft, war auch Inhalt zahlreicher Studien in der Verhaltensforschung.

3 Gemeine Wegwespe
Psammocharus fuscus

L 10–14 mm Apr.–Aug.

Kennzeichen: Schlank, schwarz gefärbt, Hinterleib mit drei rotorangefarbenen Ringen. Flügel braun.

Vorkommen: Weite Teile der Paläarktis. Die wärmeliebende Art kommt vor allem in Sandgebieten vor.

Wissenswertes: Sie zeigt ein ähnliches Verhalten wie die Gemeine Sandwespe, trägt aber Spinnen als Larvennahrung ein. Im Gegensatz zu den Raupen sind Spinnen viel wehrhafter, und es kommt manchmal zu Kämpfen, aus denen aber so gut wie immer die Wegwespen als Sieger hervorgehen. Im Gegensatz zur vorher beschriebenen Art wird die Bruthöhle erst nach dem Fang und Transport der Beute gegraben.

4 Pillenwespe
Eumenes coarctatus

L 11–15 mm Mai–Sept.

Kennzeichen: Schwarz-gelb gefärbt, 1. Hinterleibssegmet stielförmig, 2. glockenförmig verbreitert; mehrere sehr ähnliche Arten.

Vorkommen: Weite Teile der Paläarktis, vor allem in Heidegebieten.

Wissenswertes: Eine Vertreterin der Familie der Lehmwespen (*Eumenidae*), die durch ihre urnenförmigen Nester auffallen (**4b**). In diesen leben die Larven, für die kleine, unbehaarte Raupen als Nahrung eingetragen werden. Die Nester werden aus Lehm und Speichel gebaut und an Pflanzenstengeln oder auf Steinen angebracht. Der Lehm wird in Form von kleinen Kügelchen mit den Kiefertastern transportiert. Auch die Pillenwespen werden von Goldwespen (s. S. 376) parasitiert.

1 Hornisse
Vespa crabro

L 19–35 mm Apr.–Okt.

Kennzeichen: Kopf und Bruststück rotbraun, Hinterleib überwiegend gelb gefärbt.

Vorkommen: Holarktisch verbreitet; in Wäldern.

Wissenswertes: Die größte heimische Wespe hat bei uns seit alters einen schlechten Ruf. 3 Hornissenstiche sollen einen Menschen, 7 Stiche gar ein Pferd töten. Das ist natürlich blanker Unsinn. Zwar sind Hornissenstiche sehr schmerzhaft, die Giftwirkung ist aber nicht höher als bei Wespen einzuschätzen. Im Vergleich zu diesen sind Hornissen friedfertige Tiere, die im Normalfall nur bei äußerster Bedrohung stechen. Die Nester (**1a**) werden meist in Baumhöhlen angelegt, manchmal aber in Nistkästen und unter Dachbalken. Sie werden aus morschem Holz hergestellt, das zu einer papierähnlichen, grauen Masse zerkaut wird. Der Eingang zur Baumhöhle oder zum Nistkasten wird mit dem Holzbrei verengt. Der Nestbau wird im Frühjahr von der Königin allein begonnen und dann von den zunehmend schlüpfenden Arbeiterinnen fertiggestellt. Im Laufe des Jahres kann ein Volk auf über 4000 Individuen anwachsen. Die Tiere leben räuberisch von anderen Insekten und füttern damit auch die Larven. Im Spätherbst stirbt das ganze Volk bis auf die befruchteten Weibchen ab, die überwintern.

2 Gemeine Wespe
Vespula vulgaris

L 10–20 mm Apr.–Okt.

Kennzeichen: Typische schwarz-gelbe Färbung; 1. Hinterleibsring stark eingeschnürt (Wespentaille).

Vorkommen: Fast überall.

Wissenswertes: Eine Art der schwierig zu bestimmenden Gruppe der Faltenwespen, die ihren Namen wegen der Gewohnheit tragen, die Flügel in Ruhelage längs einzufalten. Die Tiere bauen Erdnester, deren Ursprung in Kleinsäugerbauten liegt. Zunächst werden im Frühjahr wenige Zellen gebaut. Die dann schlüpfenden Arbeiterinnen erweitern den vorhandenen Hohlraum, indem sie kleine Steinchen und Erdklumpen mit ihren Mandibeln aus der Höhle hinaustragen. Sie jagen für ihre Larven Insekten, die mit dem Stachel getötet und dann zerkaut verabreicht werden. Im Gegensatz zu den Bienen besitzen Wespenstachel keine Widerhaken und können deshalb nach dem Stich leicht zurückgezogen werden. Die erwachsenen Tiere ernähren sich von Nektar, süßen Säften und saftigen Früchten. Deshalb werden sie auch von der Obsttorte auf der Terrasse oder von Limonade angelockt. Man sollte dann nicht in Hektik verfallen, da die Tiere von sich aus normalerweise nicht stechen. Bester Schutz ist das Abdecken von für die Wespen interessanten Speisen. Die Stiche sind wie bei der Biene im allgemeinen zwar schmerzhaft, aber ungefährlich. Problematisch sind Stiche in Hals und Rachen, die im Extremfall zum Ersticken führen können. Bei sehr empfindlichen Personen kann ein anaphylaktischer Schock auftreten, der bis zur Herzlähmung führen kann.

3 Mittlere Wespe
Dolichovespula media

L 15–19 mm Mai–Sept.

Kennzeichen: Meist sehr dunkel mit schmaler, gelber Zeichnung.

Vorkommen: In lichten Wäldern, Gärten usw., nicht sehr häufig.

Wissenswertes: Die nach unten zugespitzten Nester werden meist in 1–2 m Höhe im Gebüsch gebaut. Die Tiere sind nur in Nestnähe aggressiv.

4 Sächsische Wespe
Dolichovespula saxonica

L 11–17 mm Apr.–Okt.

Kennzeichen: Sehr ähnlich der Gemeinen Wespe.

Vorkommen: Holarktisch verbreitet; Kulturfolger.

Wissenswertes: Diese Art baut die bekannten kugelförmigen Nester (**4a**), die aus einer papierartigen, grauen Masse bestehen. Oft werden sie auf Dachböden, in Schuppen und Gartenhäusern errichtet. Die Tiere sind nicht angriffslustig; die Nester sollten nicht vernichtet werden.

1 Schmalbiene
Halictus spec.

L –10 mm Apr.–Okt.
Kennzeichen: Sehr viele (über 100) ähnliche Arten; etwas für Spezialisten.
Vorkommen: Weit verbreitet.
Wissenswertes: Die Tiere sind häufig auf Korbblütlern, z.B. Löwenzahn, zu finden, wo sie Pollen und Nektar sammeln. Die Nester werden im Boden angelegt. Die meisten Arten sind solitär, es gibt auch lockere Gemeinschaften und einjährige Staaten. Bemerkenswert ist die Vierbindige Schmalbiene, *Halictus quadricinctus*. Ihr mehrkammeriges Bodennest hat eine isolierende Luftbarriere, so daß es mit wenigen Stützpfeilern am umgebenden Boden hängt.

2 Weiden-Sandbiene
Andrena vaga

L –14 mm März–Mai
Kennzeichen: Kopf und Brust grauweiß, sonst schwarz behaart.
Vorkommen: Weit verbreitet, besonders in Sandgebieten und Kiesgruben.
Wissenswertes: Die Art erscheint sehr früh im Jahr. Die Nester werden unter guten Bedingungen sehr dicht gebaut, manchmal 50 Nester auf nur einem Quadratmeter. Die Neströhre führt bis zu einem halben Meter senkrecht nach unten. Am Ende werden seitlich mehrere Brutzellen angelegt. In diese wird ein Klumpen aus von an Weiden gesammeltem Pollen und Nektar eingebracht und darauf ein Ei abgelegt.

3 Rotpelzige Sandbiene
Andrena fulva

L 10–13 mm März–Mai
Kennzeichen: Auf dem Rücken rotbraun, an Beinen und Bauch schwarz gefärbt.
Vorkommen: Weit verbreitet in Wäldern, Gärten und Parks, vor allem in Sandgebieten.
Wissenswertes: In Europa kommen ca. 150 Arten dieser Gattung vor, eine genaue Artbestimmung ist oft sehr schwierig. Die Nester werden in Sandboden errichtet. Die ausgewachsenen Tiere kann man im Frühjahr an Johannisbeer- und Stachelbeerblüten beobachten.

4 Rote Mauerbiene
Osmia rufa

L 8–12 mm März–Mai
Kennzeichen: Kopf und Brust schwarzblau, Hinterleib bronzefarben.
Vorkommen: Bei uns eine der häufigsten Wildbienen, sehr oft in Gärten anzutreffen.
Wissenswertes: Die Rote Mauerbiene baut bevorzugt in hohlen Pflanzenstengeln eine Reihe von Brutzellen (**4c**) aneinander, die alle durch Mörtel voneinander getrennt sind. Gern nimmt sie z.B. Bambusrohre als Nisthilfe an. Auch die mittlerweile immer öfter in Gärten zu findenden angebohrten Baumscheiben oder Holzklötze werden von Roten Mauerbienen, aber auch von anderen Arten genutzt.

5 Hosenbiene
Dasypoda hirtipes

L 13–15 mm Juli–Sept.
Kennzeichen: Weibchen mit sehr langen, orangeroten Sammelhaaren an den Hinterbeinen. Hinterleib schwarz mit gelben Binden.
Vorkommen: Paläarktisch verbreitet; in Sandgebieten.
Wissenswertes: Die auffällig zottelig behaarten Hinterbeine ermöglichen es diesen Bienen, große Mengen von Pollen zu transportieren. Sie haben den ausgeprägtesten Sammelapparat aller beinsammelnden Bienen. Oft wirken sie sehr schwer beladen, wenn sie von einem Sammelflug zurückkehren. Aus dem Pollen und dem Nektar, der nur an Korbblütlern gesammelt wird, formen sie Nahrungskugeln für die Larven, die in den Brutkammern auf kleine Füßchen gestellt werden. So kann die Luft zirkulieren, und der Nahrungsvorrat ist besser vor Pilzbefall geschützt. Die Brutkammern befinden sich am Ende einer bis zu 60 cm langen Röhre, die schräg in sandigen Boden gegraben wird. Oft liegen zahlreiche Nester nebeneinander, auch mit anderen Bienenarten vergesellschaftet. Bevorzugt bauen die Hosenbienen ihre Nester (**5b**) am Rand von Sandwegen.

1 Mörtelbiene
Chalicodoma parietina

L 15–18 mm Apr.–Juni
Kennzeichen: Weibchen schwarz mit bräunlichen Flügeln, Männchen bräunlich gefärbt.
Vorkommen: Mittel- und Südeuropa.
Wissenswertes: Mörtelbienen nehmen mit den Mundwerkzeugen feinen Sand und/oder Lehm auf, der mit Speichel versetzt wird. Aus dieser Masse mauern sie 2–3 cm durchmessende Zellen (**1b**) an Steine, auch an Gebäude, die erhärten. Dann wird das Innere bis zur Hälfte mit Honig und Pollen gefüllt. Darauf wird das Ei abgelegt und ein Deckel aufgesetzt. Die Zellen werden dann so geschickt getarnt, daß das ganze Gebilde einem unscheinbaren Dreckklumpen gleicht. Die Larven kleiden das Innere der Zelle nach dem Verzehr des Vorrates mit einem weichen Kokon aus.

2 Wollbiene
Anthidium manicatum

L 11–18 mm Juni–Aug.
Kennzeichen: Schwarzbraun mit gelben Flecken. Männchen mit hakenartigen Fortsätzen am Hinterleib.
Vorkommen: Weite Teile der Paläarktis; bei uns am häufigsten in Gärten, offensichtlich Kulturfolger.
Wissenswertes: Nistet in allen möglichen Hohlräumen, auch in Mauerlöchern und verlassenen Bienennestern anderer Arten. Die Zellen werden mit Pflanzenhaaren ausgekleidet (Name!). Als bevorzugte Quellen für Nektar und Pollen dienen vor allem Lippen- und Rachenblütler. Die Männchen verteidigen Reviere im Bereich der Futterpflanzen, aus denen Artgenossen und andere Bienenarten vertrieben werden. Der eigenen Art zugehörige Weibchen werden geduldet.

3 Harzbiene
Anthidiellum strigatum

L 5–7 mm Juni–Sept.
Kennzeichen: Sehr klein; wespenartige schwarz-gelbe Zeichnung, Beine gelb gefärbt.

Vorkommen: Mittel- und Südeuropa, vor allem in Kiefernwäldern auf Sandböden und in Heidegebieten.
Wissenswertes: Diese wärmeliebende Art baut als Zellen für die Brut kleine Töpfchen aus Harz, vor allem Kiefernharz. Die Zellen werden an der der Sonne zugewandten Seite von Steinen, Baumstämmen oder auch Pflanzenstengeln meist direkt über dem Erdbboden angeklebt. Die Larven ernähren sich von dem zuvor eingetragenen Pollen-Nektar-Gemisch, spinnen einen Kokon und überwintern als Ruhelarven. Erst im folgenden Frühjahr findet die Verpuppung statt. Die geschlüpfte Biene nagt ein Loch in die Wand der Brutzelle und verläßt diese dann.

4 Blattschneiderbiene
Megachile centuncularis

L 9–12 mm Mai–Aug.
Kennzeichen: Schwarz mit weißer Hinterleibsbinde, Sammelhaare am Bauch rotbraun.
Vorkommen: Mittel- und Südeuropa; an Waldrändern, Hecken und manchmal auch in Gärten.
Wissenswertes: Die Blattschneiderbienen gehören zur Familie der Bauchsammlerbienen (*Megachilidae*). Hierzu zählen solitär lebende Arten, die sich vor allem durch ein interessantes Nestbauverhalten auszeichnen. Im Gegensatz zu anderen Bienen sammeln sie Pollen nicht mit den Hinterbeinen, sondern mit ihrer dichten Bauchbehaarung. Die Blattschneiderbienen schneiden aus Blättern Stücke heraus (**4b**), mit denen sie ihre Brutzellen in hohlen Pflanzenhalmen oder Löchern in Holz herstellen. Oft nutzen sie Fraßgänge von Käfern. Runde Blattstückchen bilden den Boden der Brutzelle, ovale Blattstückchen die Seitenwände (**4c**). Weitere runde dienen als Deckel und zugleich als Boden für die nächste Brutzelle. Die Brutzellen werden mit Pollen und Nektar von vielen Pflanzenarten, vor allem Schmetterlingsblütlern, gefüllt und mit je einem Ei belegt. Auch diesen Bienen kann man die üblichen Nisthilfen anbieten; oft werden sie auch angenommen. Manchmal höhlen sie auch Brombeerstengel aus, um darin ihre Nester anzulegen.

1   Kuckucksbiene
Coelioxys conoidea

L 10–14 mm   Juni–Sept.

Kennzeichen: Überwiegend schwarz, Hinterleib mit weißen Binden. Hinterleib der Weibchen kegelförmig verlängert und zugespitzt (deshalb auch Kegelbiene genannt), Hinterleib der Männchen mit Dornen.

Vorkommen: Weite Teile der Paläarktis, vor allem in Sandgebieten. Bei uns 12 Arten der Gattung; die meisten von ihnen sind recht selten.

Wissenswertes: Unter dem Begriff Kuckucksbienen werden verschiedene, in den Nestern anderer Hautflügler schmarotzende Arten zusammengefaßt. Man findet sie in verschiedenen Bienenfamilien, wo sich dieses Verhalten unabhängig voneinander entwickelt hat. Die Arten der Gattung *Coelioxys* sind meist in der Nähe der Nester von Blattschneiderbienen zu finden, die bevorzugt parasitiert werden. Die Eier werden in die Waben geschmuggelt, während der Verschlußdeckel hergestellt wird. Da die Kuckucksbienen keine Brut betreuen müssen, fehlt ihnen eine Pollensammeleinrichtung.

2   Holzbiene
Xylocopa violacea

L 21–28 mm   Apr.–Okt.

Kennzeichen: Hummelartige Gestalt; Körper schwarz, auf dem Rücken des Bruststücks grau behaart, Flügel braun mit violettem Schimmer.

Vorkommen: Weit verbreitet im Mittelmeerraum; bei uns sehr lokal.

Wissenswertes: Eine unverkennbare Art, die nördlich der Alpen an einigen wenigen, besonders warmen Orten vorkommt. Die fliegenden Tiere fallen durch ihr lautes Gebrumme auf. Die Nester werden in abgestorbenem Holz errichtet, auch an Gebäuden. An einem waagerechten Gang werden bis zu 15 Kammern aus dem Holz genagt. Die Wände zwischen den Kammern werden aus feinen, mit Speichel vermischten Holzspänen errichtet. In jeder dieser Kammern entwickelt sich eine Larve. An geeigneten Orten findet man oft mehrere Nester nahe beieinander.

3   Honigbiene
Apis mellifica

L 11–14 mm   März–Okt.

Kennzeichen: Braun, Hinterleib dunkel geringelt, Brust braungelb behaart.

Vorkommen: Durch die Imkerei weltweit verbreitet.

Wissenswertes: Die Honigbiene ist eines der bekanntesten Insekten überhaupt und das einzige echte Haustier aus dieser Tiergruppe. Wegen der relativ leichten Haltungsmöglichkeiten und der faszinierenden Lebensweise in einem „Staat" ist das Verhalten der Honigbienen umfassend untersucht worden. Zentrum des Staates, der bis zu 80 000 Individuen zählen kann, ist die Königin (**3b**). Sie ist die größte Biene im Staat und hat die Aufgabe, Eier zu legen. Einzige Aufgabe der männlichen Bienen, der Drohnen, ist es, die Königin auf ihrem Hochzeitsflug zu begatten. Den größten Teil eines Bienenvolkes machen die Arbeiterinnen aus. Sie pflegen und ernähren die übrigen Angehörigen des Staates, insbesondere auch die Brut. Dazu sammeln sie Pollen und Nektar, die von den Imkern als Bienenhonig „geerntet" werden. Die Nahrungsvorräte werden in sechseckigen Zellen aus Wachs gelagert, das aus besonderen Drüsen in Plättchenform ausgeschieden wird. Imker bieten den Bienen vorgefertigte Rahmen, die dann ausgebaut werden; sie sind darauf aber nicht angewiesen, wie wilder Wabenbau zeigt (**3e**). Dies passiert, wenn ein Schwarm mit der alten Königin aus dem Bienenstock auszieht und vom Imker nicht eingefangen wird. Der Schwarm sammelt sich dann an einem Ast (**3d**) und Kundschafterinnen suchen nach einem geeigneten Ort zur Einrichtung eines neuen Nestes, z.B. in einem hohlen Baum. Bienen können sehr gut sehen, teilweise im ultravioletten Bereich. Viele Pflanzen tragen Male, die für uns Menschen unsichtbar sind, aber die Bienen anlocken. Besonders bemerkenswert ist die Tanzsprache der Bienen. Damit kann eine Biene, die eine Futterquelle gefunden hat, den anderen Bienen im Stock Informationen über Entfernung, Lage und Ergiebigkeit der Futterquelle übermitteln. Durch Abgabe von Nektarproben wird auch über die Futterart informiert.

1 Dunkle Erdhummel
Bombus terrestris

L 12–25 mm Sp 22–43 mm Apr.–Okt.
Kennzeichen: Groß, schwarz behaart, je ein orangegelber Ring an Vorderbrust und Hinterleib, Hinterende weiß.
Vorkommen: Fast überall anzutreffen, sehr häufig auch in Gärten.
Wissenswertes: Erdhummeln legen ihr Nest meist in den Bauen von Kleinsäugern an. Sieht man eine pollentragende Hummel in einem Mauseloch verschwinden, befindet sich hier mit Sicherheit ein Nest unter der Erde. Ein Hummelvolk besteht aus ca. 100–600 Tieren. Die Nester werden oft von Parasiten befallen, wie etwa von den Wachsmotten, die das gesamte Wachs eines Nestes zerfressen können. In speziellen Nistkästen kann man Hummeln gezielt ansiedeln. Wegen ihrer guten Bestäubungsleistungen werden Erdhummeln heute in Gewächshäusern gehalten; einige Firmen haben sich sogar auf den Versand von Hummelvölkern spezialisiert. Während man früher nur eine Erdhummelart kannte, hat man heute festgestellt, daß bei uns vier sehr ähnliche Arten vorkommen.

2 Steinhummel
Bombus lapidarius

L 12–22 mm Sp 24–40 mm Apr.–Okt.
Kennzeichen: Dicht schwarz behaart, Hinterleibsende auffällig orangerot.
Vorkommen: Weit verbreitet, auch in Gärten.
Wissenswertes: Weit verbreitet, doch nicht so häufig wie die Dunkle Erdhummel. Neben Kleinsäugerbauen werden auch Vogelnester und -nistkästen, Felsspalten, Schuppen, Dachböden usw. genutzt. Man hat Steinhummeln auf 248 verschiedenen Pflanzenarten festgestellt.

3 Wiesenhummel
Bombus pratorum

L 11–21 mm Sp 18–32 mm März–Aug.
Kennzeichen: Schwarz; Brust und Hinterleib oft mit gelber Binde, die bei bestimmten Farbvarianten fehlen kann, Hinterende rotorange.

Vorkommen: Vom Flachland bis ins Hochgebirge auf Wiesen, Weiden, an Waldrändern, in Gärten, Parks usw.
Wissenswertes: Wiesenhummeln bauen häufig oberirdische Nester, nutzen aber auch Erdbauten und Nistkästen. Wie alle Hummeln können sie stechen, sind aber wenig aggressiv. Hummelstiche sind sehr selten.

4 Gartenhummel
Bombus hortorum

L 11–22 mm Sp 28–40 mm Apr.–Okt.
Kennzeichen: Kopf schwarz, Brust schwarz, vorn und hinten mit goldgelber Binde, Hinterleib vorn gelb, hinten weiß.
Vorkommen: Weit verbreitet vom Flachland bis ca. 2000 m; Kulturfolger.
Wissenswertes: Die Nester können unterirdisch, z.B. in verlassenen Mäusenestern, wie oberirdisch, z.B. in Nistkästen, Scheunen, Dachböden, Vogelnistern usw., errichtet werden. Viele Hummelarten lassen sich gut in Nistkästen ansiedeln. Dazu kann man im Fachhandel fertige Nistkästen kaufen oder sie aus Holz oder Pappkarton selber bauen. Bauanleitungen finden sich in der einschlägigen Naturschutzliteratur. In den Kasten oder Karton wird Kleintierstreu eingefüllt, eine Nistkuhle geformt und fein gezupfte, unbehandelte Wolle hineingelegt. So wird ein Mäusenest vorgetäuscht, das die Hummeln in der Natur gern annehmen.

5 Ackerhummel
Bombus pascuorum

L 9–15 mm Sp 20–32 mm Apr.–Okt.
Kennzeichen: Rücken gelbrot, Hinterleib dunkelgrau, die beiden letzten Segmente gelbrot.
Vorkommen: Überall in blütenreichen Landschaften.
Wissenswertes: Die Rüssellänge bestimmt, welche Pflanzenarten zum Nektarsaugen genutzt werden können. Einige Hummeln betätigen sich aber in Blüten, für die ihr Saugrüssel zu kurz ist, als „Einbrecher". Sie stechen von außen ein Loch in den Blütenboden und saugen von dort den Nektar. Dabei wird die Blüte natürlich nicht bestäubt.

1 Feld-Sandlaufkäfer
Cicindela campestris

L –15 mm   Mai–Juli

Kennzeichen: Flügeldecken leuchtend grün mit variablen weißen Flecken; Beine rötlich mit metallischem Glanz.

Vorkommen: Paläarktisch verbreitet, vor allem auf lockeren, sandigen Böden.

Wissenswertes: Sandlaufkäfer (Familie *Cicindelidae*) sind bunt gefärbt und leben räuberisch am Boden. Sie ernähren sich von auf dem Erdboden laufenden Insekten und deren Larven sowie anderen Wirbellosen. Sie gehören zu den schnellsten Läufern unter den Insekten. Bei Störungen fliegen sie meist nur über kurze Strecken. Die Larven (**1b**) graben bis zu 50 cm lange Röhren. Darin lauern sie auf Beute. Meist ragen nur die kräftigen Kiefer heraus. Die Beutetiere werden am Grund der Röhre ausgesaugt, die Reste hinausgeworfen.

2 Puppenräuber
Calosoma sycophanta

L 18–28 mm   Mai–Aug.

Kennzeichen: Flügeldecken goldgrün mit rotem Glanz, selten überwiegend rot. Je nach Lichteinfall auch schwarz wirkend.

Vorkommen: In Wäldern, Hecken usw. der Paläarktis; in Nordamerika zur Schädlingsbekämpfung eingeführt.

Wissenswertes: Weitere Namen wie Goldgrüner Raupentöter oder Raupenkäfer weisen auf die Hauptnahrung, Raupen und Puppen von Schmetterlingen, hin. Ein Käfer verzehrt pro Jahr etwa 400 Raupen. Auch die Larven klettern auf Bäumen umher und fressen Raupen (im Bild **2b** mit einer Schwammspinner-Raupe) und Puppen. Deshalb werden sie als nützlich eingestuft. Die Käfer können bis zu 4 Jahre alt werden.

3 Goldleiste
Carabus violaceus

L 22–35 mm   Juni–Aug.

Kennzeichen: Schwarz; Flügeldecken und Halsschild mit violett glänzendem Rand.

Vorkommen: In Wäldern, Hecken und Parks, aber auch in Gärten.

Wissenswertes: Typischer Laufkäfer mit langen Beinen und langen, fadenförmigen Fühlern. Im Gegensatz zum Puppenräuber nachtaktiv; jagt Schnecken, Insekten usw., frißt manchmal auch Aas und Pilze.

4 Lederlaufkäfer
Carabus coriaceus

L –40 mm   Juli–Sept.

Kennzeichen: Mattschwarz; Flügeldecken grob gerunzelt.

Vorkommen: Vor allem in Laub- und Mischwäldern verbreitet.

Wissenswertes: Der größte heimische Laufkäfer ist wie die meisten großen Carabiden flugunfähig. Deshalb werden z.B. neu angelegte Hecken nur langsam besiedelt. Wie alle Laufkäfer verdauen sie ihre Nahrung außerhalb des Körpers. Dazu wird Verdauungssaft ausgeschieden, der die Beute zersetzt. Der Nahrungsbrei wird aufgesaugt. Die übelriechenden Magensäfte können auch zur Verteidigung ausgespuckt werden.

5 Goldschmied
Carabus auratus

L 17–30 mm   Apr.–Aug.

Kennzeichen: Schlank, leuchtend goldgrün mit rotbraunen Beinen und schwarzen Füßen. Fühler an der Basis rotbraun, an der Spitze schwarz gefärbt.

Vorkommen: Weit verbreitete Art.

Wissenswertes: Tagaktiver Laufkäfer, der wie die anderen Arten als nützlich gilt, da jedes Tier jährlich Hunderte von Raupen, Schnecken, Käferlarven usw. verzehrt.

6 Hainlaufkäfer
Carabus nemoralis

L 18–28 mm   Apr.–Okt.

Kennzeichen: Glänzend braun oder schwarzgrün gefärbt; Ränder von Flügeldecken und Halsschild blauviolett.

Vorkommen: Weit verbreitet; vielerorts der häufigste große Laufkäfer.

Wissenswertes: Tag- und nachtaktiv, jagt vor allem Raupen. Die Käfer halten einen Sommerschlaf.

1 Bombardierkäfer
Brachinus crepitans

L 7–10 mm Mai–Juli

Kennzeichen: Flügeldecken blaugrün, streifige Struktur, Kopf und Halsschild rot.

Vorkommen: In steinigem Gelände in Mittel- und Südeuropa.

Wissenswertes: Dieser kleine Laufkäfer hat im Laufe der Evolution eine einzigartige Form der Abwehr von Freßfeinden entwickelt: Mit einem hörbaren Knall verschießt er ein jodartig riechendes Sekret aus seinem Hinterleib. In einer Explosionskammer reagieren Wasserstoffperoxid und Hydrochinone miteinander. Dabei steigt die Temperatur auf 100°C, und die bei der Reaktion entstehenden Chinone werden durch den Gasdruck nach außen geschleudert. Die Käfer können in schneller Folge „schießen". Kleinere Feinde wie Ameisen oder andere Laufkäfer werden so sehr wirksam vertrieben. Selbst Kröten sollen diese Käfer wieder ausspucken.

2 Mondfleck
Callistus lunatus

L 4,2–7 mm

Kennzeichen: Ein sehr kleiner, aber auffällig gefärbter Laufkäfer, mit blauem Kopf, orangenem Halsschild und gelben Flügeldecken mit 3 Paar dunklen, oft nierenförmige Flecken.

Vorkommen: In Europa ohne den Norden; vor allem auf Sand oder Kalkgesteinen.

Wissenswertes: Die Käfer sind tagaktiv und lieben Wärme und Trockenheit. Wegen ihrer geringen Größe werden sie oft übersehen. Manchmal kommen sie zusammen mit Bombardierkäfern vor.

3 Schmaler Schaufelläufer
Cychrus attenuatus

L 13–17 mm Jan.–Dez.

Kennzeichen: Dunkel, bronzeglänzend, Schenkel schwarz, Schienen gelblich. Kopf schmal und langgestreckt, Fühler lang.

Vorkommen: Vor allem in Laubwäldern.

Wissenswertes: Nachtaktiv, ruht tagsüber unter Holz, in Moospolstern usw. Der Name bezieht sich auf den schaufelförmigen Bau der Endglieder der Kiefertaster. Spezialisiert auf die Jagd von Schnecken; mit dem langen Kopf und den langen Mundwerkzeugen kann er tief in Schneckenhäuser eindringen. Eine weitere Anpassung an die Schneckenjagd sind die seitlich herabgezogenen Deckflügel, die eine Verschmutzung der Stigmen mit Schneckenschleim verhindern. Auch die asselähnlichen Larven sind Schneckenjäger.

4 Grundkäfer
Omophron limbatum

L 4–6,5 mm Jan.–Dez.

Kennzeichen: Klein, gelb mit typischer metallisch grüner und brauner Zeichnung.

Vorkommen: An sandigen Gewässerufern; nur lokal häufig.

Wissenswertes: Tagsüber verbergen sich die Käfer in Sandröhren, nachts jagen sie kleine Insekten.

5 Kleiner Uferläufer
Elaphrus riparius

L 5–7 mm Jan.–Dez.

Kennzeichen: Oberseite grau mit metallisch grünem Glanz, Flügelgruben violett.

Vorkommen: Meist in der Nähe von Ufern, auch auf Feuchtwiesen und in Auwäldern.

Wissenswertes: Die Käfer können durch Aneinanderreiben der Flügeldecken Töne erzeugen. Die Käfer überwintern.

6 Borstenhornläufer
Loricera pilicornis

L 6–8 mm

Kennzeichen: Schwarz mit grünlichem oder rötlichem Glanz; die ersten 6 Fühlerglieder mit langen Borsten (Lupe!). Durch die Beborstung unterscheiden sich von allen übrigen heimischen Laufkäfern.

Vorkommen: Auf feuchten Böden, z.B. in Auwäldern, an Ufern, in Mooren usw.

Wissenswertes: Die Tiere jagen Springschwänze, wobei die beborsteten Fühler zusammengeschlagen eine Fangreuse bilden, in der die Beute festgehalten wird. Zusätzlich ist die Spitze der Mundwerkzeuge klebrig, die Beutetiere kleben daran regelrecht fest.

1 Gelbrandkäfer
Dytiscus marginalis

L –35 mm   März–Okt.

Kennzeichen: Grundfärbung braunschwarz, Ränder der Deckflügel und des Halsschildes gelb (Name!), Beine gelbbraun.

Vorkommen: In Europa weit verbreitet und häufig, in fast allen Stillgewässern.

Wissenswertes: Wie alle Schwimmkäfer aus der Familie *Dytiscidae* zeigen Gelbrandkäfer besondere Anpassungen an das Wasserleben. Der Körper ist stromlinienförmig, die Hinterbeine sind lang behaart und zu Paddeln ausgebildet. Zum Luftholen kommen sie an die Oberfläche; sie speichern dort Luft unter den Deckflügeln. Die Luft bewirkt einen starken Auftrieb, dem die Käfer nur durch Festklammern an Wasserpflanzen entgegenwirken können. Deshalb bevorzugen sie stark bewachsene Gewässer. Pflanzen sind auch für die Eientwicklung von Bedeutung. Die Eier werden vom Weibchen (**1a**), das sich durch stark gefurchte Deckflügel deutlich vom Männchen (**1b**) unterscheidet, in selbsterstellte Löcher in Wasserpflanzenblätter abgelegt. So sind sie gut geschützt. Im Blattgewebe werden sie zudem gut mit Sauerstoff versorgt. Die Larven (**1c**) werden bis zu 8 cm lang und leben wie die ausgewachsenen Tiere räuberisch. Mit ihren kräftigen Kiefern sind sie in der Lage, selbst Kaulquappen und kleine Fische zu überwältigen. Nach 1–3 Monaten verpuppen sich die Larven an Land. Die ausgewachsenen Käfer können gut fliegen und besiedeln oft auch neu angelegte Gartenteiche, wenn schon genügend Wasserpflanzen vorhanden sind.

2 Furchenschwimmer
Acilius sulcatus

L 15–18 mm   Apr.–Juli

Kennzeichen: Körper oval, abgeflacht, Halsschild gelb mit 2 schwarzen Querbinden, Flügeldecken gelb mit dichter schwarzer Sprenkelung.

Vorkommen: In Stillgewässern aller Art.

Wissenswertes: Furchenschwimmer zeigen sehr deutliche Geschlechtsunterschiede. Die Weibchen haben je 4 Längsfurchen auf den Flügeldecken, die bei den Männchen glatt sind. Die Männchen haben Saugnäpfe an den Vorderbeinen, mit denen sie sich bei der Paarung am Weibchen festhalten können. Beide Geschlechter haben Borstensäume an den Hinterbeinen, die so als Ruder dienen. Die Käfer schwimmen sehr gut. Sie besiedeln auch Gartenteiche, die sie dank ihres guten Flugvermögens und einer ausgeprägten Hydrotaxis, das ist die Fähigkeit, Wasser aufzuspüren, schnell finden. Die Weibchen legen die Eier über der Wasseroberfläche in morsches Holz. Die Larven jagen im Wasser nach Kleinkrebsen, verpuppen sich aber wiederum an Land.

3 Taumelkäfer
Gyrinus substriatus

L –7 mm   Apr.–Sept.

Kennzeichen: Glänzend schwarz, Flügeldecken abgestutzt, Beine gelblich.

Vorkommen: Vor allem in kleinen Stillgewässern und Gräben.

Wissenswertes: Taumelkäfer fallen durch ihre markante Schwimmweise auf, die ihnen auch den Namen Kreiselkäfer einbrachte. Bemerkenswert sind die zweigeteilten Augen: An der Wasseroberfläche schwimmend, können sie sowohl den Unterwasserbereich wie auch den Luftraum und die Wasseroberfläche gleichzeitig optisch erfassen. Sie jagen vor allem auf die Wasseroberfläche gefallene Insekten. Bei uns ca. 10 zum Teil sehr ähnliche Arten.

4 Großer Kolbenwasserkäfer
Hydrous piceus

L 40–50 mm   Mai–Sept.

Kennzeichen: Oval, glänzend schwarz mit braunroten Beinen mit auffälligen Schwimmborsten. Größter heimischer Wasserkäfer.

Vorkommen: In pflanzenreichen Stillgewässern.

Wissenswertes: Größter heimischer Wasserkäfer; gehört zur Familie der *Hydrophilidae* (Wasserfreunde). Die Larven (**4b**) sind bis 7 cm lange Räuber, die Käfer Pflanzenfresser. Bei uns heute leider sehr selten, im Süden noch häufiger anzutreffen.

1 **Goldstreifiger Moderkäfer**
Staphylinus caesareus

L 17–22 mm Mai–Sept.
Kennzeichen: Körper schwarz, Flügeldekken rot, Hinterleib mit goldenen Haarflecken (Name!), Beine rot.
Vorkommen: In Mittelgebirgswäldern.
Wissenswertes: Einer der bunten Vertreter der Kurzflügler; wird auch Bunter Kurzflügler genannt. Die verkürzten Deckflügel bedecken nur 2 Hinterleibssegmente. Das 2. häutige Flügelpaar wird 2- oder 3mal gefaltet. Die Art lebt wie die meisten ihrer Verwandten am Boden. Dort jagen sie wie auch die Larven nach Schnecken und Insektenlarven, die mit den mächtigen Mandibeln (= Kieferzangen) gepackt werden.

2 **Schwarzer Raubkäfer**
Ocypus olens

L –32 mm Mai–Sept.
Kennzeichen: Schwarz; mit großem, fast viereckigem Kopf, große Kieferzangen.
Vorkommen: In Laubwäldern verbreitet.
Wissenswertes: Größter heimischer Kurzflügler. Nachtaktiv, tagsüber unter moderndem Holz. Jagt Nacktschnecken, Regenwürmer und andere Wirbellose. Mit den kräftigen Kiefern können sie auch Menschen schmerzhaft beißen. Auch die Larven leben räuberisch.

3 **Roter Pilzraubkäfer**
Oxyporus rufus

L –12 mm Mai–Sept.
Kennzeichen: Kopf schwarz, Halsschild rot, Flügeldecken schwarz mit gelbem Fleck, Beine gelb, Schenkelbasis schwarz.
Vorkommen: In Wäldern.
Wissenswertes: Die Käfer nagen Gänge in Hutpilze, wo sie Insektenlarven jagen. Die Larven fressen Pilzfasern. Viele Kurzflügler sind Habitatspezialisten. Einige leben in Vogelnestern, andere in Gängen und Nestern grabender Säuger. Auch in den Nestern von Bienen, Wespen und Ameisen kommen sie vor; manche leben auf Kadavern, andere auf Kot. Einige rindenbewohnende Arten gehören zu den Hauptfeinden der Borkenkäfer.

4 **Zweipunktiger Schmalräuber**
Stenus bipunctatus

L 5–6 mm Apr.–Okt.
Kennzeichen: Schwarz mit orangerotem Fleck auf den Flügeldecken; mehrere ähnliche Arten.
Vorkommen: In der Nähe sandiger Ufer.
Wissenswertes: Die Tiere jagen vor allem Springschwänze. Viele der oft sehr kleinen, unscheinbar schwarz oder braun gefärbten Kurzflügler sind nur schwer zu bestimmen.

5 **Kurzflügler**
Philonthus splendens

L 10–14 mm Jan.–Dez.
Kennzeichen: Glänzend schwarz, Flügeldecken mit Bronzeglanz; sehr große Kiefer.
Vorkommen: Im Mittelgebirge verbreitet.
Wissenswertes: Ein räuberischer Vertreter der mit über 2500 Arten artenreichsten Käferfamilie Europas. Weltweit ca. 25 000 Arten.

6 **Kahnkäfer**
Scaphidium quadrimaculatum

L 4,5–7 mm Apr.–Okt.
Kennzeichen: Klein, Körper bootsförmig, schwarz, Flügeldecken mit je 2 roten Flecken.
Vorkommen: In Laubwäldern der Mittelgebirge verbreitet.
Wissenswertes: Die Käfer leben auf moderndem Holz und Baumpilzen.

7 **Salzkäfer**
Bledius spectabilis

L 8–9 mm Apr.–Okt.
Kennzeichen: Schwarz mit kurzen, roten Flügeldecken.
Vorkommen: Am Rande von Salzwiesen.
Wissenswertes: Der Salzkäfer gehört zu den wenigen Insekten, die das Watt dauerhaft als Lebensraum nützen. Zwar ist die Überflutung zwischen Queller- und Schlickgraszone nur kurz, aber Salzkäfer können unter Wasser nicht atmen. Den notwendigen Sauerstoff bekommt er aus dem Luftvorrat in einem selbstgegrabenen, bis zu 12 mm langen Gang, der bei Flut mit Sand verschlossen wird.

1 **Schwarzer Totengräber**
Necrophorus humator

L –28 mm Mai–Okt.

Kennzeichen: Ganz schwarz bis auf die orangeroten letzten 3 Fühlerglieder.

Vorkommen: Weit verbreitete Art, aber seltener als der Gemeine Totengräber.

Wissenswertes: Totengräber untergraben kleine Tierkadaver, so daß diese im Erdboden versinken. Dadurch spielen sie eine wichtige Rolle als Gesundheitspolizei in der Natur. Die von den Käfern zu einer Kugel geformten Kadaver dienen den Larven als Nahrung. Dabei zeigen die Weibchen eine unter Käfern einmalige Brutfürsorge. Sie bereiten mit ihrem Verdauungssaft einen Nahrungsbrei und füttern damit die frisch geschlüpften, raupenähnlichen Larven. Die Entwicklung der Larven dauert nur etwa 7 Tage.

2 **Gemeiner Totengräber**
Necrophorus vespillo

L 12–22 mm Apr.–Okt.

Kennzeichen: Flügeldecken schwarz mit 2 gelbroten Querbinden, Fühler schwarz mit rotem 1. Fühlerglied (**2a**).

Vorkommen: In der Paläarktis weit verbreitet, vor allem an kleinen Kadavern.

Wissenswertes: Eine von mehreren ähnlichen Arten, die sich in der Fühlerfärbung und der Zeichnung der Deckflügel unterscheiden. So hat *Necrophorus vespilloides* eine völlig schwarze Fühlerkeule (**2b**). Einige von ihnen fressen neben Aas auch Pilze, Dung oder auch andere aasfressende Insekten. Haben sie einen Kadaver entdeckt, geben die Männchen einen Duftstoff ab, der die Weibchen herbeilocken soll. Die ausgewachsenen Käfer können durch Stridulation Töne erzeugen. Häufig findet man Totengräber, die von Milben befallen sind. Diese sitzen vor allem an den Beinen, weil sie dort an den dünnen Gelenkhäuten saugen können.

3 **Rothalsige Silphe**
Oeceoptoma thoracica

L 12–16 mm Apr.–Sept.

Kennzeichen: Körper flach mit schwarzen Deckflügeln und rotem Halsschild, unverwechselbare Art.

Vorkommen: In Laubwäldern weit verbreitet, an geeigneten Orten häufig.

Wissenswertes: Die Tiere werden von Verwesungsgeruch angelockt und leben von Aas, Säugerkot und verfaulendem Pflanzenmaterial. Sie fressen auch an Stinkmorcheln und sorgen gleichzeitig für die Verbreitung der Sporen dieses Pilzes. Die Larven ähneln Asseln und leben in der Streuschicht.

4 **Schwarzer Schneckenjäger**
Phosphuga atrata

L 10–15 mm

Kennzeichen: Körper flach, einfarbig schwarz, seltener braun gefärbt; Kopf schnauzenförmig vorgestreckt. Die Ausbildung eines schmalen Kopfes wird auch als Cychrisierung bezeichnet (vgl. *Cychrus attenuatus*, S. 394).

Vorkommen: Lebt an Waldrändern und in Hecken unter morscher Rinde, im Moos und in der feuchten Laubstreu immer dort, wo es reichlich Beutetiere gibt.

Wissenswertes: Sowohl die ausgewachsenen Tiere wie auch die Larven ernähren sich von Schnecken. Mit ihrem Verdauungssekret können sie Schneckenhäuser auflösen. Die Schnecke wird vorher meist durch einen Giftbiß getötet.

5 **Vierpunkt-Aaskäfer**
Xylodrepa quadripunctata

L 12–14 mm Apr.–Juni

Kennzeichen: Unverwechselbar; selten mit 6 Flecken.

Vorkommen: Kommt vor allem in Laubwäldern des Flachlandes vor, besonders häufig in Eichenbeständen.

Wissenswertes: Ernährt sich nicht von Aas, sondern von Raupen, z.B. von Schwammspinnern, Prozessionsspinnern, Nonnen, Frostspannern und anderen Schmetterlingsarten, daneben u.a. auch von Blattläusen. In Wäldern gehört er bei Massenauftreten von Raupen mit zu den wichtigsten Räubern. Die Käfer fangen ihre Beute auf Bäumen und Sträuchern, die Larven auf dem Boden. Wird auch als Vierpunktiger Raupenjäger bezeichnet.

1 Hirschkäfer
Lucanus cervus

L ♂ –75 mm, ♀ –45 mm   Juni–Juli
Kennzeichen: Männchen unverwechselbar; Weibchen (**1a**) viel kleiner, ohne verlängerte Oberkiefer.
Vorkommen: In Eichenwäldern.
Wissenswertes: Obwohl heute sehr selten geworden, gehört der Hirschkäfer zu den bekanntesten Käferarten. Grund dafür sind die geweihartig verlängerten Kiefer, mit denen die Männchen heftige Paarungskämpfe ausführen. Zur Jagd sind sie ungeeignet; beide Geschlechter lecken austretende Baumsäfte auf. Hirschkäfer leben ausschließlich in alten Eichenwäldern. Nur durch deren konsequenten Schutz werden sie nicht aussterben. Die Larven entwickeln sich in morschen Eichenstubben und werden bis zu 11 cm lang. Die Entwicklung dauert 5 und mehr Jahre. Die Verpuppung findet in einer faustgroßen Kammer in der Erde statt. Bei den Römern galten die Larven als Delikatessen.

2 Stierkäfer
Typhoeus typhoeus

L –24 mm   Mai–Aug.
Kennzeichen: Glänzend schwarz, Flügeldecken mit Längsstreifen; Mistkäfergestalt.
Vorkommen: Lokal auf sandigen Böden.
Wissenswertes: Die Männchen sind durch 3 Fortsätze am Brustschild unverwechselbar. Die Tiere kommen ausschließlich auf Sandböden in Heiden und lichten Kiefernwäldern vor. Dort graben sie bis zu 1,5 m (!) tiefe Gänge, von denen in unterschiedlicher Tiefe Seitengänge abzweigen. Nach Mistkäferart werden Kotpillen, bevorzugt aus Kaninchenkot, eingebracht. Die Weibchen legen die Eier in der Nähe des Kotes ab, die frischgeschlüpften Larven ernähren sich von dem Kot. Die Puppen entwickeln sich frei liegend in der Erde.

3 Mondhornkäfer
Copris lunaris

L –24 mm   Apr.–Sept.
Kennzeichen: Glänzend schwarz, Männchen mit langem, Weibchen mit kurzem Kopfhorn.
Vorkommen: Mittel- und Südeuropa, auf Kuhweiden.
Wissenswertes: Die wärmeliebenden Käfer erinnern bei flüchtigem Hinsehen an Nashornkäfer. Bei uns sind sie heute ziemlich selten. Unter Kuhfladen legen sie Kammern an, die mit Kot gefüllt werden. Die Weibchen bewachen zunächst die Eier, später auch Larven und Puppen und verlassen die Kammer erst wieder mit der nächsten Generation.

4 Nashornkäfer
Oryctes nasicornis

L 20–40 mm   Juni–Aug.
Kennzeichen: Glänzend rot- oder schwarzbraun; durch Kopfhorn unverwechselbar. Weibchen **4a**.
Vorkommen: Weit verbreitet.
Wissenswertes: Ursprünglich eine Art der alten Eichenwälder, wo sich die bis zu 12 cm lange Larve (**4c**) in alten Stubben entwickelt. Durch den Mangel an geeigneten Lebensräumen galt die Art als stark gefährdet. Heute müssen Nashornkäfer aber als Kulturfolger (synanthrop) angesehen werden. Nachdem zunächst Gerbereiabfälle und Sägespänhaufen zur Eiablage genutzt wurden, kann man die Käfer heute auch in Rindenmulchhaufen finden. Da Rindenmulch in Gärten immer häufiger verwendet wird, breiten sich die Nashornkäfer erfreulicherweise aus und können durch Anlage von Rindenmulchhügeln sogar angesiedelt werden.

5 Walker
Polyphylla fullo

L 25–36 mm   Juni–Aug.
Kennzeichen: Flügeldecken schwarzbraun mit weißen Flecken; unverkennbar.
Vorkommen: Auf Sandböden, vor allem auf mit Kiefern bestandenen Dünen.
Wissenswertes: Die Käfer fressen Kiefernnadeln, die bis zu 80 mm langen Larven Wurzeln von Kiefern, Süßgräsern und Seggen. Ihre Entwicklung dauert bis zu 4 Jahre. Walker können laut zirpen. Sie fliegen in der Abenddämmerung.

1 Dungkäfer
Aphodius fimetarius

L 5–8 mm   März–Okt.

Kennzeichen: Variable Färbung: Halsschild meist schwarz mit roten Flecken, Flügeldekken rotbraun, aber auch mit schwarzer Zeichnung oder ganz dunkel. Ähnlich Mistkäfer mit stachelbewehrten Beinen und Fühlern.

Vorkommen: Weit verbreitet, bei uns ca. 70 Arten der Gattung.

Wissenswertes: Die Käfer leben an Tierdung aller Art, bevorzugt aber an Pferde- und Rinderdung, manchmal auch an Aas. An ein noch feuchtes Stück Dung werden im Frühjahr ca. 30 Eier abgelegt. Brutpflege wird nicht betrieben. Die ausgewachsenen Larven verpuppen sich in der Erde. Die Art überwintert in allen Stadien vom Ei bis zum Vollinsekt.

2 Feld–Maikäfer
Melolontha melolontha

L –30 mm   Mai–Juni

Kennzeichen: Schokoladenbraun, Brust und Kopf schwarz, an den Seiten des Hinterleibs charakteristische weiße Zeichnung.

Vorkommen: Weit verbreitete Art.

Wissenswertes: Einst als Plage bekämpft, ist diese bekannte Käferart heute recht selten geworden. Während sie früher zu Millionen mit Pestiziden vernichtet wurden, sind heute schon Einzelfunde in manchen Regionen Zeitungsmeldungen wert. Die Tiere werden in der Abenddämmerung aktiv; bei Massenauftreten können in einer Nacht ganze Bäume kahlgefressen werden. Eichenlaub wird bevorzugt, aber auch an Buche, Ahorn und verschiedenen Obstbäumen wird gefressen. Die Entwicklung läuft in der Erde ab. Das Weibchen legt ca. 60–80 Eier in ca. 20 cm Tiefe ab. Nach 4 Wochen schlüpfen aus den Eiern die Maikäferlarven, die Engerlinge (**2c**). Diese ernähren sich von Wurzeln und wachsen in 4 Jahren auf eine Größe von bis zu 6 cm heran. Im August verpuppen sie sich (**2d**); nach 4–8 Wochen schlüpfen die Maikäfer, die den Winter in der unterirdischen „Puppenwiege" verbringen. Erst im Frühjahr des 5. Jahres schlüpfen die Käfer, um nach der Paarung noch im gleichen Sommer zu sterben.

3 Junikäfer
Amphimallon solstitiale

L –10 mm   Mai–Juni

Kennzeichen: Ähnlich Maikäfer; kleiner, stärker behaart, brauner Halsschild.

Vorkommen: In offenen Landschaften.

Wissenswertes: Vielfach als „Kleiner Maikäfer" bezeichnet. Er fliegt in den Monaten Juni und Juli meist in der Dämmerung an verschiedenen Laubgehölzen. Fortpflanzung ähnlich Maikäfer, Entwicklungsdauer aber nur 2–3 Jahre.

4 Gartenlaubkäfer
Phylloperta horticola

L –10 mm   Mai–Juli

Kennzeichen: Grün metallische Grundfarbe, braune Flügeldecken.

Vorkommen: In der Kulturlandschaft.

Wissenswertes: Die Käfer schwärmen am Tag und ernähren sich von Laub (z.B. von Birken) und Blüten (z.B. von Kirschen, Rosen). Die Art galt früher als schädlich. Die Larven leben im Boden bevorzugt an Graswurzeln. Ihre Entwicklung dauert 2–3 Jahre. Die Käfer kann man im Mai und Juni beobachten; deshalb werden auch sie oft Junikäfer genannt.

5 Gemeiner Rosenkäfer
Cetonia aurata

L –20 mm   Mai–Juli

Kennzeichen: Oberseite grüngolden, auf dem letzten Drittel der Flügeldecken weiße Querbinden und Flecken. Oft mit violettem oder bläulichem Schimmer.

Vorkommen: An Waldrändern und in gebüschreichen Landschaften.

Wissenswertes: Bevorzugt Blütenstände von Heckenrosen, Weißdorn, Holunder und weißblühenden Doldenblütlern zum Fressen. Gelegentlich nehmen sie auch aus verletzten Baumstämmen Saft auf. Larven in morschem Holz, vor allem im Mulm von Pappel- und Weidenstümpfen. Bemerkenswert: Im Gegensatz zu den meisten anderen Käferarten bleiben die Deckflügel im Flug geschlossen, die häutigen Hinterflügel werden darunter seitlich hervorgeschoben.

1 Schwarzer Stachelkäfer
Hispella atra

L 3–4 mm   Mai–Sept.

Kennzeichen: Unverwechselbar.

Vorkommen: Auf Gräsern an trockenen Standorten, im Norden seltener.

Wissenswertes: Es lohnt sich, diesen kleinen, wirklich stacheligen Käfer einmal mit der Lupe zu betrachten. Manchmal wird er auch Igelkäfer genannt. Möglicherweise ist das Aussehen als Nachahmung von stacheligen Früchten zu erklären. Die Larven minieren die Blätter von verschiedenen Gräsern.

2 Buchdrucker
Ips typographus

L 4,2–5,5 mm   Apr.–Okt.

Kennzeichen: Flügeldecken rotbraun, Halsschild schwarzbraun, Beine braun, Füße und Fühler gelblich.

Vorkommen: Mittel- und Nordeuropa, Asien; in Fichtenwäldern.

Wissenswertes: Eine von 6 einander ähnlichen Arten der Gattung *Ips*, die bei uns vorkommen. Sie sind typische Vertreter der in Mitteleuropa mit rund 100 Arten verbreiteten Familie der Borkenkäfer. Die zum Teil sehr unterschiedlichen Fraßbilder (**2d**) können bei der Artbestimmung gute Hilfe leisten. Einige von diesen gehören zu den gefürchtetsten Forstschädlingen überhaupt. Der Buchdrucker ist fast nur auf Fichten zu finden. Käfer (**2a**) und Larven (**2c**) fressen den Bast, in dem die Nährstoffe transportiert werden. Bei sehr starkem Befall stirbt der Baum ab. Besonders bereits z.B. durch den „Sauren Regen" geschwächte Monokulturen sind für den Käferbefall anfällig. Zur Bekämpfung werden heute Borkenkäferfallen (**2b**) mit Lockstoffen (Pheromonen) verwendet. So können die Borkenkäfer selektiv bekämpft werden. Man macht sich hierbei das Verhalten der Tiere zunutze, die, nachdem sie die Geschlechtsreife erlangt haben, ausschwärmen, um einen Partner zu finden. Buchdrucker sind polygam, d.h., ein Männchen lebt mit mehreren Weibchen zusammen. Die Weibchen bohren einen Gang in die Rinde und legen etwa 30–60 Eier in Einischen am Rand dieses Ganges. Von dort aus fressen die geschlüpften Larven und erzeugen dabei das typische Fraßbild. Daß die Gänge zum Ende hin breiter werden, ist mit dem Wachstum der Larven zu erklären. Sie verpuppen sich am Ende des Ganges. Nach dem Schlüpfen bohren die Käfer ein Loch in die Rinde und gelangen so ins Freie.

3 Erbsensamenkäfer
Bruchus pisorum

L 4–4,5 mm

Kennzeichen: Flügeldecken braun mit variabler schwarzer und weißer Zeichnung; Fühler an der Basis rotbraun, an der Spitze schwarz.

Vorkommen: Überall dort, wo Erbsen angebaut werden.

Wissenswertes: Die Käfer fressen Pollen der Erbsenblüte. Die Weibchen legen die Eier außen an die Schote. Die daraus schlüpfende, rosafarbene Larve hat Beine und bohrt sich durch die Schote in eine Erbse. Nach der Häutung verliert die Larve die Beine; sie ist jetzt weiß und ähnelt eher einer Fliegenmade. Sie ernährt sich von der Erbse und verpuppt sich nach einiger Zeit. In jedem Samen entwickelt sich nur ein Käfer. Nicht selten kann man die Larven oder Puppen bei der Ernte finden. Erst der Käfer verläßt die Schote.

4 Pinselkäfer
Trichius fasciatus

L –12 mm   Juni–Sept.

Kennzeichen: Auffällige gelb-schwarze Färbung und zottige helle Behaarung. Das Zeichnungsmuster auf den Flügeldecken ist sehr variabel; es kommen auch fast schwarze Exemplare mit kleinen gelben Flecken vor, meist aber drei schwarze Flecken unterschiedlicher Form an den Außenseiten der Deckflügel.

Vorkommen: Weit verbreitet in Mitteleuropa, häufiger in den Mittelgebirgen.

Wissenswertes: Vor allem auf Blüten auf Waldwiesen und an Waldrändern anzutreffen. Die Käfer sind fast nur bei Sonnenschein aktiv und ernähren sich von Pollen. Die Larven leben bis zur Verpuppung 2 Jahre im Mulm verschiedener Laubbaumarten. Möglicherweise schützt die gelb-schwarze Färbung (Mimikry) die Käfer vor Feinden.

1 Mistkäfer
Geotrupes stercorarius

L 16–25 mm Apr.–Okt.

Kennzeichen: Glänzend schwarzblau gefärbt.

Vorkommen: Weit verbreitet auf Tierdung.

Wissenswertes: Mistkäfer betreiben eine ausgeprägte Brutpflege. Unter frischen Tierkot legen sie einen etwa 50 cm langen Gang an, von dem Seitengänge abzweigen. In diese werden Nahrungsballen aus Mist eingetragen und je ein Ei abgelegt. Die Seitengänge werden mit Erde verschlossen. Die Larve ernährt sich von den Nahrungsvorräten. Nach der Überwinterung verpuppt sie sich im folgenden Sommer.

2 Kiefernprachtkäfer
Chalcophora mariana

L 24–30 mm Mai–Okt.

Kennzeichen: Verhältnismäßig große Art; mit buntschillernder Flügelzeichnung.

Vorkommen: Europa, meidet den atlantischen Klimabereich.

Wissenswertes: Diese Art, auch Marienprachtkäfer genannt, lebt vor allem in Kiefernwäldern. Die meisten der etwa 80 in Mitteleuropa lebenden Vertreter der Prachtkäfer sind selten, manche sogar akut bedroht. Eine Hauptursache für ihre Seltenheit liegt in der „modernen" Forstwirtschaft begründet: Die Larven der Prachtkäfer bohren ihre Fraßgänge in morsche, noch stehende Stämme. Für solche Bäume ist aber im Wirtschaftswald kein Platz. Wie bei manchen Bockkäferarten findet man hier die zunächst scheinbar widersinnige Situation, daß man einige dieser „Urwaldarten" heute am ehesten in Parks mit sehr altem Baumbestand antreffen kann.

3 Blutroter Schnellkäfer
Ampedus sanguineus

L 13–18 mm Mai–Aug.

Kennzeichen: Auffällig rote Flügeldecken und schwarzes Halsschild.

Vorkommen: Weit verbreitet in Europa, vor allem im Hügelland.

Wissenswertes: Die weltweit etwa 7000 Arten umfassende Familie der Schnellkäfer ist nach der Fähigkeit der Tiere benannt, sich mit Hilfe eines besonderen Mechanismus aus der Rückenlage auf den Bauch zu schnellen. Die abgebildete Art ist vor allem auf Blüten in Wäldern anzutreffen. Die Larven leben bevorzugt in verrottendem Nadelholz. Viele andere Schnellkäfer legen ihre Eier in den Erdboden ab. Die langgestreckten Larven leben im Erdreich. Sie ernähren sich dort vor allem von den Wurzeln der verschiedensten Pflanzenarten und können an Kulturpflanzen erheblichen Schaden anrichten. Deshalb sind diese sogenannten „Drahtwürmer" (s.o.) bei Gartenbesitzern nicht gern gesehen und werden häufig mit Insektiziden bekämpft.

4 Saatschnellkäfer
Agriotes lineatus

L 8–10 mm Mai–Juli

Kennzeichen: Schwarzbraun, Deckflügel wirken durch unterschiedliche Behaarung hell und dunkel gestreift.

Vorkommen: Sehr weit verbreitete Art.

Wissenswertes: Die Larven sind die Drahtwürmer (**4b**), die auf den ersten Blick Mehlkäferlarven ähnlich sehen, aber sehr hart gepanzert sind. Die Drahtwürmer ernähren sich von Pflanzenwurzeln und können bei Massenauftreten in Gärten an Gemüsekulturen erhebliche Verluste hervorrufen. Bei uns 10 Arten der Gattung.

5 Metallischglänzender Prachtkäfer
Anthaxia nitidula

L –8 mm Apr.–Juli

Kennzeichen: Männchen ganz grün, Kopf und Halsschild der Weibchen purpurn.

Vorkommen: Weit verbreitet im Berg- und Hügelland, aber meist recht selten.

Wissenswertes: Einer von 25 wirklich prächtigen europäischen Vertretern dieser Gattung, die meist einen auffälligen Geschlechtsdimorphismus zeigen. Die ausgewachsenen Käfer kann man mit etwas Glück auf verschiedenen Blüten entdecken; die Larven mit der typischen löffelartigen Gestalt aller Prachtkäferlarven leben im Holz von Schlehen, Rosen und anderen Gehölzen.

1 Soldatenkäfer
Cantharis rustica

L 11–15 mm Mai–Juli

Kennzeichen: Halsschild rot, Flügeldecken schwarz.

Vorkommen: Weit verbreitet und häufig an Hecken, Waldrändern, in Hochstaudenfluren usw.; oft auch im Siedlungsbereich.

Wissenswertes: Ein typischer Vertreter der Familie der Weichkäfer (*Cantharidae*), die in Mitteleuropa mit ca. 80 Arten vorkommt. Die Larven leben räuberisch und sind manchmal auch im Winter aktiv. Deshalb werden sie auch als „Schneewürmer" bezeichnet. Die Käfer findet man häufig auf Blättern. Der Name Soldatenkäfer, der auch für andere Arten gebräuchlich ist, leitet sich von der Färbung ab, die an die Kragenspiegel alter Uniformen erinnert.

2 Roter Weichkäfer
Rhagonycha fulva

L 7–11 mm Juni–Aug.

Kennzeichen: Überwiegend rot gefärbt, Spitze der Flügeldecken und Fühler schwarz.

Vorkommen: Weit verbreitet in Europa. Im Spätsommer kann man die Käfer in großer Anzahl vor allem auf Doldenblüten finden.

Wissenswertes: Eine der häufigsten Weichkäferarten. Die Familie trägt den Namen wegen der im Vergleich zu anderen Käfern weichen Flügeldecken. Oft sieht man die Tiere bei der Paarung, wobei das Männchen das Weibchen besteigt. Die samtig behaarten Larven leben am Boden und fressen bevorzugt Schnecken. Die Larven überwintern unter Steinen, in Moospolstern oder im Laub. Sie verpuppen sich im Frühling in oberen Bodenschichten.

3 Ölkäfer
Meloe proscarabaeus

L 11–35 mm Apr.–Juni

Kennzeichen: Glänzend blauschwarz, Deckflügel aufklaffend; Größe sehr variabel. Männchen **3a**, Weibchen mit stark verkürzten Flügeldecken („Maiwurm") **3b**.

Vorkommen: In Europa ohne den Norden, wärmeliebende Art. Auf Wiesen, Feldrainen, Trockenrasen usw.

Wissenswertes: Die Ölkäfer haben ihren Namen von dem Verhalten, bei Bedrohung Hämolymphe („Blut") abzusondern. Diese ähnelt Öltröpfchen. Die Hämolymphe enthält einen Giftstoff mit dem Namen Cantharidin, der beim Menschen schon in einer Dosis von 30 Milligramm tödlich wirken kann. Viele Vögel, aber auch andere Tiere wie z.B. Igel, sind gegen das Gift immun, so daß die Schutzwirkung für den Käfer eingeschränkt ist. Bemerkenswert ist auch die komplizierte Entwicklung der Ölkäfer: Aus dem Ei schlüpft ein 1. Larvenstadium, die Triungulinus- (= Dreiklauer-) Larve. Diese klettert auf eine Blüte und klammert sich dort an eine nahrungssuchende Biene. Von dieser läßt sie sich in das Nest tragen, wobei sie sich offenbar nur in den Nestern von Solitärbienen entwickelt. In einer Zelle frißt sie das Bienenei und den Pollennektarbrei. Es entwickelt sich ein 2. Larvenstadium, das sich nach 3 Häutungen zu einer sogenannten Scheinpuppe (Pseudonymphe) umwandelt. Aus dieser geht im nächsten Frühjahr ein weiteres Larvenstadium hervor. Diese Larve verpuppt sich dann. Schließlich schlüpft der fertige Käfer und verläßt den Bienenstock. Eine verwandte Art, die sogenannte Spanische Fliege *Lytta vesicatoria*, wurde früher in getrocknetem Zustand zur Herstellung cantharidinhaltiger Pflaster genutzt; daher auch der Name Pflasterkäfer. Sie kommen in Südeuropa vor allem an Eschen und Ölbäumen vor, deren Blätter ihnen als Nahrung dienen.

4 Scharlachroter Feuerkäfer
Pyrochroa coccinea

L 14–18 mm Mai–Juli

Kennzeichen: Leuchtend rot mit schwarzem Kopf, schwarzen Fühlern und Beinen.

Vorkommen: In Laubwäldern, vor allem Eichenwäldern verbreitet.

Wissenswertes: Man kann die Käfer im Wald und am Waldrand auf Blüten, Laub und an Baumstämmen beobachten. Vor allem auf Blüten jagen sie andere Insekten oder fressen Pollen. Die Larven leben räuberisch 2–3 Jahre unter Baumrinde und jagen dort andere Insekten.

1 Glühwürmchen
Lampyris noctiluca

L –10 mm   Juni–Juli

Kennzeichen: Männchen braun, typische Käfer; Weibchen ungeflügelt, larvenähnlich.

Vorkommen: Weit verbreitet in Europa ohne den Norden, vor allem an Waldrändern, auf Wiesen.

Wissenswertes: Der Name täuscht: Glühwürmchen sind Käfer, wie Bild **1a** zeigt. Der Name leitet sich von der abweichenden Gestalt der Weibchen ab. Die ca. 2000 Arten umfassende Familie der Leuchtkäfer ist in Europa nur mit wenigen Arten vertreten. Die Tiere sind in der Lage, Licht zu erzeugen (**1b**). Dieser Vorgang wird Biolumineszenz genannt. In speziellen Leuchtzellen, die sehr viele Mitochondrien, die „Kraftwerke" der Zellen, enthalten, wird die nötige Energie produziert. Eine reflektierende Schicht verhindert die Abstrahlung nach innen. Das Leuchten selbst kommt durch chemische Reaktionen bestimmter Leuchtstoffe zustande. Ein Beispiel für einen solchen Stoff ist das Luciferin. Die Lichtsignale dienen dem Auffinden der Partner. Jede Art hat typische Leuchtsignale. Unsere Glühwürmchen leuchten permanent; viele andere Arten geben Blinksignale in bestimmten Rhythmen ab. Interessant ist, daß die Weibchen einiger räuberischer Arten „falsche" Signale geben und die so angelockten artfremden Männchen dann verspeisen. Die Larven (**1c**) sind Bodenbewohner und ernähren sich bevorzugt von Schnecken.

2 Ameisen-Buntkäfer
Thanasimus formicarius

L 7–10 mm   Apr.–Okt.

Kennzeichen: Schwarz-rot mit 2 hellen Linien auf den Flügeldecken; Muster variabel.

Vorkommen: Weit verbreitet in Europa, Asien und Nordafrika; in Nadelwäldern stellenweise häufig.

Wissenswertes: Ameisen-Buntkäfer werden von Forstleuten als ausgesprochen nützlich angesehen. Sie jagen nämlich an Baumstämmen nach Borkenkäfern. Auch die rosafarbenen Larven ernähren sich von den Larven und Puppen der Borkenkäfer.

3 Bienenwolf
Trichodes apiarius

L 9–16 mm   Mai–Juli

Kennzeichen: Kopf und Halsschild metallisch blau, Flügeldecken rot-blauschwarz gebändert.

Vorkommen: Mittel- und Südeuropa, Nordafrika; selten, in der Nähe von Bienenstöcken.

Wissenswertes: Der Bienenwolf oder Immenkäfer ist einer unserer schönsten Käferarten. Der Name leitet sich von den Larven ab, die in den Nestern von Hautflüglern, vor allem Bienen, leben. Dort erbeuten sie sowohl Larven und Puppen als auch Bienen. Auch der wissenschaftliche Name weist auf die Beziehung zu den Bienen hin (*Apis* = Honigbiene). Die wärmeliebenden Käfer kann man auf Blüten finden, wo sie Pollen und kleine Insekten fressen. Auch eine Hautflüglerart trägt diesen deutschen Namen (s. S. 380). Die Gemeinsamkeit beider Arten besteht in der Bienenjagd.

4 Holzwurm
Anobium punctatum

L 3–4 mm   Apr.–Aug.

Kennzeichen: Hell- bis dunkelbraun gefärbt, Flügeldecken mit Punktreihen (wiss. Name), fein behaart.

Vorkommen: Kulturfolger; im Freien nur selten an trockenem Holz anzutreffen.

Wissenswertes: Der Name bezieht sich auf die Larven, die sich vor allem in altem Holz von Möbeln, Fußböden, Bauholz usw. entwickeln (**4b**). Sie fressen das völlig trockene Holz und können dort nur existieren, weil sie in der Lage sind, Wasser durch Zersetzung ihres Körperfettes zu gewinnen. Die Larvalentwicklung dauert 2–3 Jahre. Beim Schlüpfen schiebt der Käfer Holzmehl aus dem Gang; zurück bleiben die typischen Schlupflöcher, an denen man den Befall erkennt. Auch in Wohnungen werden die Tiere von der Schlupfwespe *Spathius exarator* befallen. Ihr Erscheinen zeigt den Holzwurmbefall an. Gehört wie die nachfolgend beschriebene Art zur Familie der Poch- und Klopfkäfer (*Anobiidae*), die durch Aufschlagen des Kopfes Laute erzeugen.

1

Totenuhr
Xestobium rufovillosum

L 5–9 mm   Apr.–Juni
Kennzeichen: Schwarzbraun, von gedrungener Gestalt. Von oben gesehen ist der Kopf wie beim Holzwurm unter dem Halsschild verborgen.
Vorkommen: Europa ohne den Norden, Nordafrika.
Wissenswertes: Die Larven entwickeln sich in morschem Holz (**1b**), vor allem in Eichenholz, in Wäldern des Tieflandes und der Mittelgebirge. Mit Bauholz werden sie auch in Gebäude verschleppt und können dann schädlich werden. Zum Auffinden eines Geschlechtspartners in den stockfinsteren Gangsystemen im Holz haben die Käfer akustische Signale entwickelt. Sie schlagen mit Kopf und Halsschild auf das Holz. Je nach Resonanz sind die Töne deutlich auch für das menschliche Ohr wahrnehmbar. Die Signale ähneln dem Ticken einer Uhr. Daraus leitet sich die abergläubische Vorstellung von einer Totenuhr ab.

2

Speckkäfer
Dermestes lardarius

L 7–9,5 mm   Jan.–Dez.
Kennzeichen: Flügeldecken schwarz mit Band aus gelben Haaren auf der vorderen Hälfte, darin je 3 schwarze Punkte.
Vorkommen: Kosmopolit. Ein Kulturfolger, der ursprünglich z.B. in Mulm, Vogelnestern oder Aas vorkam.
Wissenswertes: Die borstig behaarten Larven (**2b**) ernähren sich in Häusern von Textilien, Teppichen, Wolle, aber auch von Speck, Wurst und Fleisch. Die ausgewachsenen Käfer findet man auf Blütenpflanzen, deren Pollen sie fressen.

3

Totenkäfer
Blaps mortisaga

L 20–30 mm   Apr–Okt.
Kennzeichen: Glänzend schwarz, gedrungen; erinnert an Laufkäfer.
Vorkommen: Weit verbreitet in Europa, Kulturfolger.

Wissenswertes: Dieser Vertreter der Familie der Schwarzkäfer (*Tenebrionidae*) ist wie einige sehr ähnliche Arten ein Kulturfolger. Totenkäfer sind nachtaktiv und leben in Schuppen, Ställen, Kellern usw., aber auch unter Holz und Steinhaufen. Manchmal erscheinen sie auch in Wohnungen – von abergläubischen Menschen wurde ihnen eine Rolle als Bote des Todes angedichtet. Der wissenschaftliche Name bedeutet Todesverkünder. Tatsächlich sind die Tiere völlig harmlos. Bei Gefahr stellen sie sich tot und sondern ein übelriechendes Sekret ab.

4

Brotkäfer
Stegobium paniceum

L 2–3 mm   Jan.–Dez.
Kennzeichen: Einfarbig rotbraun, sehr klein.
Vorkommen: Kosmopolit, Kulturfolger.
Wissenswertes: Dieser Verwandte der Totenuhr kann in Lebensmitteln, vor allem Brot und Gebäck, schädlich werden.

5

Kornkäfer
Sitophilus granarius

L 3–4 mm   Jan.–Dez.
Kennzeichen: Langgestreckt, schwarzbraun gefärbt, Flügeldecken gestreift.
Vorkommen: Kosmopolit.
Wissenswertes: Dieser kleine Rüsselkäfer ist einer der bedeutendsten Getreideschädlinge. Er kann in allen Entwicklungsstadien überwintern.

6

Mehlkäfer
Tenebrio molitor

L 12–18 mm   Jan.–Dez.
Kennzeichen: Glänzend schwarzbraun gefärbt, Flügeldecken mit feinen Punktreihen.
Vorkommen: Kosmopolit.
Wissenswertes: Ein weiterer Vorratsschädling; die Larven (= Mehlwürmer) leben in Mehl, Kleie, Haferflocken usw. Man kann sie leicht züchten; deshalb sind sie wohl das wichtigste Lebendfutter für Volierenvögel und Terrarientiere. Im Sommer leben Mehlkäfer auch im Freien in Vogelnestern und Mulm. Sie verfliegen sich nachts auch in Wohnungen.

1 Himbeerkäfer
Byturus tomentosus

L 3–4 mm Apr.–Okt.

Kennzeichen: Längliche Gestalt; ganzer Körper zunächst fein hellbraun, später dunkelbraun behaart.

Vorkommen: Weit verbreitet; sehr oft in Gärten.

Wissenswertes: Die Weibchen legen ihre Eier an Blüten und jungen Früchten von Brombeeren und Himbeeren ab. Die weißen, bis zu 6 mm langen Larven (**1b**), als Himbeermaden viel bekannter als die Käfer, entwickeln sich in den Früchten. Sie verpuppen sich in ein Gespinst in der Rinde oder an der Erde. Bei Gartenbesitzern erzeugt ihre Anwesenheit keine Begeisterung.

2 Zweipunkt-Marienkäfer
Adalia bipunctata

L 4–6 mm Apr.–Okt.

Kennzeichen: Flügeldecken glänzend rot mit je 1 schwarzen Punkt oder schwarz mit roten Punkten.

Vorkommen: Europa, in Nordamerika eingeführt, überall häufig.

Wissenswertes: Eine äußerst variable Art, man spricht hier von Polymorphie (Vielgestaltigkeit). Es treten 2 Grundtypen auf: Rote Tiere mit je 1 schwarzen Fleck auf den Flügeldecken und schwarz-weiß geflecktem Halsschild und schwarze Tiere (**2b**) mit meist 2–3 roten Punkten auf den Flügeldecken, Halsschild schwarz mit hellem Saum. Der schwarze Grundtyp ist äußerst variabel und tritt in sehr vielen Formen auf. Sowohl die Käfer wie auch die ebenfalls in der Färbung variierenden Larven sind Blattlausfresser. Die Käfer überwintern häufig in Gebäuden. Manchmal kommt es im Bereich markanter Geländepunkte wie kahler Berggipfel zu Massenüberwinterungen von Zehntausenden Tieren.

3 Siebenpunkt-Marienkäfer
Coccinella 7-punctata

L 5,5–8 mm Apr.–Okt.

Kennzeichen: Flügeldecken rot mit insgesamt 7 schwarzen Flecken. Geringe Farbvariabilität. Form der Flecken dagegen variabel.

Vorkommen: Paläarktis, Indien; überall, vor allem in der Nähe von Blattlauskolonien.

Wissenswertes: Wie die oben beschriebene Art genießt auch der Siebenpunkt-Marienkäfer ein hohes Ansehen als Glücksbringer. Marienkäfer dürften die bekanntesten aller Käfer überhaupt sein. Auch im Garten sind sie als ausgesprochene Blattlausjäger gern gesehen. Bis zu 400 Blattläuse frißt eine einzige Larve (**3b**) bis zur Verpuppung (**3c**). Da ein Weibchen mehrere hundert Eier legen kann, können Marienkäfer erheblich zur Reduzierung von Blattläusen bei Massenvermehrung beitragen. Deshalb werden sie auch als „biologisches Schädlingsbekämpfungsmittel" gezüchtet und gezielt ausgesetzt. Bei Bedrohung (auch wenn man sie in die Hand nimmt) stellen sich die Tiere tot. Über die Gelenkhäute der Schienen geben sie eine gelbe Flüssigkeit ab, die zumindest Ameisen vertreibt.

4 Augen-Marienkäfer
Anatis ocellata

L 8–9 mm Juni–Sept.

Kennzeichen: Auf den roten Flügeldecken je 10 weiß gesäumte Flecken.

Vorkommen: Eurasien, in Nordamerika eingeführt, häufiger in Nadelwäldern.

Wissenswertes: Größter heimischer Marienkäfer; lebt vor allem von Blattläusen auf Nadelbäumen, vor allem Fichten. Wichtiger Feind der Fichtengallaus. Die Eier werden auf Nadeln und Rinde abgelegt. Auch die Larven stellen Blattläusen nach. Weltweit gibt es ca. 4000 Marienkäferarten.

5 22-Punkt-Marienkäfer
Thea 22-punctata

L 3–4,5 mm Apr.–Aug.

Kennzeichen: Körperumriß rund, zitronengelb mit schwarzen Punkten.

Vorkommen: Fast überall auf mit Mehltau befallenen Pflanzen, häufig auch in Gärten zu finden.

Wissenswertes: Nahrung von Käfern und Larven sind Mehltaupilze, die von den Blättern regelrecht abgeweidet werden. Die Käfer überwintern in der Laubstreu.

1 Mulmbock
Ergates faber

L –60 mm   Juli–Sept.
Kennzeichen: Glänzend dunkelbraun gefärbt; Kopf, Halsschild und Flügeldecken fein granuliert, sehr groß.
Vorkommen: Mittel- und Osteuropa. Heute findet man Mulmböcke fast nur noch in Kiefernaltholzbeständen östlich der Elbe.
Wissenswertes: Ein sehr kräftiger, gedrungener Käfer, der heute in Mitteleuropa sehr selten geworden ist. Die Käfer sind dämmerungsaktiv und fliegen an Blütenpflanzen und zur Eiablage an alte, morsche Kiefern. Darin entwickeln sich die großen, 8 cm langen Larven (**1b**), die sich wie für Bockkäfer typisch, ausschließlich von Holz ernähren. Die Entwicklung dauert etwa 3–4 Jahre. Die Verpuppung findet im Holz statt. Auffällig sind die großen, ausgefransten Schlupflöcher der Käfer. Diese nehmen keine Nahrung zu sich, sondern zehren von in der Larvenzeit gespeicherten Nährstoffen. Mit einer Länge von 6 cm ist der Mulmbock unser größter heimischer Bockkäfer. Zu dieser Familie gehört auch der größte bekannte Käfer überhaupt, der tropische *Titanus giganteus*, der bis zu 20 cm lang werden kann.

2 Sägebock
Prionus coriarius

L –45 mm   Juli–Sept.
Kennzeichen: Dunkelbraun bis schwarz gefärbt; Halsschild an den Seiten mit je 3 Dornen.
Vorkommen: In Altholzbeständen in der gesamten Paläarktis.
Wissenswertes: Ebenfalls sehr kräftige Käfer, die wie die vorhergehende Art keine Nahrung zu sich nehmen. Durch das flächendeckende Verschwinden von alten Baumbeständen sind auch Sägeböcke heute sehr selten geworden. Der Schutz unserer großen Bockkäferarten ist nur durch eine Sicherung von Altholzbeständen und die Verlängerung der Umtriebszeiten der meisten Baumarten möglich. Die bis zu 6 cm langen Larven entwickeln sich zunächst unter der Rinde von alten Laub- oder Nadelbäumen. Sie wandern dann in den Wurzelbereich und auch unterirdisch von Wurzel zu Wurzel. Die Verpuppung findet ebenfalls in einer Wurzel oder in der Erde statt. Die Entwicklungsdauer beträgt 3 Jahre.

3 Waldbock
Spondylis buprestoides

L –24 mm   Juni–Sept.
Kennzeichen: Schwarz; Fühler für einen Bockkäfer kurz, Halsschild breiter als lang.
Vorkommen: Eurasien ohne den Norden.
Wissenswertes: Die Larven entwickeln sich in Wurzeln und Stubben von Kiefern, gelegentlich auch in anderen Nadelhölzern. Die Larvalentwicklung dauert 2 Jahre, die Käfer nehmen keine Nahrung auf.

4 Großer Eichenbock
Cerambyx cerdo

L –53 mm   Mai–Aug.
Kennzeichen: Sehr groß; schwarzbraun gefärbt, Fühler und Beine schwarz.
Vorkommen: In alten Eichenwäldern, bei uns selten. Fraßspuren **4c**.
Wissenswertes: Einer der größten heimischen Käfer; die Larven (**4b**) werden bis zu 10 cm lang und entwickeln sich in alten, bevorzugt alleinstehenden Eichen. Die Käfer fliegen in der Dämmerung und in der Nacht und saugen Baumsäfte. Durch Beseitigung alter Bäume vom Aussterben bedrohte Art.

5 Moschusbock
Aromia moschata

L –34 mm   Juni–Aug.
Kennzeichen: Schlank, mit goldgrün-metallischem Glanz; bei uns unverwechselbar.
Vorkommen: Weit verbreitet, oft in der Nähe von Fließgewässern, aber auch in Gärten.
Wissenswertes: Die Käfer kann man auf verschiedenen Blüten finden. Auch saugen sie an blutenden Bäumen, bevorzugt an Birken und Ahorn. Mit ihren Hinterbrustdrüsen können sie ein nach Moschus riechendes Sekret absondern. Die Larven entwickeln sich in alten Weiden, seltener auch in Pappeln und Erlen. Wie die anderen großen Arten im Bestand zurückgehend.

1 Widderbock
Clytus arietis

L –14 mm   Mai–Juli
Kennzeichen: Typische gelbe Zeichnung auf den schwarzen Flügeldecken, Beine rotbraun.
Vorkommen: In Laubwäldern der Ebene und der Mittelgebirge weit verbreitet.
Wissenswertes: Widderböcke werden wegen ihrer schwarz-gelben Zeichnung auch als Wespenböcke bezeichnet. Die Tiere sind tagaktiv und recht scheu, bei Annäherung fliegen sie schnell ab. Man kann sie auf Doldenblüten, trockenen Ästen und Baumstämmen und auch auf Holzstößen finden. Die Larven entwickeln sich in 2 Jahren im trockenen Holz verschiedener Laubbäume, bevorzugt in Buchen.

2 Alpenbock
Rosalia alpina

L –40 mm   Juni–Sept.
Kennzeichen: Unverwechselbar gefärbt; Fühler der Weibchen etwa so lang wie der Körper, die der Männchen fast doppelt so lang.
Vorkommen: In Buchenwälder der Mittelgebirgslagen auf Kalk bis etwa 1500 m, in Deutschland nur noch sehr lokale Vorkommen im Süden.
Wissenswertes: Trotz der auffälligen Färbung auf der silbergrauen Rinde von Buchen recht gut getarnt. Die Larven entwickeln sich in kranken oder bereits abgestorbenen Buchen. Die Käfer sind tagaktiv und besuchen Blüten.

3 Hausbock
Hylotrupes bajulus

L ♂ –15 mm, ♀ –22 mm   Mai–Sept.
Kennzeichen: Schwarzbraun mit grauweißen Flügeldecken; Weibchen mit lang vorgestreckter Legeröhre.
Vorkommen: Weltweit verbreitet, vor allem in Dachbalken, bei uns heute aber relativ selten.
Wissenswertes: Einer der gefürchtesten Schädlinge unter den Insekten in Häusern. Ausgesprochener Kulturfolger; bei uns selten im Freiland. Die Weibchen legen über 100 Eier in Dachbalken aus Nadelholz. Die Larven fressen breite Gänge ins Holz, lassen die Oberfläche aber intakt. Obwohl die stehengebliebene Holzschicht nur millimeterdünn ist, sehen die Balken unversehrt aus. Ihre Tragfähigkeit ist dann bis zum Zusammenbruch herabgesetzt. Die Entwicklung dauert unter günstigen Bedingungen 3–4 Jahre, kann aber in sehr trockenem, nährstoffarmen Holz 15 Jahre und länger dauern. Mit einer solch langen Entwicklungszeit gehören sie zu den Insekten mit der längsten Lebensdauer überhaupt. Spätestens nach dem Schlupf bemerkt man den Befall an den elliptischen Schlupflöchern.

4 Großer Pappelbock
Saperda carcharias

L –30 mm   Juni–Sept.
Kennzeichen: Kräftig; gelbbraun behaarte Flügeldecken mit schwarzer Körnung.
Vorkommen: Vor allem in Pappelbeständen.
Wissenswertes: Bei uns nicht selten, aber dämmerungs- und nachtaktiv; deshalb schwer zu beobachten. Die Käfer fressen gezackte Löcher in Pappelblätter. Dabei entstehen immer breiter werdende Fraßgänge. Die Larven entwickeln sich in Pappeln, auch in Weiden. Die Eier werden im Juli abgelegt und überwintern. In Pappelkulturen können sie schädlich werden. Ihre Entwicklungszeit beträgt 2 Jahre. Die Verpuppung findet am Ende eines Fraßganges statt.

5 Gefleckter Schmalbock
Strangalia maculata

L –20 mm   Mai–Sept.
Kennzeichen: Flügeldecken sehr variabel schwarz-gelb gezeichnet, Fühler schwarzgelb geringelt. Dadurch ist er von einigen ähnlichen Arten dieser Gattung leicht zu unterscheiden.
Vorkommen: Weit verbreitet in Europa.
Wissenswertes: Einer unserer häufigsten Bockkäfer; im Sommer oft in großer Zahl auf Doldenblüten, wo sie vor allem Pollen fressen. Die Larven entwickeln sich in morschem Laubholz in Bodennähe, nur selten auch im Nadelholz.

1 Fichtenrüsselkäfer
Hylobius abietis

L –13 mm Apr.–Aug.

Kennzeichen: Schwarzbraun, Flügeldecken und Halsschild oft mit gelben Flecken.

Vorkommen: Europa und Asien, in Nadelwäldern.

Wissenswertes: Groß, oft auch „Großer Brauner Rüsselkäfer" genannt. Hier sind es einmal nicht die Larven, sondern die ausgewachsenen Käfer, die in jungen Fichten- und Kiefern-Monokulturen erhebliche Fraßschäden verursachen können. Die Käfer werden mit 2–3 Jahren ungewöhnlich alt.

2 Großer Rüsselkäfer
Liparus glabrirostris

L –15 mm Apr.–Juli

Kennzeichen: Ähnlich der vorigen Art, Flügeldecken vorn abgerundet.

Vorkommen: Vor allem in Mittelgebirgen.

Wissenswertes: Die Tiere leben auf Pestwurz und anderen Hochstauden in Bachnähe.

3 Grünrüssler
Phyllobius betulae

L – 5,5 mm Mai–Okt.

Kennzeichen: Grün gefärbter Rüsselkäfer, einige ähnliche Arten.

Vorkommen: Weit verbreitete Art.

Wissenswertes: Die Tiere leben auf verschiedenen Laubgehölzen, wo sie an den Blättern fressen; die Eier werden am Boden abgelegt.

4 Haselblattroller
Apoderus coryli

L 6–8 mm Mai–Sept.

Kennzeichen: Kopf schwarz, Halsschild und Flügeldecken rot, Beine schwarz bis auf die teilweise ebenfalls roten Schenkel.

Vorkommen: Weit verbreitet; vor allem auf Hasel, seltener auch auf Birken und Erlen.

Wissenswertes: Das Weibchen durchtrennt im Gegensatz zum Birkenblattroller den Mittelnerv des Blattes. Dann wird es von der Spitze aus schräg nach oben aufgerollt. Haselblatt-

roller legen nur 1 oder 2 Eier in ein gerolltes Blatt ab. Die Larven fressen die innenliegenden Blattabschnitte. Im Gegensatz zum Birkenblattroller verpuppen sie sich auch im gerollten Blatt. Die Käfer überwintern.

5 Haselnußbohrer
Curculio nucum

L –8,5 mm Apr.–Sept.

Kennzeichen: Einfarbig braun, deutlich gekniete Fühler, sehr langer „Rüssel".

Vorkommen: Weit verbreitet in Europa, vor allem in Hecken und an Waldrändern.

Wissenswertes: Ein typischer Vertreter der mit ca. 1200 Arten in Mitteleuropa nach den Kurzflüglern und Laufkäfern artenreichsten Familie der Rüsselkäfer. Durch den in einen mehr oder weniger langen Rüssel ausgezogenen Kopf sind sie leicht zu erkennen. Der Haselnußbohrer gehört zu den langrüsseligen Arten, beim Weibchen ist der Rüssel länger als beim Männchen. Bei uns kommt er häufig vor allem auf Hasel und Eichen vor. Die Larven entwickeln sich in Haselnüssen, die sie von innen ausfressen. Dann bohren sie sich durch die harte Schale (**5b**) und verpuppen sich im Boden.

6 Birkenblattroller
Deporaus betulae

L 3–5 mm Apr.–Okt.

Kennzeichen: Oberseite glänzend schwarz gefärbt, mit Punktreihen auf den Flügeldecken. Männchen mit stark verdickten Hinterschenkeln.

Vorkommen: Weit verbreitet und häufig; vor allem auf Birken, aber auch auf Erlen und Hasel anzutreffen.

Wissenswertes: Die Männchen führen um die Weibchen regelrechte Kämpfe aus, bei denen sie sich mit den kräftigen Hinterbeinen umklammern. Die Weibchen wickeln Birkenblätter zu einem charakteristischen, tütenartigen Gebilde (**6b**), in das bis zu 6 Eier abgelegt werden. Die Larven fressen zunächst an diesem Blatt. Nach einiger Zeit fallen die zusammengerollten Blätter auf den Boden. Die Larven kriechen in die Erde und verpuppen sich dann dort.

1 Buntes Spargelhähnchen
Crioceris asparagi

L 5–6,5 mm Apr.–Okt.

Kennzeichen: Sehr bunt mit schwarzem Kopf, rotem Halsschild und dunkelblau glänzenden Flügeln mit gelben Flecken.

Vorkommen: Auf Spargel in Mittel- und Südeuropa.

Wissenswertes: Käfer und Larven fressen an Spargelpflanzen und können manchmal schädlich werden. Die Larven verpuppen sich in der Erde; die Käfer überwintern in Spargelstengeln, unter Steinen oder Baumrinde. Sie können wie die Lilienhähnchen Töne erzeugen. Von dieser Fähigkeit leitet sich der Name „Hähnchen" ab. Kommt oft mit der nachfolgend beschriebenen Art gemeinsam vor.

2 Zwölfpunktiger Spargelkäfer
Crioceris duodecimpunctata

L 5–6,5 mm Apr.–Okt.

Kennzeichen: Rot mit 12 schwarzen Punkten auf den Flügeldecken, Fühler, Füße und Enden der Schenkel ebenfalls schwarz.

Vorkommen: Ähnlich wie beim Bunten Spargelhähnchen; beide Arten wurden im letzten Jahrhundert auch nach Nordamerika eingeschleppt.

Wissenswertes: Die Zahl und Größe der Punkte ist variabel, so daß die Käfer nicht immer 12 Punkte tragen.

3 Lilienhähnchen
Lilioceris lilii

L 6–8 mm Apr.–Aug.

Kennzeichen: Halsschild und Deckflügel rot, Beine, Kopf und Fühler schwarz gefärbt.

Vorkommen: Eurasien ohne den Norden, Nordafrika.

Wissenswertes: Käfer und Larven (**3b**) fressen an verschiedenen Liliengewächsen, häufig auch in Gärten. Die Käfer tarnen ihre Eier, indem sie sie mit Kot beschmieren. Auch die Larven bedecken sich mit Kot. So sind sie schwer zu entdecken und für Vögel ungenießbar. Lilienhähnchen können zirpende Töne erzeugen. Dazu reiben sie mit einer Leiste an der Spitze der Flügeldecken über ein Stridu-

lationsorgan, das sich am Hinterleib befindet.

4 Gestreifter Kohlerdfloh
Phyllotreta undulata

L 1,8–2,5 mm Apr.–Aug.

Kennzeichen: Schwarz, Flügeldecken mit gelben Längsstreifen, deutlich verdickte Hinterschenkel.

Vorkommen: Weit verbreitet; häufig an Kohlpflanzen in Gärten.

Wissenswertes: Alle Kohlerdflöhe (in Mitteleuropa mehrere Arten) können an Kohlgewächsen und Rüben Schäden anrichten. Ihre verdickten Hinterschenkel weisen auf ihr Sprungvermögen hin, das ihnen auch den Namen Erdfloh eingebracht hat, obwohl es sich um Käfer handelt. Sie können jedoch nicht nur springen, sondern auch fliegen. Die Käfer fressen im Frühjahr an den Blättern, die Larven an den Wurzeln.

5 Gefleckter Weidenblattkäfer
Melasoma vigintipunctatum

L – 8,5 mm Apr.–Aug.

Kennzeichen: Gelb mit je 10 schwarzen Flecken auf den Flügeldecken.

Vorkommen: Ausschließlich auf Weiden.

Wissenswertes: Die Käfer überwintern im Boden.

6 Rapsglanzkäfer
Meligethes aeneus

L 1,5–2,8 mm März–Aug.

Kennzeichen: Metallisch grün, blau oder violett glänzend, Beine braun.

Vorkommen: Überall, auf Kreuzblütlern.

Wissenswertes: Die Käfer erscheinen sehr früh im Jahr und fressen die Pollen der zu dieser Zeit blühenden Pflanzen, z.B. Huflattich, Löwenzahn und Sumpfdotterblume. Mit dem Knospenansatz der Kreuzblütler wechseln die Käfer auf diese und fressen die Knospen, später Pollen und Nektar. Die Schädlichkeit ist nur bei kaltem Wetter relevant; dann werden sehr viele Knospen zerstört. Bei warmer Witterung und früher Blüte stehen ausreichend Pollen und Nektar zur Verfügung, und es werden vergleichsweise wenig Knospen gefressen.

1   **Grüner Schildkäfer**
Cassida viridis

L 8,5–10 mm   Mai–Okt.

Kennzeichen: Körper flach, schildförmig verbreitert, mattgrün gefärbt; bei uns ca. 25 Arten der Gattung.

Vorkommen: Verbreitet auf Wiesen, Böschungen, an Waldrändern usw., oft auf Lippenblütlern wie verschiedenen Arten von Minze, Hohlzahn und Ziest.

Wissenswertes: Die Käfer können bei Gefahr Fühler, Kopf und Beine vollständig unter den schildförmig verbreiterten Körper zurückziehen. Sie ernähren sich wie die Larven von Blättern. Die Larven sind ringsum bedornt, sie tarnen sich mit Kot und alten Larvenhäuten (**1b**). Letztere werden auf die Dornen gespießt. Sie verpuppen sich meist an der Unterseite von Blättern.

2   **Pappelblattkäfer**
Melasoma populi

L –10 mm   Mai–Aug.

Kennzeichen: Kopf und Halsschild schwarz mit metallischem Glanz, Flügeldecken ziegelrot; einige ähnliche Arten.

Vorkommen: Häufig auf Pappeln, auch auf Weiden zu finden.

Wissenswertes: Die Weibchen legen rote Eier auf die Unterseite von Blättern ab. Die Larven (**2b**) sind blaugrün gefärbt mit zahlreichen schwarzen Flecken. Sowohl Larven wie Käfer fressen an den Blättern der Bäume. Bei Gefahr scheiden die Tiere ein nach Karbol oder Blausäure riechendes Sekret ab, das sie aus der in den Pappel- und Weidenblättern enthaltenen Salicylsäure herstellen. Die Larven hängen sich zur Verpuppung mit dem Kopf nach unten an die Unterseite von Pappelblättern. Die Käfer überwintern in der Laubstreu.

3   **Erlenblattkäfer**
Agelastica alni

L 6–7 mm   Apr.–Okt.

Kennzeichen: Glänzend blauschwarz oder violett gefärbt, Oberseite dicht und fein punktiert.

Vorkommen: Auf Erlen sehr häufig anzutreffen; nach Nordamerika verschleppt.

Wissenswertes: Typischer Vertreter der sehr artenreichen Blattkäfer-Familie (weltweit ca. 50 000 Arten). Die Tiere sind bei uns überall auf Erlen verbreitet und treten oft massenhaft auf. Larven und Käfer fressen an Erlenblättern, die bei starkem Befall oft regelrecht skelettiert werden. Die Männchen sterben kurz nach der Paarung im Frühjahr, die Weibchen legen die Eier an die Unterseite von Erlenblättern. Die schwarzen Larven schlüpfen nach etwa 2 Wochen und verpuppen sich nach weiteren 4 Wochen in der Erde. Im August erscheint dann die 2. Käfergeneration, die überwintert.

4   **Kartoffelkäfer**
Leptinotarsa decemlineata

L –10 mm   Apr.–Okt.

Kennzeichen: Unverwechselbar durch die schwarz-gelb gestreiften Deckflügel. Darauf weist der wissenschaftliche Name hin (*decemlineata* = zehnstreifiger).

Vorkommen: Ursprünglich Nordamerika; heute überall in Kartoffelanbaugebieten in Europa und Asien.

Wissenswertes: Wohl der bekannteste Blattkäfer. Die Tiere wurden 1877 erstmals nach Europa verschleppt. Ursprünglich lebten sie in Colorado auf wilden Nachtschattengewächsen. Während die Kartoffelkäfer zunächst lokal noch mit Erfolg bekämpft werden konnten, breiteten sie sich nach dem Ersten Weltkrieg ständig weiter aus. Heute kommen sie überall in Europa vor, wo Kartoffeln angebaut werden. Da sie sich sehr schnell vermehren – pro Jahr sind 3 und mehr Generationen möglich und ein Weibchen kann pro Jahr 1200 Eier legen –, können sie massenhaft auftreten und erhebliche Schäden verursachen. Sowohl Käfer als auch Larven (**4b**) fressen die Blätter von Kartoffelpflanzen, die bei starkem Befall fast völlig vernichtet werden. Feinde der Larven sind verschiedene Laufkäfer der Gattung *Carabus*. Vögel meiden Käfer und Larven meist. Die Warntracht – gelb- bzw. rot-schwarz – deutet auf Giftigkeit hin, möglicherweise durch das in Kartoffeln enthaltene Alkaloid Solanin.

1a

1b

2a

3

2b

4a

4b

4c

Wer sich genauer für einzelne Tiergruppen interessiert, kann in den nachfolgend genannten Büchern weitergehende Informationen finden:

Amphibien
NÖLLERT, A. & C. (1992): Die Amphibien Europas. Kosmos-Verlag, Stuttgart.

Fische
MAITLAND, P. (1977): Der Kosmos-Fischführer. Kosmos-Verlag, Stuttgart. (vergr.)
VILCINSKAS, A. (1993): Einheimische Süßwasserfische. Naturbuch-Verlag, Augsburg.
VILCINSKAS, A. (1996): Meeresfische Europas. Naturbuch-Verlag, Augsburg.

Hautflügler
BELLMANN, H. (1995): Bienen, Wespen, Ameisen. Kosmos-Verlag, Stuttgart.
GEISER, F. (1988): Wildbienen – wehrhafte Blumenkinder. Landbuch-Verlag, Hannover.

Heuschrecken
BELLMANN, H. (1993): Heuschrecken. Naturbuch-Verlag, Augsburg.
TAUSCHER, H. (1986): Unsere Heuschrecken. Kosmos-Verlag, Stuttgart.(vergr.)

Insekten
CHINEREY, M. (1982): Pareys Buch der Insekten. Verlag Paul Parey, Hamburg.
JACOBS, W. & M. RENNER (1988): Biologie und Ökologie der Insekten. Gustav Fischer Verlag, Stuttgart.
ZAHRADNIK, J. (1989): Der Kosmos-Insektenführer. Kosmos-Verlag, Stuttgart.

Käfer
HARDE, K. & F. SEVERA (1988): Der Kosmos-Käferführer. Kosmos-Verlag, Stuttgart.
ZAHRADNIK, J. (1985): Käfer Mittel- und Nordwesteuropas. Verlag Paul Parey, Hamburg.

Libellen
BELLMANN, H. (1993): Libellen. Naturbuch-Verlag, Augsburg.
DREYER, W. (1986): Die Libellen. Gerstenberg Verlag, Hildesheim.
JURZITZA, G. (1988): Welche Libelle ist das? Kosmos-Verlag, Stuttgart. (vergr.)

Reptilien
ENGELMANN, W.-E., J. FRITZSCHE, R. GÜNTHER & F. OBST (1986): Lurche und Kriechtiere Europas. Enke-Verlag, Stuttgart.

Säugetiere
CORBET, G. & D. OVENDEN (1982): Pareys Buch der Säugetiere. Verlag Paul Parey, Hamburg.
SCHILLING, D., D. SINGER, H. DILLER (1983): Säugetiere. BLV-Verlagsgesellschaft, München.

Schmetterlinge
KOCH, M. (1991): Wir bestimmen Schmetterlinge. Verlag Neumann, Radebeul.
NOVAK, I. & F. SEVERA (1992): Der Kosmos-Schmetterlingsführer. Kosmos-Verlag, Stuttgart.

Spinnentiere
BELLMANN, H. (o.J.): Spinnen, Krebse, Tausendfüßer. Mosaik-Verlag, München.
BELLMANN, H.: (1992): Spinnen. Naturbuch-Verlag, Augsburg.
JONES, D. (1990): Der Kosmos-Spinnenführer. Kosmos-Verlag, Stuttgart.

Vögel
HARIS, A., L. TUCKER & K. VINICOMBE (1991): Vogelbestimmung für Fortgeschrittene. Kosmos-Verlag, Stuttgart.
JONSSON, L. (1992): Die Vögel Europas und des Mittelmeerraumes. Kosmos-Verlag, Stuttgart.

Wanzen
WACHMANN, E. (1989): Wanzen. Naturbuch-Verlag, Augsburg.

Weichtiere
BOGON, K. (1990): Landschnecken. Natur-Verlag, Augsburg.
FECHTER, R. & G. FALKNER (1990): Weichtiere. Mosaik-Verlag, München.

Zikaden
REMANE, R. & E. WACHMANN (1993): Zikaden. Naturbuch-Verlag, Augsburg.

Zweiflügler
KORMANN, K. (1988): Schwebfliegen Mitteleuropas. Ecomed Verlag, Landsberg.
SAUER, F. (o.J.): Fliegen und Mücken. Fauna Verlag, Karlsfeld

Abdomen: Hinterleib
Antenne: Fühler
Biotop: Lebensraum
Cheliceren: „Kieferklauen", erste Mundgliedmaßen der Spinnen
Detritus: Fein zersetzte Reste von abgestorbenen Organismen
Geschlechtsdimorphismus: Deutlich erkennbarer Geschlechtsunterschied, z.B. in Größe, Farbe usw.
Halteren: Schwingkölbchen
Holarktis: Tier- und pflanzengeographisches Gebiet; umfaßt die gesamte nördliche kalte und gemäßigte Zone
Imago: Vollständig entwickeltes, geschlechtsreifes Insekt
Kokon: Puppenhülle, meist aus Seidengespinst
Mandibeln: Oberkiefer der Gliederfüßer, paarig
Metamorphose: Gestaltumwandlung; gemeint ist die Entwicklung vom Ei über Larvenstadien bis zum geschlechtsreifen Tier

Mimikry: Nachahmung wehrhafter oder giftiger Tiere durch harmlose Arten
Monophag: Auf eine Nahrungspflanze bzw. ein Beutetier spezialisiert
Paläarktis: Tier- und pflanzengeographisches Gebiet, umfaßt die kalte und gemäßigte Zone Europas und Asiens
Parasit: Schmarotzer
Parthenogenese: Jungfernzeugung; Entwicklung von Eiern ohne Befruchtung
Polymorphismus: Vielgestaltigkeit
Pterostigma: Flügelmal nahe der Flügelspitze
Saisondimorphismus: Jahreszeitlich bedingte unterschiedliche Färbung bei Tieren
Segment: Körperring bei Insekten, Tausendfüßern u.a.
Sipho: Vom Mantel der Weichtiere geformte Röhre, die zum Wassertransport dient
Thorax: Bruststück der Gliederfüßer
Tympanalorgan: Gehörorgan bei verschiedenen Insekten

   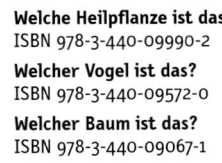

438

440

446

Die wichtigsten Gruppen der Gliederfüßer

Insekten

Eintags-
fliegen
S. 284

Libellen
S. 286

Springschwänze
S. 284

Silber-
fischchen
S. 284

Steinfliegen
S. 284

Langfühler-
schrecken S. 298

Fang-
schrecken
S. 304

Ohr-
würmer
S. 304

Kurzfühler-
schrecken S. 302

Zikaden
S. 312

Schaben
S. 304

Schildläuse
S. 314

Wanzen
S. 306

Blattläuse
S. 314